"十四五"职业教育国家规划教材

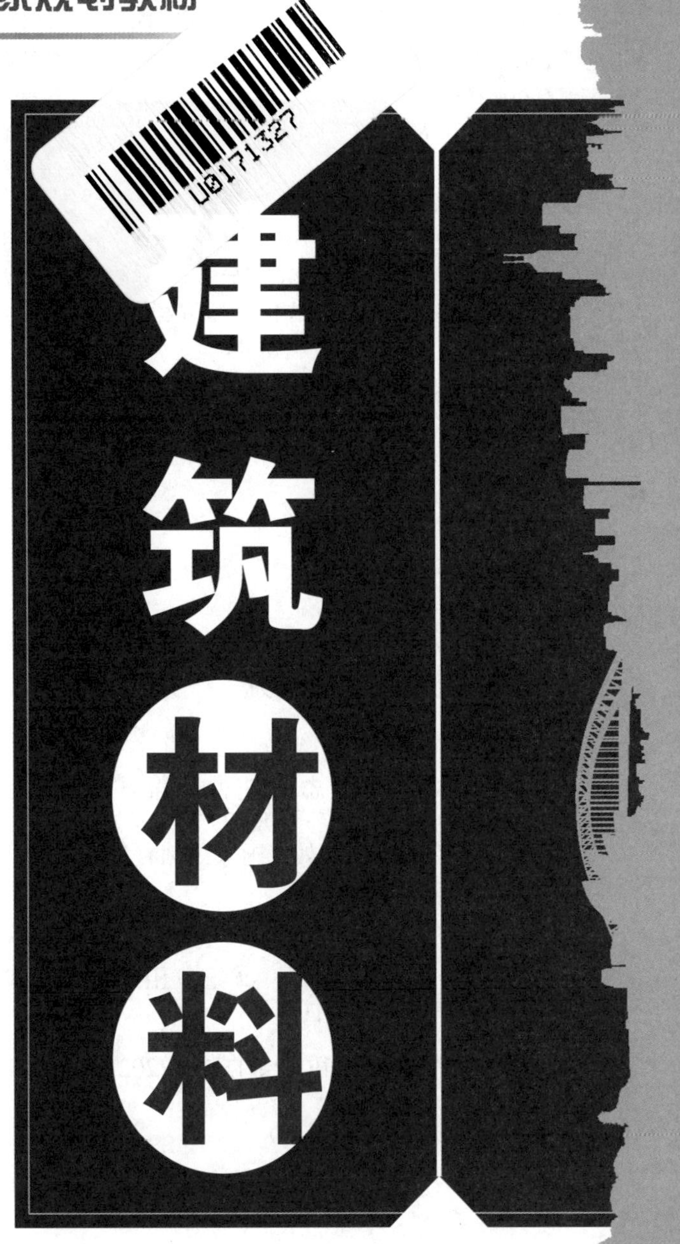

『互联网+』新形态信息化教材

主　编／隋良志　纪明香

副主编／王　博　霍　哲

张红丽　杜园元

CONSTRUCTION MATERIALS

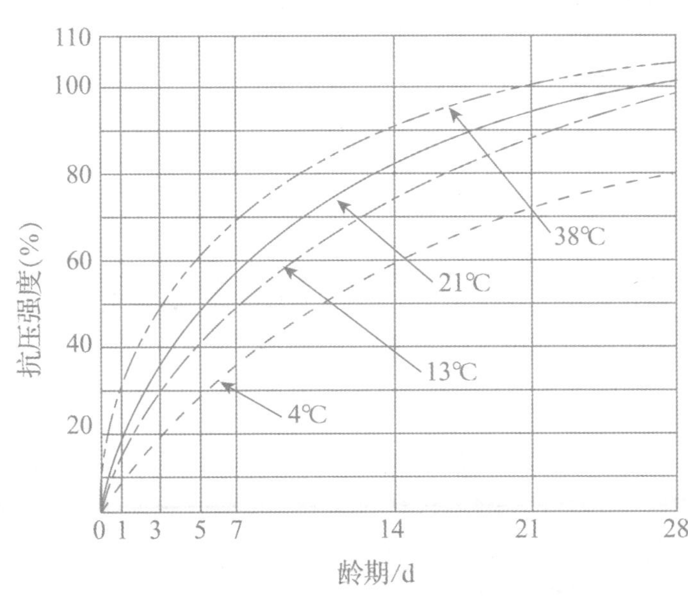

内 容 简 介

本书主要是按照建筑材料在工程实践中的选择与应用进行编写的。全书共分“建筑材料的基本性能”“胶凝材料”“建筑结构材料”“建筑功能材料”4个模块，14个教学任务分别是：建筑材料基本性能的认识、气硬性胶凝材料的选择与应用、水硬性胶凝材料的选择与应用、普通混凝土的选择与应用、金属材料的选择与应用、墙体材料及屋面材料的选择与应用、建筑砂浆的选择与应用、建筑石材的选择与应用、建筑玻璃的选择与应用、建筑卫生陶瓷的选择与应用、有机高分子材料的选择与应用、建筑防水材料的选择与应用、绝热与吸声材料的选择与应用、建筑木材及其制品的选择与应用。

本书采用新标准、新规范编写。每个任务前均有任务简介、知识目标、技能目标、思政教学等内容，任务后有任务小结，书后还附有建筑材料课程常用标准、规范，实训指导书、相关操作视频及思考与训练题（附答案）。

本书可作为高等职业院校相关专业在校学生的教学用书，也可为应用型本科、中等职业学校学生及工程技术人员在岗培训学习提供参考。

图书在版编目(CIP)数据

建筑材料 / 隋良志, 纪明香主编. — 天津 : 天津大学出版社, 2021.6（重印2023.7）
“十四五”职业教育国家规划教材 “互联网+”新形态信息化教材
ISBN 978-7-5618-6946-8

Ⅰ. ①建… Ⅱ. ①隋… ②纪… Ⅲ. ①建筑材料－高等学校－教材 Ⅳ. ①TU5

中国版本图书馆CIP数据核字(2021)第099727号

JIANZHU CAILIAO

出版发行	天津大学出版社
地　　址	天津市卫津路92号天津大学内（邮编:300072）
电　　话	发行部:022-27403647
网　　址	www.tjupress.com.cn
印　　刷	北京盛通印刷股份有限公司
经　　销	全国各地新华书店
开　　本	880mm×1230mm　1/16
印　　张	16.25
字　　数	601千
版　　次	2021年6月第1版
印　　次	2023年7月第2次
定　　价	66.00元

编审委员会

主　编：隋良志　纪明香

副主编：王　博　霍　哲　张红丽　杜园元

编　委：（排名不分先后）

隋良志　黑龙江建筑职业技术学院

纪明香　黑龙江建筑职业技术学院

王　博　黑龙江建筑职业技术学院

霍　哲　黑龙江建筑职业技术学院

张红丽　黑龙江建筑职业技术学院

杜园元　哈尔滨职业技术学院

侯　杰　黑龙江建筑职业技术学院

贲　珊　黑龙江建筑职业技术学院

徐　婷　黑龙江建筑职业技术学院

主　审：邙静喆　哈尔滨工业大学土木工程学院

齐小燕　黑龙江建筑职业技术学院

前言

《中华人民共和国职业教育法》的修订，首次以法律形式确定了职业教育是与普通教育具有同等重要地位的教育类型，进一步加快构建面向全体人民、贯穿全生命周期、服务全产业链的职业教育体系，加快建设国家重视技能、社会崇尚技能、人人学习技能、人人拥有技能的技能型社会。党的二十大报告提出，建设现代化产业体系、全面推进乡村振兴、加快发展方式绿色转型、积极稳妥推进碳达峰碳中和，深入实施科教兴国战略、人才强国战略、创新驱动发展战略，并且再次强调"坚持教育优先发展"，这为推动职业教育高质量发展提供了强大动力。高等职业教育肩负着培养更多高技能人才、大国工匠的国家战略使命，既要着重培养一线的生产、经营、管理、服务人员，又要培养促进中国制造和服务迈向中高端，适应高端化、智能化、绿色化发展所需人才，为以中国式现代化全面推进中华民族伟大复兴贡献力量。

《"十四五"建筑业发展规划》提出，推广绿色化、工业化、信息化、集约化、产业化建造方式，推动新一代信息技术与建筑业深度融合；推广智能塔吊、智能混凝土泵送设备等智能化工程设备，提高工程建设机械化、智能化水平；绿色建造方式加快推行。探索建立研发、设计、建材和部品部件生产、施工、资源回收再利用等一体化协同的绿色建造产业链。

立足新时代，面向新征程，根据新版《中华人民共和国职业教育法》和国家新形势、新发展、新业态的要求，结合专业岗位的技能培养，按照教育部颁布的《高等职业学校有关专业教学标准》和《职业教育专业简介》的要求落实教材改革，体现课程思政入教材、进课堂总思路，以教育部第二批国家级职业教育教师教学创新团队立项建设单位骨干教师为依托，组织省级名师、模范教师、师德先进个人牵头，以"双师型"教师为主，组织老中青相结合的编写团队编写本教材。

本教材主要有如下特色。

1. 以立德树人、德技并修为目标，推进课程思政建设入教材。课程思政以弘扬工匠精神、劳模精神、劳动精神为基础；以建材产品历史发展为脉络，融合民族情怀，弘扬中国文化；以国家重大工程建设成绩为典型，增进中华民族自豪感和激发学生爱国热情；以产业结构调整和发展趋势为素材，介绍国家产业发展大势，融合"百年未有之大变局"，实现中华民族伟大复兴；以新标准实施与企业 6S 管理文化相融合，帮助学生养成良好职业操作习惯，为快速适应企业岗位工作打下基础。

2. 与行业发展紧密相连，体现环保、低碳、绿色产业发展理念，通过应用案例与发展动态内容，拓宽学生视野。在应用案例与发展动态中，以装配式建造方式 +3D 打印房屋、"手撕钢"、双碳目标下的土木工程材料发展、节能环保进展等为例，介绍新材料、新产业、新业态的发展，解决国家重大工程所需和百姓生活所需。

3. 采用"互联网 + 教育"模式编写，打造新形态融媒体信息化教材。将数字化资源通过二维码的方式融入纸质教材中，利用媒体互补优势立体展示教材内容，满足学生的信息化和个性化学习需要。同时，二维码便于及时更新教材内容，满足教材内容的先进性、实用性和可持续性。具体使用办法请翻看书后图书资源使用说明（如有问题请发邮件至编辑邮箱：ccshan2008@sina.com）。

4. 配套在线资源课程，教材立体多元。本教材在省级精品课程基础上，按照在线开放课程教学资源要求建设教学资源，并不断充实和修改完善。在线课程详询"好大学在线"或搜索 https: //www.cnmooc.org/home/

login.mooc，在“课程”里输入“建筑材料”即可查到。

5. 本书常用建筑材料按照建筑行业标准《建筑材料术语标准》（JGJ/T191—2009）进行规范。

本书由隋良志、纪明香担任主编，王博、霍哲、张红丽、杜园元担任副主编，侯杰、贲珊、徐婷参编。具体编写分工为：隋良志编写课程引导、任务1并负责全书统稿；纪明香编写任务3；王博编写任务4；霍哲编写任务2、8；张红丽编写任务9、10、13；杜园元编写任务5、14；侯杰编写任务6、11、附录1；贲珊编写任务7、附录2；徐婷编写任务12。全书由邛静喆、齐小燕担任主审。

书中各种素材资源的设计、制作由建筑材料课程团队负责完成，天津大学出版社为网上资源提供技术支持。编者在编写本教材过程中参考了一些资料（包括网络、企业、会议资料）和书刊，也得到了“好大学在线”、天津大学出版社的全力支持，在此一并表示感谢。

由于编者水平有限，新技术、新工艺、新材料不断出现，新标准、新规范不断修改，书中难免有不当之处，恳请广大读者、专家批评指正。

编　者

2022年11月

目
录

 模块 3　建筑结构材料 

模块 4　建筑功能材料

课程引导

思政教学

思政元素 0

教学课件 0

授课视频 0

应用案例与发展动态

在人类发展的历史长河中，材料起着举足轻重的作用，人类对材料的应用一直是社会文明进程的里程碑。

100 万年前，人类开始用石头做工具，标志着人类进入旧石器时代。大约 1 万年以前，人类学会对石头进行简单的加工，使之成为精致的器皿或工具，标志着人类进入新石器时代。在 8 000~9 000 年前，人类发明了先用黏土成形再火烧固化制作陶瓷的方法，标志着人类有史以来第一次用自然界存在的物质制造了自然界没有的物品（陶器）。在烧制陶器的过程中，人们偶然发现了金属铜和锡，从而使人类进入青铜器时代（各国进入的时间不同，一般在公元前 3000—前 2500 年，中国大约在公元前 2700 年）。公元前 14 世纪—前 13 世纪，人类进入铁器时代；19 世纪中叶，随着现代炼钢技术的出现，金属材料的重要性急剧提升。20 世纪后期，金属基或树脂基复合材料得到广泛应用，人类进入复合材料时代。进入 21 世纪后，随着技术的发展，出现了新材料石墨烯，人们预测材料又将进入新时代。

古代的石器、青铜器、铁器等的兴起和广泛利用，极大地改变了人们的生活和生产方式，对社会进步起到了关键的推动作用。它们还被历史学家作为划分某一个时代的重要标志，如石器时代、青铜器时代、铁器时代等。20 世纪 70 年代，人类社会进入新技术革命时代，材料、能源与信息被公认为现代文明的三大支柱。20 世纪 80 年代，人们又把新材料、信息技术和生物技术并列为新技术革命的重要标志。材料科学的发展是科技进步、社会发展的物质基础，同时也改变着人们在社会活动中的实践方式和思维方式，由此极大地推动了社会进步。

目前，全球经济复苏进程缓慢，为刺激实体经济发展，主要发达国家加大了对新材料的支持力度，由新材料带动的新产品和新技术市场不断扩大。我国也于 2010 年将新材料、节能环保、新一代信息技术、生物、高端装备制造、新能源、新能源汽车等产业列为七大战略性新兴产业。全球特种金属功能材料、高端金属结构材料、先进高分子材料、新型无机非金属材料、高性能复合材料以及石墨烯材料、超导材料等前沿新材料成为全世界研究、应用的新领域。人们有理由相信，新材料产业的发展将开辟一个新的时代，这些新材料将不断改变和影响建筑工程结构、施工方法和施工管理等。

材料一般指可以用来制造有用的构件、器件或其他物品的物质。材料按组成、结构特点，分为金属材料、无机非金属材料、高分子材料、复合材料；按功能分为结构材料、功能材料；按用途分为建筑材料、装饰材料、电子材料、航空航天材料、核材料、能源材料、生物材料等。

0.1 建筑材料的含义和分类

0.1.1 建筑材料的含义

建筑材料一般有广义、狭义之别。广义的建筑材料是一切土木工程中所有材料的统称（也有人称之为土木工程材料)。它是住宅、商场、办公楼、宾馆、饭店、道路、桥梁、隧道、铁路、机场、水坝、灌溉设施、工业生产厂房、国防军事基地等一切土木工程的物质基础。它既包括构成建(构)筑物本身的材料(如混凝土、钢材、木材、砌体材料等),又包括施工过程中所用的材料(如脚手架、模板等)以及各种配套器材(如水、暖、电、通风、消防设备等)。本书所指的"建筑材料"是狭义的,主要指构成建(构)筑物本身的材料。

出于对美好生活的追求,人们通常会对建筑物表面进行装饰和美化,形成建筑物的"外衣"。这些用于装饰和美化建筑物的材料,由于观赏性很强,品种繁多,使用的量大、面广,因此深受人们的重视。所以,近些年也有人将其从建筑材料中独立出来,使之单独成为一个类别——装饰材料。

0.1.2 建筑材料的分类

建筑材料的种类繁多,人们很难用一个统一的标准对其进行科学分类,一般从不同角度对其进行分类。建筑材料按照使用功能,可分为胶凝材料、结构材料和功能材料三大类;按照在建筑物中所处部位,可分为基础材料、主体材料、屋面材料和地面材料四大类;按照化学成分,可分为无机材料、有机材料和复合材料三大类。每种分类可再细分。表 0-1 是按照化学成分分类的举例。

表 0-1 建筑材料按化学成分分类

分类			实例
无机材料	金属材料	黑色金属	铁、钢、合金钢、不锈钢等
		有色金属	铝、铜及其合金、金箔等
	非金属材料	天然石材	砂、花岗岩、大理石等
		胶凝材料及其制品	石灰、石膏及其制品,水泥,混凝土等
		玻璃	普通平板玻璃、安全玻璃、节能玻璃等
		无机纤维材料	玻璃纤维、矿物棉、岩棉等
		烧土制品	烧结砖、瓦、建筑与卫生陶瓷等
有机材料	天然植物材料		木材、竹材、植物纤维及其制品等
	沥青材料		煤沥青、石油沥青及其制品等
	合成高分子材料		塑料、涂料、树脂、胶黏剂、膜材料等
复合材料	非金属复合材料		水泥混凝土、砂浆等
	有机与无机非金属复合材料		沥青混凝土、聚合物混凝土、玻璃纤维增强塑料等
	金属与无机非金属复合材料		钢筋混凝土、钢纤维混凝土等
	金属与有机复合材料		铝塑管、彩色涂层压型板、塑钢门窗等

0.2 建筑材料在建筑工程中的作用

建筑材料是一切建筑工程的重要物质基础,同时也是建筑工程质量的保障。无论是国家体育场(简称"鸟巢",钢结构总用钢量 4.2 万 t,屋顶采用双层膜结构——ETFE 膜和 PTFE 膜)、上海中心大厦(632 m)、北京大兴国际机场(主航站楼和配套服务楼、停车楼总建筑面积约 140 万 m^2)等大体量建筑工程,还是港珠澳大桥(全长 55 km,其中海底隧道(含预埋段)6.7 km,隧道由 33 节巨型沉管和 1 个合龙段接头共同组成)、长江三峡水利枢纽工程(装机容量 1 820 万 kW,大坝混凝土浇筑量达 2 800 万 m^3)、高铁工程(已建成 3.9 万 km)等巨型工程,抑或普通的多层民用建筑和各地具有特色的民居,都是由各种建筑材料组成的。图 0-1 为建设中的上海中心大厦。

视频 0-1　中国超级工程

微课 0-2　福建土楼

图 0-1　建设中的上海中心大厦

在建筑工程的总造价中,材料费所占比例很大,一般在 50%~60%,有的高达 75%。只有充分利用材料的各种性能,提高材料的利用率,在满足使用要求的前提下降低材料费用,才能降低建筑工程造价。

建筑材料的品种、质量与规格,直接影响着工程结构形式和施工方法,也决定着工程的安全性、适用性、耐久性、经济性和美观性等。

0.3　建筑材料的发展趋势

随着人们对美好生活的追求和生产技术水平的不断提高,除对建筑材料的品种要求越来越多和对建筑材料的性能要求越来越高外,人们还提出经久耐用、安全低碳、绿色环保等要求。因此,建筑材料目前正向着复合化、多功能化、节能化、绿色化、轻质高强化、装配化、智能化方向发展。

0.4　建筑材料的技术标准简介

技术标准是产品生产、工程建设、科学研究以及商品流通领域必须共同遵循的技术要求。

经修订自 2018 年开始实施的《中华人民共和国标准化法》(2017 年 11 月 4 日修订颁布),将我国标准分为国家标准、行业标准、地方标准和团体标准、企业标准,其中国家标准分为强制性标准、推荐性标准,而行业标准、地方标准均是推荐性标准。强制性标准必须执行。国家鼓励采用推荐性标准。

我国的标准体系由政府主导制定转向政府主导制定与市场自主制定相结合。政府主导制定的标准侧重于保基本,市场自主制定的标准侧重于提高竞争力。

技术标准由标准名称、代号、标准号、年代号组成。各级标准代号如表 0-2 所示。

表 0-2　各级标准代号

标准种类	代号	表示内容	示例
国家标准	GB GB/T	国家强制性标准 国家推荐性标准	例 1:《通用硅酸盐水泥》(GB 175—2007) 标准名称:通用硅酸盐水泥 代号:GB(国家强制性标准) 标准号:175 年代号:2007 年

续表

标准种类	代号	表示内容	示例
行业标准	JC JGJ SL YB DL JT	建材行业标准 建筑工程行业建设标准 水利行业标准 冶金行业标准 电力行业标准 交通行业标准	例 2:《混凝土用水标准》(JGJ 63—2006) 标准名称:混凝土用水标准 代号:JGJ(建筑工程行业建设标准) 标准号:63 年代号:2006 年
地方标准	DB DB/T	地方强制性标准 地方推荐性标准	例 3:《预拌混凝土质量管理规程》(DB 23/T 1514—2013) 标准名称:预拌混凝土质量管理规程 代号:DB23(黑龙江省地方标准) 标准号:1514 年代号:2013 年
团体标准	T/**	团体代号	例 4:《湿拌砂浆应用技术规程》(T/CBCA 007—2021) 标准名称:湿拌砂浆应用技术规程 代号:T/CBCA(中国散装水泥推广发展协会标准) 标准号:007 年代号:2021 年
企业标准	QB	企业标准	例 4:《高强低密度油井水泥》(QB/THXL 001—2012) 标准名称:高强低密度油井水泥 代号:QB/THXL(哈尔滨太行兴隆水泥有限公司企业标准) 标准号:001 年代号:2012 年

此外,在工程建设领域还有中国工程建设标准化协会标准(标准代号: CECS)和中国土木工程学会标准(标准代号:CCES)等团体标准。

随着国际交往日益增多,尤其是“一带一路”建设不断推进,涉外建设工程和国际合作项目越来越多,因此了解国外的相关技术标准也很有必要,如 ISO 为国际标准、ASTM 为美国材料与试验协会标准、JIS 为日本标准、BS 为英国标准、DIN 为德国标准等。

0.5 建筑材料的选用原则

建筑材料的品种繁多,在工程实践中选用材料的原则为:第一,满足使用功能;第二,考虑合理的耐久性;第三,注意材料的安全性,要有利于身心健康;第四,考虑经济性,不但要考虑一次性投资,而且应考虑维护费用;第五,应便于施工,满足装饰效果要求。

0.6 本课程的学习目的及方法

本课程主要讲述建筑材料的品种、规格、技术性能、检验、选用及保管等基本内容。学生(学习者)通过学习应能正确认识、合理选用建筑材料,获得主要建筑材料检测的基本技能,并掌握建筑材料产品运输与保管的有关知识。

本课程实践性较强,学生在学习时,课下除应认真精读教材(包括二维码的内容)外,还要经常到网上查阅相关资料进行认知学习,了解更多、更新的建筑材料知识。同时,学生应在教师指导下,到建筑施工现场或实训室、建材市场等地,对建筑材料进行认知实践。学习时要注意将理论知识落实在材料的选用、检测、验收等实践操作技能上。此外,应该充分重视主要材料的试验训练。

模块 1　建筑材料的基本性能

模块内容简介

本模块为全书重点内容之一，主要介绍建筑材料的基本性能。内容包括材料的组成与结构、物理性质、力学性质、耐久性与环境协调性、防火性能等。

模块学习目标

学生在学完本模块后，应该认识到材料的一切性质是由材料的组成、结构及相所决定的，结构又是由材料的组成和生产工艺决定的，即材料的性质是材料结构的外在表现。

任务1 建筑材料基本性能的认识

任务简介

本任务主要介绍各种建筑材料的基本性能，通过材料组成、结构、相来反映材料的性能，为后续学习各种材料奠定基础。

知识目标

(1)掌握材料的化学组成、矿物组成；了解材料的宏观结构、细微观结构、微观结构；了解材料的相组成；了解材料内部孔隙的分类及其对材料性能的影响。

(2)掌握材料的密度、表观密度、堆积密度、密实度、孔隙率、填充率及空隙率的概念；熟悉各密度的计算表达式。

(3)掌握材料亲水性和憎水性、吸水性和吸湿性、耐水性、抗渗性、抗冻性的概念，熟悉各指标的计算表达式；了解导热系数、热容量、比热容及热变形的概念。

(4)掌握材料的强度、比强度、强度等级的概念；了解弹性和塑性、脆性和韧性、硬度与耐磨性的概念。

(5)了解材料耐久性、防火性的概念。

技能目标

(1)能够区分与材料基本性能相关的术语。

(2)能对材料的基本性能指标进行一定的计算。

(3)会正确使用仪器测试材料的密度、表观密度、堆积密度。

思政教学

思政元素 1

教学课件 1

授课视频 1

应用案例与发展动态

建筑材料在土木工程中发挥着各种不同的作用，因而要求材料具有不同的性质。如梁、板、柱以及承重墙体，主要承受各种荷载作用；房屋屋面，主要承受风霜、雨雪的作用，且能保温、隔热、防水；而建筑外墙装饰，主要应注意光泽、质感、图案、花纹等。这就要求用于不同部位的材料应具有相应的性质。

材料的性质是由材料的组成、结构及相应的相决定的，而结构又是由材料的生产工艺及原料的成分决定的。所以，在选择与应用建筑材料时必须了解材料的生产工艺，全面了解决定性能的组成、结构(相)，才能更好地结合应用的部位、环境等正确选择和应用材料。学生学习时应抓住材料的"选择—性能—结构—生产工艺—原料成分"这条主线，结合材料使用部位、环境等合理选用(见图 1-1)。

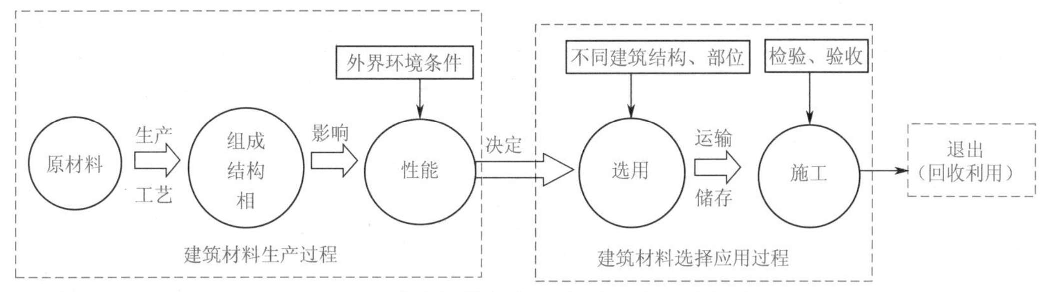

图 1-1　建筑材料生产、选择应用过程示意图

1.1　材料的组成与结构

1.1.1　材料的组成

材料的组成既包括化学组成和矿物组成，又包括相组成。它是决定材料各种性质的主要因素。

1. 化学组成

化学组成指构成材料的化学成分。不同化学组成的材料，其性能不同。不同类型的材料，化学组成的表示方法也不同，例如无机非金属建筑材料的化学组成以各种氧化物的含量表示，金属材料以元素含量表示。化学组成决定着材料的化学性质，影响材料的物理性质和力学性质。

2. 矿物组成

材料中的元素或化合物是以特定的结合形式存在的，并决定着材料的许多重要性质。

矿物组成是无机非金属建筑材料中化合物存在的基本形式。化学组成不同，矿物组成就不同。而相同的化学组成，在不同的生产条件下，结合成的矿物组成往往也不同。例如，化学组成为 CaO、SiO_2 和 H_2O 的原料，在常温下硬化成的石灰砂浆和在高温高湿下硬化成的灰砂砖，由于两者矿物组成不同，其物理性质和力学性质截然不同。

金属材料和有机材料与无机非金属材料一样，有其各自的基本组成，基本组成决定着同一种类材料的主要性质。例如，铁和碳元素结合成的固溶体、化合物或者二者的机械混合物，是非合金钢（碳素钢）的基本组成，不同组成及含量的钢，其性质有明显差别。所以说，认识各类材料的基本组成，是了解材料本质的基础。

3. 相组成

材料中结构相近、物理和化学性质相同的均匀部分称为相。自然界中的物质可分为气相、液相、固相三种形态。材料中的同种化学物质，由于加工工艺、温度和压力等不同，可形成不同的相。材料大多数是固相，建筑材料大多是多相材料，例如，普通混凝土是集料颗粒（粗集料相、细集料相）分散在水泥浆基体（基相）中，且还有少量孔隙（气相，可能存在液相）的多相材料。多相材料的性质与构成材料的相组成、相与相界面的特性有密切关系。在实际材料中，界面往往是一个较薄的区域，它的成分和结构与两边的相内部分不一样，具有界面特性，形成“界面相”。因此，对于建筑材料，可通过改变和控制其组成和界面特性调整和提高材料的技术性能。

1.1.2　材料的结构

1. 结构

材料的结构是决定材料性质的重要因素，可分为宏观结构、细观结构和微观结构三个层次，而且多数材料在前两个层次上都存在孔隙。一般从三个层次来观察材料的结构及其与性质的关系。

（1）宏观结构（亦称构造）

用肉眼或放大镜即可分辨的毫米级组织称为宏观结构。宏观结构的分类及其相应的主要特性见表 1-1。

表 1-1　宏观结构的分类及其相应的主要特性

材料的宏观结构		常用材料	主要特性
单一材料	致密结构	钢材、玻璃、沥青、部分塑料	高强、不透水、耐腐蚀
	多孔结构	泡沫塑料、泡沫玻璃	轻质、保温
	纤维结构	木材、竹材、石棉、岩棉、玻璃纤维、钢纤维	高抗拉、轻质、保温、吸声
	聚集结构	陶瓷、砖、某些天然岩石	强度较高
复合材料	粒状聚集结构	各种混凝土、砂浆、钢筋混凝土	综合性能好、价格较低廉
	纤维聚集结构	岩棉板、岩棉管、石棉水泥制品、纤维板、纤维增强塑料	轻质、保温、吸声或高抗拉(折)
	多孔结构	加气混凝土、泡沫混凝土	轻质、保温
	叠合结构	纸面石膏板、胶合板、各种夹芯板	综合性能好

两种或两种以上材料构成的新材料，称为复合材料。复合材料取各组成材料之长，避免单一材料的缺点，具有多种使用功能(如承受各种荷载、防水、保温、装饰、耐久等)或者某项特殊功能。复合材料综合性能好，某些性能往往超过组成中的单一材料。

材料的宏观结构中常含有孔隙或裂纹等缺陷，对材料性能有较大影响。

(2)细观结构

由光学显微镜所看到的微米级组织结构称为细观结构(亦称显微或亚微观结构)，其尺寸为 10^{-7}~10^{-3} m。该结构主要涉及材料内部的晶粒等的大小和形态、晶界或界面、孔隙、微裂纹等。

一般而言，材料内部的晶粒越细小、分布越均匀，材料的强度越高、脆性越小、耐久性越好；不同组成间的界面黏结或接触越好，则材料的强度、耐久性等越好。材料的亚微观结构相对容易改变。

(3)微观结构

利用电子显微镜、X 射线衍射仪、扫描隧道显微镜等工具看到的原子或分子级的结构称为微观结构，其尺寸为 10^{-10}~10^{-7} m。微观结构的形式及主要特征见表 1-2。

表 1-2　微观结构的形式及主要特征

微观结构			常见材料	主要特征
晶体	原子、离子或分子按一定规律排列	原子晶体(以共价键结合)	金刚石、石英、刚玉	强度、硬度、熔点高，密度较小
		离子晶体(以离子键结合)	氯化钠、石膏、石灰岩	强度、硬度、熔点较高，但波动大，部分可溶，密度中等
		分子晶体(以分子键结合)	蜡及部分有机化合物	强度、硬度、熔点较低，大部分可溶，密度小
		金属晶体(以库仑引力结合)	铁、钢、铝、铜及其合金	强度、硬度变化大，密度大
非晶体	原子、离子或分子以共价键、离子键或分子键结合，但为无序排列(短程有序，长程无序)		玻璃、粒化高炉矿渣、火山灰、粉煤灰	无固定的熔点和几何形状，与相同组成的晶体相比，强度、化学稳定性、导热性、导电性较差，且各向同性

无机非金属材料中的晶体(或非晶体)，其键的构成往往不是单一的，而是由共价键和离子键等共同连接，如方解石、长石及硅酸盐类材料等。这类材料的性质相差较大。

非晶体是一种不具有明显晶体结构的结构状态，又称为无定形体或玻璃体，是熔融物在急速冷却时，质点来不及按特定规律排列所形成的内部质点无序排列(短程有序，长程无序)的固体或固态液体。因其大量的化学能未能释放出，故其化学稳定性较晶体差，容易和其他物质反应或自行缓慢向晶体转换。如水泥、混凝土等材料中使用的粒化高炉矿渣、火山灰、粉煤灰等材料，能对反应产物中的石灰在有水的条件下起硬化作用。

2. 孔隙

大多数材料在宏观结构层次或亚微观结构层次上均含有一定大小和数量的孔隙,甚至是相当大的孔洞。这些孔洞几乎对材料的所有性质都有相当大的影响。

(1)孔隙的分类

材料内部的孔隙按尺寸大小,可分为微细孔隙、细小孔隙、较粗大孔隙、粗大孔隙等;按孔隙的形状,可分为球形孔隙、片状孔隙(即裂纹)、管状孔隙、带尖角的孔隙等;按常压下水能否进入孔隙中,又可分为开口孔隙(连通孔隙)、闭口孔隙(封闭孔隙)。当然,压力很大的水可能会进入部分闭口孔隙中。材料孔隙构造示意图如图 1-2 所示。

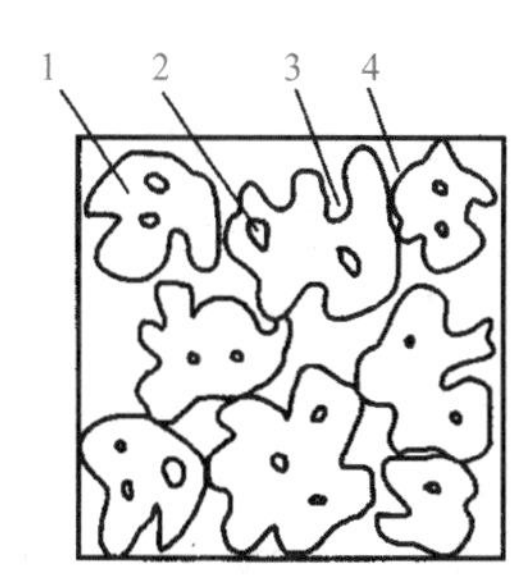

图 1-2 材料孔隙构造示意图

1—颗粒中固体物质;2—闭口孔隙;3—开口孔隙;4—颗粒间的空隙

(2)孔隙对材料性质的影响

通常材料内部的孔隙含量(即孔隙率)越多,则材料的表观密度、堆积密度、强度越小,耐磨性、抗冻性、抗渗性、耐腐蚀性及耐久性越差,而保温性、吸声性、吸水性和吸湿性等越好。孔隙的形状和孔隙状态对材料的性能有不同程度的影响,如连通孔隙、非球形孔隙(如扁平孔隙,即裂纹)往往对材料的强度、抗渗性、抗冻性、耐腐蚀性更为不利,对保温性稍有不利影响,但对吸声性却有利。在一定尺度范围内,孔隙尺寸越大,对材料上述性能的影响越明显。

人造材料内部的孔隙是生产材料时,在各工艺过程中留在材料内部的气孔。绝大多数建筑材料的生产过程中均把水作为一个组成成分。为达到生产工艺所要求的工艺性质,用水量往往远远超过理论需水量(如水泥、石膏等的化学反应所需的水量),多余的水即形成了材料内部的毛细孔隙,即绝大多数人造建筑材料中的孔隙基本上是由水造成的。可以说,凡是影响人造建筑材料内部孔隙数量、孔隙形状、孔隙状态或用水量的因素,均是影响材料性能的因素。在确定改善材料性能的措施和途径时,必须考虑这些因素。

1.2 材料的物理性质

1.2.1 与材料结构状态有关的基本性质

1. 不同状态下的密度

(1)密度

密度是材料在绝对密实状态(不含内部所有孔隙体积时)下单位体积的质量,密度 ρ 的计算公式如下:

$$\rho = \frac{m}{V} \tag{1-1}$$

式中:ρ 为密度,g/cm^3 或 kg/m^3;m 为材料在干燥状态下的质量,g 或 kg;V 为干燥材料的绝对密实体积,cm^3 或 m^3。

绝对密实体积是指纯粹固体物质的体积,不包含材料内部的孔隙。工程中所用材料,如钢材、玻璃等致密材料可以认为不含孔隙,可以近似地直接用排开液体法测定其体积。其他材料均含孔隙,则必须将其磨成细粉,干燥后再采用排开液体的方法测定其体积。材料磨得越细,测得的体积越接近绝对体积,所得的密度值就越准确。

工程中常用的散粒状材料,内部有些与外部不连通的孔隙,使用时既无法排除,又没有物质进入,在密度测定时直接采用排水法测出的颗粒体积(材料的密实体积与闭口孔隙体积之和,但不含开口孔隙体积)与其密实体积基本相同,并按上述公式计算,这时所求的密度称为视密度,即

$$\rho' = \frac{m}{V'} = \frac{m}{V + V_B}$$

式中:V_B 为材料的闭口孔隙体积,cm^3 或 m^3。

(2)表观密度

表观密度指多孔(块状或粒状)材料在自然状态(包括内部所有孔隙体积)下单位体积的质量,用下式表示:

$$\rho_0 = \frac{m}{V_0} = \frac{m}{V + V_B + V_K} \tag{1-2}$$

式中:ρ_0为材料的表观密度,kg/m³;m为材料在自然状态下的质量,kg;V_0为材料在自然状态下的体积,m³;V_K为材料开口孔隙的体积,m³。

材料在自然状态下的体积是指构成材料的固体物质体积与全部孔隙体积(包括闭口孔隙体积和开口孔隙体积)之和。

测定材料在自然状态下的体积的方法比较简单。若材料外观形状规则,可直接测量外形尺寸,按几何公式计算;若外观形状不规则,则必须涂蜡后采用排水法测定其体积。

当材料含水时,质量增大,体积也会发生变化,所以测定时应注明含水状态。材料的含水状态通常有干燥、气干、饱和面干和湿润四种状态,如图1-3所示。测试时,材料质量可以是任意含水状态下的,不加说明时,指气干状态下的质量。

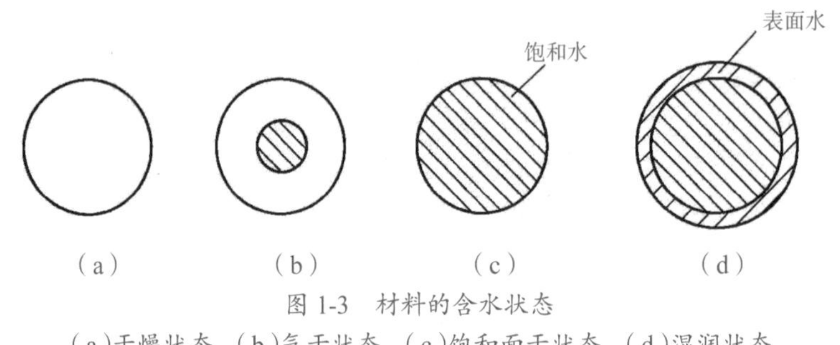

图1-3 材料的含水状态

(a)干燥状态 (b)气干状态 (c)饱和面干状态 (d)湿润状态

(3)堆积密度

堆积密度指散粒状、粉末状或纤维状材料在堆积状态(含颗粒间空隙体积、材料内部孔隙体积)下单位体积的质量,以下式表示:

$$\rho_0' = \frac{m}{V_0'} = \frac{m}{V_0 + V_P} \tag{1-3}$$

式中:ρ_0'为堆积密度,kg/m³;m为材料的质量,kg;V_0'为材料的自然堆积体积,m³;V_P为颗粒间的空隙体积,m³。

材料的自然堆积体积,包括颗粒的表观体积和颗粒之间空隙的体积,如图1-4所示。

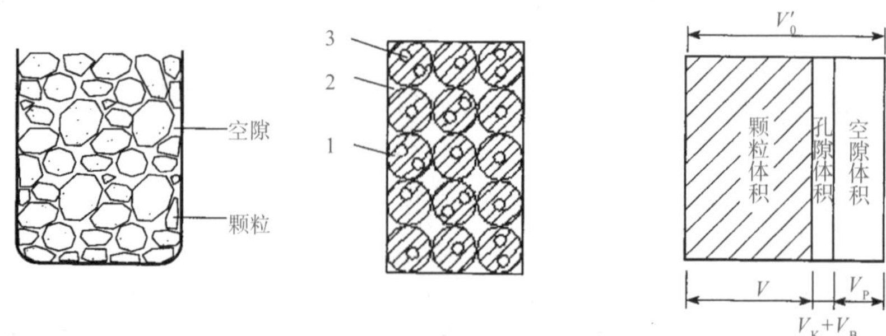

图1-4 散粒材料堆积体积示意图

1—固体物质;2—空隙;3—孔隙

测试时,材料的质量可以是任意含水状态下的,无说明时,指气干状态下的。材料的堆积密度取决于散粒材料的密度、含水率以及堆积的疏密程度,在自然堆积状态下称为松散堆积密度,在振实、压实状态下称为紧密堆积密度。

常用建筑材料的密度、表观密度、堆积密度见表 1-3。

表 1-3　常用建筑材料的密度、表观密度、堆积密度

材料名称	密度（g/cm^3）	表观密度（kg/m^3）	堆积密度（kg/m^3）
石灰岩	2.6~2.8	1 800~2 600	—
花岗岩	2.7~2.9	2 500~2 800	—
混凝土用砂	2.5~2.6	—	1 450~1 650
混凝土用石	2.6~2.9	—	1 400~1 700
水泥	2.8~3.1	—	900~1 300（松散堆积） 1 400~1 700（紧密堆积）
普通混凝土	—	2 100~2 500	—
钢材	7.85	7 850	—
铝合金	2.7~2.9	2 700~2 900	—
烧结普通砖	2.5~2.7	1 500~1 800	—
建筑陶瓷	2.5~2.7	1 800~2 500	—
玻璃	2.45~2.55	2 450~2 550	—
红松木	1.55~1.60	400~800	—
泡沫塑料	—	20~50	—

2. 孔隙率与密实度

（1）孔隙率

孔隙率是指材料内部孔隙体积占材料自然状态下体积的百分数，分为开口孔隙率、闭口孔隙率、总孔隙率（简称孔隙率）。

1）孔隙率的计算　孔隙率计算公式如下：

$$P=\frac{V_B+V_K}{V_0}=\frac{V_0-V}{V_0}=1-\frac{V}{V_0}=\left(1-\frac{\rho_0}{\rho}\right)\times 100\% \tag{1-4}$$

或

$$P=\frac{V_K+V_B}{V_0}=\frac{V_K}{V_0}+\frac{V_B}{V_0}=P_K+P_B$$

2）开口孔隙率的计算　材料中开口孔隙的体积占材料自然状态下体积的百分数称为开口孔隙率。工程中，常将材料吸水饱和状态时水所占的体积视为开口孔隙体积，则 P_K 可表示为

$$P_K=\frac{V_K}{V_0}=\frac{V_{SW}}{V_0}=\frac{m_{SW}}{V_0\cdot\rho_W}=\frac{m'_{SW}-m}{V_0}\frac{1}{\rho_W}\times 100\% \tag{1-5}$$

式中：m_{SW} 为材料吸水饱和后所含水的质量，g 或 kg；m'_{SW} 为材料含水时的总质量，g 或 kg；ρ_W 为水的密度，常温下取 1 000 kg/m^3。

3）闭口孔隙率的计算　材料中闭口孔隙的体积占材料自然状态下体积的百分数称为闭口孔隙率，用下式表示：

$$P_B=P-P_K \tag{1-6}$$

（2）密实度

密实度是指材料体积内被固体物质充实的程度，即固体物质的体积占总体积的百分数，用下式表示：

$$D=\frac{V}{V_0}\times 100\%=\frac{\rho_0}{\rho}\times 100\% \tag{1-7}$$

材料的密实度反映了材料内部的致密程度，对于绝对密实材料，因 $\rho_0=\rho$，故密实度 $D=1$ 或 100%。对于大多数土木工程材料，因 $\rho_0<\rho$，故密实度 $D<1$ 或 $D<100\%$。

（3）孔隙率与密实度的关系

孔隙率与密实度的关系为

$$D+P=1 \tag{1-8}$$

孔隙率反映了材料内部孔隙的数量，它直接影响材料的多种性质。

一般石灰岩的孔隙率为 0.6%~1.5%，烧结普通砖的孔隙率为 20%~40%，普通混凝土的孔隙率为 5%~20%，轻质混凝土的孔隙率为 60%~65%，木材的孔隙率为 55%~75%，泡沫塑料的孔隙率为 95%~99%。

3. 填充率与空隙率

对于松散颗粒状态的材料（如砂子、石子等），可用填充率和空隙率表示其填充的疏松紧密程度。

（1）填充率

填充率是指散粒材料在容器的体积中，被其颗粒填充的程度，填充率 D' 的计算公式如下：

$$D' = \frac{V_0}{V_0'} \times 100\% = \frac{\rho'}{\rho_0} \times 100\% \tag{1-9}$$

（2）空隙率

空隙率是指散粒材料颗粒间空隙体积占整个堆积体积的百分率，用下式表示：

$$P' = \frac{V_P}{V_0'} \times 100\% = \frac{V_0' - V_0}{V_0'} \times 100\% = \left(1 - \frac{V_0}{V_0'}\right) \times 100\% = \left(1 - \frac{\rho_0'}{\rho_0}\right) \times 100\% = 1 - D' \tag{1-10}$$

（3）填充率与空隙率的关系

填充率与空隙率的关系为

$$D' + P' = 1 \tag{1-11}$$

填充率与空隙率从不同侧面反映了散粒状材料在堆积状态下颗粒之间的紧密程度。可以通过压实或振实的方法得到较小的空隙率。在配制混凝土、砂浆等材料时，一般宜选用骨料空隙率（P'）小的砂、石，有利于节约胶凝材料。

【例 1-1】 某块状材料的干质量为 105 g，自然状态下的体积为 40 cm^3，绝对密实状态下的体积为 33 cm^3，试计算其密度、表观密度、密实度和孔隙率。

解：密度

$$\rho = \frac{m}{V} = \frac{105}{33} = 3.18(\text{g/cm}^3)$$

表观密度

$$\rho_0 = \frac{m}{V_0} = \frac{105}{40} = 2.63(\text{g/cm}^3)$$

密实度 $D=V/V_0 \times 100\% = 33/40 \times 100\% = 82.5\%$

孔隙率 $P=(V_0 - V)/V_0 \times 100\% = (40 - 33)/40 \times 100\% = 17.5\%$

1.2.2 与水有关的性质

材料在构成土木工程实体后，在其使用过程中，不可避免会受到外界雨、雪、地下水、冻融等的影响。这种影响大多数对材料有不同程度的有害作用，所以材料在使用过程中与水有关的性质也影响材料的选择和耐久性。材料与水有关的性质包括亲水性和憎水性、吸水性和吸湿性、耐水性、抗冻性、抗渗性等。

1. 材料的亲水性与憎水性

视频 1-1 材料的亲水性与憎水性

若水可以在材料表面铺展开，即材料表面可以被水润湿，此种性质称为亲水性，具备此种性质的材料称为亲水性材料。在工程实践中，材料是否具有亲水性，通常以润湿角的大小划分，如图 1-5 所示。大多数无机硅酸盐材料、石膏和石灰都属于亲水性材料。

若水不能在材料表面上铺展开，则材料表面不能被浸润，此种性质称为憎水性，具备此性质的材料称为憎水性材料，如图 1-6 所示。憎水性材料常用作防水材料。

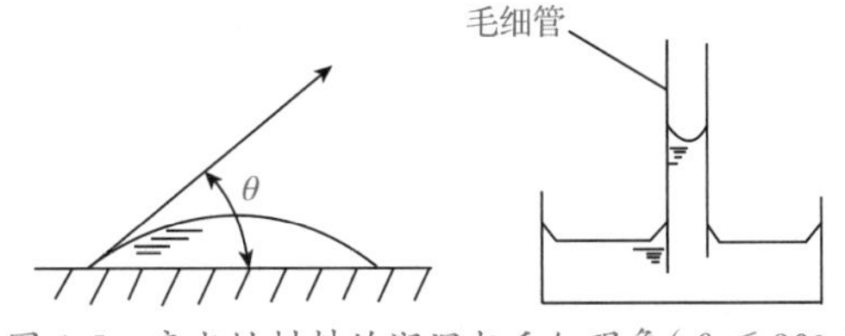

图 1-5　亲水性材料的润湿与毛细现象（$\theta \leq 90°$）

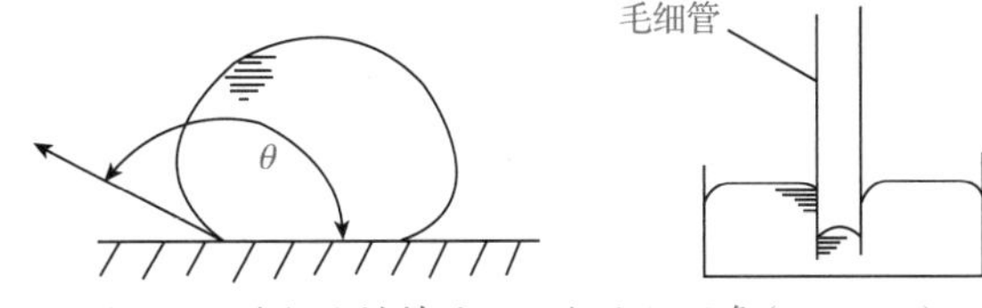

图 1-6　憎水性材料的润湿与毛细现象（$\theta > 90°$）

含毛细孔的亲水性材料可自动将水吸入孔隙内。大多数建筑材料属于亲水性材料。孔隙率较小的亲水性材料仍可作为防水或防潮材料使用，如混凝土、砂浆等。

材料具有亲水性或憎水性的根本原因，在于材料的分子结构是极性分子还是非极性分子。亲水性材料与水分子之间的分子亲和力大于水分子的内聚力，而憎水性材料与水分子之间的分子亲和力小于水分子的内聚力。

土木工程材料中的大多数材料，如骨料、砖、砌块、砂浆、混凝土和木材等属于亲水性材料，其表面能被水润湿，水能通过毛细管作用被吸入材料的内部；多数有机高分子材料，如塑料、沥青、玻璃钢等属于憎水性材料，表面不易被水润湿，适宜作为防水材料和防潮材料，也可涂覆于亲水性材料表面，以降低其吸水性。

2. 吸水性与吸湿性

（1）吸水性

吸水性是材料在水中吸收水分的性质，用材料在吸水饱和状态下的吸水率来表示，具体分为质量吸水率 W_m（所吸收水的质量占绝干材料质量的百分率）、体积吸水率 W_V（所吸收水的体积占自然状态下材料体积的百分率），计算式分别如下：

$$W_m = \frac{m_{SW}}{m} = \frac{m'_{SW} - m}{m} \times 100\% \tag{1-12}$$

$$W_V = \frac{V_{SW}}{V_0} = \frac{m'_{SW} - m}{V_0 \cdot \rho_W} \times 100\% \tag{1-13}$$

二者的关系为

$$W_V = \frac{\rho_0}{\rho_W} \cdot W_m \tag{1-14}$$

式中：W_m 为质量吸水率，%；W_V 为体积吸水率，%；m'_{SW} 为材料在吸水饱和状态下的质量，kg；m 为材料在绝对干燥状态下的质量，kg；ρ_0 为材料干燥状态下的表观密度，kg/m^3；ρ_W 为水的密度，常温下取 1 000 kg/m^3。

对于质量吸水率大于 100% 的材料（如木材等），通常采用体积吸水率；而对于大多数材料，通常采用质量吸水率。

影响材料的吸水性的主要因素有材料自身的化学组成、结构和构造状况，尤其是孔隙状况。通常材料的亲水性越强、孔隙率越大、连通的毛细孔孔隙越多，其吸水率越大。由于材料不同以及同种材料孔隙率和孔隙结构不同，不同材料的吸水率相差很大（见表 1-4），同种材料也有不同的吸水率。吸水率增大对材料的性质有不良影响，如表观密度增加、体积膨胀、导热性增大、强度及抗冻性下降等。

表 1-4　不同材料的吸水率

序号	材料名称	吸水率（%）
1	花岗岩	0.5~0.7
2	外墙面砖	6~10
3	内墙釉面砖	12~20
4	普通混凝土	2~4
5	黏土砖	8~12
6	加气混凝土、软木轻质材料	>100

（2）吸湿性

吸湿性是材料在潮湿的空气中吸收水蒸气的性质。干燥的材料处在较湿的空气中时，便会吸收空气中的水分；而当较潮湿的材料处在较干燥的空气中时，便会向空气中散发水分。前者是材料的吸湿过程，后者是材料的干燥过程。

吸湿性用含水率表示。材料中所含水的质量与材料绝干质量的百分比称为含水率。其计算公式如下：

$$W_B = \frac{m_{SW} - m}{m} \times 100\% \tag{1-15}$$

式中：W_B 为材料的含水率，%；m_{SW} 为材料吸水时的质量，kg；m 为材料在绝对干燥状态下的质量，kg。

材料吸湿或干燥至与空气湿度相平衡时的含水率称为平衡含水率。建筑材料在正常使用状态下，均处于平衡含水状态。

材料的吸湿性除主要与材料的组成、微细孔隙的含量及材料的微观结构有关外，还与材料所处的环境温度、湿度有关。材料堆放在施工现场，其水分不断向空气中挥发，同时又从空气中吸收水分，始终处于动态平衡中。因此，在设计混凝土的施工配合比时应注意砂、石含水率对配合比的影响。

（3）吸水性与吸湿性对材料性质的影响

材料吸水或吸湿后，可削弱内部质点间的结合力，同时也使材料的表观密度、导热性增加，几何尺寸略有增加，材料的保温性、吸声性、强度下降，并使材料受冻害、腐蚀等的影响加剧。由此可见，含水使材料的绝大多数性质变差。

3. 耐水性

材料长期在饱和水的作用下不遭破坏、强度也不显著降低的性能称为耐水性。

对于结构材料，耐水性主要指保持强度不变的能力；对于装饰材料，则主要指颜色是否变化，是否起泡、起层等。材料不同，耐水性不同，耐水性表示方法也不同。对于结构材料，用软化系数（K_P）来表示，计算式如下：

$$K_P = \frac{\text{吸水饱和状态下的抗压强度}}{\text{干燥状态下的抗压强度}} = \frac{f_1}{f_0} \tag{1-16}$$

式中：K_P 为材料的软化系数；f_0 为材料在干燥状态下的抗压强度，MPa；f_1 为材料在吸水饱和状态下的抗压强度，MPa。

材料的软化系数反映材料在浸水饱和后强度降低的程度，材料软化系数介于 0~1.0，钢铁、玻璃、陶瓷的软化系数近似于 1，石膏、石灰的软化系数较低。通常认为 $K_P>0.85$ 的材料为耐水性材料。长期处于潮湿环境或经常遇水的结构，必须选用 $K_P>0.85$ 的材料。受潮较轻或一般建筑物的材料，其软化系数也不宜小于 0.75。

材料的耐水性主要与其组成成分在水中的溶解度和材料的孔隙率有关。溶解度很小或不溶于水的材料，其软化系数（K_P）一般较大。若材料可微溶于水且有较大的孔隙率，则其软化系数（K_P）较小或很小。

4. 抗渗性

抗渗性是材料抵抗压力水渗透的性质。土木工程中许多材料常含有孔隙、孔洞或其他缺陷，当材料两侧的水压差较高时，水可能从高压侧通过内部的孔隙、孔洞或其他缺陷渗透到低压侧。这种压力水的渗透，不仅会影响工程的使用，而且渗入的水还会带入能腐蚀材料的介质，或将材料内的某些成分带出，造成材料破坏。

抗渗性通常用渗透系数来表示。渗透系数是指一定厚度的材料，在单位压力水的作用下，单位时间通过单位面积的水量，计算公式如下：

$$K = \frac{Qd}{AtH} \tag{1-17}$$

式中：K 为材料渗透系数，cm/h；Q 为透过材料试件的水量，cm^3；d 为材料试件的厚度，cm；A 为透水面积，cm^2；t 为透水时间，h；H 为静水压力水头，cm。

渗透系数反映了材料抵抗压力水渗透的能力，渗透系数越大，则材料抗渗性越差。

混凝土和砂浆的抗渗性能常用抗渗等级来表示。抗渗等级是以 28 d 龄期的标准试件，按规定的方法进行试验时所能承受的最大水压力。抗渗等级用“P*n*”表示，其中 *n* 为该材料所能承受的最大水压力的 10 倍值。通常混凝土抗渗等级划分为 5 个等级，分别用 P4、P6、P8、P10 和 P12 来表示，即代表材料分别抵抗 0.4 MPa、0.6 MPa、0.8 MPa、1.0 MPa 和 1.2 MPa 的水压力而不渗透。

材料的抗渗性与其内部的孔隙率和孔隙特征有关，特别是与开口孔隙率有关，与材料的亲水性、憎水性也有一定的关系。

5. 抗冻性

材料在使用环境中，经受多次冻融循环而不遭破坏，强度也无显著降低的性质称为抗冻性。

抗冻性通常用抗冻等级来表示。抗冻方法有慢冻法和快冻法两种，相应的抗冻等级分别用“D*n*”和“F*n*”表示，其中 *n* 为最大冻融循环次数。混凝土的抗冻等级划分为 D25、D50、D100、D150、D200、D250、D300、D300 以上等 8 个等级和 F10、F15、F25、F50、F100、F150、F200、F250、F300 等 9 个等级。

材料抗冻等级主要是依据建筑物的种类、材料的使用条件和部位、当地的气候条件等因素决定的。例如，烧结普通砖、陶瓷面砖、轻混凝土等墙体材料，一般要求抗冻等级为 F15 或 F25；而用于桥梁和道路的混凝土，抗冻等级应为 F50、F100 或 F200。

（1）冻害原因

材料吸水后，在负温作用条件下，水在毛细孔内冻结成冰，体积膨胀（大约增加 9%）所产生的冻胀压力使材料产生内应力，从而遭到局部破坏。随着冻融循环的反复，材料的破坏作用逐步加剧，这种破坏称为冻融破坏。

对结构材料来说，抗冻性主要指材料保持强度的能力，并多以抗冻等级来表示，即以材料在吸水饱和状态（最不利状态）所能抵抗的最大冻融循环次数来表示。

（2）影响冻害的因素

1）孔隙率（P）和开口孔隙率（P_K）　一般情况下，P（尤其是 P_K）越大，则抗冻性越差。

2）充水程度　以水饱和度（K_S）表示：

$$K_S=\frac{V_W}{V_P} \tag{1-18}$$

理论上讲，若孔隙分布均匀，当饱和度 $K_S<0.91$ 时，结冰不会引起冻害，因未充水的孔隙空间可以容纳下水结冰而增加的体积。但当 $K_S>0.91$ 时，则容纳不下冰的体积，故对材料孔壁产生压力，因而会引起冻害。实际上，由于局部饱和的存在和孔隙分布不均，K_S 需比 0.91 小一些才是安全的。如对于水泥混凝土，$K_S<0.80$ 时冻害才会明显减小。对于受冻来说，吸水饱和状态是最不利的状态。

有时为了提高材料的抗冻性，在生产材料时常引入部分封闭的孔隙，如在混凝土中掺入引气剂。这些闭口孔隙可切断材料内部的毛细孔隙，当开口的毛细孔隙中的水结冰时，所产生的压力可将开口孔隙中尚未结冰的水挤入无水的封闭孔隙中，即这些封闭孔隙可起到卸压的作用。

3）材料本身的强度　材料强度越高，抵抗破坏的能力越强，即抗冻性越好。

【例 1-2】 某石材在气干、绝干、水饱和情况下测得的抗压强度分别为 170 MPa、175 MPa、165 MPa，判断该石材能否用于水下工程。

解：该石材的软化系数：$K_P=f_1/f_0=165/175=0.94$

由于该石材的软化系数为 0.94，大于 0.85，故该石材可用于水下工程。

（注：软化系数为材料吸水饱和状态下的抗压强度与材料在绝对干燥状态下的抗压强度之比，与材料在气干状态下的抗压强度无关）

1.2.3　与热有关的性质

材料与热有关的性质包括导热性、热容量。

1. 导热性

当材料存在温度差时，热量通过材料从一侧传至另一侧的性质称为材料的导热性，导热性以导热系数来表示，计算式如下：

$$\lambda = \frac{Qd}{(T_1 - T_2)tA} \tag{1-19}$$

式中：λ 为材料的导热系数，W/(m·K)；Q 为材料传导的热量，J；d 为材料的厚度，m；A 为材料的传热面积，m^2；t 为传热的时间，s；T_1-T_2 为材料两侧的温差，K。

导热系数越小，材料的保温性能越好。各种不同材料的导热系数差别很大，一般为 0.035~3.5 W/(m·K)，一般导热系数小于 0.23 W/(m·K)的为绝热材料。

影响材料导热系数的因素有以下几个。

①材料的组成与结构。一般金属材料、无机材料、晶体材料的导热系数分别大于非金属材料、有机材料、非晶体材料。

②孔隙率越大即材料越轻（ρ_0 小），导热系数越小。细小孔隙、闭口孔隙比粗大孔隙、开口孔隙对降低导热系数更为有利，因为避免了对流传热。

③含水或含冰时，会使导热系数急剧增加。所以，保温材料在存放、施工、使用过程中，需保证处于干燥状态。

④温度越高，导热系数越大（金属材料除外）。

上述因素一定时，导热系数为常数。表 1-5 为几种材料的热工性能指标。

表 1-5　几种材料的热工性能指标

材料	导热系数〔W/(m·K)〕	比热容〔kJ/(kg·K)〕	材料	导热系数〔W/(m·K)〕	比热容〔kJ/(kg·K)〕
钢	58	0.46	松木（横纹）	0.17	2.5
花岗岩	2.80~3.49	0.85	泡沫塑料	0.03~0.04	1.3~1.7
普通混凝土	1.50~1.86	0.88	石膏板	0.19~0.24	0.9~1.1
普通黏土砖	0.42~0.63	0.84	冰	2.22	2.1
泡沫混凝土	0.12~0.20	1.10	水	0.58	4.2
普通玻璃	0.70~0.80	0.84	密闭空气	0.023	1.0
松木（顺纹）	0.35	2.5			

2. 热容量与比热容

材料受热时吸收热量，冷却时放出热量的性质称为材料的热容量。单位质量的材料温度升高或降低 1 K 所吸收或放出的热量称为比热容，几种材料的比热容见表 1-5。热容量值等于材料的比热容（c）与质量（m）的乘积。

材料的热容量越大，则建筑物室内温度越稳定，能对室内温度起到调节作用，使温度变化不致过快。

墙体材料的热学性能对建筑节能具有重要的意义。建筑物外墙的墙体材料，既应具有较低的导热性，又应具有较大的热容量和保温、隔热、防水性能，以保持建筑物内部的温度稳定，从而达到节约冬季取暖与夏季降温过程中能耗的目的。

1.3　材料的力学性质

材料的力学性质是指材料在外力作用下，抵抗破坏和变形的能力。它对建筑物的正常运行、安全使用至关重要。

在学习材料的力学性质时，经常用到与受力和变形相对应的两个概念：应力和应变。应力是指作用于材料表面或内部单位面积的力，通常用符号“σ”表示；应变是指材料在外力作用方向上，所发生的相对变形值，通常用符号“ε”表示。对于拉、压变形，$\varepsilon=\frac{\Delta L}{L}$（$\Delta L$ 为试件受力方向的变形值，L 为试件原长）。

1.3.1　材料的强度

材料在外力作用下抵抗破坏的能力称为强度。建筑材料受外力作用时，内部就产生应力。外力增加，应力相应增大。随着外力的增加，材料内部质点间的结合力不足以抵抗外力时，材料即发生破坏，此时的应力值就是材料的强度，也称为极限强度。

根据外力作用方式的不同，材料强度有抗拉、抗压、抗剪、抗弯（抗折）、抗扭强度等，如图 1-7 所示。

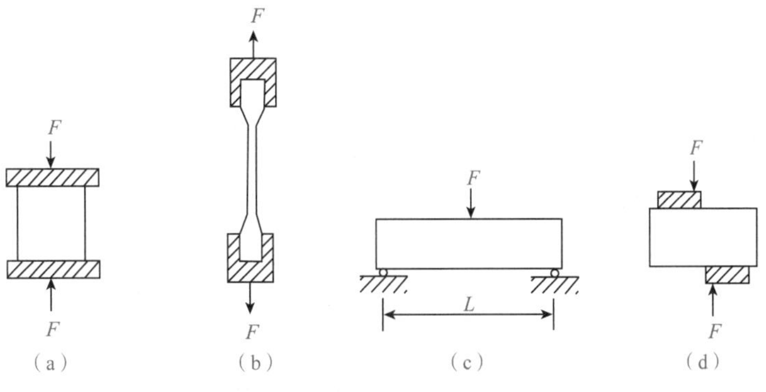

图 1-7　常见的构件受力图

（a）受压构件　（b）受拉构件　（c）受弯构件　（d）受剪构件

视频 1-2　材料受压试验

视频 1-3　材料受拉试验

视频 1-4　材料受弯试验

视频 1-5　材料受剪试验

1. 材料的理论强度

固体材料的强度取决于结构中质点间的结合力，即化学键力。材料的破坏实际上是质点间化学键的断裂。原则上固体的理论强度能够根据其化学组成、晶体结构与强度之间的关系计算出来，但不同材料有不同的组成、不同的结构以及不同的键合方式，因此这种计算非常复杂，而且对各种材料均不相同。奥洛万（Orowan）提出了著名的 Orowan 公式，即材料的理论强度可按下式计算：

$$f_t=\sqrt{\frac{Ev}{d}} \tag{1-20}$$

式中：f_t 为材料的理论强度，Pa；E——材料的杨氏弹性模量，Pa；v 为材料的表面能，J/m^2；d 为原子间距，m。

由上式计算出的理论强度很高，为实际强度的 100~1 000 倍。实际上材料结构中含有大量缺陷，如晶格缺陷、孔隙、裂纹等。材料受力时，在缺陷处形成应力集中。如当脆性材料内部含一条长度为 2c 的裂纹时，其强度可用格里斯菲（Griffith）微裂纹理论计算：

$$f=\sqrt{\frac{2Ev}{\pi c}} \tag{1-21}$$

由上式可知，材料中的裂纹越长，材料的强度越小。减少材料内部的缺陷（孔隙、裂纹等）可大幅度提高材料的强度。

2. 材料的实际强度

材料的实际强度是指材料在外力作用下抵抗破坏的能力，常采用破坏性试验来测定，根据受力形式分为抗压强度、抗拉强度、抗弯强度、抗剪强度等。

（1）抗拉（压、剪）强度

材料受荷载（拉力、压力、剪力）作用直到破坏时，单位面积上所承受的拉力（压力、剪力）称为抗拉（压、剪）强度。按下式计算：

$$f=\frac{F_{max}}{A} \tag{1-22}$$

式中：f 为材料的强度，N/mm^2 或 MPa；F_{max} 为材料破坏时的最大荷载，N；A 为材料受力截面的面积，mm^2。

（2）抗弯（折）强度

材料抗弯（折）强度与材料受力状况有关。对于矩形截面试件，若两端支撑，中间受荷载作用，则其抗弯（折）强度按下式计算：

$$f=\frac{3FL}{2bh^2} \tag{1-23}$$

式中：f 为材料的抗弯强度，N/mm^2 或 MPa；F 为材料破坏时的最大荷载，N；L 为两支点间距，mm；b，h 为试件横截面的宽与高，mm。

3. 影响材料的实际强度的因素

①材料的内部因素（组成、结构）。它是影响材料强度的主要因素。

②测试条件。它是影响材料实际强度的另一大因素。当加荷速度较快时，由于变形速度落后于荷载的增长速度，故测得的强度值偏高；而加荷速度较慢时，则测得的强度值偏低；当受压试件与加压钢板间无润滑作用（如未涂石蜡等润滑物）时，加压钢板对试件两个端部的横向约束抑制了试件的开裂，因而测得的强度值偏高；试件越小，上述约束作用越大，且含有缺陷的概率越小，故测得的强度值偏高。受压试件以立方体形状测得的强度值高于棱柱体试件的强度值；一般温度较高时，测得的强度值偏低。一般含水试件的强度比干燥试件低。

③材料的含水状态及温度。

4. 材料的强度等级与比强度

为便于使用，常根据材料的强度值将强度划分为若干强度等级或标号。

对不同强度的材料进行比较，可采用比强度这个指标。比强度等于材料的强度与其表观密度之比。比强度是评价材料是否轻质高强的指标。表 1-6 是几种主要材料的比强度值。

表 1-6　几种主要材料的比强度值

材料	表观密度（kg/m^3）	强度（MPa）	比强度
普通混凝土	2 400	40	0.017
低碳钢	7 850	420	0.054
松木（顺纹抗拉）	500	100	0.200
烧结普通砖	1 700	10	0.006
铝材	2 700	170	0.063
铝合金	2 800	450	0.160
玻璃钢	2 000	450	0.225
花岗岩	2 630~2 750	100~300	0.046~0.096

1.3.2　材料的弹性与塑性

弹性是指材料在外力作用下产生变形，外力撤掉后能完全恢复原来形状和大小的性质。这种变形称为弹性变形。具有这种明显特征的材料称为弹性材料。受力后材料的应力与应变的比值即为弹性模量。其表达式为

$$E = \frac{\sigma}{\varepsilon} \tag{1-24}$$

塑性是指材料在外力作用下产生的变形，外力撤消后不能自行恢复原状的性质。这种变形称为塑性变形。具有这种明显特征的材料称为塑性材料。大多数材料受力初期表现为弹性变形，达到一定程度后表现出塑性特征，这种材料称为弹塑性材料（如混凝土）。实际上，在真实材料中，完全弹性材料或完全塑性材料是不存在的。

1.3.3 材料的脆性与冲击韧性

材料在破坏时，未出现明显的塑性变形，而表现为突发性破坏，此种性质称为材料的脆性。脆性材料的特点是塑性变形小，且抗压强度与抗拉强度比值较大（5~50）。脆性材料不利于抵抗振动和冲击荷载，会使结构发生突发性破坏，是工程中应避免的。陶瓷、砖瓦、混凝土、铸铁等都属于脆性较大的材料。

在冲击、振动荷载作用下，材料能够吸收较大的能量，而不发生突发性破坏的性质称为材料的冲击韧性或韧性。韧性材料的特点是变形大，特别是塑性变形大、抗拉强度接近或高于抗压强度。木材、建筑钢材、橡胶等属于韧性材料。

在工程中，对于有冲击、振动荷载作用的结构（如桥梁、吊车梁及有抗震要求的土木工程），需考虑材料的韧性。材料的脆性与韧性演示过程如视频 1-6 所示。

视频 1-6 材料脆性与冲击韧性试验

1.3.4 材料的硬度与耐磨性

硬度表示材料表面的坚硬程度，是抵抗其他硬物刻画、压入其表面的能力。通常用压入法、刻画法和回弹法测定材料的硬度。木材、金属等韧性材料的硬度，一般采用压入法测定。压入法测硬度的指标有布氏硬度和洛氏硬度，等于压入荷载除以压痕的面积或深度。而陶瓷、玻璃等脆性材料的硬度，一般采用刻画法测定，根据刻画矿物（滑石、石膏、磷石灰、正长石、硫铁矿、黄玉、金刚石等）的不同分为 10 级。回弹法用于测量混凝土表面硬度（可以间接推算混凝土强度）。

耐磨性是材料表面抵抗磨损的能力。材料的耐磨性用磨耗率表示，磨耗率是指材料单位面积上磨损前后的质量差，其单位是 g/cm^2。材料的耐磨性与材料的组成、结构、强度、硬度等有关。

建筑中用于地面、踏步、台阶、路面等的材料，应当考虑材料的硬度和耐磨性。

1.4 材料的耐久性与环境协调性

1.4.1 材料的耐久性

材料在使用过程中，在各种环境介质的长期作用下，稳定地保持其原有性质的能力称为材料的耐久性。材料的组成、结构、性质是影响耐久性的内在因素，材料的用途不同，对耐久性的要求也不同。

耐久性一般包括材料的抗渗性、抗冻性、抗碳化性、抗老化性、耐腐蚀性、耐溶蚀性、耐光性、耐热性、耐磨性等耐久性指标。材料耐久性是一项综合性能，对不同材料要求保持的主要性质也不相同，如对于结构材料，要求强度不显著降低；对于装饰材料，则要求颜色、光泽等不发生显著变化等。金属材料常由化学和电化学作用引起腐蚀和破坏；无机非金属材料常由化学作用、溶解、冻融、风蚀、温差、湿差、摩擦等因素中的某些因素或综合作用而引起破坏；有机材料常由生物（细菌、昆虫等）、溶蚀、化学腐蚀、光、热、大气等的作用而引起破坏。

材料在使用环境中，除受机械作用外，还会受到周围各种自然因素的影响，如物理、化学、生物及机械等方面的作用。物理作用有干湿变化、温度变化及冻融变化等。化学作用包括大气、环境、水以及使用条件下酸、碱、盐等液体或有害气体对材料的侵蚀作用。生物作用包括细菌、昆虫等的作用。机械作用包括使用荷载的持续作用,交变荷载引起的疲劳、冲击、磨损、磨耗等。

对材料耐久性的测定需要长期的观察,而这往往满足不了工程的即时需要,因此,通常根据使用要求,用一些试验室可测定并能基本反映材料耐久性的短时试验指标来表达。

为了提高材料的耐久性,可采取提高材料本身的密实度、改变材料的孔隙构造、适当改变成分、进行憎水处理及防腐处理等措施,提高材料对外界作用的抵抗能力;设法减轻大气或其他介质对材料的破坏作用;也可对主体材料施加保护层、保护材料,如通过抹灰、刷涂料、做饰面等措施,保护材料免受破坏,提高其耐久性。

1.4.2 材料的环境协调性

材料产业支撑着人类社会的发展,使人们的生活更加便利和舒适。人类的生存、发展都离不开建筑材料。但同时建筑材料在生产、处理、使用、回收和废弃过程中也给环境带来了沉重的负担。为了防止建筑材料所含的有害物质对人体和室内环境造成污染,国家修改发布《民用建筑工程室内环境污染控制标准》(GB 50325—2020)、室内装饰装修九种材料有害物质限量(详见 GB 18580~GB 18588)及《建筑材料放射性核素限量》(GB 6566—2010)。

材料的环境协调性主要体现在少消耗资源、能源,少产生污染,发展循环经济。目前我国在建材、建筑领域正在推广绿色建材、绿色建筑,推动以节能、节地、节水、节材和环境保护(简称“四节一环保”)为核心的建筑技术发展,逐步提高绿色建筑比重,以实现可持续发展。

1.5 材料的防火性能

火的使用是人类的伟大创举之一,它在人类文明和社会进步中起着无法估量的重要作用。然而,火若失去控制,便会危及人类的生命和财产安全,破坏自然资源,酿成灾害。通常认为,火灾是火失去控制后蔓延的一种灾害性的燃烧现象,它是各种灾害中发生最频繁且极具毁灭性的灾害之一,其灾害性和毁灭性令人触目惊心。火灾的直接损失约为地震的 5 倍,仅次于干旱和洪涝,而且发生的频率居于各灾种之首。在各类火灾中,建筑物火灾占有很高的比例,并且对人类的生命安全和财产安全的威胁最大。

由于建筑物火灾通常都是从某些可燃性物质受热被点燃进而发生急剧的燃烧所引起的,因此各类建筑防火材料就具有减少火灾隐患,将火灾控制在一定范围内,防止建筑物结构体提前倒塌,从而减少生命和财产损失的积极作用。建筑防火是建筑设计中的一项基本要求,对于延长建筑物使用寿命、保障人民生命和财产的安全具有重要的意义。

1.5.1 建筑材料的防火性能

建筑材料的防火性能包括建筑材料的燃烧性能、耐火极限、燃烧时的毒性和发烟性。

建筑材料的燃烧性能是指材料燃烧或遇火时所发生的一切物理、化学变化。其中着火的难易程度、火焰传播程度、火焰传播速度以及燃烧时的发热量,均对火灾的发生和发展具有重要影响。

耐火极限是指在标准耐火试验条件下,建筑构件、配件或结构从受到火的作用时起,到失去稳定性、完整性或隔热性止的这段时间。建筑构件的耐火极限决定了建筑物在火灾中的稳定程度及火灾发展速度。

燃烧时的毒性包括建筑材料在火灾中受热发生分解释放出的热分解产物和燃烧产物对人体的毒害作用。

燃烧时的发烟性是指建筑材料在燃烧或热分解作用下,所产生的悬浮在大气中的可见的固体和液体微粒。固体微粒就是碳粒子,液体微粒主要指一些焦油状的液滴。材料燃烧时的发烟性直接影响能见度,从而使人从火场中逃生发生困难,也影响消防人员的扑救工作。

1.5.2 建筑材料燃烧性能及检测分级

根据国家标准《建筑材料及制品燃烧性能分级》(GB 8624—2012)的规定,建筑材料及制品燃烧性能级别分为 A 级（不燃材料）、B_1 级（难燃材料）、B_2 级（可燃材料）和 B_3 级（易燃材料）四个等级。

装饰装修材料燃烧性能等级为：A 级，包括花岗岩、水磨石、水泥制品、混凝土制品、石灰制品、玻璃、陶瓷、马赛克、钢铁、铝合金、铜合金等；B_1 级，包括纸面石膏板、纤维石膏板、珍珠岩装饰吸声板、难燃胶合板、难燃木材等；B_2 级，包括各类天然木材、木质人造板、塑料壁纸、墙布、人造革等；B_3 级，包括易挥发的有机高分子材料等。

测定材料的燃烧性能有多种方法，包括水平燃烧法、垂直燃烧法、隧道燃烧法和氧指数法。其中，氧指数法试验简单、复演性好，可用于许多材料的燃烧性能测定。

1.5.3　材料防火机理及建筑防火材料

材料的燃烧过程是一种剧烈发光发热的化学反应，其燃烧的三个条件为：一是具有可燃物质，二是具有助燃剂，三是具有一定温度（如明火或高温作用）。这三个条件只有同时存在并相互接触，才能发生燃烧。防火机理即是将三个因素之一隔绝开来。

建筑防火材料就是根据上述原理，将各种材料的防火、阻燃作用互相配合来实现防火、阻燃的目的。常用的建筑防火材料有防火涂料和防火板材等。

本任务小结

（1）掌握建筑材料的组成、结构和性能的关系，为选择材料打基础。

（2）掌握密度、表观密度、堆积密度三个物理量的概念和主要区别，理解孔隙率、空隙率的区别。

（3）理解材料的亲水性与憎水性、吸水性与吸湿性以及耐水性、抗渗性、抗冻性的含义、区别及在工程实践中的应用。

（4）掌握材料强度的概念和影响强度的因素，理解材料其他力学性能的含义。

（5）了解材料的热工性能、耐久性、装饰性、防火性及环境协调性。

模块2　胶凝材料

模块内容简介

本模块的主要内容是气硬性胶凝材料和水硬性胶凝材料。气硬性胶凝材料主要介绍了建筑石灰、建筑石膏和水玻璃三类;水硬性胶凝材料重点介绍了通用硅酸盐水泥,简单介绍了专用水泥、特性水泥和铝酸盐水泥。

模块学习目标

学生在学完本模块后,应该掌握建筑石灰、建筑石膏、水玻璃的性能和异同点以及不同的使用环境;掌握六种通用硅酸盐水泥的共性和特性,并且能结合不同的工程环境选择不同的水泥;了解专用水泥、特性水泥及铝酸盐水泥的特性和应用环境;能够对常用胶凝材料进行必要的质量检验、标识和管理。

任务 2　气硬性胶凝材料的选择与应用

任务简介

胶凝材料是建筑及装饰工程中能够把散粒材料黏结成整体、起黏结作用的材料。胶凝材料分为无机胶凝材料和有机胶凝材料。无机胶凝材料分为气硬性胶凝材料和水硬性胶凝材料。本任务要学习的石膏、石灰和水玻璃都属于气硬性胶凝材料。

知识目标

（1）了解石灰、石膏、水玻璃的原料与生产。

（2）掌握石灰、石膏、水玻璃的水化、硬化。

（3）掌握石灰、石膏、水玻璃的技术性质和用途。

技能目标

（1）能够结合工程实际合理选用气硬性胶凝材料。

（2）能够在试验室进行产品检验、标识和管理。

思政教学

思政元素 2

教学课件 2

授课视频 2

应用案例与发展动态

在工程材料中，经过一系列物理化学作用后，能够由浆体变成固体，并在变化过程中能把散粒材料胶结成具有一定强度的整体的材料称为胶凝材料。胶凝材料按化学组成分为无机胶凝材料和有机胶凝材料。无机胶凝材料又分为气硬性胶凝材料（Air-hardening Binding Material）和水硬性胶凝材料（Hydraulic Binding Material）。只能在空气中凝结硬化、保持或继续发展强度的无机胶凝材料称为气硬性胶凝材料。不仅能在空气中硬化，而且能更好地在水中硬化、保持或继续发展强度的无机胶凝材料称为水硬性无机胶凝材料。土木工程中常用的气硬性胶凝材料主要有石灰、石膏、水玻璃。

2.1　建筑石灰

视频 2-1　常用建筑石灰产品

石灰（Lime）是建筑上最早使用的一种传统的气硬性胶凝材料。由于其原料来源广泛，生产工艺简单，使用方便，成本低廉，并具有良好的建筑及装饰性能，所以目前仍然是一种使用十分广泛的建筑材料。

2.1.1 建筑石灰的生产

1. 建筑石灰的原料与生产

（1）原料

石灰的主要原料是石灰岩、白垩、白云石质石灰等，其主要成分是碳酸钙，其次是碳酸镁，还有黏土等杂质，一般要求杂质控制在 8% 以内。此外，还可以利用化学工业副产品作为石灰的生产原料，如用碳化钙制取乙炔时所产生的主要成分为氢氧化钙的电石渣等。

（2）生产工艺——煅烧

石灰岩经高温煅烧分解释放出二氧化碳，生成以氧化钙为主要成分（含少量氧化镁）的生石灰（Lump Lime），反应式如下：

$$CaCO_3 \xrightarrow{900\sim1\,000\ ℃} CaO + CO_2\uparrow$$

煅烧良好的生石灰，质轻色匀，密度约为 3.2 g/cm^3，表观密度为 800~1 000 kg/m^3。

在实际生产中，为加快石灰石分解，煅烧温度常控制在 1 000~1 200 ℃。若石灰石原料的尺寸过大或窑中温度不均，则碳酸钙不能完全分解，生石灰中残留有未烧透的内核，这种石灰称为欠火石灰。它降低了石灰的利用率，使用时黏结力不足，质量较差。若烧制的温度过高或时间过长，将使石灰表面出现裂缝或玻璃状的外壳，体积收缩明显，颜色呈灰黑色，这种石灰称为过火石灰，这种现象在石灰煅烧过程中是很难避免的。过火石灰表面常被黏土杂质融化形成的玻璃釉状物包覆，熟化很慢。当石灰已经硬化后，过火石灰才开始熟化，并产生体积膨胀（膨胀 97%），导致出现鼓包和开裂。因此，生产中控制适当的煅烧温度，使用时对过火石灰进行处理，都是非常重要的。

2. 石灰成品的种类

石灰有以下四种成品。

图 2-1　块状生石灰

①块状生石灰，由原料煅烧成白色或浅灰色疏松结构块状物，主要成分为 CaO。块状生石灰见图 2-1。

②生石灰粉（Ground Quick Lime），由块状石灰磨细而成，主要成分为 CaO。

③消石灰粉（Slaked Lime），由生石灰加适量的水消化而成的粉末，也称熟石灰粉，主要成分为 $Ca(OH)_2$。

④石灰膏（Lime Plaster），将块状生石灰用过量水（为生石灰体积的 3~4 倍）消化，或将消石灰粉和水拌合，所得到的一定稠度的膏状物，主要成分是 $Ca(OH)_2$ 和水。

按照《建筑生石灰》（JC/T 479—2013）的规定，生石灰按其加工情况分为建筑生石灰和建筑生石灰粉；按其成分分为钙质石灰和镁质石灰两类，前者氧化镁含量小于 5%，根据化学成分的含量，每类分成不同等级，见表 2-1。

表 2-1　建筑生石灰的分类

类别	名称	代号
钙质石灰	钙质石灰 90	CL 90
	钙质石灰 85	CL 85
	钙质石灰 75	CL75
镁质石灰	镁质石灰 85	ML 85
	镁质石灰 80	ML 80

按照《建筑消石灰》（JC/T 481—2013）的规定，建筑消石灰按扣除游离水和结合水后（CaO+MgO）的百分含量加以分类，见表 2-2。

表 2-2 建筑消石灰的分类

类 别	名 称	代 号	说明
钙质消石灰	钙质消石灰 90	HCL 90	HCL 90：HCL 表示钙质消石灰，90 表示消石灰中（CaO+MgO）的百分含量
	钙质消石灰 85	HCL 85	
	钙质消石灰 75	HCL75	
镁质消石灰	镁质消石灰 85	HML 85	HML 85：HML 表示镁质消石灰，85 表示消石灰中（CaO+MgO）的百分含量
	镁质消石灰 80	HML 80	

3. 标记

建筑生石灰的识别标记由产品名称、加工情况和产品依据标准编号组成。生石灰块在代号后加 Q，生石灰粉在代号后加 QP。

示例：符合 JC/T 479—2013 的钙质生石灰粉 90 标记为：CL 90-QP JC/T 479—2013。

说明：① CL 表示钙质石灰；② 90 表示（CaO+MgO）的百分含量；③ QP 表示粉状；④ JC/T 479—2013 为产品依据标准。

建筑消石灰的识别标志由产品名称和产品依据标准编号组成。

示例：符合 JC/T 481—2013 的钙质消石灰 90 标记为：HCL 90 JC/T 481—2013。

说明：① HCL 表示钙质消石灰；② 90 表示（CaO+MgO）的百分含量；③ JC/T 481—2013 为产品依据标准。

2.1.2 石灰的熟化

石灰的水化又称消化或熟化，是指生石灰与水发生水化反应，生成 $Ca(OH)_2$ 的过程，其反应式如下：

$$CaO+H_2O \longrightarrow Ca(OH)_2+64.9\ kJ/mol$$

石灰的熟化过程伴随着剧烈的放热和体积膨胀现象（1.0~2.5 倍），使用中如不进行良好的控制，极易发生危险并严重影响工程质量。过火石灰水化极慢，它在正常石灰凝结硬化后才开始慢慢熟化，并产生体积膨胀，从而使已硬化的石灰体发生鼓包、开裂破坏。为了消除过火石灰的危害，生石灰熟化形成的石灰浆应在储灰坑中放置两周以上，这一过程称为石灰的“陈伏”。“陈伏”期间，石灰浆应被水膜遮盖，与空气隔绝，以免碳化。生石灰熟化理论需水量为石灰用量的 32.1%，而实际熟化过程中加入过量的水，一方面是考虑熟化时释放热量引起水分蒸发，另一方面是确保生石灰充分熟化。建筑工地上常在化灰池中进行石灰膏的生产，即将块状生石灰用水冲淋，通过筛网滤去欠火石灰和杂质，流入化灰池中沉淀而得。

2.1.3 石灰的硬化

石灰的硬化是指石灰浆体由塑性状态逐步转化为具有一定强度的固体的过程。石灰浆体在空气中逐渐硬化，是由两个同时进行的物理及化学变化过程来完成的，包括结晶过程和碳化过程。

（1）干燥硬化与结晶硬化

石灰浆体在干燥过程中由于自由水分蒸发或被砌体吸收，其 $Ca(OH)_2$ 浓度增加，随着水分继续减少，石灰浆体达到过饱和状态，$Ca(OH)_2$ 从溶液中结晶出来，靠拢、搭接，形成结晶结构网，产生强度。
$Ca(OH)_2$ 结晶量不断增加，结构网密实度增加，使强度继续增加。

（2）碳化硬化

$Ca(OH)_2$ 与潮湿空气中的 CO_2 反应，生成 $CaCO_3$，新生成的 $CaCO_3$ 晶体相互交叉连生或与 $Ca(OH)_2$ 共生，构成紧密接触的结晶网，使浆体强度进一步提高，反应式如下：

$$Ca(OH)_2+CO_2+nH_2O = CaCO_3+(n+1)H_2O$$

由于空气中 CO_2 浓度低，且 CO_2 较难深入内部，同时内部水分蒸发速度也慢，故碳化过程十分缓慢。石灰浆体硬化过程慢，总强度低，耐水性差。

2.1.4 建筑石灰的技术要求

①建筑生石灰的化学成分应符合表 2-3 的要求。

表 2-3 建筑生石灰的化学成分 (%)

名称	氧化钙 + 氧化镁(CaO+MgO)	氧化镁(MgO)	二氧化碳(CO_2)	三氧化硫(SO_3)
CL 90-Q CL 90-QP	≥ 90	≤ 5	≤ 4	≤ 2
CL 85-Q CL 85-QP	≥ 85	≤ 5	≤ 7	≤ 2
CL 75-Q CL 75-QP	≥ 75	≤ 5	≤ 12	≤ 2
ML 85-Q ML 85-QP	≥ 85	>5	≤ 7	≤ 2
ML 80-Q ML 80-QP	≥ 80	>5	≤ 7	≤ 2

②建筑生石灰的物理性质应符合表 2-4 的要求。

表 2-4 建筑生石灰的物理性质

名称	产浆量 (dm^3/10 kg)	细度	
		0.2 mm 筛余量(%)	90 μm 筛余量(%)
CL 90-Q	≥ 26	—	—
CL 90-QP	—	≤ 2	≤ 7
CL 85-Q	≥ 26	—	—
CL 85-QP	—	≤ 2	≤ 7
CL 75-Q	≥ 26	—	—
CL 75-QP	—	≤ 2	≤ 7
ML 85-Q	—	—	—
ML 85-QP	—	≤ 2	≤ 7
ML 80-Q	—	—	—
ML 80-QP	—	≤ 7	≤ 2

注:其他物理特性,根据用户要求,可按 JC/T 478.1—2013 进行测试。

③建筑消石灰的化学成分和物理性质应分别满足表 2-5、表 2-6 的要求。

表 2-5 建筑消石灰的化学成分 (%)

名称	氧化钙 + 氧化镁(CaO+MgO)	氧化镁(MgO)	三氧化硫(SO_3)
HCL 90	≥ 90	≤ 5	≤ 2
HCL 85	≥ 85		
HCL 75	≥ 75		
HML 85	≥ 85	>5	
HML 80	≥ 80		

表 2-6　建筑消石灰的物理性质

名称	游离水(%)	细度		安定性
		0.2 mm 筛余量(%)	90 μm 筛余量(%)	
HCL 90 HCL 85 HCL75 HML 85 HML 80	≤2	≤2	≤7	合格

2.1.5　建筑石灰的特性

1. 可塑性、保水性好

生石灰熟化后形成的石灰浆，是一种表面吸附水膜的高度分散的氢氧化钙胶体，因而摩擦力小，颗粒间滑移较易进行，故具有良好的可塑性、保水性。利用这一性质，将其掺入水泥浆中，可显著提高砂浆的可塑性和保水性。

2. 硬化慢、强度低、耐水性差

石灰是一种硬化缓慢、强度较低的材料，1∶3 石灰砂浆 28 d 抗压强度仅为 0.2~0.5 MPa。同时，石灰的硬化体中含有大量未碳化的氢氧化钙，而氢氧化钙易溶于水，所以石灰的耐水性很差，受潮后石灰溶解，强度更低，在水中还会溃散。所以，石灰不宜在潮湿的环境中使用，也不宜用于重要建筑物的基础。

3. 硬化时体积收缩大

石灰在硬化过程中，蒸发大量的游离水而引起显著的收缩。所以除调成石灰乳作薄层涂刷外，不宜单独使用。常在石灰中掺入砂、纸筋等以提高抗拉强度，抵抗收缩引起的开裂。

4. 生石灰吸湿性强

生石灰容易吸收水分和二氧化碳转变成氢氧化钙和碳酸钙，因此常作为干燥剂使用。

2.1.6　建筑石灰的应用与储运

1. 石灰的应用

石灰在建筑及装饰工程中的应用范围非常广泛，常见用途如下。

1）制作石灰乳涂料和砂浆　将熟化好的石灰膏或消石灰粉加入过量的水搅拌稀释，成为石灰乳，石灰乳是一种传统的室内粉刷涂料，但目前已很少使用，主要用于临时性建筑的室内粉刷。利用石灰膏配制的石灰砂浆、混合砂浆，广泛应用于建筑物 ±0.00 以上部位墙体的砌筑和抹灰，配制时常要加入纸筋等纤维质材料。

2）配制灰土和三合土　消石灰粉和黏土拌合后成为灰土，若再加入砂（或炉渣、石屑）则成为三合土。石灰改善了黏土的可塑性，经碾压或夯实，在潮湿环境中使石灰与黏土或硅铝质工业废料表面的活性氧化硅或氧化铝反应，生成具有水硬性的水化硅酸钙或水化铝酸钙，适于在潮湿环境中使用。灰土和三合土广泛用于建筑物基础和道路垫层。

3）生产硅酸盐制品　石灰与天然砂或硅铝质工业废料混合均匀，加水搅拌，经压振或压制，形成硅酸盐制品。为使其获得早期强度，往往采用高温高压养护或蒸压，使石灰与硅铝质材料反应速度显著加快，使制品产生较高的早期强度。这类制品有灰砂砖、硅酸盐砖、硅酸盐混凝土制品等。

4）生产碳化石灰板　细石灰纤维状填料或轻质骨料和水按一定比例搅拌、成形，然后通入高浓度 CO_2，经人工碳化（12~14 h）而成轻质碳化石灰板。碳化石灰板主要用作非承重内墙、天花板等。

2. 建筑石灰的储运注意事项

生石灰的吸水、吸湿性极强，所以存放时应注意防潮，而且不宜贮存过久。建筑工地上一般将石灰的贮存期变为陈伏期，以防碳化。此外，生石灰受潮熟化时放出大量的热并产生体积膨胀，所以，生石灰不宜与易燃、易爆品同存、同运。

2.2 建筑石膏

石膏是以硫酸钙为主要成分的气硬性胶凝材料。我国的石膏资源极其丰富，石膏的使用有着悠久的历史，石膏及其制品具有质轻、隔热、吸声、防火性好、装饰性强、容易加工等优点，加之原材料来源丰富，生产能耗低，因而在建筑工程中得到广泛应用。目前，常用的石膏胶凝材料有建筑石膏、高强石膏等。

视频 2-2 常用建筑石膏产品

2.2.1 建筑石膏的生产

生产建筑石膏的主要原料是天然二水石膏（$CaSO_4 \cdot 2H_2O$），又称为软石膏或生石膏，也可采用含硫酸钙的化工副产品和废渣（如磷石膏、脱硫石膏等）。

建筑石膏，通常是将原料（二水石膏）在不同条件（温度和压力）下加热、煅烧、脱水，再经磨细而成的。同一种原料，在不同的煅烧条件下（加热条件和程度）所得产品的结构、性质、用途不同。

（1）建筑石膏（β 型半水石膏）

将二水石膏在常压下煅烧加热到 107~170 ℃，可生成 β 型半水石膏（也称熟石膏），经磨细制成白色粉末，即为建筑石膏。其反应式如下：

$$CaSO_4 \cdot 2H_2O \xrightarrow{107\sim170\ ℃常压} CaSO_4 \cdot \frac{1}{2}H_2O + 1\frac{1}{2}H_2O$$

（二水石膏）　　　　　（β 型半水石膏）

建筑石膏晶体较细，调制成一定稠度的浆体时，需水量较大（理论需水量为石膏用量的 18.6%，实际用水量为石膏用量的 60%~80%）。多余的水分蒸发后会产生大量孔隙，因此建筑石膏制品强度较低。

（2）高强石膏（α 型半水石膏）

将二水石膏在 124 ℃条件下压蒸（1.3 个大气压）加热可生成 α 型半水石膏。其反应式如下：

$$CaSO_4 \cdot 2H_2O \xrightarrow{124\ ℃压蒸} CaSO_4 \cdot \frac{1}{2}H_2O + 1\frac{1}{2}H_2O$$

（二水石膏）　　　　　（α 型半水石膏）

α 型半水石膏与 β 型半水石膏相比，结晶颗粒较粗，比表面积较小，制浆时用水量少（石膏用量的 35%~45%），硬化后具有较高的强度和密实度，因此又称为高强石膏。

β 型半水石膏又称为模型石膏，主要用于陶瓷的制坯工艺，少量用于装饰浮雕。高强石膏主要用于抹灰工程，制作装饰制品和石膏板等。在高强石膏中加防水剂，可用于湿度较高的环境。

2.2.2 建筑石膏的凝结和硬化

建筑石膏与适量水拌合后，能形成可塑性良好的浆体，随着石膏与水反应，浆体的可塑性很快消失而发生凝结，此后进一步产生和发展强度而硬化。建筑石膏与水之间产生化学反应的反应式为

$$CaSO_4 \cdot \frac{1}{2}H_2O + \frac{3}{2}H_2O = CaSO_4 \cdot 2H_2O + 15.4\ kJ/mol$$

建筑石膏加水后首先溶解，然后发生上述的水化过程，生成二水石膏。由于二水石膏在水中的溶解度较半水石膏小很多，所以二水石膏不断在过饱和溶液中沉淀而析出胶体微粒。随着二水石膏沉淀的不断增加，就会产生结晶，结晶体不断生成和长大，晶体颗粒之间便产生了摩擦力和黏结力，造成浆体的塑性开始下降，这一现象称为石膏的初凝；而后随着晶体颗粒间摩擦力和黏结力的增大，浆体的塑性很快下降，直至消失，这种现象称为石膏的终凝。

石膏终凝后，其晶体颗粒仍在不断长大和连生，形成相互交错且孔隙率逐渐减小的结构，其强度也会不断增大，直至水分完全蒸发，形成硬化后的石膏结构，这一过程称为石膏的硬化。石膏浆体的凝结和硬化是一个连续的、复杂的物理化学变化过程。

2.2.3　建筑石膏的技术性质

建筑石膏色白，密度为 2.60~2.75 g/cm^3，堆积密 800~1 000 kg/m^3。根据建筑石膏的原料不同，建筑石膏分为天然建筑石膏（代号为 N）、脱硫建筑石膏（代号为 S）、磷建筑石膏（代号为 P）。目前市场中应用的建筑石膏原料大部分是天然石膏，由于我国不断实施“创新、协调、绿色、开放、共享”五大发展理念，工业副产品建筑石膏的用量日益增加。

石膏按照 2 h 抗折强度分为 3.0、2.0、1.6 三个等级。其标记由产品名称、代号、等级及标准编号组成。例如，等级为 2.0 的天然建筑石膏标记为：建筑石膏 N2.0 GB/T 9776—2008。

1. 组成

建筑石膏中 β 型半水石膏（β-$CaSO_4 \cdot 1/2H_2O$）的含量（质量分数）不得低于 60.0%。

2. 物理力学性能

根据《建筑石膏》（GB/T 9776—2008）的规定，其物理力学性能见表 2-7。

表 2-7　建筑石膏物理力学性能

等级	细度（0.2 mm 方孔筛筛余）（%）	凝结时间（min）		2 h 强度（MPa）	
		初凝	终凝	抗折	抗压
3.0	≤ 10	≥ 3	≤ 30	≥ 3.0	≥ 6.0
2.0				≥ 2.0	≥ 4.0
1.6				≥ 1.6	≥ 3.0

3. 放射性核素限量

工业副产建筑石膏的放射性核素限量应符合《建筑材料放射性核素限量》（GB 6566—2010）的要求。

4. 限制成分

工业副产建筑石膏中限制成分氧化钾、氧化钠、氧化镁、五氧化二磷和氟的含量由供需双方商定。

2.2.4　建筑石膏的性能与应用

1. 建筑石膏的性质

（1）凝结硬化快

建筑石膏的浆体，凝结硬化速度很快。一般石膏的初凝时间仅为 10 min 左右，终凝时间不超过 30 min，这对于普通工程的施工操作十分方便。有时需要操作时间较长，可加入适量的缓凝剂，如硼砂、动物胶、亚硫酸盐、酒精废液等。

（2）硬化时体积微膨胀

建筑石膏的凝结硬化是石膏吸收结晶水后的结晶过程，其体积不仅不会收缩，而且还稍有膨胀（0.2%~1.5%），这种膨胀不会对石膏造成危害，还能使石膏的表面较为光滑饱满，棱角清晰完整，避免了普通材料干燥时的开裂。建筑石膏质地细腻，颜色洁白，特别适合制作建筑装饰品及石膏模型。

（3）硬化后多孔、质量轻、强度低

建筑石膏在使用时，为获得良好的流动性，加入的水分要比水化所需的水量多（大约 60%，而水化需 18.6% 左右），因此，石膏在硬化过程中由于水分蒸发，使原来的充水部分空间形成孔隙，造成石膏内部的大量微孔，使其质量减轻，但是抗压强度也因此下降。通常石膏硬化后的抗压强度为 3~5 MPa。

（4）良好的隔热、吸声和“呼吸”功能

石膏硬化体中大量的微孔，使其传热性显著下降，因此石膏具有良好的绝热能力；石膏的大量微孔，特别是表面微孔对声音传导或反射的能力也显著下降，使其具有较强的吸声能力。大热容量和大的孔隙率及开口孔结构，使石膏具有“呼吸”水蒸气、调节室内湿度的功能。

（5）防火性好，耐水性差

石膏的主要成分是二水石膏，当受到高温作用时或遇火后会脱出 21% 左右的结晶水，并能在表面蒸发形成水蒸气幕，可有效地阻止火势的蔓延，具有良好的防火效果。

由于硬化石膏的强度来自晶体粒子间的黏结力，遇水后粒子间连接点的黏结力可能被削弱。部分二水石膏溶解而产生局部溃散，所以建筑石膏硬化体的耐水性较差。

(6)良好的装饰性和可加工性

石膏表面光滑饱满，颜色洁白，质地细腻，具有良好的装饰性。微孔结构使其脆性有所改善，硬度也较低，所以硬化石膏可锯、可刨、可钉，具有良好的可加工性。

2. 建筑石膏的应用

建筑石膏在土木工程中的应用十分广泛，可用来制作各种石膏板、建筑艺术配件及建筑装饰、彩色石膏制品、石膏砖、空心石膏砌块、石膏混凝土、粉刷石膏和人造大理石等。另外，石膏也作为重要的外加剂，用于水泥及硅酸盐制品中。

(1)粉刷石膏

粉刷石膏是由建筑石膏或由建筑石膏和 $CaSO_4 \cdot 2H_2O$ 混合后再加入外加剂、细骨料而制成的气硬性胶凝材料。其按用途可分为面层粉刷石膏(M)、底层粉刷石膏(D)和保温层粉刷石膏(W)三类。

粉刷石膏产品标记的顺序为产品名称、代号、等级和标准号。例如优等品面层粉刷石膏的标记为：粉刷石膏 MA-JC/T 517。

粉刷石膏黏结力大，不裂、不起鼓，表面光洁，防火，保温，并且施工方便，可实现机械化施工，是一种高档抹面材料，可用于办公室、住宅等的墙面、顶棚等。

(2)建筑石膏制品

石膏及其制品有质轻、保温、不燃、防火、吸声、形体饱满、线条清晰、表面光滑细腻、装饰性好等特点，因而是建筑室内装饰工程常用的装饰材料之一。

在装饰工程中，建筑石膏和高强石膏往往先加工成各式制品，然后镶贴、安装在基层或龙骨支架上。石膏装饰制品主要有装饰板、装饰吸声板、装饰线脚、花饰、装饰浮雕壁画、画框、挂饰及建筑艺术造型等。这些制品都充分发挥了石膏胶凝材料的装饰特性，效果很好，近年来备受青睐。

1)普通纸面石膏板　纸面石膏板是以建筑石膏为主要原料，掺入纤维、外加剂和适量的轻质填料等，加水拌成料浆，浇筑在行进中的纸面上，成形后再覆以上层面纸。料浆经过凝固形成芯材，切断、烘干，使芯材与护面纸牢固地结合在一起。它具有质轻、抗弯和抗冲击性强、防火、保温隔热、隔声、抗震性好等特点，并可调节室内湿度。当与钢龙骨配合使用时，可作为A级不燃性装饰材料使用。普通纸面石膏板的耐火极限一般为5~15 min。板材的耐水性差，受潮后强度明显下降，且会产生较大变形或较大的挠度。

普通纸面石膏板还具有可锯、可钉、可刨等良好的可加工性。板材易于安装，施工速度快、工效高、劳动强度小，是目前广泛使用的轻质板材之一。普通纸面石膏板主要用于办公楼、影剧院、饭店、候车室、候机楼、住宅等建筑的室内吊顶、隔墙、内墙等干燥环境中。

2)耐水纸面石膏板　耐水纸面石膏板是以建筑石膏为主要原料，掺入适量耐水外加剂构成耐水芯材，并与耐水的护面纸牢固黏结在一起的轻质建筑板材。它具有较好的耐水性，其他性能与普通纸面石膏板相同。它主要用于厨房、卫生间、厕所等潮湿场合的装饰。其表面也需进行再饰面处理，以提高装饰性。

3)耐火纸面石膏板　耐火纸面石膏板是以建筑石膏为主，掺入适量无机耐火纤维增强材料构成芯材，并与护面纸牢固黏结在一起的耐火轻质建筑板材。它属于难燃性建筑材料(B_1级)，具有较高的遇火稳定性，其遇火稳定时间为20~30 min。当耐火纸面石膏板安装在钢龙骨上时，可作为A级装饰材料使用。其他性能与普通纸面石膏板相同。它主要用作防火等级要求高的建筑物的装饰材料，如影剧院、体育馆、幼儿园、展览馆、博物馆、候机(车)室、售票厅、商场、娱乐场所及其通道、楼梯间、电梯间等的吊顶、墙面、隔断等。

4)装饰石膏板　装饰石膏板是以建筑石膏为胶凝材料，加入适量的增强纤维、胶黏剂、改性剂等辅料，与水拌合成料浆，经成形、干燥而成的不带护面纸的装饰材料。它质轻、图案饱满、细腻、色泽柔和、美观、吸声、隔热，有一定强度，易加工及安装。它是较理想的顶棚饰面吸声板及墙面装饰材料。装饰石膏板的表面细腻，色彩、花纹图案丰富，浮雕板和孔板具有较强的立体感，质感亲切，给人以清新柔和之感，并且具有质轻、强度较高、保温、吸声、防火、不燃、可调节室内湿度等特点，广泛用于宾馆、饭店、餐厅、礼堂、影剧院、会议室、医院、幼儿园、候机(车)室、办公室、住宅等的吊顶、墙面等。湿度较大的场所应使用防潮板。

5)印刷石膏板　印刷石膏板以石膏板为基材,板两面均有护面纸或保护膜,面层有印花,具有较好的装饰性。其用途与装饰石膏板相同。

6)穿孔石膏板　吸声用穿孔石膏板是以装饰石膏板、纸面石膏板为基板,在其上设置孔眼而成的轻质建筑板材。吸声用穿孔石膏板按基板的不同和有无背覆材料(贴于石膏板背面的透气性材料)分为不同种类。板后可贴有吸声材料(如岩棉、矿棉等)。按基板的特性其还可分为普通板、防潮板、耐水板和耐火板等。吸声用穿孔石膏板具有较好的吸声性能,由它构成的吸声结构按板后有无背覆材料和吸声材料及空气层的厚度,其平均吸声系数可达 0.11~0.65。以装饰石膏板为基板的穿孔石膏板还具有装饰石膏板的各种优良性能;以防潮、耐水和耐火石膏板为基板的穿孔石膏板还具有较好的防潮性、耐水性和遇火稳定性。吸声用穿孔板的抗弯、抗冲击性能及断裂荷载较基板低,使用时应予以注意。

吸声用穿孔石膏板主要用于播音室、音乐厅、影剧院、会议室以及其他对音质要求高或对噪声限制较严的场所,作为吊顶、墙面等的吸声装饰材料。使用时可根据建筑物的用途或功能及室内湿度,选择不同的基板。如干燥环境可选用普通基板,相对湿度大于 70% 的潮湿环境应选用防潮基板或耐水基板,重要建筑或防火等级要求高的应选用耐火基板。表面不再进行装饰处理的,其基板应为装饰石膏板;需进一步进行饰面处理的,其基板可选用纸面石膏板。

7)特种耐火石膏板　特种耐火石膏板是以建筑石膏为芯材,内掺多种添加剂,板面上复合专用玻璃纤维毡(其质量为 100~120 g/m^2)。其生产工艺与纸面石膏板相似。特种耐火石膏板按燃烧性属于 A 级建筑材料。板的自重略小于普通纸面石膏板和耐火纸面石膏板。板面可丝网印刷、压滚花纹。板面上有 Φ1.5~2.0 mm 的透孔,吸声系数为 0.34。因石膏与毡纤维相互牢固地黏合在一起,遇火时黏结剂虽可燃烧炭化,但玻璃纤维与石膏牢固连接,支撑板材整体结构抗火而不被破坏。其遇火稳定时间可达 1 h,导热系数为 0.16~0.18 W/(m·K)。该种板适用于防火等级要求高的建筑物或重要建筑物,作为吊顶、墙面、隔断等的装饰材料。

8)装饰石膏线脚、花饰、造型等　石膏艺术制品可统称为石膏浮雕装饰件。它可划分为平板、浮雕板系列,浮雕饰线系列(阴型饰线和阳型饰线),艺术顶棚、灯圈、角花系列,艺术廊柱系列,浮雕壁画、画框系列,艺术花饰系列及人体造型系列。

a. 装饰石膏线脚　它是指断面形状为一字形或 L 形的长条状装饰部件,多用高强石膏或加筋建筑石膏制作,用浇筑法成型。其表面呈雕花形和弧形。其规格尺寸很多,线脚的宽度一般为 45~300 mm,长度一般为 1 800~2 300 mm,装饰石膏线脚见图 2-2。它主要在室内装修中组合使用,如采取多层线脚贴合,形成吊顶局部变高的造型;线脚与贴墙板、踢脚线合用可构成代替木材的石膏墙裙,即上部用线脚封顶,中部为带花饰的防水石膏板,底部用条板作为踢脚线,贴好后再刷涂料;在墙上用线脚镶裹壁画,彩饰后形成画框等。线脚的安装固定多用石膏黏合剂直接粘贴。

图 2-2　装饰石膏线脚

b. 艺术顶棚、灯圈、角花　一般在灯(扇)座处及顶棚四角粘贴。顶棚和角花多为雕花形或弧线形石膏饰件,灯圈多为圆形花饰,直径 0.9~2.5 m,美观、雅致,见图 2-3。

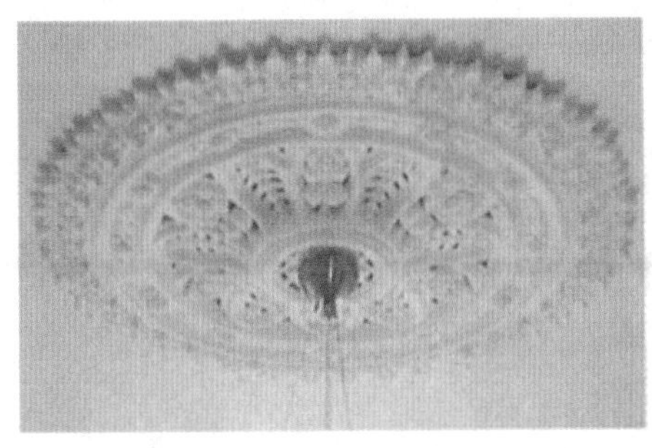

图 2-3　装饰石膏花饰、造型

c. 艺术廊柱　仿照欧洲建筑流派风格造型，艺术廊柱分上、中、下三部分。上为柱头，有盆状、漏斗状装饰石膏花饰、造型；中为空心圆（或方）柱体；下为基座，多用于营业门面、厅堂及门窗洞口处，如图 2-4 所示。

d. 石膏花台　有的花台形体为 1/2 球体，可悬置空中，上插花束而呈半球花篮状；又可为球体贴墙面而挂，或把球体置于墙壁阴角，如图 2-5 所示。

图 2-4　艺术廊柱

图 2-5　石膏花台

e. 石膏壁画　石膏壁画是集雕刻艺术与石膏制品于一体的饰品。整幅画面可达到 1.8 m × 4 m。画面图案有山水、松竹、腾龙、飞鹤等。它是由多块小尺寸预制件拼合而成的。

f. 石膏造型　单独用或配合廊柱用的人体或动物造型也有应用。

石膏线脚、灯饰、花饰、造型等，充分利用了石膏制品质轻、细腻、高雅而又方便制作、成本不高的特点，其已构成系列产品，在建筑室内装饰中有着较为广泛的应用。

3. 建筑石膏的储运

建筑石膏在运输和储存时要注意防潮，储存期一般不超过 3 个月，否则将使石膏制品质量下降。

2.3　水玻璃

视频 2-3　常用建筑水玻璃产品

水玻璃俗称泡花碱，是一种碱金属硅酸盐，其化学通式为 $R_2O \cdot nSiO_2$，其中 n 为 SiO_2 与 R_2O 的摩尔数比值，称为水玻璃的模数。根据碱金属氧化物的不同，水玻璃分为硅酸钠水玻璃和硅酸钾水玻璃等，建筑上通常使用的是硅酸钠水玻璃的水溶液，其一般模数为 2.5~3.5。

2.3.1　水玻璃的生产与组成

硅酸钠水玻璃的主要原料是石英砂、纯碱或含有碳酸钠的原料。将原料磨细，按比例配合，在玻璃炉内加热至 1 300~1 400 ℃，熔融而生成硅酸钠，冷却后即为固态水玻璃，其反应式如下：

$$NaCO_3+nSiO_2 \longrightarrow Na_2O \cdot nSiO_2+CO_2 \uparrow$$

熔融的水玻璃冷却后得到固态水玻璃，然后在 0.3~0.8 MPa 的蒸压釜内加热溶解成胶状玻璃溶液，即为液态水玻璃。水玻璃分子式中 SiO_2 与 Na_2O 分子数比值 n 称为水玻璃硅酸盐模数，一般为 1.5~3.5。n 值越大，水玻璃中胶体组分越多，水玻璃黏性越大，越难溶于水。

液体水玻璃常含杂质而呈青灰色、绿色或微黄色，以无色透明的液体水玻璃为最好。液体水玻璃可以与水按任意比例配合，使用时仍然可以加水稀释。

2.3.2　水玻璃的硬化

水玻璃液体在空气中吸收二氧化碳，形成无定形硅酸凝胶，并逐渐干燥而硬化，其反应式如下：

$$Na_2O \cdot nSiO_2+CO_2+mH_2O \longrightarrow Na_2CO_3+nSiO_2 \cdot mH_2O$$

上述反应过程非常缓慢。为加速硬化，常在水玻璃中加入促硬剂氟硅酸钠，促使硅酸凝胶加速析出，氟硅酸钠的适宜用量为水玻璃用量的 12%~15%。其反应式如下：

$$2Na_2O \cdot nSiO_2+Na_2SiF_6+mH_2O \longrightarrow 6NaF+(2n+1)SiO_2 \cdot mH_2O$$

加入氟硅酸钠后，水玻璃的初凝时间可以缩短到 30~60 min，终凝时间可以缩短到 240~360 min，7 d 基本上达到最高强度。氟硅酸钠的用量太少，硬化速度慢、强度低，且未反应的水玻璃易溶于水，导致耐水性差；用量过多，则凝结过快，造成施工困难，且渗透性大，强度也低。

2.3.3　水玻璃的特性

1）黏结力强　水玻璃硬化后具有较高的黏结强度、抗拉强度和抗压强度。另外，水玻璃硬化析出的硅酸凝胶还有堵塞毛细孔隙而防止水分渗透的作用。

2）耐酸性好　硬化后的水玻璃，其主要成分是 SiO_2，具有高度的耐酸性能，能抵抗大多数无机酸和有机酸的作用，但其不耐碱性介质侵蚀。

3）耐热性好、不燃烧　水玻璃不燃烧，硬化后形成 SiO_2 空间网状骨架，在高温下硅酸凝胶干燥得更加强烈，强度并不降低，甚至有所增加。

4）耐碱性、耐水性较差　因 $Na_2O \cdot nSiO_2$ 和 SiO_2 均为酸性物质，溶于碱，故水玻璃不能在碱性环境中使用。而硬化产物又均溶于水，因此耐水性差。

2.3.4　水玻璃的应用

1. 用作涂刷材料表面的涂料

直接将液体水玻璃涂刷在建筑物表面，或涂刷黏土砖、硅酸盐制品、水泥混凝土等多孔材料，可使材料的密实度、强度、抗渗性、耐水性均得到提高。这是因为水玻璃与材料中的 $Ca(OH)_2$ 反应生成硅酸钙凝胶，填充了材料间孔隙。

2. 配制防水剂

以水玻璃为基料可配制防水剂。例如，四矾防水剂是以蓝矾（硫酸铜）、明矾（钾铝矾）、红矾（重铬酸钾）和紫矾（铬矾）各 1 份，溶于 60 份的沸水中，降温至 50 ℃，投入 400 份水玻璃溶液中，搅拌均匀而成的。这种防水剂可以在 1 min 内凝结，适用于堵塞漏洞、缝隙等局部抢修工作。

3. 用于加固土壤

用模数为 2.5~3 的液体水玻璃和氯化钙溶液，通过金属管交替向地层压入，两种溶液发生化学反应，可析出吸水膨胀的硅酸胶体，包裹土壤颗粒并填充其空隙，阻止水分渗透并使土壤固结。用这种方法加固的砂土，抗压强度可达 3~6 MPa。

4. 配制水玻璃砂浆

将水玻璃、矿渣粉、砂和氟硅酸钠按一定比例配制成砂浆，可用于修补墙体裂缝。

5. 配制耐酸砂浆、耐酸混凝土、耐热混凝土

以水玻璃作为胶凝材料，选择耐酸骨料，可配制满足耐酸工程要求的耐酸砂浆、耐酸混凝土；选择不同的耐热骨料，可配制不同耐热度的水玻璃耐热混凝土。

本任务小结

（1）建筑及装饰工程中主要应用的气硬性无机胶凝材料有石膏、石灰和水玻璃。

（2）将石灰石、白云石等煅烧得到块状生石灰。块状生石灰经过不同的加工，可得到磨细生石灰粉、消石灰粉、石灰膏三种产品。石灰粉必须经过充分熟化后方可使用，以消除过火石灰的危害。石灰浆体的硬化过程非常缓慢。石灰的主要性质表现为保水性和可塑性好、硬化慢、强度低、耐水性差、硬化时体积收缩大。石灰在建筑上主要的用途有制作石灰乳涂料，配制砂浆，拌制灰土与三合土，生产硅酸盐制品等。

（3）石膏是一种以硫酸钙为主要成分的气硬性胶凝材料，有着许多优良的建筑及装饰性能，如具有良好的隔热性、吸声性、防火性、装饰性和加工性，并具有一定的调温、调湿性能，尤其适合作为室内的装饰装修材料，也是一种具有节能意义的新型轻质墙体材料。

（4）建筑上常用的水玻璃为硅酸钠（$Na_2O \cdot nSiO_2$）的水溶液。工程中常用的水玻璃模数为 2.6~2.8。水玻璃的特性与应用：耐酸性好，可用作耐酸材料；耐热性好，可用作耐热材料；黏结力大，用于粘贴耐酸或耐热材料等。

任务3　水硬性胶凝材料的选择与应用

任务简介

本任务主要介绍土木工程三大建筑材料之一——水泥。常用的水泥为通用硅酸盐水泥,学生在掌握其性能的基础上,应学会结合工程实践正确选择水泥。可按“定义 — 熟料组成—水化硬化—水泥石结构—水泥石腐蚀—技术性能—应用”这一主线学习。

知识目标

(1)掌握水泥的定义、分类及组成。

(2)掌握硅酸盐水泥熟料的矿物组成、特性、水化与凝结硬化过程。

(3)掌握硅酸盐水泥的技术要求、水泥的腐蚀及其防止。

(4)掌握各种通用硅酸盐水泥的特性及应用。

(5)了解特种水泥和铝酸盐水泥的性能及应用。

技能目标

(1)能够结合工程实践要求,合理选用水泥品种和强度等级。

(2)能够检验通用硅酸盐水泥的主要技术指标。

思政教学

思政元素3

教学课件3

授课视频3

应用案例与发展动态

工程中常用的水硬性胶凝材料为水泥。水泥是一种粉末状材料,当它与水混合后,在常温下经过一系列物理、化学作用,从浆体变成石状体,产生一定强度,同时将砂、石等材料胶结在一起。水泥是建筑工程重要的建筑材料,也是用量最大的建筑材料,以水泥为主的混凝土已经成为现代建筑的基石,在经济社会发展中发挥着重要的作用。

建筑工程中应用的水泥品种众多,根据《水泥的命名原则和术语》(GB/T 4131—2014)的规定,水泥按其水硬性矿物名称主要分为:硅酸盐水泥,主要水硬性矿物为硅酸三钙、硅酸二钙、铝酸三钙和铁铝酸四钙;铝酸盐水泥,主要水硬性矿物为铝酸钙;硫铝酸盐水泥,主要水硬性矿物为无水硫铝酸钙和硅酸二钙;铁铝酸盐水泥,主要水硬性矿物为无水硫铝酸钙、铁铝酸钙和硅酸二钙;氟铝酸盐水泥,主要水硬性矿物为氟铝酸钙和硅酸二钙。

水泥按其用途及性能分为:通用水泥,一般土木建筑工程通常采用的水泥;特种水泥,具有特殊性能或用途的水泥。

本任务主要介绍使用量大、用途广泛的通用水泥,并简要介绍部分特种水泥。

3.1　通用水泥

通用水泥的水硬性矿物主要为硅酸盐矿物，因此通用水泥即为通用硅酸盐水泥的简称。按照《通用硅酸盐水泥》（GB 175—2007）的规定，由硅酸盐水泥熟料和适量石膏及规定的混合材料制成的水硬性胶凝材料，称为通用硅酸盐水泥（Common Portland Cement）。通用硅酸盐水泥按混合材料的品种和掺量不同分为硅酸盐水泥、普通硅酸盐水泥、矿渣硅酸盐水泥、粉煤灰硅酸盐水泥、火山灰质硅酸盐水泥和复合硅酸盐水泥。通用硅酸盐水泥的组分详见表 3-1。

表 3-1　通用硅酸盐水泥的组分　（%）

品　种	代号	组分（质量分数）				
		熟料＋石膏	粒化高炉矿渣	火山灰质混合材料	粉煤灰	石灰石
硅酸盐水泥	P·Ⅰ	100	—	—	—	—
	P·Ⅱ	≥ 95	≤ 5	—	—	—
		≥ 95	—	—	—	≤ 5
普通硅酸盐水泥	P·O	≥ 80 且 <95	>5 且≤ 20[a]			—
矿渣硅酸盐水泥	P·S·A	≥ 50 且 <80	>20 且≤ 50[b]	—	—	—
	P·S·B	≥ 30 且 <50	>50 且≤ 70[b]	—	—	—
火山灰质硅酸盐水泥	P·P	≥ 60 且 <80	—	>20 且≤ 40[c]	—	—
粉煤灰硅酸盐水泥	P·F	≥ 60 且 <80	—	—	>20 且≤ 40[d]	—
复合硅酸盐水泥	P·C	≥ 50 且 <80	>20 且≤ 50[e]			

注：a. 本组分材料为符合 GB 175 中第 5.2.3 条的活性混合材料，其中允许用不超过水泥质量 8% 且符合 GB 175 中第 5.2.4 条的非活性混合材料或不超过水泥质量 5% 且符合 GB 175 中第 5.2.5 条的窑灰代替。

b. 本组分材料为符合 GB/T 203 或 GB/T 18046 的活性混合材料，其中允许用不超过水泥质量 8% 且符合 GB 175 中第 5.2.3 条的活性混合材料或符合 GB 175 中第 5.2.4 条的非活性混合材料或符合 GB 175 中第 5.2.5 条的窑灰中的任一种材料代替。

c. 本组分材料为符合 GB/T 2847 的活性混合材料。

d. 本组分材料为符合 GB/T 1596 的活性混合材料。

e. 本组分材料为由两种（含）以上符合 GB 175 第 5.2.3 条的活性混合材料或 / 和符合 GB 175 中第 5.2.4 条的非活性混合材料组成，其中允许用不超过水泥质量 8% 且符合 GB 175 中第 5.2.5 条的窑灰代替。掺矿渣时混合材料掺量不得与矿渣硅酸盐水泥重复。

3.1.1　硅酸盐水泥

硅酸盐水泥是以硅酸盐水泥熟料和适量的石膏磨细制成的水硬性胶凝材料，其中允许掺加 0~5% 的混合材料。硅酸盐水泥有两种类型：一种是未掺混合材料的Ⅰ型硅酸盐水泥（代号为 P·Ⅰ）；另一种是掺入不超过水泥质量 5% 的规定品种混合材料的Ⅱ型硅酸盐水泥（代号为 P·Ⅱ）。其他通用硅酸盐水泥品种均是在硅酸盐水泥的基础上生产出来的。

1. 硅酸盐水泥的原料及生产工艺

生产硅酸盐水泥的原料主要是石灰质原料、黏土质原料和校正原料，燃料主要为煤。石灰质原料主要提供 CaO，黏土质原料主要提供 SiO_2、Al_2O_3 和 Fe_2O_3，校正原料是补充黏土质原料三种组分中不能满足要求的组分的原料，如采用黏土配料时，校正原料为铁矿石（粉），主要补充 Fe_2O_3。

硅酸盐水泥的生产工艺流程框图如图 3-1 所示。

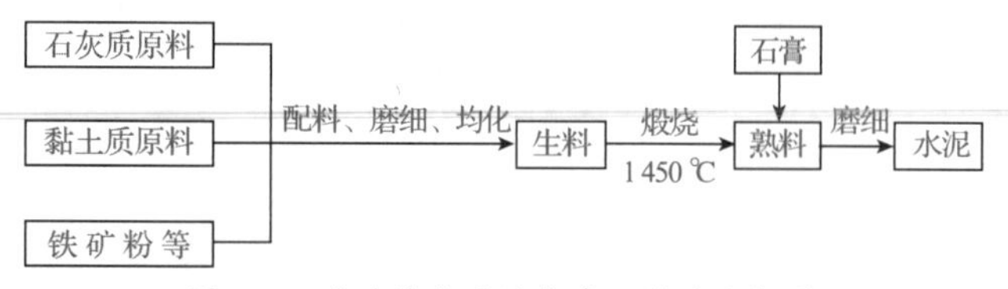

图 3-1 硅酸盐水泥的生产工艺流程框图

视频 3-1 水泥生产工艺流程

硅酸盐水泥的生产分为三个过程，即生料制备、熟料烧成和水泥制成，其生产过程常被形象地概括为“两磨一烧”。目前，我国水泥生产采用以悬浮预热窑外分解技术为核心的新型干法生产工艺。这种新型干法生产工艺具有规模大、质量好、消耗低、效率高的特点，已经成为发展方向和主流。生料在煅烧过程中要经过干燥、预热、分解、烧成（窑内烧成温度要达到 1 450 ℃）和冷却等五个环节，发生一系列物理、化学变化，形成水泥熟料。

2. 硅酸盐水泥熟料矿物组成及特性

硅酸盐水泥熟料的组成可分为化学组成和矿物组成两类。化学组成主要是氧化钙（CaO）、氧化硅（SiO_2）、氧化铝（$A1_2O_3$）、氧化铁（Fe_2O_3）四种氧化物，占熟料质量的 95% 以上。此外，还含有少量的其他氧化物，如 MgO、SO_3、Na_2O、K_2O、TiO_2、P_2O_5 等，它们的总量通常占熟料的 5% 以下。在实际生产中，硅酸盐水泥熟料中的主要氧化物含量的波动范围为：CaO 占 62%~67%，SiO_2 占 20%~24%，Al_2O_3 占 4%~7%，Fe_2O_3 占 2.5%~6%。

在硅酸盐水泥熟料中，CaO、SiO_2、Al_2O_3、Fe_2O_3 等氧化物并不是以单独的氧化物存在，而是两种或两种以上的氧化物反应形成不同矿物，即以多种熟料矿物的形态存在。这些熟料矿物结晶细小，通常为 30~60 μm。因此，可以说硅酸盐水泥熟料是一种多矿物组成的、结晶细小的人造岩石。

硅酸盐水泥熟料中的主要矿物有四种。

① 硅酸三钙：$3CaO \cdot SiO_2$，简写成 C_3S。

② 硅酸二钙：$2CaO \cdot SiO_2$，简写成 C_2S。

③ 铝酸三钙：$3CaO \cdot Al_2O_3$，简写成 C_3A。

④ 铁铝酸四钙：$4CaO \cdot Al_2O_3 \cdot Fe_2O_3$，简写成 C_4AF。

此外，还含有少量的游离氧化钙（f-CaO）、方镁石（结晶氧化镁）、含碱矿物和玻璃体等。

硅酸三钙和硅酸二钙合称为硅酸盐矿物，约占整个矿物组成的 75%；铝酸三钙和铁铝酸四钙合称为熔剂矿物，约占整个矿物组成的 20%，硅酸盐矿物和熔剂矿物总和约 95%。

（1）硅酸三钙

硅酸三钙是硅酸盐水泥熟料中最主要的矿物成分，占水泥熟料总量的 50%~60%。硅酸三钙遇水后能够很快与水产生水化反应，并产生较多的水化热。它对促进水泥的凝结硬化，特别是对水泥 3~7 d 内的早期强度以及后期强度起主要作用。C_3S 水化较快、放热较多、凝结正常、抗淡水侵蚀性差、强度高且增长率大。

（2）硅酸二钙

硅酸二钙占水泥熟料总量的 15%~37%，通常为 20% 左右。硅酸二钙遇水后反应较慢，水化热也较少，凝结硬化缓慢，抗水性好，早期强度低、后期强度增长较快，一年后可赶上 C_3S，对水泥的后期强度起主要作用。

（3）铝酸三钙

铝酸三钙占水泥熟料总量的 7%~ 15%。铝酸三钙遇水后反应极快，产生的热量多而且很集中。铝酸三钙对水泥的凝结起主导作用，但其水化产物强度较低，主要对水泥的早期强度有所贡献。C_3A 干缩变形大，抗硫酸盐性能差。

（4）铁铝酸四钙

铁铝酸四钙占水泥熟料总量的 10%~18%。铁铝酸四钙遇水时水化反应也很快，水化热较 C_3A 低，水化产物的强度不高，抗冲击性能和抗硫酸盐性能好，对水泥石的抗压强度贡献不大，主要对抗折强度贡献较大。

（5）玻璃体

在实际生产中，由于冷却速度较快，有部分液相来不及结晶而成为过冷液体，即玻璃体。玻璃体主要成分为 Al_2O_3、Fe_2O_3、CaO、MgO、R_2O 等。自然冷却玻璃体含量为 2%~21%，快冷时为 8%~22%，慢冷时为 0~2%。

（6）方镁石（结晶 MgO）

方镁石指游离状态的氧化镁晶体，影响水泥的安定性。方镁石含量越多，晶体尺寸越大，引起的破坏越严重，因此应限制其含量及晶体尺寸。熟料冷却速度越快，方镁石晶体越小，含量越少。

（7）游离氧化钙

游离氧化钙是指经高温煅烧未化合的氧化钙，影响水泥的安定性。

硅酸盐水泥熟料的主要矿物特性见表 3-2。

表 3-2　硅酸盐水泥熟料的主要矿物特性

矿物名称	硅酸三钙	硅酸二钙	铝酸三钙	铁铝酸四钙
密度（g/cm^3）	3.25	3.28	3.04	3.77
水化反应速度	快	慢	最快	快
强度	高	早期低、后期高	低	低（含量多时对抗折强度有利）
水化热	较高	低	最高	中
耐腐蚀性	差	好	最差	中
干缩性	中	小	大	小

硅酸盐水泥各熟料的矿物特性不同，可通过调整原料配制比例，制得不同性能的水泥熟料。如高强水泥 C_3S 应高些，快硬水泥 C_3S 及 C_3A 应高些，中低热水泥 C_2S 应高些而 C_3S 及 C_3A 应低些。

3. 硅酸盐水泥的水化与凝结硬化

（1）硅酸盐水泥的水化

1）硅酸三钙的水化　硅酸三钙是水泥熟料的主要矿物，其水化作用、产物和凝结硬化对水泥的性能有重要影响。在常温下硅酸三钙的水化反应如下：

$$3CaO \cdot SiO_2+6H_2O \longrightarrow 3CaO \cdot SiO_2 \cdot 3H_2O+3Ca(OH)_2$$

简写为

$$C_3S+6H \longrightarrow C\text{-}S\text{-}H+3CH$$

其水化产物为水化硅酸钙和氢氧化钙。水化硅酸钙为凝胶体，微观结构是纤维状，称为 C-S-H 凝胶，氢氧化钙为晶体，较易溶于水。硅酸三钙水化速率很快，水化放热量大。生成的 C-S-H 凝胶构成具有很高强度的空间网络结构，是水泥强度的主要来源，其凝结时间正常，早期和后期强度都较高。

2）硅酸二钙的水化　硅酸二钙的水化与硅酸三钙相似，但水化速率慢很多，其水化反应如下：

$$2CaO \cdot SiO_2+4H_2O \longrightarrow 3CaO \cdot SiO_2 \cdot 3H_2O+Ca(OH)_2$$

简写为

$$C_2S+4H \longrightarrow C\text{-}S\text{-}H+CH$$

其水化产物中的水化硅酸钙与 C_3S 的水化产物无大的区别，也称为 C-S-H 凝胶。而氢氧化钙的生成量较 C_3S 的少，且结晶比较粗大。在硅酸盐水泥熟料矿物中，硅酸二钙水化速率最慢，但后期增长快，水化放热量小；其早期强度低，后期强度增长快，可接近甚至超过硅酸三钙的强度，是保证水泥后期强度增长的主要因素。

3）铝酸三钙的水化　铝酸三钙所形成的水化产物在不同的温度和湿度条件下不同，有 C_4AH_{19}、C_4AH_{13}、C_2AH_8、C_3AH_6 等。常温下典型的水化反应为：

$$3CaO \cdot Al_2O_3+6H_2O \longrightarrow 3CaO \cdot Al_2O_3 \cdot 6H_2O$$

简写为

$$C_3A+6H \longrightarrow C_3AH_6$$

水化铝酸三钙 $3CaO \cdot A1_2O_3 \cdot 6H_2O$ 为等轴晶体。在硅酸盐水泥熟料矿物中，铝酸三钙水化速率最快，水化放热量大且放热速率快。其早期强度增长快，但强度值并不高，后期几乎不再增长，对水泥的早期（3 d以内）强度有一定的影响。由于C_3AH_6为立方体晶体，是水化铝酸钙中结合强度最低的产物，它甚至会使水泥后期强度下降。水化铝酸钙凝结速率快，会使水泥产生快凝现象。因此，在水泥生产时要加入缓凝剂——石膏，以使水泥凝结时间正常。

4）铁铝酸四钙的水化　铁铝酸四钙是熟料中铁相固溶体的代表，氧化铁的作用与氧化铝的作用相似，可看作C_3A中一部分氧化铝被氧化铁所取代。其水化反应及产物与C_3A相似，生成水化铝酸钙与水化铁酸钙的固溶体，其反应可表示为

$$4CaO\cdot Al_2O_3\cdot Fe_2O_3+7H_2O \longrightarrow 3CaO\cdot Al_2O_3\cdot 6H_2O+CaO\cdot Fe_2O_3\cdot H_2O$$

简写为

$$C_4AF+7H \longrightarrow C_3AH_6+CFH$$

铁铝酸四钙水化速率较快，仅次于C_3A，水化热不高，凝结正常，其强度值较低，但抗折强度相对较高。提高C_4AF的含量，可降低水泥的脆性，有利于道路等有振动交变荷载作用的工程。

硅酸盐水泥由熟料矿物和石膏组成，是一个多矿物的集合体，其水化、硬化受到各组分的共同影响。水泥加水拌合后，C_3A、C_4AF、C_3S与水快速反应，石膏也迅速溶解于水；在石膏存在的条件下，C_3A水化产物迅速与石膏反应生成针状晶体的三硫型水化硫铝酸钙（又称钙矾石，AFt），其反应式为

$$C_3AH_6+3(CaSO_4\cdot 2H_2O)+19H_2O \longrightarrow 3CaO\cdot Al_2O_3\cdot 3CaSO_4\cdot 31H_2O$$

简写为

$$C_3AH_6+3C\bar{S}H_2+19H \longrightarrow C_4A\bar{S}_3H_{31}$$

若石膏消耗完毕时还有C_3A，则钙矾石会与C_3A继续作用转化为单硫型水化硫铝酸钙AFm，其反应式为：

$$3CaO\cdot Al_2O_3\cdot 3CaSO_4\cdot 31H_2O+2(3CaO\cdot Al_2O_3)+4H_2O \longrightarrow 3(3CaO\cdot Al_2O_3\cdot CaSO_4\cdot 12H_2O)$$

简写为

$$C_4A\bar{S}_3H_{31}+2C_3A+4H \longrightarrow 3C_4A\bar{S}H_{12}$$

水化硫铝酸钙具有正常的凝结时间，而且其强度高于水化铝酸钙。

综上所述，硅酸盐水泥水化的主要产物是C-S-H凝胶和水化铁酸钙凝胶，氢氧化钙、水化铝酸钙和水化硫铝酸钙等晶体。在完全水化的水泥石中，C-S-H凝胶约占70%，氢氧化钙约占20%，水化硫铝酸钙（包括钙矾石和单硫型水化硫铝酸钙）约占7%。硅酸盐水泥水化产物如图3-2、图3-3所示。

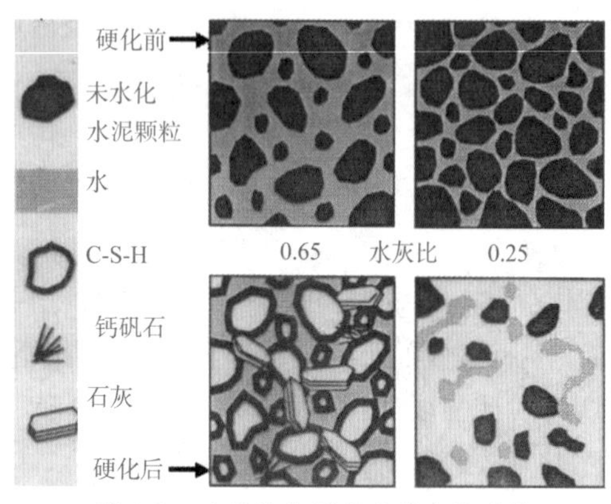

图3-2　硅酸盐水泥的各种水化产物

图3-3　电镜下的硅酸盐水泥水化产物

（2）硅酸盐水泥的凝结和硬化

1）凝结硬化过程　水泥加水拌合后发生剧烈的水化反应，一方面使水泥浆中起润滑作用的自由水分逐渐减少；另一方面，水化产物在溶液中很快达到饱和或过饱和状态而不断析出，水泥颗粒表面的新生成物逐渐增多，使水泥浆中固体颗粒的间距逐渐减小，越来越多的颗粒相互连接形成了骨架结构。此时，水泥浆便开始慢慢失去可塑性，表现为水泥的初凝。

由于铝酸三钙水化极快，会使水泥很快凝结，为使工程使用时有足够的操作时间，水泥中加入了适量的石膏。石膏会与水化铝酸三钙反应生成针状的钙矾石。钙矾石很难溶解于水，可以形成一层保护膜覆盖在水泥颗粒的表面，从而阻碍了铝酸三钙的水化，阻止了水泥颗粒表面水化产物的向外扩散，降低了水泥的水化速度，使水泥的初凝时间得以延缓。

当掺入水泥的石膏消耗完后，水化速度会加快，水化产物不断增多，水泥颗粒间逐渐相互靠近，直至连接

形成骨架。水泥浆的塑性消失,直到终凝。

随着水化产物不断增加,水泥颗粒之间的毛细孔不断被填实,加之水化产物中的氢氧化钙晶体、水化铝酸钙晶体不断填充于水化硅酸钙等凝胶体之中,逐渐形成了具有一定强度的水泥石,从而进入了硬化阶段。水化产物不断增加,水分不断减少,使水泥石的强度不断发展。

随着水泥水化的不断进行,水泥浆内部孔隙不断被新生水化物填充和加固的过程,称为水泥的"凝结"。随后产生明显的强度并逐渐变成坚硬的人造石——水泥石,这一过程称为水泥的"硬化"。

实际上,水泥的水化过程很慢,较粗水泥颗粒的内部很难完全水化。因此,硬化后的水泥石是由晶体、胶体、未完全水化颗粒、游离水及孔隙等组成的不均质体。

2)影响因素　影响水泥凝结、硬化的主要因素有以下几个。

①矿物组成。不同矿物成分和水起反应时所表现出来的特点是不同的,如 C_3A 水化速率最快,放热量最大而强度不高; C_2S 水化速率最慢,放热量最少,早期强度低,后期强度增长迅速等。因此,改变水泥的矿物组成,其凝结、硬化情况将发生明显变化。水泥的矿物组成是影响水泥凝结、硬化的最重要的因素。C_3S、C_3A 含量增加,水化反应速度快,凝结、硬化快。

②水泥浆的水灰比。水泥浆的水灰比是指水泥浆中水与水泥的质量之比。当水泥浆中加水较多时,水灰比较大,此时水泥的初期水化反应得以充分进行;但是水泥颗粒间被水隔开的距离较远,颗粒间相互连接形成骨架结构所需的凝结时间长,所以水泥浆凝结较慢。水泥浆的水灰比过大时,多余的水分蒸发后形成的孔隙较多,造成水泥石的强度较低。水泥浆的水灰比过小,会使水化不完全,胶凝产物减少,明显降低水泥石的强度。

③石膏掺量。石膏起缓凝作用的机理:水泥水化时,石膏能很快与铝酸三钙水化产物水化铝酸钙反应生成水化硫铝酸钙(钙矾石),钙矾石很难溶解于水,它沉淀在水泥颗粒表面形成保护膜,从而阻碍了铝酸三钙的水化反应,控制了水泥的水化反应速度,延缓了凝结时间。石膏掺量不能过多,否则不仅不能缓凝,还会在后期引起水泥石开裂。硅酸盐水泥中 SO_3 含量不超过 3.5%。

④水泥的细度。在矿物组成相同的条件下,水泥磨得越细,比表面积越大,水化时与水的接触面大,水化速度快,相应地水泥凝结、硬化速度就快,早期强度就高。

⑤环境温度和湿度。在适当的温度条件下,水泥的水化、凝结和硬化速度较快,反应产物增长较快,凝结、硬化加速,水化热较多。相反,温度降低,则水化反应减慢,强度增长变缓。特别是温度低于 0 ℃时,凝结、硬化停止,并有可能在冻融作用下,造成水泥石破坏,因此,冬季施工应采取一定的保温措施。但高温养护往往导致水泥后期强度增长缓慢,甚至下降。水的存在是水泥水化反应的必要条件。当环境十分干燥时,水泥中的水分将很快蒸发,以致水泥不能充分水化,硬化也将停止;反之,水泥的水化将得以充分进行,强度正常增长。因此,混凝土浇筑后 2~3 周内要洒水养护,以保证水化所必需的水分。

⑥龄期(时间)。水泥的凝结、硬化随时间延长而增长,只要温度、湿度适宜,水泥强度的增长可持续若干年。一般情况下,水泥加水拌合后前 28 d 水化速度较快,发展也快, 28 d 之后发展较慢。工程中常以水泥 28 d 的强度作为设计强度。

4. 硅酸盐水泥的技术要求

按照《通用硅酸盐水泥》(GB 175—2007)(包括 1、2、3 号修改单)的要求,通用硅酸盐水泥的技术要求分为物理指标、化学指标和选择性指标三类。物理指标主要指凝结时间、强度、安定性和细度等。化学指标主要指氯离子、氧化镁、三氧化硫的含量以及不溶物、烧失量。选择性指标主要指碱含量。

(1)细度

细度表示水泥颗粒的粗细程度。其表示方法有筛余百分数、比表面积、颗粒级配。

① 筛余百分数:是指水泥在 80 μm 或 45 μm 方孔筛子上的筛余量占水泥总质量的百分数,筛余百分数越小,水泥越细。

② 比表面积:是指单位质量的水泥粉末所具有的表面积的总和(cm^2/g 或 m^2/kg)。水泥越细,比表面积越大,一般为 300~350 m^2/kg。

③ 颗粒级配:水泥中不同粒径颗粒的质量百分数。

标准规定：硅酸盐水泥、普通硅酸盐水泥的细度为比表面积不小于 300 m^2/kg，矿渣硅酸盐水泥、火山灰质硅酸盐水泥、粉煤灰硅酸盐水泥和复合硅酸盐水泥以筛余表示，80 μm 方孔筛筛余不大于 10% 或 45 μm 方孔筛筛余不大于 30%。

水泥颗粒越细，与水反应的表面积越大，水化反应速度加快，早期强度高，可改善水泥的安定性、泌水性、和易性及黏结性等，有利于施工，但过细，水泥需水量增大，干缩性及早期水化热增大，抗冻性降低，强度降低，易风化，不宜久存。

（2）凝结时间

凝结可分为两个阶段：初凝、终凝。初凝是从水泥加水拌合起，到水泥浆开始失去可塑性的时间。终凝是从水泥加水拌合起，到水泥浆完全失去可塑性并开始产生强度的时间。

水泥凝结时间是水泥的重要技术性质之一，在建筑施工中有重要意义。初凝时间太短，混凝土、砂浆来不及搅拌、运输、浇捣或砌筑，影响工程施工。终凝时间过长，将延长脱模及养护时间，影响施工进度。

标准规定：硅酸盐水泥初凝时间 ≥ 45 min，终凝时间 ≤ 390 min。其他品种通用硅酸盐水泥初凝时间 ≥ 45 min，终凝时间 ≤ 600 min。

（3）安定性

水泥浆体硬化后体积变化的均匀性称为水泥的体积安定性，即水泥硬化浆体能保持一定形状，不开裂、不变形、不溃散的性质。安定性不良的水泥会使混凝土构件膨胀开裂，使建筑物强度降低。体积安定性不良的水泥不得应用于工程中，否则将导致严重后果。

引起安定性不良的因素：水泥含有过多的 f-CaO、f-MgO，石膏掺量过多。

当水泥生产工艺不正常时，会产生过多游离状态的氧化钙和氧化镁（f-CaO、f-MgO）。而这些游离状态的产物均经过高温煅烧，结构致密、水化速度慢。f-CaO+H_2O ⟶ $Ca(OH)_2$ 固体体积增大 1.98 倍，而 f-MgO+H_2O ⟶ $Mg(OH)_2$ 固体体积增大 2.48 倍。SO_3 由石膏带入，在有石膏的条件下，熟料矿物中 C_3A 水化生成钙矾石，固体体积增大 2.22 倍。

由于固体体积膨胀是在已硬化的试体中进行的，从而导致水泥石开裂、破坏。

f-CaO 对水泥体积安定性的影响，用雷氏夹法或试饼沸煮法检验必须合格。f-MgO 对水泥体积安定性的影响，用压蒸法进行检测。

标准规定：水泥安定性用沸煮法检验必须合格；水泥中 MgO ≤ 5.0%（若压蒸安定性检验合格，允许放宽到 6.0%）；水泥中 SO_3 ≤ 3.5%（对于矿渣硅酸盐水泥可以放宽到 4.0%）。安定性检验用雷氏夹和沸煮箱，见图 3-4。

（a）　　（b）

图 3-4　雷氏夹与沸煮箱

（a）雷氏夹　（b）沸煮箱

视频 3-2　水泥凝结时间测定

视频 3-3　水泥安定性检测

视频 3-4　水泥标准稠度用水量测定

（4）标准稠度用水量

为了使水泥凝结时间、安定性的测定具有可比性，人为规定水泥净浆处于一种特定的可塑状态，即标准稠度。达到水泥标准稠度的用水量叫标准稠度用水量，以用水量占水泥质量的百分数表示，一般硅酸盐水泥的标准稠度用水量为 21%~28%。

（5）水泥胶砂强度及强度等级

强度是评价硅酸盐水泥质量的又一个重要指标。水泥的强度是将按照《水泥胶砂强度检验方法（ISO

法）》（GB/T 17671—1999）的标准方法制作的水泥胶砂试件，放在（20 ± 1）℃的水中，养护到规定龄期时检测的强度值。其中，标准试件尺寸为 40 mm × 40 mm × 160 mm，胶砂中水泥、标准砂与水之比为 1∶3∶0.5，分别检验其 3 d、28 d 抗压强度和抗折强度。

按照 3 d、28 d 抗压、抗折强度，硅酸盐水泥分为 42.5、42.5R、52.5、52.5R、62.5、62.5R 六个强度等级（其中 R 型为早强型）。通用硅酸盐水泥各龄期的强度要求见表 3-3。

表 3-3　通用硅酸盐水泥各龄期的强度要求

品　种	强度等级	抗压强度（MPa）		抗折强度（MPa）	
		3 d	28 d	3 d	28 d
硅酸盐水泥	42.5	≥ 17.0	≥ 42.5	≥ 3.5	≥ 6.5
	42.5R	≥ 22.0		≥ 4.0	
	52.5	≥ 23.0	≥ 52.5	≥ 4.0	≥ 7.0
	52.5R	≥ 27.0		≥ 5.0	
	62.5	≥ 28.0	≥ 62.5	≥ 5.0	≥ 8.0
	62.5R	≥ 32.0		≥ 5.5	
普通硅酸盐水泥	42.5	≥ 17.0	≥ 42.5	≥ 3.5	≥ 6.5
	42.5R	≥ 22.0		≥ 4.0	
	52.5	≥ 23.0	≥ 52.5	≥ 4.0	≥ 7.0
	52.5R	≥ 27.0		≥ 5.0	
矿渣硅酸盐水泥 火山灰质硅酸盐水泥 粉煤灰硅酸盐水泥	32.5	≥ 10.0	≥ 32.5	≥ 2.5	≥ 5.5
	32.5R	≥ 15.0		≥ 3.5	
	42.5	≥ 15.0	≥ 42.5	≥ 3.5	≥ 6.5
	42.5R	≥ 19.0		≥ 4.0	
	52.5	≥ 21.0	≥ 52.5	≥ 4.0	≥ 7.0
	52.5R	≥ 23.0		≥ 4.5	
复合硅酸盐水泥	42.5	≥ 15.0	≥ 42.5	≥ 3.5	≥ 6.5
	42.5R	≥ 19.0		≥ 4.0	
	52.5	≥ 21.0	≥ 52.5	≥ 4.0	≥ 7.0
	52.5R	≥ 23.0		≥ 4.5	

（6）不溶物、烧失量、氯离子含量

水泥的不溶物、烧失量、氯离子含量见表 3-4。

表 3-4　水泥的不溶物、烧失量、氯离子含量　　（%）

品种	代号	不溶物（质量分数）	烧失量（质量分数）	氯离子（质量分数）
硅酸盐水泥	P·I	≤ 0.75	≤ 3.0	≤ 0.06①
	P·Ⅱ	≤ 1.50	≤ 3.5	
普通硅酸盐水泥	P·O	—	≤ 5.0	
矿渣硅酸盐水泥	P·S·A	—	—	
	P·S·B	—	—	
火山灰质硅酸盐水泥	P·P	—	—	
粉煤灰硅酸盐水泥	P·F	—	—	
复合硅酸盐水泥	P·C	—	—	

注：①当有更低要求时，该指标由买卖双方协商确定。

视频 3-5　水泥胶砂强度检测成型

视频 3-6　水泥胶砂强度（抗压、抗折）试验

（7）碱含量

水泥中碱含量用 $Na_2O+0.658K_2O$ 计算值表示。若使用活性骨料，要求提供低碱水泥，水泥中碱含量不得大于 0.60% 或由供需双方商定。

当混凝土骨料中含有活性二氧化硅时，会与水泥中的碱相互作用形成碱的硅酸盐凝胶，碱硅酸凝胶吸水后体积膨胀可引起混凝土开裂，造成结构的破坏，这种现象称为"碱－骨料反应"。它是影响混凝土耐久性的一个重要因素。碱－骨料反应与混凝土中的总碱量、骨料活性及使用环境等有关。

判定规则：检验结果化学指标符合要求，凝结时间、安定性、强度满足 GB 175—2007 有关规定的为合格品，否则为不合格品。

5. 水泥石的腐蚀及其防止

硬化水泥石在通常条件下具有较好的耐久性，但在流动的软水和某些侵蚀介质存在的环境中，其结构会受到侵蚀，直至破坏，这种现象称为水泥石的腐蚀。它对水泥耐久性影响较大，必须采取有效措施予以防止。

腐蚀的介质常有软水介质、酸性介质、盐类介质、强碱介质等。

（1）软水腐蚀（溶出性腐蚀）

$Ca(OH)_2$ 晶体是水泥的主要水化产物之一，水泥的其他水化产物也须在一定浓度的 $Ca(OH)_2$ 溶液中才能稳定存在，而 $Ca(OH)_2$ 晶体又是较易溶于水的（20 ℃时溶解度为 0.16 g/L）。水泥石长期接触软水时，会使水泥石中的氢氧化钙不断被溶出，当水泥石中的氢氧化钙减少到一定程度时，水泥石中的其他含钙矿物也可能分解和溶出，从而导致水泥石结构的强度降低，甚至破坏。当水泥石处于软水环境时，特别是处于流动的软水环境中时，水泥被软水侵蚀的速度更快。静止水中 $Ca(OH)_2$ 浓度很快就能达到饱和，溶出作用即停止，影响不大。所以软水腐蚀是一种溶出性腐蚀。

（2）酸类腐蚀

1）碳酸水的腐蚀　雨水及地下水中常溶有较多的二氧化碳，形成了碳酸。含有碳酸的水，先与水泥石中的氢氧化钙反应，中和后使水泥石碳化，形成了碳酸钙。碳酸钙再与碳酸反应生成可溶性的碳酸氢钙，并随水流失，从而破坏了水泥石的结构。其腐蚀反应过程为

$$Ca(OH)_2+CO_2+H_2O = CaCO_3+2H_2O$$

$$CaCO_3+CO_2+H_2O \longleftrightarrow Ca(HCO_3)_2$$

2）一般酸的腐蚀　工程结构处于各种酸性介质中时，酸性介质易与水泥石中的氢氧化钙反应，其反应产物可能溶于水中而流失，或发生体积膨胀造成结构局部胀裂，破坏了水泥石的结构。$Ca(OH)_2+2H^+ \longrightarrow Ca^{2+}+2H_2O$；无机强酸还会与水泥石中的水化硅酸钙、水化铝酸钙等水化产物反应，使之分解，而导致水泥石结构破坏。一般来说，有机酸的腐蚀作用较无机酸弱，且酸的浓度越大，腐蚀作用越强。

（3）盐类腐蚀

1）硫酸盐腐蚀（膨胀腐蚀）　当环境中含有硫酸盐的水渗入水泥石结构中时，会与水泥石中的氢氧化钙反应生成石膏，石膏再与水泥石中的水化铝酸钙反应生成钙矾石，产生体积膨胀，这种膨胀必然导致脆性水泥石结构开裂，甚至崩溃。由于钙矾石为微观针状晶体，人们常称其为水泥杆菌。其反应式为

$$Ca(OH)_2+Na_2SO_4+2H_2O \longrightarrow CaSO_4\cdot 2H_2O+2NaOH$$

$$C_3AH_6+3(CaSO_4\cdot 2H_2O)+19H_2O \longrightarrow 3CaO\cdot Al_2O_3\cdot 3CaSO_4\cdot 31H_2O$$

2）镁盐腐蚀　在海水及地下水中，常含有大量的镁盐，其主要是硫酸镁和氯化镁，它们可与水泥石中的 $Ca(OH)_2$ 发生如下反应：

$$MgSO_4+Ca(OH)_2+2H_2O \longrightarrow CaSO_4\cdot 2H_2O+Mg(OH)_2$$

$$MgCl_2 + Ca(OH)_2 \longrightarrow CaCl_2 + Mg(OH)_2$$

反应所生成的 $Mg(OH)_2$ 松软而无胶凝性，$CaCl_2$ 易溶于水，会引起溶出性腐蚀，二水石膏又会引起膨胀腐蚀。所以硫酸镁对水泥起硫酸盐和镁盐的双重腐蚀作用，危害更严重。

（4）强碱腐蚀

浓度不高的碱类溶液，一般对水泥石无害。但若长期处于较高浓度（大于 10%）的含碱溶液中也能发生缓慢腐蚀，主要是化学腐蚀和结晶腐蚀。

1）化学腐蚀　如氢氧化钠与水化产物反应，生成胶结力不强、易溶析的产物。

$$3CaO \cdot SiO_2 \cdot nH_2O + 2NaOH \longrightarrow 3Ca(OH)_2 + Na_2O \cdot SiO_2 + (n-1)H_2O$$

$$3CaO \cdot Al_2O_3 \cdot 6H_2O + 2NaOH \longrightarrow 3Ca(OH)_2 + Na_2O \cdot Al_2O_3 + 4H_2O$$

2）结晶腐蚀　指碱溶液渗入水泥石孔隙，与空气中的二氧化碳反应生成含结晶水的碳酸钠，碳酸钠在毛细孔中结晶体积膨胀，从而使水泥石开裂破坏。

$$2NaOH + CO_2 + 9H_2O \longrightarrow Na_2CO_3 \cdot 10H_2O$$

（5）其他腐蚀

除了上述四种主要的腐蚀类型外，一些其他物质也对水泥石有腐蚀作用，如糖、氨盐、酒精、动物脂肪、含环烷酸的石油产品及碱－骨料反应等。它们或是影响水泥的水化，或是影响水泥的凝结，或是体积变化引起水泥开裂，或是影响水泥的强度，它们从不同的方面造成水泥石的性能下降甚至破坏。

实际工程中水泥石的腐蚀是一个复杂的物理、化学作用过程，腐蚀的作用往往不是单一的，而是几种腐蚀同时存在，相互影响。水泥石腐蚀的产生，主要有三个基本原因：一是水泥石中存在易被腐蚀的组分，主要是 $Ca(OH)_2$ 和水化铝酸钙；二是有能产生腐蚀的介质和环境条件；三是水泥石本身不密实，有许多毛细孔，使侵蚀介质能进入其内部。

防止水泥石的腐蚀，一般可采取以下措施。

① 根据工程的环境特点，合理选择水泥品种，适当掺加混合材料，减少可腐蚀物质的浓度，均可防止或延缓水泥石的腐蚀。如处于软水环境的工程，常选用掺混合材料的矿渣水泥、火山灰质水泥或粉煤灰水泥，因为这些水泥的水泥石中氢氧化钙含量低，对软水侵蚀的抵抗能力强。

② 提高混凝土的密实度，采取措施减小水泥石结构的孔隙率，特别是提高表面的密实度，阻塞腐蚀介质渗入水泥石的通道。

③ 在水泥石结构的表面设置保护层，隔绝腐蚀介质与水泥石的联系。如采用涂料、贴面等致密的耐腐蚀层覆盖水泥石，能够有效地保护水泥石不被腐蚀。

6. 硅酸盐水泥的特性与应用

①凝结硬化快，早期及后期强度均高，适用于有早强要求的工程（如冬季施工、现场浇筑等工程）和高强度混凝土工程（如预应力钢筋混凝土、大坝溢流面部位混凝土）。

②抗冻性好，适合抗冻性要求高的工程。

③水化热高，不宜用于大体积混凝土工程，但有利于低温季节蓄热法施工工程。

④抗碳化性好，因水化后氢氧化钙含量较多，故水泥石的碱度不易降低，对钢筋的保护作用强。适用于空气中二氧化碳浓度高的环境。

⑤耐磨性好，适用于高速公路、道路和地面工程。

⑥耐热性差，因水化后氢氧化钙含量高，不适用于承受高温作用的混凝土工程。

⑦耐腐蚀性差，因水化后氢氧化钙和水化铝酸钙的含量较多。

⑧湿热养护效果差。

3.1.2 其他通用硅酸盐水泥

视频 3-7　通用水泥

通用硅酸盐水泥除前述的硅酸盐水泥之外，还有普通硅酸盐水泥、矿渣硅酸盐水泥、火山灰质硅酸盐水泥、粉煤灰硅酸盐水泥及复合硅酸盐水泥五种。它们与硅酸盐水泥的生产、性能相近，只是所掺混合材料的品种、数量有差异，由此引起性能上的一些差异。

1. 混合材料

在磨制水泥时加入的天然或人工矿物材料称为混合材料。水泥用混合材料可按其活性，分为活性混合材料和非活性混合材料。常用的活性混合材料有粒化高炉矿渣、火山灰质混合材料和粉煤灰等。活性混合材料指符合 GB/T 203、GB/T 18046、GB/T 1596、GB/T 2847 标准要求的粒化高炉矿渣、粒化高炉矿渣粉、粉煤灰、火山灰质混合材料。非活性混合材料是指活性指标分别低于上述标准要求的粒化高炉矿渣、粒化高炉矿渣粉、粉煤灰、火山灰质混合材料以及石灰石和砂岩等，其中石灰石中的三氧化二铝含量应不大于 2.5%。

（1）活性混合材料

在常温下，加水拌合后能与水泥、石灰或石膏发生化学反应，生成具有一定水硬性胶凝产物的混合材料，称为活性混合材料。因活性混合材料的掺加量较大，且其主要化学成分为活性氧化硅和活性氧化铝，当其活性激发后可使水泥后期强度大大提高，改善水泥性质的作用更加显著，甚至赶上同强度等级的硅酸盐水泥。常用的活性混合材料有粒化高炉矿渣、火山灰质混合材料和粉煤灰等。这些活性混合材料本身不会发生水化反应，不产生胶凝性。但在氢氧化钙或石膏等溶液中，它们却能产生明显的水化反应，形成水化硅酸钙和水化铝酸钙：

$$x\mathrm{Ca(OH)_2} + \mathrm{SiO_2} + m\mathrm{H_2O} \longrightarrow x\mathrm{CaO}\cdot\mathrm{SiO_2}\cdot n\mathrm{H_2O}$$

$$x\mathrm{Ca(OH)_2} + \mathrm{Al_2O_3} + m\mathrm{H_2O} \longrightarrow y\mathrm{CaO}\cdot\mathrm{Al_2O_3}\cdot n\mathrm{H_2O}$$

掺混合材料的硅酸盐水泥水化时，水泥熟料首先水化产生氢氧化钙，氢氧化钙再与活性混合材料中的活性氧化硅和活性氧化铝反应，生成水化硅酸钙和水化铝酸钙。因而，这一反应也称为“二次反应”。水泥熟料水化时产生氢氧化钙，水泥中还含有石膏，因此具备了使活性混合材料发挥活性的条件，常将氢氧化钙、石膏称为活性混合材料的激发剂。激发剂浓度越高，激发作用越大，混合材料的活性发挥越充分。

1）粒化高炉矿渣　粒化高炉矿渣是高炉冶炼生铁时，将浮在铁水表面的熔融物经水淬等急冷处理而成的松散颗粒，又称为水淬矿渣。粒化高炉矿渣的主要化学成分是 CaO、SiO_2 和少量 MgO、Fe_2O_3。急冷的矿渣结构为不稳定的玻璃体，具有较大的化学潜能，其主要活性成分是活性 SiO_2 和活性 Al_2O_3，常温下能与 $Ca(OH)_2$ 反应，生成水化硅酸钙、水化铝酸钙等有水硬性的产物，从而产生强度。

2）火山灰质混合材料　火山灰质混合材料按其成因分为天然的和人工的两类。天然火山灰质混合材料是火山喷发时形成的一系列矿物，如火山灰、凝灰岩、浮石、硅藻土和硅藻石等；人工火山灰质混合材料是与天然火山灰成分和性质相似的人造矿物或工业废渣，如烧黏土、炉渣、煤矸石渣和煤渣等。火山灰质混合材料的主要活性成分是活性 SiO_2 和活性 Al_2O_3，在激发作用下，可发挥出水硬性。

图 3-5　粉煤灰微观结构

3）粉煤灰　粉煤灰是火力发电厂以煤粉作为燃料，燃烧后收集的极细的烟道灰。其颗粒为球状玻璃体结构，呈实心或空心状态，表面比较致密，其活性主要取决于玻璃体的含量。粉煤灰的成分主要是活性 SiO_2 和活性 Al_2O_3，其潜在的水硬性原理同粒化高炉矿渣。扫描电镜下的粉煤灰见图 3-5。

（2）非活性混合材料

磨细石英砂、石灰石、黏土、缓冷矿渣等非活性混合材料，它们掺入水泥，不与水泥成分起化学反应或化学反应很弱，主要起填充作用，可调节水泥强度，降低水化热及增加水泥产量等。

2. 普通硅酸盐水泥

普通硅酸盐水泥（简称普通水泥，代号为 P·O），是由硅酸盐水泥熟料、大于 5% 且不超过 20% 的活性混合材料、适量石膏磨细制成的水硬性胶凝材料。其中允许用不超过水泥质量 8% 且符合标准要求的非活性混合材料或不超过水泥质量 5% 且符合标准要求的窑灰代替。掺非活性混合材料时最大掺量不得超过水泥质量的 10%。

普通硅酸盐水泥分为 42.5、42.5R、52.5、52.5R 四个强度等级。各等级水泥在不同龄期的强度要求及其他技术要求见表 3-5。

表 3-5　普通硅酸盐水泥不同龄期的强度及其他技术要求

<table>
<tr><th rowspan="2">技术性质</th><th rowspan="2">细度 0.08 mm 方孔筛筛余百分数(%)</th><th colspan="2">凝结时间</th><th rowspan="2">安定性(沸煮法)</th><th rowspan="2">MgO 含量(%)</th><th rowspan="2">SO_3 含量(%)</th><th rowspan="2">烧失量(%)</th><th rowspan="2">氯离子(%)</th><th rowspan="2">碱含量(%)</th></tr>
<tr><th>初凝(min)</th><th>终凝(min)</th></tr>
<tr><td>指标</td><td>≤ 10.0</td><td>≥ 45</td><td>≤ 600</td><td>必须合格</td><td>≤ 5.0①</td><td>≤ 3.5</td><td>≤ 5.0</td><td>≤ 0.06②</td><td>≤ 0.6③</td></tr>
<tr><td>强度</td><td colspan="4">抗压强度(MPa)</td><td colspan="5">抗折强度(MPa)</td></tr>
<tr><td>等级</td><td colspan="3">3 d</td><td>28 d</td><td colspan="3">3 d</td><td colspan="2">28 d</td></tr>
<tr><td>42.5</td><td colspan="3">≥ 17.0</td><td>≥ 42.5</td><td colspan="3">≥ 3.5</td><td colspan="2">≥ 6.5</td></tr>
<tr><td>42.5R</td><td colspan="3">≥ 22.0</td><td>≥ 42.5</td><td colspan="3">≥ 4.0</td><td colspan="2">≥ 6.5</td></tr>
<tr><td>52.5</td><td colspan="3">≥ 23.0</td><td>≥ 52.5</td><td colspan="3">≥ 4.0</td><td colspan="2">≥ 7.0</td></tr>
<tr><td>52.5R</td><td colspan="3">≥ 27.0</td><td>≥ 52.5</td><td colspan="3">≥ 5.0</td><td colspan="2">≥ 7.0</td></tr>
</table>

注:①如果水泥压蒸安定性实验合格,则水泥中氧化镁含量允许放宽到 6.0%。
②当有更低要求时,该指标由买卖双方协商确定。
③低碱水泥碱含量≤ 0.6%,或由买卖双方协商确定。

普通硅酸盐水泥中绝大部分为硅酸盐水泥熟料,其性能与硅酸盐水泥相近,由于掺入了少量混合材料,其各项性能与硅酸盐水泥相比,也有少量的区别。其主要性能特点如下。

①早期强度略低,后期强度增长较快。

②水化热略低。

③抗渗性好,抗冻性好,抗碳化能力强。

④抗侵蚀、抗腐蚀能力稍好。

⑤耐磨性较好,耐热性能较好。

普通硅酸盐水泥的应用范围和硅酸盐水泥基本相同,是建筑业应用面广、使用量大的水泥品种。

3. 矿渣硅酸盐水泥

矿渣硅酸盐水泥是由硅酸盐水泥熟料和大于 20% 且不超过 70% 的粒化高炉矿渣及适量石膏磨细制成的水硬性胶凝材料(简称矿渣水泥)。矿渣硅酸盐水泥按矿渣掺入量的多少分为 A 型和 B 型,其中 A 型矿渣掺量为 >20% 且≤ 50%,代号 P·S·A;B 型矿渣掺量为 >50% 且≤ 70%,代号 P·S·B。允许用石灰石、窑灰、粉煤灰和火山灰质混合材料中的一种代替矿渣,代替数量不超过水泥质量的 8%,替代后水泥中粒化高炉矿渣不得少于 20%。

矿渣硅酸盐水泥由于掺入较多的矿渣,在水泥加水后首先是熟料矿物水化,然后是氢氧化钙、石膏分别与矿渣中的活性 SiO_2 和活性 Al_2O_3 发生二次水化反应,生成水化硅酸钙、水化铝酸钙、水化硫铝酸钙等新的水化产物。因此,矿渣硅酸盐水泥性能与硅酸盐水泥相比,其主要特点如下。

①凝结硬化慢,早期强度低,后期强度发展较快。

②水化热较低,放热速度慢。

③具有较好的耐热性能。

④具有较强的抗软水、抗腐蚀能力。

⑤保水性差、泌水性大,干缩较大。

⑥对湿热敏感,适宜蒸汽养护。

⑦抗冻性较差,抗碳化能力、耐磨性差。

矿渣硅酸盐水泥适宜用于任何地上工程,配制混凝土和钢筋混凝土;对于有耐软水和硫酸盐侵蚀要求的水工及海工工程更适用;适用于大体积工程及配制耐热混凝土。它不宜用于对早强要求高的工程、受冻融或干湿交替的环境、低温工程。使用时要严格控制加水量,加强早期养护。

4. 火山灰质硅酸盐水泥

由硅酸盐水泥熟料和大于 20% 且不超过 40% 的火山灰质混合材料及适量石膏磨细制成的水硬性胶凝

材料，称为火山灰质硅酸盐水泥（简称火山灰水泥），代号 P·P。

火山灰水泥的主要性能特点如下。

①早期强度低，后期强度发展较快。

②水化热较低，放热速度慢。

③具有较强的抗软水、抗腐蚀能力。

④需水性大，干缩率较大。

⑤抗渗性好，抗冻性较差，抗碳化能力、耐磨性差。

⑥对温度敏感，适宜湿热养护。

火山灰水泥最适宜用于地下或水中工程，尤其是有抗渗、抗淡水、抗硫酸盐侵蚀的工程；宜用于大体积工程和蒸汽养护生产混凝土预制构件；不宜用于有早强要求和抗冻要求、耐磨要求较高的混凝土工程。

5. 粉煤灰硅酸盐水泥

由硅酸盐水泥熟料和大于 20% 且不超过 40% 的粉煤灰及适量石膏磨细制成的水硬性胶凝材料称为粉煤灰硅酸盐水泥（简称粉煤灰水泥），代号 P·F。

粉煤灰水泥的主要性能特点如下。

①早期强度低，后期强度发展较快。

②水化热较低，放热速度慢。

③具有较强的抗软水、抗腐蚀能力。

④需水量少，干缩率较小，抗裂性好。

⑤抗冻性较差，抗碳化能力、耐磨性差。

⑥对温度敏感，适宜湿热养护。

粉煤灰水泥适用于承载较晚的混凝土工程、水中及大体积工程，不宜用于有抗渗要求的混凝土工程，也不宜用于干燥环境中的混凝土工程及有抗冻要求、耐磨性要求的混凝土工程。

6. 复合硅酸盐水泥

凡由硅酸盐水泥熟料、两种或两种以上规定的混合材料、适量的石膏磨细制成的水硬性胶凝材料，称为复合硅酸盐水泥，简称复合水泥，代号 P · C。水泥中混合材料总掺量按质量百分比计应大于 20% 且不超过 50%。水泥中允许用不超过 8% 的窑灰代替部分混合材料；掺矿渣时混合材料掺量不得与矿渣水泥重复。

复合水泥由于使用了复合混合材料，改变了水泥石微观结构，其早期强度大于同强度等级的矿渣水泥、火山灰水泥、粉煤灰水泥，且具有需水量小、凝结时间适中、保水性好、干缩小、水化热低、耐腐蚀性好、抗裂性好、后期强度增进率大、所配制的混凝土和易性好等特点。因此，复合水泥被广泛应用于各种工业工程、民用建筑。它适用于地下、大体积混凝土工程、基础工程等各种工程，不适宜在严寒地区有水位升降的工程部位使用。

通用硅酸盐水泥是目前工程实践中使用量大、面广的水泥，其组成、性能见表 3-6。

表 3-6　通用硅酸盐水泥的组成、性能比较

<table>
<tr><th>项目</th><th>硅酸盐水泥
（P·Ⅰ、P·Ⅱ）</th><th>普通水泥
（P·O）</th><th>矿渣水泥
（P·S）</th><th>火山灰水泥
（P·P）</th><th>粉煤灰水泥
（P·F）</th><th>复合水泥
（P·C）</th></tr>
<tr><td rowspan="2">组成</td><td colspan="6">硅酸盐水泥熟料、适量石膏</td></tr>
<tr><td>无或小于 5% 的混合材料</td><td>活性混合材料（大于 5% 且不超过 20%）</td><td>粒化高炉矿渣（大于 20% 且不超过 50% 或大于 50% 且不超过 70%）</td><td>火山灰质混合材料（大于 20% 且不超过 40%）</td><td>粉煤灰（大于 20% 且不超过 40%）</td><td>两种或两种以上混合材料（大于 20% 且不超过 50%）</td></tr>
<tr><td rowspan="3">性能</td><td rowspan="3">①早期、后期强度高
②耐腐蚀性差
③水化热大
④抗碳化性好
⑤抗冻性好
⑥耐磨性好
⑦耐热性差</td><td rowspan="3">①早期强度稍低，后期强度高
②耐腐蚀性稍差
③水化热较大
④抗碳化性好
⑤抗冻性好
⑥耐磨性较好
⑦抗渗性好</td><td colspan="4">早期强度低，后期强度发展较快</td></tr>
<tr><td colspan="4">对温度敏感，适合蒸汽养护；耐腐蚀性好；水化热小；抗冻性较差；抗碳化性较差</td></tr>
<tr><td>①泌水性大、抗渗性差
②耐热性较好
③干缩性大</td><td>①保水性好、抗渗性好
②干缩大
③耐磨性差</td><td>①保水性差，易泌水
②干缩小、抗裂性好
③耐磨性差</td><td>干缩较大</td></tr>
</table>

3.1.3　通用硅酸盐水泥的选用、验收与运输保管

通用硅酸盐水泥作为三大建筑材料之一，在土木工程建设中发挥着巨大的作用。

工程实践中正确选用、合理使用水泥，按照标准与合同及时验收，并且妥善运输与保管好水泥，对于工程建设十分重要。

1. 通用硅酸盐水泥的选用

由于不同品种通用硅酸盐水泥在性能上的各自特点，在实际工程中应根据工程所处的环境条件、建筑物的预期寿命及混凝土所处的部位，选用适当的水泥品种，以满足工程的不同要求。通用硅酸盐水泥的选择见表 3-7。

表 3-7　通用硅酸盐水泥的选择

混凝土工程特点及所处环境条件		优先选用	可以选用	不宜选用
普通混凝土	在一般气候环境中的混凝土	普通水泥	矿渣水泥、火山灰水泥、粉煤灰水泥、复合水泥	—
	在干燥环境中的混凝土	普通水泥	矿渣水泥	火山灰水泥、粉煤灰水泥
	在高温环境中或长期处于水中的混凝土	矿渣水泥、火山灰水泥、粉煤灰水泥、复合水泥	普通水泥	—
	大体积混凝土	矿渣水泥、火山灰水泥、粉煤灰水泥、复合水泥	普通水泥	硅酸盐水泥
有特殊要求的混凝土	要求快硬、高强的混凝土	硅酸盐水泥	普通水泥	矿渣水泥、火山灰水泥、粉煤灰水泥、复合水泥
	严寒地区的露天混凝土，寒冷地区处于水位升降范围内的混凝土	普通水泥	矿渣水泥（强度等级 >32.5）	火山灰水泥、粉煤灰水泥
	严寒地区处于水位升降范围内的混凝土	普通水泥（强度等级 >42.5）	—	矿渣水泥、火山灰水泥、粉煤灰水泥、复合水泥
	有抗渗要求的混凝土	普通水泥、火山灰水泥		矿渣水泥
	有耐磨性要求的混凝土	硅酸盐水泥、普通水泥	矿渣水泥（强度等级 >32.5）	火山灰水泥、粉煤灰水泥
	受侵蚀性介质作用的混凝土	矿渣水泥、火山灰水泥、粉煤灰水泥、复合水泥	—	硅酸盐水泥、普通水泥

2. 通用硅酸盐水泥的验收、质量检验

（1）水泥的验收

①水泥到货后，应根据供货单位的发货明细表或入库通知单及质量合格证，核对水泥包装上所注明的工厂名称、水泥名称、水泥品种、代号、强度等级和包装日期、生产许可证编号等。

②水泥供货分散装和袋装两种。散装水泥用专用车辆运输，以“吨”为计量单位，袋装水泥以“吨”或“袋”为计量单位，每袋净含量 50 kg，且不得少于标志质量的 99%；随机抽取 20 袋，总质量不得少于 1 000 kg。

③袋装水泥包装袋两侧应印有水泥名称和强度等级。硅酸盐水泥和普通硅酸盐水泥的印刷采用红色，矿渣水泥的印刷采用绿色，火山灰水泥、粉煤灰水泥和复合水泥的印刷采用黑色或蓝色。

（2）水泥的质量检验

①水泥进场时应对其品种、等级、包装或散装仓号、出厂日期进行检查。

②进场水泥应对其凝结时间、安定性、胶砂强度、氧化镁和氯离子含量进行复检。

③当在使用中对水泥质量有怀疑或出厂超过三个月时，应进行复检，并按复检结果使用。

④不合格水泥判定：凡不溶物、烧失量、三氧化硫含量、氧化镁含量、氯离子含量、凝结时间、安定性、强度指标中任何一项技术指标要求不符合标准者为不合格品。

⑤凡不合格水泥，工程中严禁使用。

3. 通用硅酸盐水泥的运输、保管

①水泥在运输和储存过程中不得受潮和混入杂物，不同品种和强度的水泥应分别贮存，不得混杂。

②贮存水泥的库房应注意防潮、防漏。存放袋装水泥时，地面垫板要离地 30 cm，袋装水泥堆垛不宜太高，以免下部水泥受压结硬，一般以 10 袋为宜。如存放期短、库房紧张，亦不宜超过 15 袋。

③水泥的贮存应按照水泥到货的先后，依次堆放，尽量做到先存先用。

④水泥贮存期不宜过长，以免受潮而降低水泥强度。贮存期一般为不超过 3 个月。水泥储存 3 个月，通常强度下降 10%~20%。

⑤水泥受潮的处理：当水泥有松块、结粒情况时，说明水泥开始受潮，应将松块、粒状物压成粉末并增加搅拌时间，经试验后根据实际强度等级使用；当水泥已经部分结成硬块，表明水泥已严重受潮，使用时应筛去硬块，并将松块压碎，用于抹面砂浆等；当水泥结块坚硬，表明该水泥活性已丧失，不能按胶凝材料使用，而只能重新粉磨后用作混合材料。

3.2 特种水泥

视频 3-8 专用水泥

视频 3-9 特性水泥

特种水泥是指具有特殊性能或专门用途的水泥，又可分为专用水泥和特性水泥，如道路水泥、油井水泥、砌筑水泥、白色水泥、彩色水泥、中热硅酸盐水泥和低热矿渣硅酸盐水泥、膨胀水泥、铝酸盐水泥等。

3.2.1 道路硅酸盐水泥

由适当成分的生料烧制、部分熔融，得到以硅酸钙为主要成分和较多铁铝酸钙的硅酸盐水泥熟料，称为道路硅酸盐水泥熟料。由道路硅酸盐水泥熟料、0~10% 活性混合材料和适量石膏磨细制成的水硬性胶凝材料，称为道路硅酸盐水泥（简称道路水泥），代号 P · R。按照 28 d 抗折强度，道路水泥分为 7.5 和 8.5 两个等级。

《道路硅酸盐水泥》（GB/T 13693—2017）规定的技术要求如下。

1. 熟料矿物成分含量

道路水泥熟料矿物成分为 C_3S、C_2S、C_3A 和 C_4AF，C_3A 含量不应大于 5.0%，C_4AF 含量不应小于 15%，游离氧化钙含量不应大于 1.0%。

2. 化学成分

①水泥中氧化镁含量（质量分数）不大于 5.0%，如果压蒸试验合格，水泥中氧化镁含量（质量分数）允许放宽到 6.0%。

②三氧化硫含量（质量分数）不大于 3.5%。

③烧失量不大于 3.0%。

④氯离子含量（质量分数）不大于 0.06%。

⑤碱含量规定同硅酸盐水泥。

3. 物理性能

①凝结时间：初凝时间不小于 90 min，终凝时间不大于 720 min。

②细度：比表面积为 300~450 m^2/kg。

③安定性：用雷氏夹检验必须合格。

④干缩率：28 d 干缩率不大于 0.10%。

⑤耐磨性：28 d 磨耗量不大于 3.00 kg/m^2。

⑥强度：道路水泥按规定龄期的抗压、抗折强度划分，各龄期的抗压、抗折强度应不低于表 3-8 的数值。

表 3-8 道路水泥各龄期强度(GB/T 13693—2017)

强度等级	抗折强度(MPa)		抗压强度(MPa)	
	3 d	28 d	3 d	28 d
7.5	≥ 4.0	≥ 7.5	≥ 21.0	≥ 42.5
8.5	≥ 5.0	≥ 8.5	≥ 26.0	≥ 52.5

道路水泥早期强度高,特别是抗折强度高、干缩性小、耐磨性好、抗冲击性好,主要用于道路路面、飞机场跑道、广场、车站以及对耐磨性、抗干缩性要求较高的混凝土工程。

3.2.2 油井水泥

油井水泥是油田用于封固油、气井的专用水泥。

在勘探、开采石油或天然气时,要把钢质套管下入井内,再注入水泥浆将套管与周围地层胶结封固、进行固井作业,封隔地层内的油、气、水层,防止互相窜扰,以便在井内形成一条从油层流向地面、隔绝良好的油流通道。

油井水泥的基本要求为:水泥浆在注井过程中要有一定的流动性和合适的密度,水泥浆注入井内后,应较快凝结,并在短期内达到一定强度;硬化后的水泥浆应有良好的稳定性和抗渗性、抗蚀性等。油井和气井的情况十分复杂,为适应不同油气井的具体条件,还要在水泥中加入一些外加剂,如增重剂、减轻剂或缓凝剂等。

油井底部的温度和压力随着井深的增加而提高,每深入 100 m,温度约提高 3 ℃,压力增加 1.0~2.0 MPa。因此,高温高压,特别是高温对水泥各种性能的影响是油井水泥生产和使用的最主要问题。高温作用使硅酸盐水泥的强度显著下降,因此,不同深度的油井,应该用不同组成的水泥。根据《油井水泥》(GB/T 10238—2015),我国油井水泥分为 A、B、C、D、G 和 H 六个级别,包括普通(O)、中等抗硫酸盐型(MSR)和高抗硫酸盐型(HSR)三类。各级别油井水泥使用范围如下。

A 级:在生产 A 级水泥时,允许掺入符合 GB/T 26748 标准的助磨剂。该产品在无特殊性能要求时使用,只有普通(O)型。

B 级:在生产 B 级水泥时,允许掺入符合 GB/T 26748 标准的助磨剂。该产品适合于井下条件要求中抗或高抗硫酸盐时使用,有中抗硫酸盐(MSR)和高抗硫酸盐(HSR)两种类型。

C 级:在生产 C 级水泥时,允许掺入符合 GB/T 26748 标准的助磨剂。该产品适合于井下条件要求高的早期强度时使用,有普通(O)、中抗硫酸盐(MSR)和高抗硫酸盐(HSR)三种类型。

D 级:在生产 D 级水泥时,允许掺入符合 GB/T 26748 标准的助磨剂,还可以选用合适的调凝剂进行共同粉磨或混合。该产品适合于中温中压的井下条件时使用,分为中抗硫酸盐(MSR)和高抗硫酸盐(HSR)两种类型。

G 级:在生产 G 级水泥时,除了加石膏或水或两者一起与熟料粉磨或混合外,不得掺加其他外加剂。当使用降低水溶性六价铬含量的化学外加剂时,不能影响油井水泥的预期性能。该产品是一种基本油井水泥,分为中抗硫酸盐(MSR)和高抗硫酸盐(HSR)两种类型。

H 级:在生产 H 级水泥时,除了加石膏或水或两者一起与熟料粉磨或混合外,不得掺加其他外加剂。当使用降低水溶性六价铬含量的化学外加剂时,不能影响油井水泥的预期性能。该产品是一种基本油井水泥,分为中抗硫酸盐型(MSR)和高抗硫酸盐(HSR)两种类型。

油井水泥的物理性能要求包括水灰比、水泥比表面积、15~30 min 内的初始稠度,在特定温度和压力下的稠化时间以及在特定温度、压力和养护龄期下的抗压强度。

3.2.3 砌筑水泥

目前,在我国土木工程中,砌筑砂浆成为需要量很大的建筑材料。通常,在施工配制砌筑砂浆时,会采用最低强度即 32.5 级或 42.5 级的通用水泥,而常用砂浆的强度仅为 2.5 MPa、5.0 MPa,水泥强度与砂浆强度的比值大大超过了 4~5 倍的经济比例，为了满足砂浆和易性的要求，又需要用较多的水泥，造成砌筑砂浆强度等级超高，形成较大浪费。因此，生产砌筑专用的低强度水泥非常必要。

《砌筑水泥》（GB/T 3183—2017）规定：由硅酸盐水泥熟料加入规定的混合材料和适量石膏，磨细制成的保水性较好的水硬性胶凝材料，称为砌筑水泥，代号 M。其强度等级有 12.5、22.5 和 32.5 三个等级；其化学成分中三氧化硫含量（质量分数）不大于 3.5%，氯离子含量（质量分数）不大于 0.06%，水泥中水溶性铬（Ⅵ）含量不大于 10.0 mg/kg。其物理性能要求：细度为 80 μm 方孔筛筛余不大于 10%；凝结时间要求初凝不早于 60 min、终凝不迟于 12 h；保水率应不小于 80%；安定性用沸煮法检验必须合格；砌筑水泥的强度等级及各龄期强度值应不低于表 3-9 的要求；水泥放射性内照指数 I_{Ra} 不大于 1.0，放射性外照指数 I_r 不大于 1.0。

表 3-9 砌筑水泥的各龄期强度值

强度等级	抗压强度（MPa）			抗折强度（MPa）		
	3 d	7 d	28 d	3 d	7 d	28 d
12.5	—	≥ 7.0	≥ 12.5	—	≥ 1.5	≥ 3.0
22.5	—	≥ 10.0	≥ 22.5	—	≥ 2.0	≥ 4.0
32.5	≥ 10.0	—	≥ 32.5	≥ 2.5	—	≥ 5.5

砌筑水泥用混合材料可采用矿渣、粉煤灰、煤矸石、沸腾炉渣和沸石等，掺加量应大于 50%，允许掺入适量石灰石或窑灰。砌筑水泥适用于砌筑砂浆、内墙抹面砂浆及基础垫层，砌筑水泥一般不得用于配制混凝土。

3.2.4 白色硅酸盐水泥

在建筑装饰工程中，常采用白水泥和彩色水泥配制成水泥浆或水泥砂浆，用于饰面刷浆或陶瓷铺贴的勾缝。以白水泥和彩色水泥为胶凝材料，加入各种大理石、花岗石碎屑作为骨料，可制成水刷石、水磨石、人造大理石等丰富多彩的建筑物饰面或制品。白水泥和彩色水泥还是制作雕塑作品的理想材料。可见，白水泥和彩色水泥以其良好的装饰性能已被广泛应用于各种装饰工程，故常称其为装饰水泥。

1. 定义

根据《白色硅酸盐水泥》（GB/T 2015—2017），以适当成分的生料烧至部分熔融，所得的以硅酸钙为主要成分、含有少量氧化铁的白色硅酸盐水泥熟料，加入适量石膏和混合材料，磨细制成的水硬性胶凝材料称为白色硅酸盐水泥，简称白水泥，代号 P · W。加入的混合材料可以是石灰岩、白云质石灰岩和石英砂等天然矿物，质量分数为 0~30% 。

2. 技术要求

细度用筛孔尺寸为 45 μm 的方孔筛的筛余不大于 30%，否则为不合格。凝结时间要求初凝时间不小于 45 min，终凝时间不大于 600 min。水泥中三氧化硫含量不得超过 3.5%，水泥中水溶性六价铬不大于 10 mg / kg，氯离子不大于 0.06%。体积安定性要求用沸煮法检验必须合格，强度等级根据 3 d 和 28 d 抗折强度和抗压强度，将白水泥划分为 32.5、42.5、52.5 三个等级，各等级、各龄期的强度不得低于表 3-10 中的数据。

表 3-10 白色硅酸盐水泥强度要求

强度等级	抗折强度（MPa）		抗压强度（MPa）	
	3 d	28 d	3 d	28 d
32.5	3.0	6.0	12.0	32.5
42.5	3.5	6.5	17.0	42.5
52.5	4.0	7.0	22.0	52.5

3. 白度

白水泥的白度是将白水泥样品装入标准压样器中，压成表面平整的白板，置于白度仪中，测其对红、绿、蓝三种原色光的反射率，以此反射率与氧化镁标准反射率相比的百分率表示。1 级白度（P・W-1）不小于 89；2 级白度（P・W-2）不小于 87。水泥放射性内照射指数 I_{Ra} 不大于 1.0，放射性外照射指数 I_r 不大于 1.0。

4. 生产及应用

白色硅酸盐水泥的组成、性质与硅酸盐水泥基本相同，不同的是在配料和生产过程中严格控制着色氧化物（Fe_2O_3、MnO、Cr_2O_3、TiO_2 等）的含量，因而具有白色。如果熟料中 Fe_2O_3 含量为 3%~4%，则为暗灰色，含量为 0.45%~0.7% 为淡绿色，含量为 0.35%~0.4% 为白色。白水泥主要用于建筑物的装饰，如饰面、楼梯、外墙等大理石石砖的镶嵌，以及混凝土雕塑工艺制品等；还可掺加颜料配制成彩色水泥、彩色砂浆、彩色混凝土等。

3.2.5 彩色硅酸盐水泥

彩色水泥按其化学成分可分为彩色硅酸盐水泥、彩色铝酸盐水泥和彩色硫铝酸盐水泥三种，其中以彩色硅酸盐水泥产量最大，应用最广。下面主要介绍彩色硅酸盐水泥。

1. 彩色水泥的生产方法

白色硅酸盐水泥熟料与适量石膏、混合材料及着色剂磨细或混合制成的带有色彩的水硬性胶凝材料称为彩色硅酸盐水泥。彩色硅酸盐水泥根据其着色方法的不同，有两种生产方式。

1）染色法　染色法一种是将硅酸盐水泥熟料（白水泥熟料或普通水泥熟料）、适量石膏和碱性颜料共同磨细而制得彩色水泥。这是目前国内外生产彩色水泥应用最广泛的方法。另一种与染色法类似的简易方法是将颜料直接与水泥粉混合而配制成彩色水泥，但这种方法颜料用量大，色泽不易均匀。

2）直接烧成法　所谓直接烧成法是在水泥生料中加入着色原料而直接煅烧成彩色水泥熟料，再加入适量石膏共同磨细制成彩色水泥。常用着色原料为金属氧化物或氢氧化物，例如加入氧化铬或氢氧化铬可制得绿色水泥，加入氧化锰在还原气氛中可制得浅蓝色水泥，在氧化气氛中可制得浅紫色水泥。这种方法着色剂用量很少，有时也可用工业副产品作为着色剂。

2. 彩色水泥的颜料

根据水泥的性质及应用特点，生产彩色水泥所用的颜料应满足以下基本要求。

①不溶于水，分散性好。

②耐大气稳定性好。

③抗碱性好。

④着色力强，颜色浓。

⑤不含杂质。

⑥不会使水泥强度显著降低，也不能影响水泥正常凝结硬化。

⑦价格较便宜。

3. 彩色水泥的性质及应用

①对水泥着色度的影响因素。首先是颜料掺量，当然掺量越多，颜色越浓；但这种影响又因颜料种类不同而异。另外，在相同的混合条件下，粒径较细的颜料着色能力较强。实验证明，一般颜料的着色能力与其粒径的二次方成反比。

②水泥中颜料的掺入对其物理力学性能将产生一定影响。彩色水泥的凝结速度一般比白水泥快，其程度因颜料的品质和掺量而异。水泥胶砂强度一般因颜料掺入而降低，当掺炭黑时尤为明显，但因优质炭黑着色力很强，掺量很少时即可达到色泽要求，所以一般问题不大。

③彩色水泥色浆的配制。彩色水泥色浆的配制须分头道浆和二道浆两种。头道浆按水灰比 0.75、二道浆按水灰比 0.65 配制。刷浆前先将基层用水充分湿润，先刷头道浆，待其有足够强度后再刷二道浆。浆面初凝后，必须立即开始洒水养护，至少养护 3 d。为保证不发生脱粉（干后粉刷脱落）及被雨水冲掉，还可在水泥色浆中加入占水泥质量 1%~2% 的无水氯化钙和占水泥质量 7% 的皮胶液，以加速凝固，增强黏结力。

白水泥和彩色水泥广泛应用于建筑装修中。常用于装饰建筑物的表层，施工简单，造型方便，容易维修，价格便宜，可制作彩色水磨石、饰面砖、锦砖、玻璃马赛克以及水刷石、斩假石、水泥花砖的表层及地面装饰。

3.2.6 中、低热硅酸盐水泥和低热矿渣硅酸盐水泥

随着我国开启全面建设社会主义现代化的征程，土木工程建设中大体积混凝土被大量使用，水化热对混凝土的开裂影响越来越重要，低水化热的水泥受到重视。目前，常用的低水化热的水泥有中热硅酸盐水泥、低热硅酸盐水泥。

1. 中、低热硅酸盐水泥的含义

《中热硅酸盐水泥、低热硅酸盐水泥》(GB/T 200—2017)对这两种水泥作出了规定。

①中热硅酸盐水泥：以适当成分的硅酸盐水泥熟料，加入适量石膏，磨细制成的具有中等水化热的水硬性胶凝材料，称为中热硅酸盐水泥(简称中热水泥)，代号 P·MH。

②低热硅酸盐水泥：以适当成分的硅酸盐水泥熟料，加入适量石膏，磨细制成的具有低水化热的水硬性胶凝材料，称为低热硅酸盐水泥(简称低热水泥)，代号 P·LH。

生产中、低热硅酸盐水泥，主要是降低水泥熟料中的高水化热组分 C_3S、C_3A 含量。中热水泥熟料中 C_3S 不超过 55%，C_3A 不超过 6%；低热水泥熟料中 C_2S 不低于 40%，C_3A 不超过 6%。

2. 中、低热水泥的技术要求

①氧化镁：中热水泥和低热水泥中氧化镁的含量(质量分数)不宜大于 5.0%，经压蒸安定性试验合格，允许放宽到 6.0%。

②碱含量(选择性指标)：碱含量按 NaO_2+0.658K_2O 计算值表示。若使用活性骨料，用户要求提供低碱水泥时，水泥中的碱含量应不大于 0.60% 或由买卖双方协商确定。

③三氧化硫：水泥中三氧化硫的含量(质量分数)不大于 3.5%。

④烧失量与不溶物：中热水泥和低热水泥的烧失量(质量分数)不大于 3.0%；水泥中不溶物的含量(质量分数)不大于 0.75%。

⑤比表面积：水泥的比表面积应不小于 250 m^2/kg。

⑥凝结时间：初凝应不小于 60 min，终凝应不大于 12 h。

⑦安定性：用沸煮法检验应合格。

⑧强度与水化热：水泥的强度等级按规定龄期的抗压强度和抗折强度划分，各龄期的抗压强度和抗折强度应不低于表 3-11 中的数值；水化热不得高于表 3-12 的要求。低热水泥 90 d 的抗压强度不小于 62.5 MPa。32.5 级低热水泥 28 d 的水化热不大于 290 kJ/kg，42.5 级低热水泥 28 d 的水化热不大于 310 kJ/kg。

表 3-11 水泥 3d、7d、28d 的强度指标

品种	强度等级	抗压强度(MPa)			抗折强度(MPa)		
		3 d	7 d	28 d	3 d	7 d	28 d
中热水泥	42.5	≥ 12.0	≥ 22.0	≥ 42.5	≥ 3.0	≥ 4.5	≥ 6.5
低热水泥	42.5	—	≥ 13.0	≥ 42.5	—	≥ 3.5	≥ 6.5
	32.5	—	≥ 10.0	≥ 32.5	—	≥ 3.0	≥ 5.5

表 3-12 水泥 3d 和 7d 的水化热指标

品种	强度等级	水化热(kJ/kg)	
		3 d	7 d
中热水泥	42.5	≤ 251	≤ 293
低热水泥	42.5	≤ 230	≤ 260
	32.5	≤ 197	≤ 230

3.3　铝酸盐水泥

视频 3-10　铝酸盐水泥

铝酸盐水泥是特种水泥的一种，由于其熟料矿物种类、水化与硅酸盐水泥有很大不同，其等级分类也与硅酸盐水泥不同，所以，单独进行介绍。

根据《铝酸盐水泥》(GB/T 201—2015)，以钙质和铝质材料为主要原料，按适当比例配制成生料，烧至完全或部分熔融，并经冷却所得的以铝酸钙为主要矿物组成的产物，称为铝酸盐水泥熟料。由铝酸盐水泥熟料磨细制成的水硬性胶凝材料，称为铝酸盐水泥，代号 CA。

铝酸盐水泥按照水泥中 Al_2O_3 的含量(质量分数)分为 CA50、CA60、CA70 和 CA80 四个品种，各品种作如下规定。

① CA50，50% ≤ $w(Al_2O_3)$<60%，根据强度分为 CA50-Ⅰ、CA50-Ⅱ、CA50-Ⅲ、CA50-Ⅳ。

② CA60，60% ≤ $w(Al_2O_3)$<68%，根据主要矿物组成分为 CA60-Ⅰ(以铝酸一钙为主)、CA60-Ⅱ(以铝酸二钙为主)。

③ CA70，68% ≤ $w(Al_2O_3)$<77%。

④ CA80，$w(Al_2O_3)$≥ 77%。

3.3.1　铝酸盐水泥的主要矿物成分

①铝酸一钙($CaO·Al_2O_3$，简写为 CA)，凝结正常，硬化迅速，为铝酸盐水泥强度的主要来源。

②二铝酸一钙($CaO·2Al_2O_3$，简写为 CA_2)，凝结、硬化慢，早期强度较低，后期强度高。

此外，还有少量水化极快、凝结迅速而强度不高的七铝酸十二钙($C_{12}A_7$)以及胶凝性极差的铝方柱石(C_2AS)、六铝酸一钙(CA_6)等矿物。

3.3.2　铝酸盐水泥的水化与硬化

铝酸一钙由于晶体结构中钙、铝的配位极不规则，水化极快。其水化过程及其产物与温度的关系极大，当温度低于 30 ℃时，水化生成水化铝酸钙(CAH_{10})、水化铝酸二钙(C_2AH_8)、氢氧化铝凝胶(AH_3)。铝酸盐水泥的硬化过程与硅酸盐水泥基本相似。CAH_{10}、C_2AH_8 都属六方晶系，其晶体呈片状或针状，互相交错攀附，重叠结合，可形成坚强的结晶共生体，使水泥获得很高的强度。氢氧化铝凝胶又填充于晶体骨架的空隙，所以能形成比较致密的结构，密实度大，强度高。过 5~7 d 后，水化物数量很少增加。因此铝酸盐水泥的早期强度增长很快，24 h 即可达到极限强度的 80% 左右，后期强度增长不显著。

当温度高于 30 ℃时，水化生成立方晶系的水化铝酸三钙(C_3AH_6)、氢氧化铝凝胶(AH_3)。此时形成的水泥石孔隙率很大，强度较低。因而铝酸盐水泥不宜在高于 30 ℃的条件下养护。

3.3.3　铝酸盐水泥的技术要求

(1)细度

比表面积不小于 300 m^2/kg 或 45 μm 筛余不大于 20%。有争议时以比表面积为准。

(2)凝结时间

按 GB/T 201—2015 规定的标准稠度胶砂测得的凝结时间应符合如下要求：CA50、CA60-Ⅰ、CA70、CA80 铝酸盐水泥的初凝时间不早于 30 min，终凝时间应不迟于 360 min；CA60-Ⅱ铝酸盐水泥的初凝时间不早于 60 min，终凝时间应不迟于 1 080 min。

(3)强度

各类型铝酸盐水泥的不同龄期强度值不得低于表 3-13 的规定。

表 3-13　不同类型铝酸盐水泥各龄期强度要求　（MPa）

类型		抗压强度				抗折强度			
		6 h	1 d	3 d	28 d	6 h	1 d	3 d	28 d
CA50	CA50-Ⅰ	≥ 20①	≥ 40	≥ 50	—	≥ 3①	≥ 5.5	≥ 6.5	—
	CA50-Ⅱ		≥ 50	≥ 60	—		≥ 6.5	≥ 7.5	—
	CA50-Ⅲ		≥ 60	≥ 70	—		≥ 7.5	≥ 8.5	—
	CA50-Ⅳ		≥ 70	≥ 80	—		≥ 8.5	≥ 9.5	—
CA60	CA60-Ⅰ	—	≥ 65	≥ 85	—	—	≥ 7.0	≥ 10.0	—
	CA60-Ⅱ	—	≥ 20	≥ 45	≥ 85	—	≥ 2.5	≥ 5.0	≥ 10.0
CA70		—	≥ 30	≥ 40	—	—	≥ 5.0	≥ 6.0	—
CA80		—	≥ 25	≥ 30	—	—	≥ 4.0	≥ 5.0	—

注：①用户要求时，生产厂家应提供试验结果。

3.3.4　铝酸盐水泥的性能与应用

①铝酸盐水泥凝结硬化速度快，1 d 强度可达最高强度的 80% 以上，3 d 可达到 100%。在低温（5~10 ℃）环境下，能很快硬化，强度高，而在温度超过 30 ℃以上的环境中，强度急剧下降。因此，铝酸盐水泥适用于紧急抢修、低温季节施工、早期强度要求高的特殊工程。而且铝酸盐水泥硬化体中的晶体结构在长期使用中会发生转移，导致强度下降，因此，一般不适用于长期承重的结构工程。

②抗渗性、抗冻性好。铝酸盐水泥拌合需水量少，而水化需水量大，故硬化后水泥石的孔隙率很小。

③抗硫酸盐腐蚀性好。因水化产物中不含有氢氧化钙，并且氢氧化铝凝胶包裹其他水化产物起到保护作用以及水泥石的孔隙率很小，故适合抗硫酸盐腐蚀工程。

④铝酸盐水泥水化热大，且放热量集中。1 d 内放出的水化热为总量的 70%~80%，使混凝土内部温度上升较高，即使在 −10 ℃下施工，铝酸盐水泥也能很快凝结硬化，可用于冬季施工的工程，但不得应用于大体积混凝土工程。

⑤耐热性好，如果采用耐火粗细骨料（如铬铁矿等）可制成使用温度达 1 300~1 400 ℃的耐热混凝土，故适合耐热工程。

⑥长期强度降低较大（降低 40%~50%），不适用于长期承载结构。

⑦ 高温、高湿条件下强度显著降低，不宜在高温、高湿环境中施工、使用。

另外，铝酸盐水泥与硅酸盐水泥或石灰相混不但产生“闪凝”，而且由于生成高碱性的水化铝酸钙，使混凝土开裂，甚至破坏。因此施工时除不得与石灰或硅酸盐水泥混合外，也不得与未硬化的硅酸盐水泥接触使用。

本任务小结

（1）水泥是重要的土木工程材料之一，按主要的水硬性矿物成分分为硅酸盐水泥、铝酸盐水泥等，按用途分为通用水泥、特种水泥。

（2）常用的通用水泥是硅酸盐水泥、普通硅酸盐水泥、矿渣硅酸盐水泥、火山灰质硅酸盐水泥、粉煤灰硅酸盐水泥和复合硅酸盐水泥。

（3）通用水泥的技术指标是反映水泥性能的技术参数，也是工程中选用的依据。

（4）对于特种水泥，应了解其性能和应用的范围。

模块 3　建筑结构材料

模块内容简介

本模块是全书重点。目前,在建筑工程领域中,常用的结构材料包括普通混凝土、金属材料、墙体材料和建筑砂浆,其中,混凝土是当今世界上用量最大的建筑材料,金属材料在建筑工程中应用也较广泛,墙体材料与建筑砂浆配套使用,形成建筑墙体。

模块学习目标

学生在学完本模块后,应掌握普通混凝土的六大组成材料、配合比的四项基本要求以及混凝土的性能;掌握建筑钢材的性能、类型、标识、选择和使用;掌握墙体与屋面材料的品种及复合墙体与建筑节能;掌握建筑砂浆的品种及应用。

任务 4 普通混凝土的选择与应用

任务简介

本任务主要以建筑工程中大量应用的普通混凝土为对象,从普通混凝土的组成材料、工作性能、配合比、耐久性等方面进行介绍,从而使学习者能够合理选择和应用普通混凝土;同时简单介绍了高强度混凝土、轻混凝土、纤维混凝土等特殊混凝土。

知识目标

(1)掌握混凝土的组成材料及主要控制指标。

(2)掌握混凝土拌合物的工作性能及影响因素。

(3)掌握混凝土的强度及其影响因素。

(4)掌握混凝土的耐久性及其影响因素。

(5)熟悉混凝土的配合比设计计算过程。

(6)熟悉混凝土外加剂的种类及其适用范围。

(7)熟悉混凝土变形的种类;了解其他混凝土的种类、性能。

技能目标

(1)具备混凝土原材料的选择应用能力。

(2)具备混凝土工作性测定分析的能力。

(3)具备选用混凝土掺合料和外加剂的能力。

(4)能进行混凝土配合比计算。

思政教学

思政元素 4

教学课件 4

授课视频 4

应用案例与发展动态

混凝土也称“砼”(tóng),是当代最主要的土木工程材料之一。它是以“水泥(胶凝材料)、骨料和水为主要材料,也可加入外加剂和矿物掺合料等材料,经拌合、成型、养护等工艺制作的、硬化后具有强度的工程材料”见《建筑材料术语标准》(JGJ/T 191—2009)。骨料是指在混凝土(或砂浆)中起骨架和填充作用的岩石颗粒等粒状松散材料,分为粗骨料、细骨料两类。

混凝土具有原料丰富、价格低廉、生产工艺简单等特点,因而其使用量十分大;同时混凝土还具有抗压强度高,耐久性好,强度等级范围大等优点,使用范围十分广泛,不仅在土木工程中使用,在造船业、机械工业、海洋开发、地热工程等方面也有很好的应用。

(1)混凝土的种类

混凝土的种类很多,按照不同的分类方法,可以分成不同种类的混凝土。混凝土按胶凝材料不同,分为水泥混凝土(普通混凝土)、沥青混凝土、石膏混凝土及聚合物混凝土等;按干表观密度不同,分为重混凝土

（表观密度大于 2 800 kg/m³）、普通混凝土（表观密度为 2 000~2 800 kg/m³）和轻混凝土（表观密度小于 2 000 kg/m³）；按使用功能不同，分为结构混凝土、道路混凝土、水工混凝土、海工混凝土、保温混凝土、耐热混凝土、耐酸混凝土、防辐射混凝土及装饰混凝土等；按配筋方式不同，分为素（即无筋）混凝土、钢筋混凝土、钢丝网水泥混凝土、纤维混凝土、预应力混凝土等；按混凝土拌合物的和易性不同，分干硬性混凝土、半干硬性混凝土、塑性混凝土、流动性混凝土、高流动性混凝土、流态混凝土等；按施工工艺不同，分为喷射混凝土、泵送混凝土、振动（压力）灌浆混凝土、离心混凝土、碾压混凝土、挤压混凝土、真空混凝土等。

此外，随着混凝土的发展和工程的需要，还出现了补偿收缩混凝土、加气混凝土、钢管混凝土、清水混凝土、大体积混凝土、水下不分散混凝土等具有特殊功能的混凝土。泵送混凝土和商品混凝土以及新的施工工艺也给混凝土施工带来方便。

（2）混凝土的特点

混凝土的优点很多，如性能多样、用途广泛，可根据不同的工程要求配制不同性质的混凝土。混凝土的塑性较好，可根据需要浇筑成不同形状和大小的构件和结构物；混凝土和钢筋有牢固的黏结力，钢筋混凝土结构或构件能充分发挥混凝土的抗压性能和钢筋的抗拉性能；混凝土组成材料中的砂、石等材料占 80% 以上，其来源广泛，符合就地取材和经济的原则；混凝土具有良好的耐久性，同钢材、木材相比维修保养费用低；其能充分利用工业废料作为骨料或掺合料，如再生骨料、粉煤灰、矿渣等，有利于环境保护。

同时混凝土也存在抗拉强度低、变形能力小、易开裂、自重大、硬化速度慢和生产周期长等缺点，随着科学技术的迅速发展，混凝土的不足之处正在不断被改进。

（3）混凝土的发展

1824 年，英国利兹（Leeds）城的约瑟夫·阿斯普丁（Joseph Aspdin）获得“波特兰水泥”专利证书，被认为是现代水泥的鼻祖。波特兰水泥的发明开创了现代混凝土的历史。混凝土材料在发展初期，因为科学技术水平较低，质量很差，1850 年发明的钢筋混凝土弥补了混凝土抗拉性能较低的缺陷，是混凝土发展史上的第一次飞跃。

随着钢筋混凝土理论研究和试验研究的不断深入，出现了大量混凝土材料的科学理论。1928 年发明了预应力钢筋混凝土，它发挥了混凝土与钢筋的协同功能，为减少结构断面、增大荷载能力、提高抗裂和耐久性等起到卓越的作用，这是混凝土发展史上的第二次飞跃。

1935 年，美国研制出木质素磺酸盐减水剂，通过强力搅拌、振动成型生产出干硬半干硬性混凝土，使 C50、C60 等级混凝土得到了广泛应用。1962 年日本研制出更高减水率的 β- 萘磺酸甲醛缩合物钠盐减水剂，可用于制备高强（抗压强度达 100 MPa）或坍落度达 20 cm 以上的混凝土。1964 年联邦德国研制出磺化三聚氰胺甲醛树脂减水剂，将混凝土浇筑形式由人工或吊罐浇筑发展为泵送方式，促进了混凝土生产水平与施工水平的提升。高效减水剂的应用成为混凝土发展史上的第三次飞跃。近年来，随着混凝土材料的高性能化，聚羧酸系、氨基磺酸盐系等高减水率、大流动性和坍落度经时损失小的新型高效减水剂得到了迅速的开发和应用。

目前，混凝土仍向着轻质、高强、多功能、高性能、绿色环保、低碳的方向发展。发展复合材料，不断扩大资源，预拌混凝土和混凝土商品化也是今后发展的重要方向。

4.1　普通混凝土的组成材料

普通混凝土（简称混凝土）是由水泥、砂、石子和水四种基本材料，根据需要加入矿物掺合料和外加剂，按比例拌合，经浇筑、养护、硬化而形成的人造石材。混凝土组织结构如图 4-1 所示。

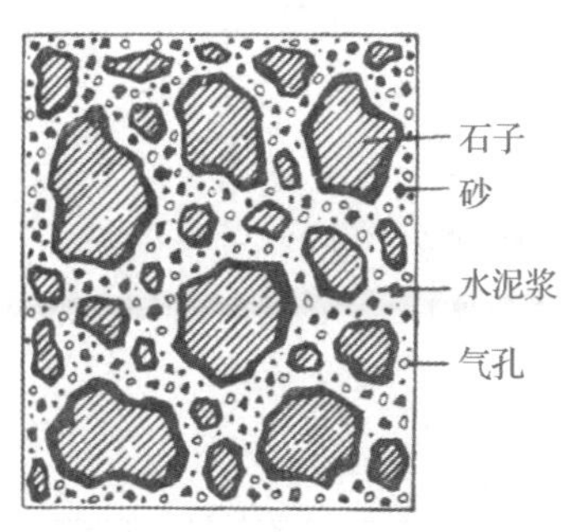

图 4-1　混凝土组织结构

在混凝土中，水泥与水形成水泥浆包裹砂、石颗粒，并填充砂石的空隙，水泥浆在硬化前主要起润滑作用，使混凝土拌合物具有良好的工作性；在硬化后，水泥浆主要起胶结作用，将砂、石黏结成一个整体，使其具有良好的强度及耐久性。砂、石在混凝土中起骨架作用,并可抑制混凝土的收缩。

混凝土的技术性质在很大程度上是由原材料的性质及其相对含量决定的,同时也与施工工艺(搅拌、浇筑、养护)有关。因此,必须了解原材料的性质、作用及其质量要求,合理选用原材料,这样才能保证混凝土的质量。

4.1.1 水泥

水泥的品种有很多种,在选择使用水泥时既要严格执行国家的相关标准规定,还要按照设计要求和针对不同的工程实际情况进行选择。

1. 水泥的品种

配制建筑用混凝土通常采用硅酸盐水泥、普通硅酸盐水泥、矿渣硅酸盐水泥和粉煤灰硅酸盐水泥等。其中,普通硅酸盐水泥使用最多,被广泛用于混凝土和钢筋混凝土工程。有时需根据工程的实际情况选择水泥,如在进行大体积混凝土施工时,为了避免水泥水化热引起的混凝土内外温差过大对质量的影响,通常会考虑使用低水化热的水泥,如粉煤灰硅酸盐水泥。

2. 水泥的强度等级

水泥的强度等级应与混凝土的设计强度等级相适应。原则上配制高强度等级的混凝土选用高强度等级的水泥;配制低强度等级的混凝土选用低强度等级的水泥。

如用高强度等级的水泥配制低强度等级的混凝土,会使水泥的用量偏少,影响混凝土的工作性和密实度,应掺入一定量的掺合料;如用低强度等级的水泥配制高强度等级的混凝土,水泥用量会过多,经济性不合理的同时也会影响混凝土的流动性等技术性能。

4.1.2 细骨料(砂)

在《普通混凝土用砂、石质量及检验方法标准》(JGJ 52—2006)中,将公称粒径小于 5.00 mm(或 4.75 mm,《建设用砂》(GB/T 14684—2022)、《建筑材料术语标准》(JGJ/T 191—2009)中的提法。以下类同,不再注明)的骨料称为细骨料(砂)。混凝土用砂分为天然砂和人工砂。

天然砂是由自然条件作用而形成的,公称粒径小于 5.00 mm(或 4.75 mm)的岩石颗粒,按其产源不同可分为河砂、湖砂、山砂和净化处理的海砂。人工砂(或称机制砂)是以岩石、卵石、矿山废石和尾矿等为原料,经除土处理,由机械破碎、整形、筛分、粉控等工艺制成的,级配、粒形和石粉含量满足要求且公称粒径小于 5.00 mm(或 4.75 mm)的颗粒。另外,把天然砂与人工砂按一定比例组合而成的砂称为混合砂。配制混凝土时所采用的细骨料(砂)的质量要求主要有以下几方面:

1. 砂的颗粒级配及粗细程度

(1)砂的颗粒级配

砂的颗粒级配是指砂的大小颗粒的搭配情况,如图 4-2 所示。如果混凝土中是同样粗细的砂,空隙最大;两种粒径的砂搭配起来,空隙减小;而三种不同粒径的砂搭配在一起空隙就更小。从而可以看出,混凝土用砂应该有较好的颗粒级配,级配良好的砂,不仅可以节省水泥,而且可以使混凝土结构密实、强度高。

视频 4-1 砂的颗粒级配

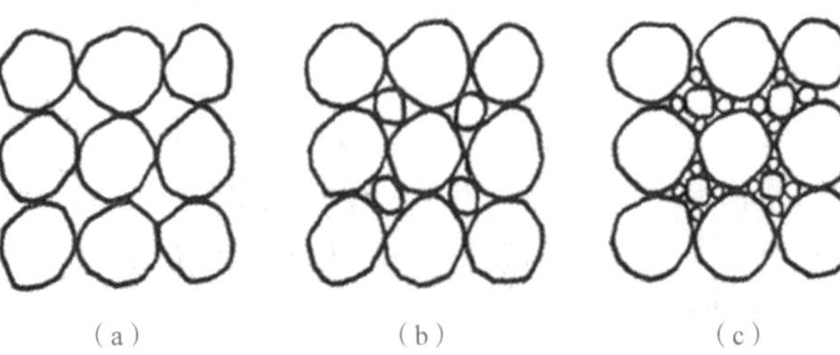

(a) (b) (c)

图 4-2 骨料颗粒级配示意图

(a)同种粒径级配 (b)两种不同粒径级配 (c)三种不同粒径级配

（2）砂的粗细程度

砂的粗细程度是指不同粒径的砂粒混合在一起后总体的粗细程度，通常按细度模数 μ_f（或 M_x）的不同分为粗、中、细、特细四级（GB/T 14684—2022）。在相同质量的条件下，细砂的总表面积大，而粗砂的总表面积小。在混凝土中，砂子的总表面积越大则包裹砂粒表面的水泥浆需要量越多。因此，一般来说用粗砂拌制混凝土比用细砂拌制混凝土节省水泥浆。

（3）砂的颗粒级配和粗细程度的评定方法

在拌制混凝土时，砂的颗粒级配和粗细程度应同时考虑。而砂的颗粒级配和粗细程度常用筛分法测定，标准套筛如图 4-3 所示。

筛分法就是采用一套标准的试验筛（砂的公称粒径、砂筛筛孔的公称直径和方孔筛筛孔边长尺寸对照关系如表 4-1 所示），公称直径依次为 5.00 mm、2.50 mm、1.25 mm、630 μm、315 μm、160 μm，将 500 g 的干砂试样由粗到细依次过筛，然后称得余留在各筛上砂的筛余量，记为 m_1、m_2、m_3、m_4、m_5、m_6，计算各筛上的分计筛余百分率 a_1、a_2、a_3、a_4、a_5、a_6（各筛上的筛余量占砂样总量的百分率）及累计筛余百分率 A_1、A_2、A_3、A_4、A_5 和 A_6（各级筛和比该筛粗的所有分计筛余百分率相加在一起）。

视频 4-2 砂的筛分

图 4-3 砂的标准套筛

表 4-1 砂的公称粒径、砂筛筛孔的公称直径和方孔筛筛孔边长尺寸对照关系表（JGJ 52—2006）

砂的公称粒径	砂筛筛孔的公称直径	方孔筛筛孔边长（μm）
5.00 mm	5.00 mm	4.75 mm
2.50 mm	2.50 mm	2.36 mm
1.25 mm	1.25 mm	1.18 mm
630 μm	630 μm	600 μm
315 μm	315 μm	300 μm
160 μm	160 μm	150 μm
80 μm	80 μm	75 μm

累计筛余与分计筛余的关系如表 4-2 所示。

表 4-2 累计筛余与分计筛余的关系

筛孔公称直径（mm）	筛余量（g）	分计筛余百分率（%）	累计筛余百分比（%）
5.00	m_1	a_1	$A_1=a_1$
2.50	m_2	a_2	$A_2=a_1+a_2$
1.25	m_3	a_3	$A_3=a_1+a_2+a_3$
0.63	m_4	a_4	$A_4=a_1+a_2+a_3+a_4$
0.315	m_5	a_5	$A_5=a_1+a_2+a_3+a_4+a_5$
0.16	m_6	a_6	$A_6=a_1+a_2+a_3+a_4+a_5+a_6$

砂的颗粒级配用级配区表示。砂的颗粒级配可按公称直径 630 μm 筛孔的累计筛余量分成三个级配区（除特细砂外）（见表 4-3），且颗粒级配区应处于表 4-3 中的某一区内。

表 4-3　砂颗粒级配区（JGJ 52—2006）

公称粒径	累计筛余（%）		
	级配区		
	Ⅰ区	Ⅱ区	Ⅲ区
5.00 mm	10~0	10~0	10~0
2.50 mm	35~5	25~0	15~0
1.25 mm	65~35	50~10	25~0
630 μm	85~71	70~41	40~16
315 μm	95~80	92~70	85~55
160 μm	100~90	100~90	100~90

注：①此表数据不适用于特细砂。

②砂的实际颗粒级配与表中数据相比，除公称粒径为 5.00 mm 和 630 μm 的累计筛余外，其余公称粒径的累计筛余可稍超出分界线，但总超出量不得大于 5%。

当天然砂的实际颗粒级配不符合要求时，宜采取相应的技术措施，并经试验证明能确保混凝土质量后，方允许使用。

为了更直观地反映砂的颗粒级配，可参照表 4-3 的内容绘制砂的级配曲线图，如图 4-4 所示。

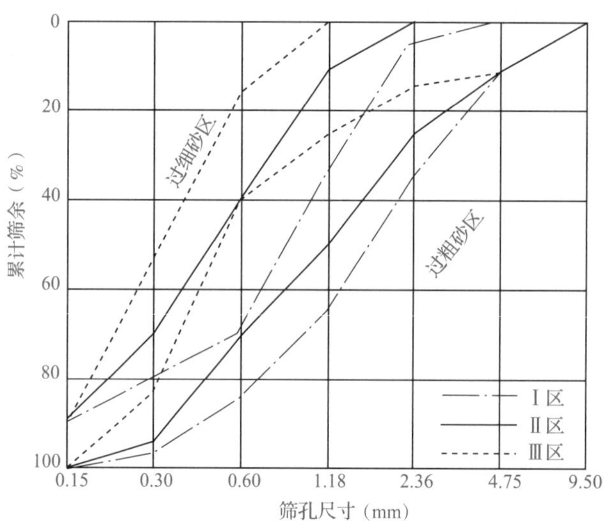

图 4-4　砂的颗粒级配曲线

配制混凝土时宜优先选用Ⅱ区砂。当采用Ⅰ区砂时，应提高砂率，并保持足够的水泥用量，以满足混凝土的和易性要求；当采用Ⅲ区砂时，宜适当降低砂率；当采用特细砂时，应符合相应的规定。泵送混凝土宜选用中砂。砂的粗细程度用细度模数表示，具体如表 4-4 所示。

表 4-4　砂按细度模数分类

细度模数 μ_f	砂的粗细程度
3.7~3.1	粗砂
3.0~2.3	中砂
2.2~1.6	细砂
1.5~0.7	特细砂

砂的细度模数 μ_f 的计算公式：

$$\mu_f = \frac{(A_2 + A_3 + A_4 + A_5 + A_6) - 5A_1}{100 - A_1} \tag{4-1}$$

细度模数与颗粒级配是两个概念，衡量的方法各不相同。细度模数是用公式（4-1）算出来的，而颗粒级配是根据表 4-3 判断出来的。

【例 4-1】 某工程用砂经筛分试验后，测得各筛累计筛余百分率如表 4-5 所示，试确定砂的粗细程度和颗粒级配。

表 4-5　累计筛余百分率

方孔筛筛孔边长（mm）	筛余量（g）	分计筛余百分率（%）	累计筛余百分比（%）
4.75	8	1.6	1.6
2.36	82	16.4	18
1.18	70	14	32
0.6	98	19.6	51.6
0.3	124	24.8	76.4
0.15	106	21.2	97.6
<0.15	12	2.4	100

解： $\mu_f=\dfrac{(A_2+A_3+A_4+A_5+A_6)-5A_1}{100-A_1}=\dfrac{(18+32+51.6+76.4+97.6)-5\times1.6}{100-1.6}=2.72$

查表 4-4 确定该砂为中砂。再将该砂的累计筛余百分比与表 4-3 中的数据比较，判定该砂的颗粒级配属于Ⅱ区。

2. 砂的含泥量、泥块含量和石粉含量

砂的含泥量是指天然砂中公称粒径小于 80 μm（75 μm）的颗粒含量；泥块含量指砂中公称粒径大于 1.25 mm（1.18 mm），经水浸洗、淘洗变成小于 630 μm（600 μm）的颗粒的含量。泥通常包裹在砂颗粒表面，妨碍水泥浆与砂的黏结，使混凝土的强度、耐久性降低，且增加了外加剂的使用量。砂的含泥量和泥块含量应符合表 4-6 的规定。

表 4-6　砂的含泥量和泥块含量（JGJ 52—2006）

混凝土强度等级	≥ C60	C55~C30	≤ C25
含泥量（按质量计，%）	≤ 2.0	≤ 3.0	≤ 5.0
泥块含量（按质量计，%）	≤ 0.5	≤ 1.0	≤ 2.0

注：①对有抗渗、抗冻或其他特殊要求的小于或等于 C25 混凝土用砂，其含泥量不应大于 3.0%；

②对有抗渗、抗冻或其他特殊要求的小于或等于 C25 混凝土用砂，其泥块含量不应大于 1.0%。

石粉含量是指人工砂中公称粒径小于 80 μm（75 μm），且其矿物组成和化学成分与被加工母岩相同的颗粒含量。过多的石粉含量会妨碍水泥与骨料的黏结，对混凝土无益，但适量的石粉含量不仅可弥补人工砂颗粒多棱角对混凝土带来的不利，还可以完善砂子的级配，提高混凝土的密实性，进而提高混凝土的综合性能，反而对混凝土有益。因此，人工砂中的石粉含量要求可适当降低，见表 4-7。

表 4-7　人工砂或混合砂中石粉含量（JGJ 52—2006）

混凝土强度等级		≥ C60	C55~C30	≤ C25
石粉含量（%）	*MB*<1.4（合格）	≤ 5.0	≤ 7.0	≤ 10.0
	MB ≥ 1.4（不合格）	≤ 2.0	≤ 3.0	≤ 5.0

3. 砂的坚固性

砂的坚固性是指砂在气候、环境变化或其他物理因素作用下抵抗破坏的能力。砂的坚固性应采用硫酸钠溶液法进行检验，试样经 5 次循环后，其质量损失应符合表 4-8 的规定。

表 4-8　砂的坚固性指标(JGJ 52—2006)

混凝土所处的环境条件及其性能要求	5 次循环后的质量损失(%)
在严寒及寒冷地区室外使用并经常处于潮湿或干湿交替状态下的混凝土,对于有抗疲劳、耐磨、抗冲击要求的混凝土,有腐蚀介质作用或经常处于水位变化区的地下结构混凝土	≤ 8
其他条件下使用的混凝土	≤ 10

4. 砂的有害物质含量

配制混凝土用砂要求清洁、不含杂质,以保证混凝土的质量。当砂中含有云母、轻物质、有机物、硫化物及硫酸盐等有害物质时,其含量应符合表 4-9 的规定。

表 4-9　砂中有害物质含量(GT 14684—2022)

类别	Ⅰ类	Ⅱ类	Ⅲ类
云母(质量分数)/%	≤ 1.0	≤ 2.0	
轻物质(质量分数)[a]/%	≤ 1.0		
有机物	合格		
硫化物及硫酸盐(按 SO_3 质量计)/%	≤ 0.5		
氯化物(以氯离子质量计)/%	≤ 0.01	≤ 0.20	≤ 0.06[b]
贝壳(质量分数)[c]/%	≤ 3.0	≤ 5.0	≤ 8.0

注:[a] 天然砂中如含有浮石、火山渣等天然轻骨料时,经试验验证后,该指标可不做要求。
[b] 对于钢筋混凝土用净化处理的海砂,其氯化物含量应小于或等于 0.02%。
[c] 该指标仅适用于净化处理的海砂,其他砂种不做要求。

同时混凝土用砂还应满足以下要求。

①对于长期处于潮湿环境的重要混凝土结构所用的砂,应进行骨料的碱活性检验,一般应控制混凝土中的碱含量不超过 3 kg/m^3。

②对于钢筋混凝土用砂,其氯离子含量不得大于 0.06%(以干砂的质量百分率计)。

③对于预应力混凝土用砂,其氯离子含量不得大于 0.02%(以干砂的质量百分率计)。

④海砂中贝壳含量应小于 3%~8%。

⑤砂的表观密度不小于 2 500 kg/m^3,松散堆积密度不小于 1 400 kg/m^3,空隙率不大于 44%。

4.1.3　粗骨料(石子)

在《普通混凝土用砂、石质量及检验方法标准》(JGJ 52—2006)中,粗骨料是指公称粒径大于 5.00 mm(或 4.75 mm,《建设用卵石、碎石》(GB/T 14685—2011)、《建筑材料术语标准》(JGJ/T 191—2009)中的提法。以下类同,不再注明)的岩石颗粒。混凝土中常用的粗骨料按其来源可以分为碎石和卵石,根据颗粒级配可分为单粒级和连续粒级,根据岩石成因可分为沉积岩、岩浆岩和变质岩。

由天然岩石或卵石经破碎、筛分而得的,公称粒径大于 5.00 mm(4.75 mm)的岩石颗粒称为碎石;由自然条件作用形成的,公称粒径大于 5.00 mm(4.75 mm)的颗粒称为卵石。碎石与卵石相比,表面比较粗糙、多棱角、表面积大、孔隙率大、与水泥的黏结强度较高。因此,在水胶比相同的条件下,用碎石拌制的混凝土,流动性较小,但强度较高;而卵石正相反,流动性大,但强度较低。

配制混凝土的粗骨料技术性能参数的要求主要有以下几点。

1. 颗粒级配及最大粒径

(1)颗粒级配

粗骨料的颗粒级配也是通过筛分试验来确定的。取一套孔边长为 2.36 mm、4.75 mm、9.50 mm、16.0 mm、19.0 mm、26.5 mm、31.5 mm、37.5 mm、53 mm、63 mm、75 mm、90 mm 的标准方孔筛进行试验。各筛的累计筛余百分率需符合表 4-10 的规定。累计筛余百分率的计算方法与砂相同。

碎石或卵石的颗粒级配按供应情况分连续粒级和单粒级两种。单粒级宜用于组合成满足要求的连续粒级;也可与连续粒级混合使用,以改善其级配或配成较大粒度的连续粒级。

当卵石的颗粒级配不符合表 4-10 规定时，应采取措施并经试验证实能确保工程质量后，方允许使用。

表 4-10　碎石或卵石的颗粒级配范围(JGJ 52—2006)

级配情况	公称粒径(mm)	累计筛余(按质量,%) 方孔筛筛孔边长尺寸(mm)											
		2.36	4.75	9.5	16.0	19.0	26.5	31.5	37.5	53	63	75	90
连续粒级	5~10	95~100	80~100	0~15	0	—	—	—	—	—	—	—	—
	5~16	95~100	85~100	30~60	0~10	0	—	—	—	—	—	—	—
	5~20	95~100	90~100	40~80	—	0~10	0	—	—	—	—	—	—
	5~25	95~100	90~100	—	30~70	—	0~5	0	—	—	—	—	—
	5~31.5	95~100	90~100	70~90	—	15~45	—	0~5	0	—	—	—	—
	5~40	—	95~100	70~90	—	30~65	—	—	0~5	0	—	—	—
单粒级	10~20	—	95~100	85~100	—	0~15	0	—	—	—	—	—	—
	16~31.5	—	95~100	—	85~100	—	—	0~10	0	—	—	—	—
	20~40	—	—	95~100	—	80~100	—	—	0~10	0	—	—	—
	31.5~63	—	—	—	95~100	—	—	75~100	45~75	—	0~10	0	—
	40~80	—	—	—	—	95~100	—	—	70~100	—	30~60	0~10	0

(2)最大粒径

最大粒径是用来表示粗骨料的粗细程度的。公称粒径的上限称为该粒级的最大粒径。粗骨料的最大粒径增大则该粒级的粗骨料总表面积减小，包裹粗骨料所需的水泥浆量就少。在一定和易性和水泥用量条件下，能减小用水量而提高混凝土强度。对中低强度的混凝土，尽量选择最大粒径较大的粗骨料，但通常不宜大于 40 mm。

根据《混凝土质量控制标准》(GB 50164—2011)和《混凝土结构工程施工质量验收规范》(GB 50204—2015)的规定，混凝土结构中，粗骨料最大公称粒径不得超过构件结构截面最小尺寸的 1/4，且不得超过钢筋最小净距的 3/4；对于混凝土实心板，不得超过板厚的 1/3，且不得超过 50 mm；对于泵送混凝土，最大粒径与输送管道内径之比，碎石不宜大于 1∶3，卵石不宜大于 1∶2.5。

2. 针、片状颗粒含量

凡岩石颗粒的长度大于该颗粒所属粒级的平均粒径 2.4 倍者为针状颗粒；厚度小于平均粒径 40% 者为片状颗粒。平均粒径指该颗粒上、下限粒径的平均值。针、片状颗粒过多会使混凝土的强度、和易性和耐久性降低。石子中针、片状颗粒含量应符合表 4-11 的规定。

表 4-11　针、片状颗粒含量(JGJ 52—2006)

混凝土强度等级	≥ C60	C55~C30	≤ C25
针、片状颗粒含量(按质量计,%)	≤ 8	≤ 15	≤ 25

3. 含泥量、泥块含量

碎石或卵石中含泥量和泥块含量应符合表 4-12 的规定。

表 4-12　碎石或卵石中含泥量和泥块含量(JGJ 52—2006)

混凝土强度等级	≥ C60	C55~C30	≤ C25
含泥量(按质量计,%)	≤ 0.5	≤ 1.0	≤ 2.0
泥块含量(按质量计,%)	≤ 0.2	≤ 0.5	≤ 0.7

注：①对于有抗冻、抗渗或其他特殊要求的混凝土，其所用碎石或卵石中含泥量不应大于 1.0%。

②当碎石或卵石的含泥是非黏土质的石粉时，其含泥量可由表中数据调高至 1.0%、1.5%、3.0%。

③对于有抗冻、抗渗或其他特殊要求的强度等级小于 C30 的混凝土，其所用碎石或卵石中泥块含量不应大于 0.5%。

4. 强度

为了保证混凝土的强度，要求粗骨料质地致密，具有足够的强度。粗骨料的强度可用岩石抗压强度或压碎值指标表示。

岩石抗压强度即浸水饱和状态下的骨料母体岩石，制成 50 mm^3 的立方体试件，在标准试验条件下测得的抗压强度值。一般岩浆岩不小于 80 MPa，变质岩不小于 60 MPa，沉积岩不小于 30 MPa。岩石抗压强度应比所配制的混凝土强度至少高 20%。当混凝土强度等级大于或等于 C60 时，应进行岩石抗压强度试验。

压碎值指标是对粒状粗骨料强度的另一种测定方法。该方法是将一定质量的气干状态的石子，按规定方法填充于压碎值指标测定仪中，在试验机上均匀加载荷至 200 kN 并稳荷 5 s，卸载后，用孔径 2.36 mm 的方孔筛筛除被压碎的细粒，再称出筛余试样质量，计算出被压碎质量所占的百分比即为压碎值指标。压碎值指标越小，说明粗骨料抵抗受压破坏的能力越强。该种方法操作简便，在实际生产质量控制中应用较普遍。碎石和卵石抵抗压碎的能力，应符合表 4-13 和表 4-14 的规定。

表 4-13　碎石的压碎值指标（JGJ 52—2006）

岩石品种	混凝土强度等级	碎石压碎值指标（%）
沉积岩	C60~C40	≤ 10
	≤ C35	≤ 16
变质岩或深成的火成岩	C60~C40	≤ 12
	≤ C35	≤ 20
喷出的火成岩	C60~C40	≤ 13
	≤ C35	≤ 30

注：沉积岩包括石灰岩、砂岩等；变质岩包括片麻岩、石英岩等；深成的火成岩包括花岗岩、正长岩、闪长岩和橄榄岩等；喷出的火成岩包括玄武岩和辉绿岩等。

表 4-14　卵石的压碎值指标（JGJ 52—2006）

混凝土强度等级	C60~C40	≤ C35
压碎值指标（%）	≤ 12	≤ 16

5. 坚固性

坚固性是指骨料在气候、环境变化或其他物理因素作用下抵抗破坏的能力，采用硫酸钠溶液法检验，试样经 5 次循环后，其质量损失应符合表 4-15 的规定。

表 4-15　碎石或卵石的坚固性指标（JGJ 52—2006）

混凝土所处的环境条件及其性能要求	5 次循环后的质量损失（%）
在严寒及寒冷地区室外使用，并经常处于潮湿或干湿交替状态下的混凝土，有腐蚀性介质作用或经常处于水位变化区的地下结构或有抗疲劳、耐磨、抗冲击等要求的混凝土	≤ 8
在其他条件下使用的混凝土	≤ 12

6. 有害物质含量

碎石或卵石中的硫化物和硫酸盐含量以及卵石中有机物等有害物质含量应符合表 4-16 的规定。

表 4-16　碎石或卵石中的有害物质含量（JGJ 52—2006）

项　目	质 量 要 求
硫化物及硫酸盐含量（折算成 SO_3，按质量计，%）	≤ 1.0
卵石中有机物含量（用比色法试验）	颜色应不深于标准色。当颜色深于标准色时，应配制成混凝土进行强度对比试验，抗压强度比应不低于 0.95

注：当碎石或卵石中含有颗粒状硫酸盐或硫化物杂质时，应进行专门检验，确认能满足混凝土耐久性要求后方可采用。

同时混凝土用粗骨料还应满足以下要求。

①卵石和碎石经碱 - 骨料反应试验后，试件应无裂缝、疏裂、胶体外溢等现象，在规定的试验龄期膨胀率小于 0.10%。

②表观密度不小于 2 600 kg/m^3，连续级配松散堆积空隙率应小于 43%~47%。吸水率小于或等于 1.0%~3.0%。

据测算，修建每公里千米标准铁路使用 1.6 万吨砂石骨料，对于高速铁路，每千米使用的砂石骨料量为 6~8 万吨。目前全世界砂石骨料年产量约为 400 亿吨（中国占一半），预测到 2025 年将达到 600 亿吨，利用废弃物生产人工砂、石是生态文明发展的要求。

4.1.4　混凝土用水

混凝土用水是混凝土拌合用水和混凝土养护用水的总称，包括饮用水、地表水、地下水、再生水、混凝土企业设备洗刷水和海水等。符合国家标准的生活饮用水可用于拌合混凝土，海水可用来拌制素混凝土，但不得用来拌制钢筋混凝土与预应力钢筋混凝土。混凝土用水还应符合表 4-17 的有关要求。

表 4-17　混凝土用水水质要求（JGJ 63—2006）

项　目	预应力混凝土	钢筋混凝土	素混凝土
pH 值	≥ 5.0	≥ 4.5	≥ 4.5
不溶物（mg/L）	≤ 2 000	≤ 2 000	≤ 5 000
可溶物（mg/L）	≤ 2 000	≤ 5 000	≤ 10 000
Cl^-（mg/L）	≤ 500	≤ 1 000	≤ 3 500
SO_4^{2-}（mg/L）	≤ 600	≤ 2 000	≤ 2 700
碱含量（mg/L）	≤ 1 500	≤ 1 500	≤ 1 500

注：①对于设计使用年限为 100 年的结构混凝土，氯离子含量不得超过 500 mg/L；对使用钢丝或经热处理钢筋的预应力混凝土，氯离子含量不得超过 350 mg/L。

②碱含量按 Na_2O+0.658K_2O 计算值表示。采用非碱活性骨料，可不检验碱含量。

4.1.5　矿物掺合料

视频 4-3　混凝土掺合料

在拌制混凝土时，为了节约水泥、改善混凝土性能、调节混凝土强度等级而加入的天然的或人造的矿物材料，统称为混凝土掺合料。

用于混凝土中的掺合料可分为活性矿物掺合料和非活性矿物掺合料两大类。非活性矿物掺合料一般与水泥组分不起化学作用或化学作用很小，如磨细石英砂、石灰石、硬矿渣之类的材料。活性矿物掺合料虽然本身不硬化或硬化速度很慢，但能与水泥水化生成的 $Ca(OH)_2$ 生成具有水硬性的胶凝材料，如粒化高炉矿渣、粉煤灰、火山灰质材料等。

依其来源分为天然类、人工类和工业废料类。天然类活性矿物掺合料主要有火山灰、凝灰岩、硅藻土、蛋白石质黏土、钙性黏土和黏土页岩等；人工类活性矿物掺合料主要有煅烧页岩和黏土；工业废料类活性矿物掺合料主要有粉煤灰、粒化高炉矿渣粉、硅灰、沸石粉和煅烧煤矸石等。

1. 粉煤灰

粉煤灰是从燃烧煤粉的锅炉烟气中收集到的细粉末，其颗粒多呈球形，表面光滑。粉煤灰有高钙粉煤灰和低钙粉煤灰之分，由褐煤燃烧形成的粉煤灰，其氧化钙含量较高（>10%），呈褐黄色，称为高钙粉煤灰，具有一定的水硬性；由烟煤和无烟煤燃烧形成的粉煤灰，其氧化钙含量很低（<10%），呈灰色或深灰色，称为低钙粉煤灰，一般具有火山灰活性。

低钙粉煤灰来源比较广泛，是当前国内外用量最大、使用范围最广的混凝土掺合料。优点主要有以下两方面。

①节约水泥。一般可节约水泥 10%~15%，经济效益显著。

②改善和提高混凝土的技术性能。改善混凝土的工作性、泵送性能；提高混凝土抗硫酸盐性能；提高混凝土的抗渗性；降低混凝土的水化热，是厚大体积混凝土施工时的主要掺合料；抑制碱 - 骨料反应。

《用于水泥和混凝土中的粉煤灰》(GB/T 1596—2017)规定，拌制砂浆和混凝土的粉煤灰分为Ⅰ级、Ⅱ级和Ⅲ级三个等级，见表 4-18。

表 4-18　拌制混凝土和砂浆用粉煤灰技术要求

项　目		技术要求		
		Ⅰ级	Ⅱ级	Ⅲ级
细度(45 μm 方孔筛筛余)(%)	F 类粉煤灰	≤ 12.0	≤ 30.0	≤ 45.0
	C 类粉煤灰			
需水量比(%)	F 类粉煤灰	≤ 95.0	≤ 105.0	≤ 115.0
	C 类粉煤灰			
烧矢量(%)	F 类粉煤灰	≤ 5.0	≤ 8.0	≤ 10.0
	C 类粉煤灰			
含水量(%)	F 类粉煤灰	≤ 1.0		
	C 类粉煤灰			
三氧化硫 SO_3 质量分数(%)	F 类粉煤灰	≤ 3.0		
	C 类粉煤灰			
游离氧化钙 f-Cao，质量分数(%)	F 类粉煤灰	≤ 1.0		
	C 类粉煤灰	≤ 4.0		
二氧化硅(SiO_2)、三氧化二铝(Al_2O_3)和三氧化二铁(Fe_2O_3)总质量分数(%)	F 类粉煤灰	≥ 70.0		
	C 类粉煤灰	≥ 50.0		
密度(g/cm^3)	F 类粉煤灰	≤ 2.6		
安定性(雷氏法)(mm)	C 类粉煤灰	≤ 5.0		
强度活性指数(%)	F 类粉煤灰	≥ 70.0		
	C 类粉煤灰			

注：① F 类粉煤灰——由无烟煤或烟煤煅烧收集的粉煤灰。

② C 类粉煤灰——由褐煤或次烟煤煅烧收集的粉煤灰。

配制泵送混凝土、大体积混凝土、抗渗混凝土、抗硫酸盐和抗软水侵蚀混凝土、蒸养混凝土、轻骨料混凝土、地下工程和水下工程混凝土、压浆和碾压混凝土等，均可掺用粉煤灰。粉煤灰用于混凝土工程可根据等级，按下列规定应用。

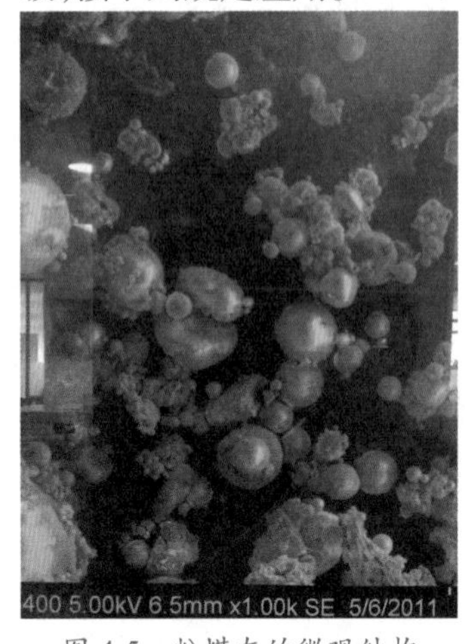

图 4-5　粉煤灰的微观结构

①Ⅰ级粉煤灰适用于钢筋混凝土和跨度小于 6 m 的预应力混凝土。

②Ⅱ级粉煤灰适用于钢筋混凝土和无筋混凝土。

③Ⅲ级粉煤灰主要用于无筋混凝土。对设计强度等级 C30 及以上的无筋粉煤灰混凝土，宜采用Ⅰ、Ⅱ级粉煤灰。

④用于预应力钢筋混凝土、钢筋混凝土及设计强度等级 C30 及以上的无筋混凝土的粉煤灰等级，如经试验论证，可采用比上述规定低一级的粉煤灰。

粉煤灰的微观结构如图 4-5 所示。

2. 粒化高炉矿渣粉

粒化高炉矿渣粉简称矿渣粉，是将粒化高炉矿渣烘干、粉磨后达到一定细度的粉状掺合料。矿渣的主要化学成分为 CaO、SiO_2、Al_2O_3。矿渣粉掺入混凝土后，混凝土后期强度增长率较高、收缩值较小。矿渣粉对混凝土有一定的缓凝作用，低温时影响更明显，因而主要用于大体积混凝土、泵送混凝土和商品混凝土。

根据《用于水泥、砂浆和混凝土中的粒化高炉矿渣粉》（GB/T 18046—2017）的规定，矿渣粉根据 28 d 活性指数分为 S105、S95 和 S75 三个级别，相应的技术指标见表 4-19。

表 4-19 粒化高炉矿渣粉的技术要求

项目		级别		
		S105	S95	S75
密度（g/cm³）		≥ 2.8		
比表面积（m²/kg）		≥ 500	≥ 400	≥ 300
活性指数（%）	7 d	≥ 95	≥ 70	≥ 55
	28 d	≥ 105	≥ 95	≥ 75
流动度比（%）		≥ 95		
初凝时间比（%）		≤ 200		
含水量（质量分数）（%）		≤ 1.0		
三氧化硫（质量分数）（%）		≤ 4.0		
氯离子（质量分数）（%）		≤ 0.06		
烧失量（质量分数）（%）		≤ 1.0		
不溶物（质量分数）（%）		≤ 3.0		
玻璃体含量（质量分数）（%）		≥ 85		
放射性		I_{Ra} ≤ 1.0 且 I_r ≤ 1.0		

掺矿渣粉的混凝土与普通混凝土的用途一样，可用作钢筋混凝土、预应力钢筋混凝土和素混凝土。大掺量矿渣粉混凝土更适合用于大体积混凝土、地下工程混凝土和水下混凝土等。矿渣粉还适合用于配制高强混凝土、高性能混凝土。掺矿渣粉的混凝土允许同时掺入粉煤灰，但粉煤灰的掺量不宜超过矿渣粉。混凝土中的矿渣粉掺量，应根据混凝土强度等级和不同用途通过试验确定。对于 C50 及以上的高强度混凝土，矿渣粉的掺量一般不宜超过 30%。

3. 硅灰

硅灰又称硅粉或硅烟灰，是在冶炼硅铁合金或工业硅时，通过烟道排出的粉尘，经收集得到的以无定型二氧化硅为主要成分的粉体材料。根据《砂浆和混凝土用硅灰》（GB/T 27690—2011）的规定，硅灰按其使用时的状态，分为硅灰（代号 SF）和硅灰浆（SF-S）。

硅灰的技术要求如表 4-20 所示。

表 4-20 硅灰的技术要求

项目	指标
固含量（液料）	按生产厂控制量的 ±2%
总碱量	≤ 1.5%
SiO_2 含量	≥ 85.0%
氯含量	≤ 0.1%
含水率（粉料）	≤ 3.0%
烧失量	≤ 4.0%
需水量比	≤ 125%

续表

项目	指标
比表面积（BET 法）	≥ 15 ㎡ /g
活性指数（7 d 快速法）	≥ 105%
放射性	I_{Ra} ≤ 1.0 和 I_r ≤ 1.0
抑制碱 - 骨料反应性	14 d 膨胀率降低值≥ 35%
抗氯离子渗透性	28 d 电通量之比≤ 40%

注：① 硅灰浆折算为固体含量按此表进行检验。
②抑制碱 - 骨料反应性和抗氯离子渗透性为选择性试验项目，由供需双方商议决定。

硅灰的颗粒是微细的玻璃球体，其粒径为 0.1~1.0 μm，是水泥颗粒粒径的 1/50~1/100，比表面积为 18.5~20 m^2/g。硅灰有很高的火山灰活性，可配制高强、超高强混凝土，其掺量一般为水泥用量的 5%~10%，在配制超高强混凝土时，掺量可达 20%~30%。

由于硅灰具有高比表面积，因而其需水量很大，将其作为混凝土掺合料须配以减水剂方可保证混凝土的工作性。硅灰用作混凝土掺合料有以下几方面作用。

①提高混凝土强度，配制高强、超高强混凝土。普通硅酸盐水泥水化后生成的 $Ca(OH)_2$ 约占体积的 29%，硅灰能与该部分 $Ca(OH)_2$ 反应生成水化硅酸钙，均匀分布于水泥颗粒之间，形成密实的结构。掺入水泥质量 5%~10% 的硅灰就可配制出抗压强度达 100 MPa 以上的超高强混凝土。

②改善混凝土的孔结构，提高混凝土抗渗性、抗冻性及抗腐蚀性。掺入硅灰的混凝土，其总孔隙率虽变化不大，但其毛细孔会相应变小，大于 0.1 μm 的大孔几乎不存在。因而掺入硅灰的混凝土抗渗性明显提高，抗冻性及抗硫酸盐腐蚀性也相应提高。

③抑制碱 - 骨料反应。

4. 沸石粉

沸石粉是天然的沸石岩磨细而成的。沸石岩是一种经天然煅烧后的火山灰质铝硅酸盐矿物。其有一定量活性二氧化硅和三氧化铝，能与水泥水化析出的氢氧化钙作用，生成胶凝物质。沸石粉具有很大的内表面积和开放性结构，其细度为 0.08 mm 筛筛余 <5%，平均粒径为 5.0~6.5 μm，颜色为白色。

沸石岩系有几十个品种，用作混凝土掺合料的主要为斜发灰沸石和丝光沸石。沸石粉用作混凝土掺合料主要有以下几个效果。

①提高混凝土强度，配制高强混凝土。如用 42.5 级普通硅酸盐水泥，以等量取代法掺入 10%~15% 的沸石粉，再加入适量的高效减水剂，可以配制出抗压强度为 70 MPa 的高强混凝土。

②改善混凝土工作性，配制流态混凝土及泵送混凝土。沸石粉与其他矿物掺合料一样，也具有改善混凝土工作性及可泵性的功能。例如以沸石粉取代等量水泥配制坍落度 16~20 cm 的泵送混凝土，未发现离析现象及管路堵塞现象，同时还节约了 20% 的水泥。

5. 火山灰质掺合料

1）煅烧煤矸石　煤矸石是煤矿开采或洗煤过程中所排除的夹杂物。我国煤矿排出的煤矸石数量较大。煤矸石实际上并非单一的岩石，而是含碳物和岩石（砾岩、砂岩、页岩和黏土）的混合物，是一种碳质岩，其灰分超过 40%，有一定的发热量。煤矸石的成分，因煤层地质年代的不同而异，其主要成分为 SiO_2 和 Al_2O_3，其次是 Fe_2O_3 及少量 CaO、MgO 等。

将煤矸石经过高温煅烧，使所含黏土矿物脱水分解，并除去炭分，烧掉有害杂质，就可使其具有较好的活性，是一种可以很好利用的火山灰质掺合料。

2）浮石、火山渣　浮石、火山渣都是火山喷出的轻质多孔岩石，具有发达的气孔结构。两者以表观密度大小区分，密度小于 1 g/cm^3 者为浮石，大于 1 g/cm^3 者为火山渣。从外观颜色区分，白色至灰白色者为浮石；灰褐色至红褐色者为火山灰。浮石、火山灰的主要化学成分为 SiO_2 和 Al_2O_3，并且多呈玻璃体结构状态。在碱性激发条件下可获得水硬性，是理想的混凝土掺合料。

6. 超细微粒矿物质掺合料

硅灰是理想的超细微粒矿物质混合材，但其资源有限，因此多采用超细粉磨的高炉矿渣粉、粉煤灰或沸石粉等作为超细微粒混合材料，配制高强、超高强混凝土。超细微粒混合材料的比表面积一般大于 500 m^2/kg，可等量替代水泥 15%~50%。

超细微粒混合材料的组成不同，其作用效果也有所不同，一般具有以下几方面效果。

①显著改善混凝土的力学性能，可配制出 C100 以上的超高强混凝土。

②显著改善混凝土的耐久性，所配制的混凝土收缩大大减小，抗冻、抗渗性能提高。

③改善混凝土的流变性，可配制出大流动性且不离析的泵送混凝土。

4.1.6　混凝土外加剂

混凝土外加剂是混凝土中除了胶凝材料、骨料、水和纤维组分以外，在混凝土拌制之前或者拌制过程中加入的，用以改善新拌混凝土和（或）硬化混凝土性能，对人、生物和环境安全无有害影响的材料。依据《混凝土外加剂术语》（GB/T 8075—2017）的规定，混凝土外加剂按其主要使用功能分为以下四类。

①改善混凝土拌合物流变性能的外加剂，包括各种减水剂和泵送剂等。

②调节混凝土凝结时间、硬化性能的外加剂，包括缓凝剂、早强剂、促凝剂和速凝剂等。

③改善混凝土耐久性的外加剂，包括引气剂、防水剂和阻锈剂等。

④改善混凝土其他性能的外加剂，包括膨胀剂、防冻剂和着色剂等。

4.2　混凝土拌合物的工作性

4.2.1　工作性的概念

混凝土在未凝结硬化以前，称为混凝土拌合物。混凝土拌合物的工作性也叫和易性，是指混凝土拌合物易于施工操作（拌合、运输、浇捣）并能获得质量均匀、成型密实的混凝土的性能，即混凝土拌合物易于浇筑、捣实，且保持混凝土拌合物内部各组成材料均匀稳定的性能。

工作性实际上是一项综合技术性质，包括流动性、黏聚性、保水性三方面。

1. 流动性

流动性指混凝土拌合物在本身自重或施工机械振捣的作用下，能产生流动，并均匀密实地填满模板的性能。

2. 黏聚性

黏聚性指混凝土拌合物在施工过程中其组成材料之间有一定的黏聚力，不致产生分层（拌合物中各组分出现层状分离现象）和离析（拌合物中某些组分的分离、析出现象）。

3. 保水性

保水性指混凝土拌合物在施工过程中，具有一定的保水能力，不致产生泌水（水从水泥浆中泌出）现象。

混凝土拌合物的工作性是上述三个方面性能的综合体现，它们之间既相互联系又相互矛盾。当流动性大时，往往黏聚性和保水性差，反之亦然。因此，应结合不同工程对混凝土拌合物工作性的需要，使这三方面的性能达到良好的统一，即矛盾得到统一。混凝土拌合物如产生分层、离析、泌水等现象，会影响混凝土的密实性，降低混凝土质量。

4.2.2　工作性的测定方法及指标选择

对混凝土工作性的测定通常采用坍落度法和维勃稠度法，对于泵送高强度混凝土和自密实混凝土可采用坍落扩展度法。测量时应遵循《普通混凝土拌合物性能试验方法标准》（GBT 50080—2016）。

1. 坍落度法

如图 4-6 所示，坍落度试验就是将混凝土拌合物按规定方法装入坍落度筒内，装满刮平后，垂直向上将筒提起，置于混凝土一侧，混凝土拌合物由于自重将会产生坍落现象，用尺量出拌合物向下坍落的高度(mm)即为拌合物的坍落度值(用 T 表示)。坍落度值越大表示混凝土拌合物的流动性越大。

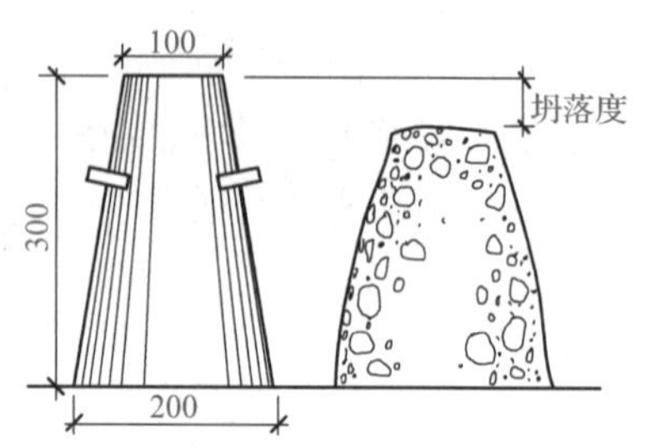

图 4-6　坍落度筒及坍落度法示意图

视频 4-4　混凝土坍落度测定

施工过程中选择混凝土拌合物的坍落度，要根据构件截面大小、钢筋疏密程度和捣实方法等来确定。构件截面尺寸较小或钢筋较密，或采用人工插捣时，坍落度可选择大些。反之，如构件截面尺寸较大，或钢筋较疏，或采用振动器振捣时，坍落度可选择小些。

采用机械振捣的方式浇筑混凝土时的坍落度值可参考表 4-21 选用。

表 4-21　混凝土浇筑时的坍落度

结构种类	坍落度(mm)
无配筋的大体积结构(挡土墙、基础等)或配筋稀疏的结构	10~30
板、梁或大型及中型截面的柱子等	30~50
配筋密列的结构(薄壁、斗仓、筒仓、细柱等)	50~70
配筋特密的结构	70~90

拌合物黏聚性的评定是用捣棒在已坍落完成的混凝土拌合物锥体侧面轻轻敲打，此时如果锥体保持整体均匀逐渐下沉，则表示黏聚性良好；如锥体突然倒塌或出现离析现象，则表示黏聚性不好。

拌合物保水性的评定是通过观察混凝土拌合物稀浆析出的程度来评定，坍落度筒提起后如有较多的稀浆从底部析出，则表明混凝土的保水性不好；如无稀浆或只有少量稀浆析出，表示混凝土的保水性良好。

坍落度试验只适用于骨料最大粒径不大于 40 mm 的非干硬性混凝土(指混凝土拌合物坍落度值不小于 10 mm 的混凝土)。根据《混凝土质量控制标准》(GB 50164—2011)的规定，依据坍落度的不同，可将混凝土拌合物分为五级，见表 4-22。

表 4-22　混凝土拌合物的坍落度等级划分(GB 50164—2011)

等级	名称	坍落度(mm)
S1	低塑性混凝土	10~40
S2	塑性混凝土	50~90
S3	流动性混凝土	100~150
S4	大流动性混凝土	160~210
S5	超大流动性混凝土	≥ 220

混凝土拌合物在满足施工要求的前提下，尽可能采用较小的坍落度；泵送混凝土拌合物坍落度设计值不宜大于 180 mm。

2. 维勃稠度法

对于干硬性混凝土拌合物（坍落度值小于 10 mm），通常采用维勃稠度仪测定其稠度。图 4-7 所示为维勃稠度仪及其示意图。

维勃稠度测试法就是在坍落度筒中按规定方法装满拌合物，提起坍落度筒，在拌合物椎体顶面放一透明圆盘，开启振动台，同时用秒表计时，到透明圆盘的底面完全为水泥浆所布满时，停止计时，关闭振动台，所读秒数即为维勃稠度。

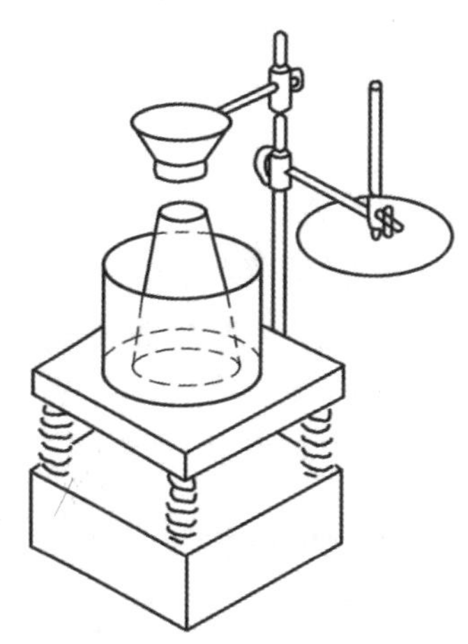

图 4-7　维勃稠度仪及维勃稠度法示意图

该法适用于骨料最大粒径不大于 40 mm，维勃稠度在 5~30 s 的混凝土拌合物稠度测定。按混凝土拌合物稠度的不同可将拌合物稠度分为五级，见表 4-23。

表 4-23　混凝土拌合物的维勃稠度等级划分（GB 50164—2011）

等　级	名　称	维勃稠度（s）
V0	超干硬性混凝土	≥ 31
V1	特干硬性混凝土	30~21
V2	干硬性混凝土	20~11
V3	半干硬性混凝土	10~6
V4	低塑性混凝土	5~3

3. 坍落扩展度法

当混凝土坍落度大于 220 mm 时，用钢尺测量混凝土扩展后最终的最大直径和最小直径，在这两个直径之差小于 50 mm 的条件下，用其算术平均值作为坍落扩展度值。混凝土扩展度测定如图 4-8 所示。

视频 4-5　液态混凝土测定

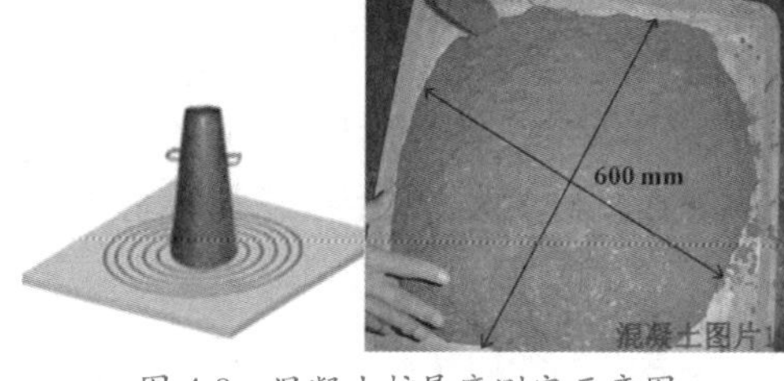

图 4-8　混凝土扩展度测定示意图

扩展度法适用于泵送高强度混凝土和自密实混凝土，泵送混凝土的扩展度不宜小于 500 mm；自密实混凝土的扩展度不宜小于 600 mm。扩展度的等级划分如表 4-24 所示。

表 4-24　混凝土拌合物的扩展度等级划分（GB 50164—2011）

等　级	扩展度（mm）
F1	≤ 340
F2	350~410
F3	420~480
F4	490~550
F5	560~620
F6	≥ 630

4. 坍落度经时损失及其测定方法

混凝土从拌合到浇筑，需要有一段运输和停放时间，这种随时间增长，混凝土和易性变差的现象，称为混凝土坍落度经时损失。

混凝土都存在坍落度经时损失，只是有大有小，掺用外加剂尤其是传统的高效减水剂后，其坍落度经时损失要比不掺时的混凝土大，甚至只经过 20~30 min，坍落度即降低为初始值的 1/2~1/3，这将直接影响外加剂的使用效果及混凝土的生产和施工。

混凝土拌合物坍落度经时损失检测方法是在混凝土进行坍落度试验后立即将混凝土拌合物装入不吸水的容器内密闭搁置 1 h，然后应再将混凝土拌合物倒入搅拌机内搅拌 20 s，卸出搅拌机后应再次测试混凝土拌合物的坍落度。前后两次坍落度之差即为坍落度经时损失，计算应精确到 5 mm。混凝土拌合物的坍落度经时损失不应影响混凝土的正常施工。泵送混凝土拌合物的坍落度损失不宜大于 30 mm。

如果工程需要，也可按照此方法测定经过不同时间的坍落度损失（比如企业生产中常测定 1 h 或者 1.5 h 的坍落度损失）。坍落度损失可以为负值，表示经过一段时间后，混凝土拌合物坍落度反而有所增大。

4.2.3 影响混凝土拌合物工作性的因素

影响混凝土工作性的因素很多，主要有原材料的性质、混凝土的水泥浆数量、水胶比、砂率、环境因素及施工条件等。

1. 水泥浆的数量

混凝土拌合物中的水泥浆使得混凝土具有流动性。在水胶比不变的情况下，单位体积拌合物内，如果水泥浆愈多，则拌合物的流动性愈大。但若水泥浆过多，将会出现流浆现象，使拌合物的黏聚性变差，同时对混凝土的强度与耐久性也会产生一定影响，且水泥用量也大。水泥浆过少，致使其不能填满骨料空隙或不能很好包裹骨料表面时，就会产生崩坍现象，黏聚性变差。因此，混凝土拌合物中水泥浆的含量应以满足流动性要求为度，不宜过量。

2. 水胶比

水胶比即每立方米混凝土中水和胶凝材料质量之比（当胶凝材料仅为水泥时，也叫水灰比），用 W/B 表示。水胶比的大小，代表胶凝材料浆体的稀稠程度，水胶比越大，浆体越稀软，混凝土拌合物的流动性越大；水胶比越小，浆体越干稠，混凝土拌合物的流动性越差，但是这一关系在水胶比为 0.4~0.8 的范围内时，又呈现得极其不敏感，这是“恒定用水量法则”的体现，即在确定的流动性要求下，胶水比与混凝土的适配强度间呈现简单的线性关系。

3. 砂率

砂率是指混凝土中砂的质量占砂、石总质量的百分率。砂率的变动会使骨料的空隙率和骨料的总表面积有显著改变，因而对混凝土拌合物的工作性产生显著影响。砂率可用下式表示：

$$\beta_s = \frac{m_s}{m_s + m_g} \times 100\% \tag{4-2}$$

式中：β_s 为砂率，%；m_s 为砂的质量，kg；m_g 为石子的质量，kg。

砂率过大时，骨料的总表面积及空隙率都会增大，在水泥浆含量不变的情况下，水泥浆相对变少，减弱了水泥浆的润滑作用，使得混凝土拌合物的流动性降低。如砂率过小，又不能保证在粗骨料之间有足够的砂浆层，也会降低混凝土拌合物的流动性，而且会严重影响其黏聚性和保水性。因此，砂率有一个合理值。当采用合理砂率时，在用水量及水泥用量一定的情况下，能使混凝土拌合物获得最大的流动性且能保持良好的黏聚性和保水性，如图 4-9 所示。或者，当采用合理砂率时，能使混凝土拌合物获得所要求的流动性及良好的黏聚性与保水性，而水泥用量最少，如图 4-10 所示。

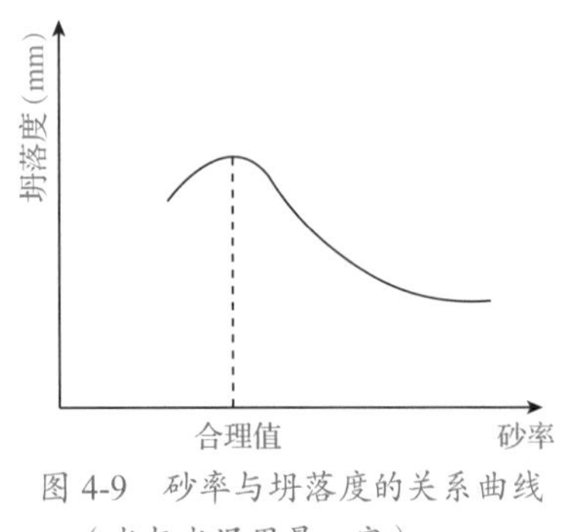

图 4-9　砂率与坍落度的关系曲线（水与水泥用量一定）

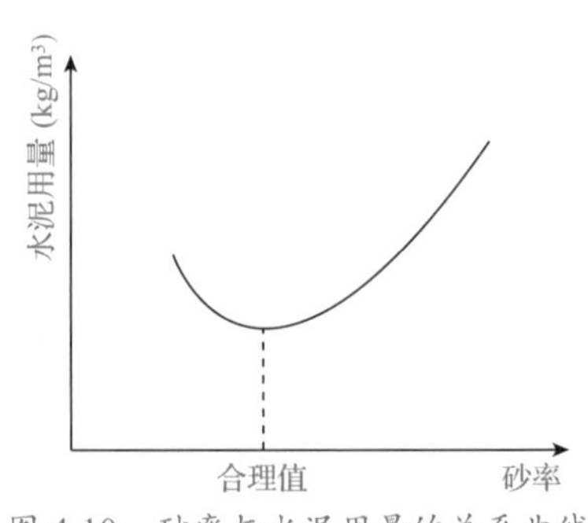

图 4-10　砂率与水泥用量的关系曲线（坍落度相同）

影响合理砂率的因素很多,很难通过计算的方法得出合理的砂率。通常我们在保证拌合物不离析,又能很好浇筑、捣实的条件下,尽量选用较小的砂率,可以节省水泥。对于工程量较大的工程,应通过试验的方法找出合理的砂率,如无使用经验可按骨料的品种、规格及混凝土的水胶比参照表 4-25 选用。

表 4-25 混凝土的砂率(JGJ 55—2011) (%)

水胶比	卵石最大粒径(mm)			碎石最大粒径(mm)		
	10	20	40	16	20	40
0.40	26~32	25~31	24~30	30~35	29~34	27~32
0.50	30~35	29~34	28~33	33~38	32~37	30~35
0.60	33~38	32~37	31~36	36~41	35~40	33~38
0.70	36~41	35~40	34~39	39~44	38~43	36~41

注:①本表数值系中砂的选用砂率,对细砂或粗砂,可相应地减小或增大砂率。

②采用人工砂配制混凝土时,砂率可适当增大。

③只用一个单粒级粗骨料配制混凝土时,砂率应适当增大。

4. 水泥品种和骨料性质

用矿渣水泥和火山灰水泥时,拌合物的坍落度一般较用普通水泥时为小,而且矿渣水泥将使拌合物的泌水性显著增加。从前面对骨料的分析可知,一般卵石拌制的混凝土拌合物比碎石拌制的流动性好。河砂拌制的混凝土拌合物比山砂拌制的流动性好。骨料级配好的混凝土拌合物的流动性也好。

5. 温度和时间

拌合物的工作性受温度的影响如图 4-11 所示。因为环境温度的升高,水分蒸发及水泥水化反应加快,拌合物的流动性变差,而且坍落度损失也变快。因此,施工中为保证一定的工作性,必须注意环境温度的变化,采取相应的措施。

拌合物拌制后,随时间的延长而逐渐变得干稠,流动性减小,原因是有一部分水供水泥水化,一部分水被骨料吸收,一部分水蒸发以及凝聚结构的逐渐形成,致使混凝土拌合物的流动性变差。图 4-12 是坍落度随时间变化的曲线。由于拌合物流动性的这种变化特点,在施工中测定工作性的时间,应推迟至搅拌完约 15 min 为宜。

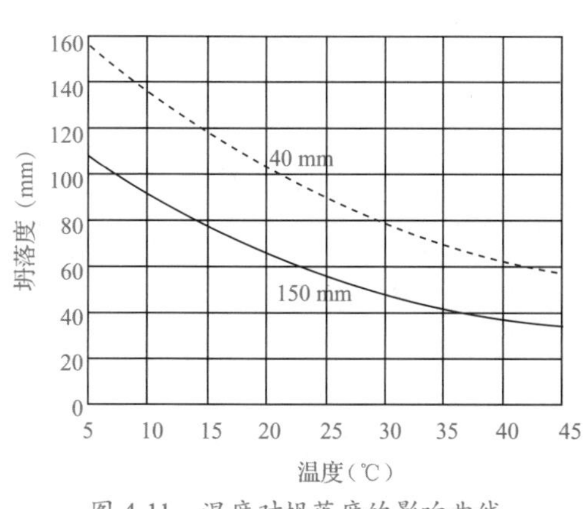

图 4-11 温度对坍落度的影响曲线
(线上数字为拌合物骨料最大粒径)

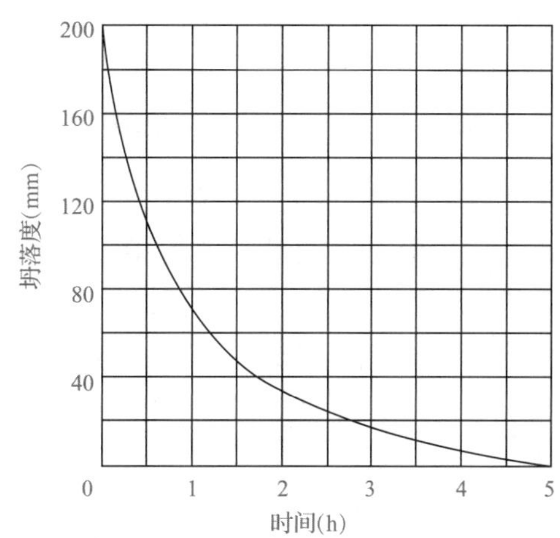

图 4-12 拌合后时间与坍落度关系曲线

6. 外加剂

在拌制混凝土时,加入很少量的外加剂能使混凝土拌合物在不增加水泥用量的条件下,获得很好的工作性,增大流动性和改善黏聚性、降低泌水性,并且由于改变了混凝土结构,还能提高混凝土的耐久性。因此,工程中这种方法较为常用。

4.2.4 改善混凝土拌合物工作性的措施

实际工作中，如只注重改善混凝土工作性，可能混凝土的其他性质如强度等就会受到影响。通常调整混凝土的工作性时可采取如下措施。

①尽可能降低砂率，有利于提高混凝土的质量和节约水泥。

②改善砂、石的级配，尽量采用较粗的砂、石。

③当混凝土拌合物坍落度太小时，维持水胶比不变，适当增加水泥和水的用量，或者加入外加剂等；当拌合物坍落度太大，但黏聚性良好时，可保持砂率不变，适当增加砂、石用量。

4.3 混凝土的强度

混凝土拌合物硬化后，应具有足够的强度，以保证建筑物能安全地承受设计荷载。混凝土的强度包括抗压强度、抗拉强度、抗剪强度等，其中混凝土的抗压强度最大、抗拉强度最小，为抗压强度的 1/20~1/10。

4.3.1 混凝土受压破坏过程

硬化后的混凝土在受外力作用之前，由于水泥水化造成的化学收缩和物理收缩引起砂浆体积变化，在粗骨料与砂浆界面上产生了分布极不均匀的拉应力。它足以破坏粗骨料与砂浆的界面，形成许多分布很乱的界面裂缝。混凝土受外力作用时，其内部产生了拉应力，这种拉应力很容易在几何形状为楔形的微裂缝顶部形成应力集中，随着拉应力逐渐增大，导致微裂缝进一步延伸、汇合、扩大，最后形成几条可见的裂缝。混凝土试件就随着这些裂缝形成发展而破坏。图 4-13 为一混凝土试块在轴向压力逐渐增大的情况下，内部裂缝逐渐形成发展直至试块破坏的全过程。

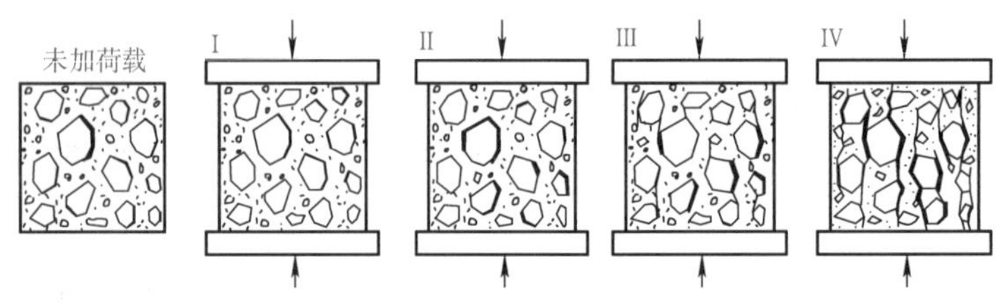

图 4-13　试块受压破坏裂缝发展示意图

4.3.2 混凝土抗压强度与强度等级

1. 混凝土抗压强度 f_{cu}

混凝土抗压强度是指将标准养护的标准试件，用标准的测试方法得到的抗压强度值，称为混凝土抗压强度。试件的标准养护方法：按《混凝土物理力学性能试验方法标准》（GB/T 50081—2019）方法制作的边长为 150 mm 的立方体试件，成型后立刻用不透水的薄膜覆盖表面，在温度为（20 ± 5）℃、相对湿度不小于 50% 的环境中静置一至二昼夜，静止后编号、拆模。拆模后应立即放入温度为（20 ± 2）℃，相对湿度为 95% 以上的标准养护室中养护，或在温度为（20 ± 2）℃的不流动的 $Ca(OH)_2$ 饱和溶液中养护，标准养护室内的试件应放在支架上，彼此间隔 10 ~20 mm。试件的养护龄期分为 1 d、3 d、7 d、28 d、56 d、60 d、84 d、90 d、180 d，也可根据设计龄期或需要进行确定，龄期应从搅拌加水开始计时。

试件有标准试件和非标准试件。标准试件为边长 150 mm 的立方体，当采用边长为 100 mm、200 mm 的非标准立方体试件时，须折算为标准立方体试件的抗压强度，换算系数分别为 0.95、1.05。采用试件尺寸大小应与骨料最大粒径相匹配。

2. 混凝土强度等级

混凝土的强度等级按立方体抗压强度标准值（$f_{cu,k}$）划分，用 C 与立方体抗压强度标准值（以 MPa 计）表示。根据《混凝土质量控制标准》（GB 50164—2011），将混凝土强度划分为 C10、C15、C20、C25、C30、C35、C40、C45、C50、C55、C60、C65、C70、C75、C80、C85、C90、C95、C100 等 19 个级别。

4.3.3　混凝土的抗拉强度

混凝土的抗拉强度很低，只有抗压强度的 1/20~1/10，且随着混凝土强度等级的提高，比值有所降低，也就是当混凝土强度等级提高时，抗拉强度的增加不如抗压强度提高得快。因此，混凝土在工作时一般不依靠其抗拉强度。但抗拉强度对于开裂现象有重要意义，在结构设计中抗拉强度是确定混凝土抗裂度的重要指标，有时也用它来间接衡量混凝土与钢筋的黏结强度。

混凝土抗拉强度通常采用立方体（国际上多用圆柱体）的劈裂抗拉试验来测定，测得的强度称为劈裂抗拉强度 f_{ts}（MPa），再将其乘以相应的换算系数转换成混凝土的抗拉强度 f_t。该方法的原理是：在试件的两个相对的表面素线上，作用均匀分布的压力，这样就能够在外力作用的竖向平面内产生均布拉伸应力（图 4-14）。这个方法大大地简化了抗拉试件的制作，并且较正确地反映了试件的抗拉强度。

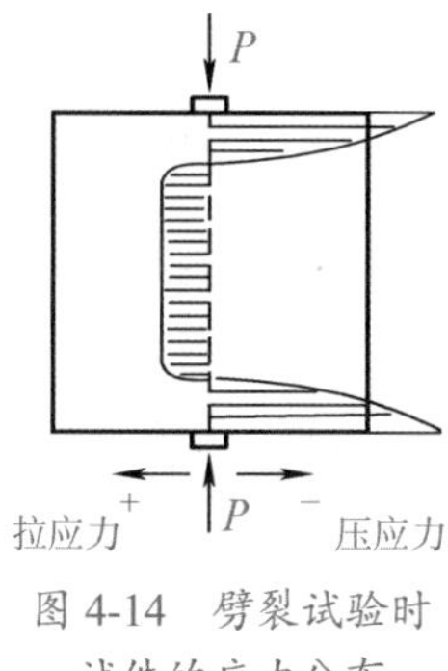

图 4-14　劈裂试验时试件的应力分布

混凝土劈裂抗拉强度公式：

$$f_{ts}=\frac{2P}{\pi A}=0.637\frac{P}{A}$$

式中：P 为压力荷载，N；A 为试件劈裂面面积，mm^2。

4.3.4　影响混凝土强度的因素

混凝土的强度与水泥强度等级、水胶比及骨料的性质有密切关系，此外还受到施工质量、养护条件及龄期的影响。

1. 水泥强度等级和水胶比

水泥强度等级和水胶比是影响混凝土强度的主要因素。在相同的配合比条件下，水泥强度等级越高，所配制的混凝土强度越高。在水泥的强度及其他条件相同的情况下，水胶比越小，水泥石的强度及其与骨料黏结的强度越大，混凝土的强度越高。但水胶比过小，拌合物过于干稠，也不易保证混凝土质量。试验证明，混凝土的强度随水胶比的增大而降低，呈曲线关系，而混凝土强度和胶水比的关系则呈直线关系，如图 4-15 所示。

确定混凝土 28 d 龄期抗压强度通常采用如下经验公式：

$$f_{cu,o}=\alpha_a f_b\left(\frac{B}{W}-\alpha_b\right) \tag{4-3}$$

式中：$f_{cu,o}$ 为混凝土 28 d 龄期抗压强度，MPa；f_b 为胶凝材料 28 d 抗压强度，MPa，可实测，且试验方法应按现行国家标准《水泥胶砂强度检验方法（ISO 法）》（GB/T 17671）执行。

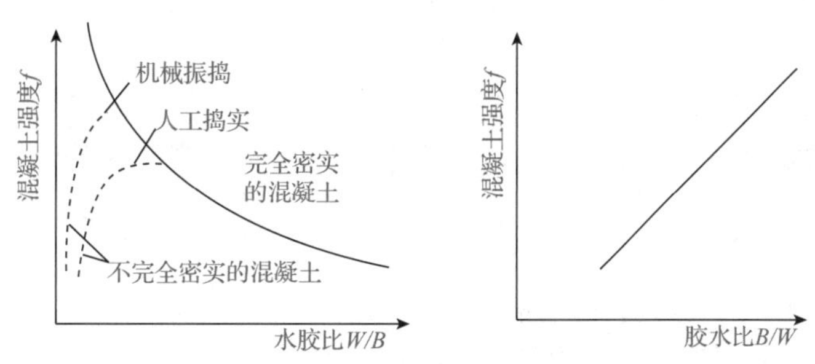

图 4-15　混凝土强度与水胶比关系

f_b 也可按下式计算：

$$f_b=\gamma_f\gamma_s f_{ce} \tag{4-4}$$

式中：γ_f、γ_s 分别为粉煤灰影响系数和粒化高炉矿渣粉影响系数，按表 4-26 选用；f_{ce} 为水泥 28 d 胶砂抗压强度，MPa，可实测，也可按下式计算。

$$f_{ce}=\gamma_c f_{ce,g} \tag{4-5}$$

式中：γ_c为水泥 28 d 强度等级值的富余系数，可按实际统计资料确定；当缺乏实际资料时，也可按表 4-27 选用。$f_{ce,g}$为水泥强度等级值，MPa。α_a、α_b为回归系数，宜按下列规定选用：①根据工程所使用的原材料，通过试验建立水胶比与混凝土强度关系式来确定；②当不具备上述试验统计资料时，可按表 4-28 选用。

表 4-26　粉煤灰影响系数（γ_f）和粒化高炉矿渣粉影响系数（γ_s）

掺量（%）	种类	
	粉煤灰影响系数 γ_f	粒化高炉矿渣粉影响系数 γ_s
0	1.0	1.00
10	0.85~0.95	1.00
20	0.75~0.85	0.95~1.00
30	0.65~0.75	0.90~1.00
40	0.55~0.65	0.80~0.90
50	—	0.70~0.85

注：①采用Ⅰ级、Ⅱ级粉煤灰宜取上限值；

②采用 S75 级粒化高炉矿渣粉宜取下限值，采用 S95 级粒化高炉矿渣粉宜取上限值，采用 S105 级粒化高炉矿渣粉可取上限值加 0.05；

③当超出表中的掺量时，粉煤灰和粒化高炉矿渣粉影响系数应经试验确定。

表 4-27　水泥强度等级值的富余系数（γ_c）

水泥强度等级值	32.5	42.5	52.5
富余系数	1.12	1.16	1.10

表 4-28　回归系数 α_a、α_b 取值

回归系数	碎　石	卵　石
α_a	0.53	0.49
α_b	0.20	0.13

2. 养护的温度和湿度

（1）温度影响

温度升高，水化速度加快，混凝土强度的发展也快；反之，在低温下混凝土强度发展相应迟缓，温度对混凝土强度的影响如图 4-16 所示。当温度处于冰点以下时，由于混凝土中的水分大部分结冰，混凝土的强度不但停止发展，同时还会受到冻胀破坏作用，严重影响混凝土的早期和后期强度。

（2）湿度影响

湿度适当，水泥水化能顺利进行，使混凝土强度得到充分发展。如果湿度不够，水泥水化反应不能正常进行，甚至水化停止，使混凝土结构疏松，形成干缩裂缝，严重降低了混凝土的强度和耐久性。图 4-17 是混凝土强度与保持潮湿日期的关系。

3. 养护时间（龄期）

混凝土在正常养护条件下，其强度将随着龄期的增加而增长。最初 7~14 d 内，强度增长较快，28 d 以后增长缓慢。但龄期延续很久其强度仍有所增长。不同龄期混凝土强度的增长情况如图 4-16 所示。因此，在一定条件下养护的混凝土，可根据其早期强度大致地估计 28 d 的强度。对于普通水泥制成的混凝土，在标准养护条件下，龄期不少于 3 d 的混凝土的强度发展大致与其龄期的对数成正比，因而其强度可以按下式计算。

$$f_n=f_{28}\lg n/\lg 28 \tag{4-6}$$

除上述因素外，施工条件、试验条件等都会对混凝土的强度产生一定影响。

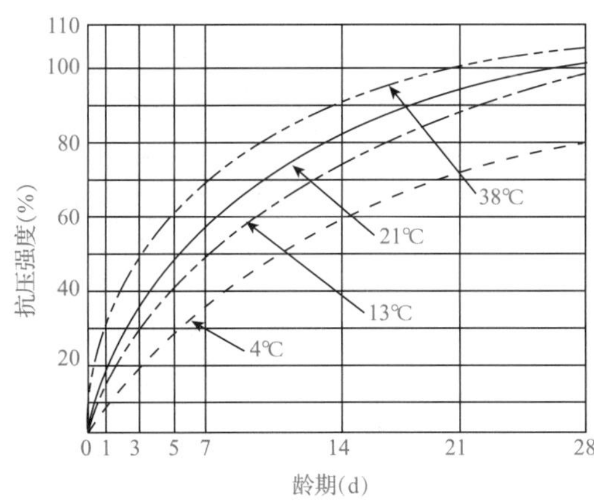

图 4-16 养护温度对混凝土强度的影响

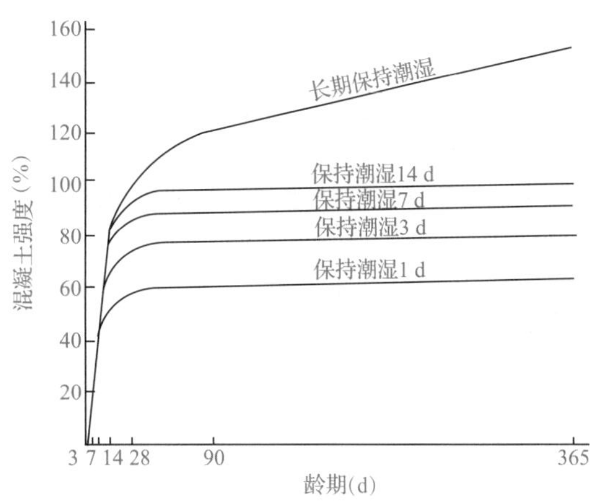

图 4-17 混凝土强度与保持潮湿日期的关系

4.3.5 提高混凝土强度的措施

针对混凝土强度的影响因素，提高混凝土强度的措施主要有以下几种。

①采用高强度水泥和快硬早强类水泥。

②降低水胶比。

③采用蒸汽养护和蒸压养护。

④采用机械搅拌合振捣的方式。

⑤掺入合适的混凝土外加剂、掺合料。

4.4 混凝土的变形

混凝土在硬化和使用过程中，因受到环境和荷载作用的影响，常发生各种变形。变形对混凝土结构尺寸、受力状态、应力分布、裂缝开展等都有明显的影响。混凝土变形主要分为两大类：一类是由混凝土内部或环境因素引起的各种物理、化学变化而产生的变形，称为非荷载作用变形，如化学收缩、温度变形、干湿变形等；另一类是混凝土在受力过程中，根据其自身特定的结构关系产生的变形，称为荷载作用下的变形。

4.4.1 干湿变形

干湿变形取决于周围环境的湿度变化。混凝土在干燥过程中，首先发生气孔水和毛细水的蒸发。气孔水的蒸发并不引起混凝土的收缩。毛细水的蒸发，使毛细孔中形成负压，随着空气湿度的降低负压逐渐增大，产生收缩力，导致混凝土收缩。当毛细孔中的水蒸发完后，如继续干燥，则凝胶体颗粒的吸附水也发生部分蒸发，由于分子引力的作用，粒子间距离变小，使凝胶体紧缩。混凝土这种收缩在重新吸水以后大部分可以恢复。当混凝土在水中硬化时，体积不变，甚至轻微膨胀。这是由于凝胶体中胶体粒子的吸附水膜增厚，胶体粒子间的距离增大所致。膨胀值远比收缩值小，一般没有破坏作用。

在一般条件下混凝土的极限收缩值为（50~90）$\times 10^{-5}$ mm/mm。收缩受到约束时往往引起混凝土开裂，故施工时应予以注意。通过试验得知：混凝土的干燥收缩是不能完全恢复的；混凝土的干燥收缩与水泥品种、用量、水泥细度和用水量有关；砂石在混凝土中形成骨架，对混凝土收缩有一定的抵抗作用；在水中养护或在潮湿条件下养护可大大减小混凝土的收缩。

4.4.2 温度变形

混凝土与其他材料一样，也具有热胀冷缩的性质。混凝土的温度膨胀系数约为 1×10^{-5}，即温度升高 1 ℃，每米膨胀 0.01 mm。温度变形对大体积混凝土及大面积混凝土工程极为不利。

在混凝土硬化初期，水泥水化放出较多的热量，混凝土同时也是热的不良导体，散热较慢，大体积混凝土内部的水化热不能及时释放出来，而混凝土表面温度散失快，因此大体积混凝土会形成较大的内外温差，有时可达 50~70 ℃。这将使内部混凝土的体积产生较大的膨胀，而外部混凝土却随气温降低而收缩。内部膨胀和外部收缩互相制约，在外表混凝土中将产生很大拉应力，严重时使混凝土产生裂缝。因此，对大体积混凝土工程，必须尽量设法减少混凝土发热量，采用低水化热水泥，减少水泥用量，人工降温等措施可防止温度变形对混凝土结构的影响。

对于大体积混凝土工程，须采取措施减小混凝土的内外温差，以防止混凝土发生温度变形，如选用低热水泥、预先冷却原材料、掺入缓凝剂降低水泥水化速度、在混凝土中预埋冷却水管传导出内部水化热、设置温度变形缝等。

4.4.3 化学收缩

混凝土在硬化过程中，由于水泥水化生成产物的平均密度比反应前物质的平均密度大，混凝土在硬化时体积就会变小，引起混凝土的收缩，这种收缩称为化学收缩。其特点是混凝土的收缩量随龄期的延长而增加，大概在 40 d 左右趋于稳定。混凝土的化学收缩率很小（一般小于 1%），虽然不会对混凝土结构产生严重的破坏作用，但在混凝土内部会产生微细裂缝，这些微细裂缝可能会影响混凝土的受力性能和耐久性能。混凝土的化学收缩是不能恢复的变形。

4.4.4 荷载作用下的变形

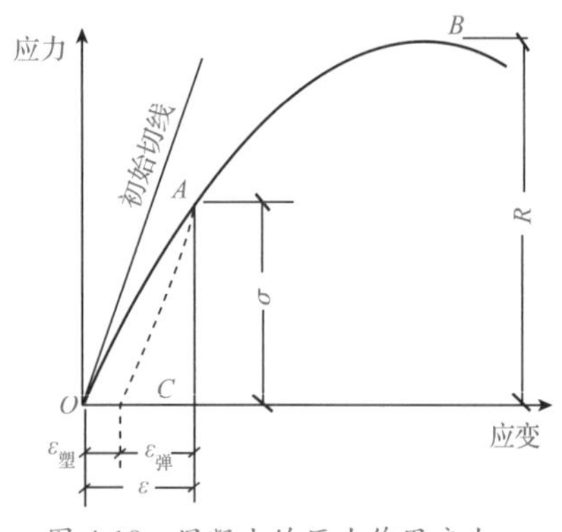

图 4-18 混凝土的压力作用应力—应变曲线

1. 短期荷载作用下的变形

（1）弹塑性变形

混凝土内部结构中含有砂石骨料、水泥石（水泥石中又存在着凝胶、晶体和未水化的水泥颗粒）、游离水分和气泡，这就决定了混凝土本身的不匀质性。它不是一种完全的弹性体，而是一种弹塑性体。它在受力时，既会产生可以恢复的弹性变形，又会产生不可恢复的塑性变形，其应力与应变之间的关系不是直线而是曲线，如图 4-18 所示。

在静力试验的加荷过程中，若加荷至应力为 σ、应变为 ε 的 A 点，然后将荷载逐渐卸去，卸荷时的应力—应变曲线如图 4-18 中 AC 段所示。卸荷后能恢复的应变 $\varepsilon_{弹}$ 是混凝土的弹性作用引起的，称为弹性应变；剩余的不能恢复的应变 $\varepsilon_{塑}$ 则是由于混凝土的塑性性质引起的，称为塑性应变。

（2）变形模量

应力—应变曲线上任一点的应力 σ 与应变 ε 的比值，叫作混凝土在该应力下的变形模量。在计算钢筋混凝土的变形、裂缝开展及大体积混凝土的温度应力时，均需知道该时刻混凝土的变形模量。在混凝土结构或钢筋混凝土结构设计中，常采用一种按标准方法测得的静力受压弹性模量 E_c。混凝土的强度越高，弹性模量越高，两者存在一定的相关性。

混凝土的弹性模量因其骨料与水泥石的弹性模量不同而异。由于水泥石的弹性模量一般低于骨料的弹性模量，所以混凝土的弹性模量一般略低于其骨料的弹性模量。在材料质量不变的条件下，混凝土的骨料含量较多、水胶比较小、养护较好及龄期较长时，混凝土的弹性模量就较大。蒸汽养护的弹性模量比标准养护的低。

混凝土的弹性模量与钢筋混凝土构件的刚度关系很大，建筑物须有足够的刚度，在受力下保持较小的变形，才能发挥其正常使用功能，因此所用混凝土须有足够高的弹性模量。

2. 长期荷载作用下的变形（徐变）

混凝土在长期荷载作用下，沿着作用力方向的变形会随时间不断增长，即荷载不变但变形仍随时间增大，这个过程通常要持续 2~3 年。这种在长期荷载作用下产生的变形称为徐变。

混凝土徐变和许多因素有关。混凝土的水胶比较小或混凝土在水中养护时，同龄期的水泥石中未填满的孔隙较少，故徐变较小。水胶比相同的混凝土，其水泥用量越多，即水泥石相对含量越大，其徐变越大。混凝土所用骨料的弹性模量较大时，徐变较小。此外，徐变与混凝土的弹性模量也有密切关系，一般弹性模量大者，徐变小。

混凝土不论是受压、受拉或受弯时，均有徐变现象。混凝土的徐变对钢筋混凝土构件来说，能消除钢筋混凝土内的应力集中，使应力较均匀地重新分布；对大体积混凝土，能消除一部分由于温度变形所产生的破坏应力。但在预应力钢筋混凝土结构中，混凝土的徐变将使钢筋的预加应力受到损失。

4.5 混凝土的耐久性

混凝土的耐久性是指混凝土抵抗环境介质作用并长期保持其良好的使用性能和外观完整性，从而维持混凝土结构的安全、正常使用的能力。混凝土的耐久性是一个综合概念，应从环境因素、材料因素、混凝土构件和结构等方面综合考虑。从环境和材料因素方面考虑，混凝土的耐久性主要包括抗渗性、抗冻性、抗侵蚀性、抗碳化及抗碱 - 骨料反应等。

4.5.1 混凝土的抗渗性

混凝土的抗渗性指混凝土抵抗水、油等液体在压力作用下渗透的性能。它直接影响混凝土的抗冻性和抗侵蚀性。混凝土的抗渗性主要与其密实度及内部孔隙的大小和构造有关。混凝土内部互相连通的孔隙和毛细管通路，以及由于在混凝土施工成型时，振捣不实产生的蜂窝、孔洞都会造成混凝土渗水。

混凝土的抗渗性用抗渗等级 P 表示，分为 P4、P6、P8、P10、P12 等五个等级，相应表示混凝土能抵抗 0.4 MPa、0.6 MPa、0.8 MPa、1.0 MPa、1.2 MPa 的静水压力而不渗水。

抗渗混凝土所用原材料应符合以下规定。

①粗骨料宜采用连续级配，其最大粒径不宜大于 40 mm，含泥量不得大于 1.0%，泥块含量不得大于 0.5%。

②细骨料的含泥量不得大于 3.0%，泥块含量不得大于 1.0%。

③外加剂宜采用防水剂、膨胀剂、引气剂、减水剂或引气减水剂。

④抗渗混凝土宜掺用矿物掺合料。

⑤每立方米混凝土中的水泥和矿物掺合料总量不宜小于 320 kg。

⑥砂率宜为 35%~45%。

4.5.2 混凝土的抗冻性

混凝土的抗冻性是指混凝土在水饱和状态下，经受多次冻融循环作用，能保持强度和外观完整性的能力。混凝土的抗冻性能用抗冻等级（快冻法）F 表示，分为 F50、F100、F150、F200、F250、F300、F350、F400 等八个级别，例如 F50 表示混凝土能承受的最大冻融循环次数为 50 次。

混凝土的抗冻性主要取决于混凝土的构造特征和含水程度。具有较高密实度和含闭口孔多的混凝土具有较高的抗冻性，混凝土中水饱和程度越高，产生的冰冻破坏就越严重。

4.5.3 混凝土的抗侵蚀性

当混凝土所处环境中含有侵蚀性介质时，混凝土便会遭受侵蚀，通常有软水侵蚀、硫酸盐侵蚀、镁盐侵蚀、碳酸侵蚀、一般酸侵蚀与强碱侵蚀等。混凝土在海岸、海洋工程中的应用也很广，海水对混凝土的侵蚀作用除化学作用外，尚有反复干湿的物理作用；盐分在混凝土内的结晶与聚集、海浪的冲击磨损、海水中氯离子对混凝土内钢筋的锈蚀作用等，都会使混凝土遭受破坏。

混凝土的抗侵蚀性与所用水泥的品种、混凝土的密实程度和孔隙特征有关。密实和孔隙封闭的混凝土，环境水不易侵入，故其抗侵蚀性较强。所以，提高混凝土抗侵蚀性的措施，主要是合理选择水泥品种、降低水胶比、提高混凝土的密实度和改善孔结构。

4.5.4 混凝土的碳化

混凝土的碳化是指空气中的二氧化碳在湿度适宜的条件下与水泥水化产物氢氧化钙发生反应，生成碳酸钙和水。pH 值小于 12 时，钢筋易发生锈蚀，碳化使混凝土内部碱度降低，对钢筋的保护作用降低，使钢筋易锈蚀，对钢筋混凝土造成极大的破坏。碳化对混凝土也有有利的影响，碳化放出的水分有助于水泥的水化作用，而且碳酸钙可填充水泥石孔隙，提高混凝土的密实度。

4.5.5 混凝土的碱 - 骨料反应

碱 - 骨料反应是指混凝土中的碱性物质与骨料中的活性成分发生化学反应，引起混凝土内部自膨胀产生应力而开裂的现象。碱 - 骨料反应给混凝土工程带来的危害是相当严重的，因为碱 - 骨料反应较为缓慢，短则几年，长则几十年才能被发现。一旦发生就难以控制，严重影响混凝土结构的耐久性。因此，需要预先防止其发生。

碱 - 骨料反应中的碱指 Na 和 K，以当量 Na_2O 计算（当量 $Na_2O = Na_2O+0.658K_2O$）。碱 - 骨料反应发生和产生破坏作用的三个必要条件为：混凝土使用的骨料含有碱活性矿物，即属于碱活性骨料；混凝土含有过量的当量 Na_2O，一般超过 3.0 kg/m³；环境潮湿，能提供碱 - 硅凝胶膨胀的水源。

4.5.6 提高混凝土耐久性的措施

除原材料的选择外，提高混凝土的密实度是提高混凝土耐久性的一个关键点。通常提高混凝土耐久性的措施有以下几个。

①根据实际情况合理选择水泥品种。

②适当控制混凝土的水胶比及水泥用量，其中水胶比不但影响混凝土的强度，而且也严重影响其耐久性，故应该严格控制水胶比，具体可参考表 4-29。

③选用较好的砂、石骨料是保证混凝土耐久性的重要条件。

④掺用减水剂、引气剂等外加剂，提高混凝土的抗渗性、抗冻性等。

⑤混凝土施工时，应搅拌均匀、振捣密实、加强养护以保证混凝土的施工质量。

⑥使用非活性骨料。可对骨料专门进行碱活性测试，或根据以往的调查结果选用骨料。

⑦控制混凝土的总含碱量（当量 Na_2O）低于 3.0 kg/m³。碱的来源包括水泥、外加剂、拌合水和骨料，其中水泥和外加剂是主要来源。

⑧胶凝材料中使用 6% 以上硅灰，或 25% 以上粉煤灰，或 40% 以上磨细矿渣（矿粉）。这些矿物掺合料含有的氧化硅，比骨料中的氧化硅活性更高，能够预先将钾、钠固结在早期反应生成的硅酸钙凝胶中，从而防止后期有过量钾、钠与骨料反应。

表 4-29 混凝土的最大水胶比和最小水泥用量

环境类别	条件	最低强度等级	最大水胶比	最小胶凝材料用量（kg/m³）		
				素混凝土	钢筋混凝土	预应力混凝土
一	室内干燥环境；无侵蚀性静水浸没环境	C20	0.60	250	280	300
二 a	室内潮湿环境；非严寒和非寒冷地区的露天环境；非严寒和非寒冷地区与无侵蚀性的水或土壤直接接触的环境；严寒和寒冷地区的冰冻线以下与无侵蚀性的水或土壤直接接触的环境	C25	0.55	280	300	300
二 b	干湿交替环境；水位频繁变动环境；严寒和寒冷地区的露天环境；严寒和寒冷地区冰冻线以上与无侵蚀性的水或土壤直接接触的环境	C30（C25）	0.50 （0.55）	320		

续表

环境类别	条　件	最低强度等级	最　大水胶比	最小胶凝材料用量(kg/m³)		
				素混凝土	钢筋混凝土	预应力混凝土
三 a	严寒和寒冷地区冬季水位变动区环境;受除冰盐影响环境;海风环境	C35(C30)	0.45 (0.50)	330		
三 b	盐渍土环境;受除冰盐作用环境;海岸环境	C40	0.40	—		
四	海水环境	—	—	—		
五	受人为或自然的侵蚀性物质影响的环境	—	—	—		

4.6　普通混凝土配合比设计

4.6.1　普通混凝土配合比的表示方法

混凝土配合比是指混凝土中各组成材料数量之间的比例关系。常用的表示方法有两种:一种是以每立方米混凝土中各材料的质量表示,如每立方米混凝土中水泥 300 kg,矿物掺合料 60 kg,砂子 660 kg,石子 1 240 kg,水 180 kg;另一种是以各材料的相互质量比来表示(水泥质量取为 1),如将上述配合比换算过来为水泥 : 矿物掺合料 : 砂 : 石 : 水 = 1 : 0.2 : 2.2 : 4.13 : 0.6,通常将胶凝材料和水的比例单独以水胶比的形式表示,即水泥 : 砂 : 石 =1 : 2.2 : 4.13,水胶比(W/B)为 0.5。

4.6.2　普通混凝土配合比设计的要求

设计混凝土配合比的任务,就是要根据原材料的技术性能和施工条件,合理选择原材料,并确定出能满足工程所要求技术经济指标的各组成材料用量。具体要求主要有以下几点:混凝土结构设计要求的强度等级;施工方面要求混凝土具有的良好工作性;与使用环境相适应的耐久性;节约水泥和降低混凝土成本。

4.6.3　普通混凝土配合比设计步骤

混凝土配合比设计主要包括初步配合比设计、基准配合比设计、设计实验室配合比和施工配合比确定四项内容。

1. 初步配合比设计

(1)确定配制强度($f_{cu,o}$)

①当混凝土的设计强度等级小于 C60 时,配制强度按下式确定:

$$f_{cu,o} \geqslant f_{cu,k} + 1.645\sigma \tag{4-7}$$

式中:$f_{cu,o}$ 为混凝土配制强度, MPa;$f_{cu,k}$ 为混凝土立方体抗压强度标准值,这里取混凝土的设计强度等级值,MPa;σ 为混凝土强度标准差,MPa;1.645 为混凝土强度保证率为 95% 时对应的系数。

②当设计强度等级不小于 C60 时,配制强度应按下式确定:

$$f_{cu,o} \geqslant 1.15 f_{cu,k} \tag{4-8}$$

混凝土强度标准差 σ 按下述规定确定。

a. 当具有近 1~3 个月的同一品种、同一强度等级混凝土的强度资料,且试件组数不小于 30 时,其混凝土强度标准差 σ 按下式计算:

$$\sigma = \sqrt{\frac{\sum_{i=1}^{n} f_{cu,i} - nm_{f_{cu}}^2}{n-1}} \tag{4-9}$$

式中：σ为混凝土强度标准差，MPa；$f_{cu,i}$为第i组试件的强度，MPa；$m_{f_{cu}}$为n组试件的强度平均值，MPa；n为试件组数。

对于强度等级不大于C30的混凝土，当混凝土强度标准差计算值不小于3.0 MPa时，应按上式计算结果取值；当混凝土强度标准差计算值小于3.0 MPa时，应取3.0 MPa。

对于强度等级大于C30且小于C60的混凝土，当混凝土强度标准差计算值不小于4.0 MPa时，应按上式计算结果取值；当混凝土强度标准差计算值小于4.0 MPa时，应取4.0 MPa。

b. 当不具备近期的同一品种、同一强度等级混凝土的强度资料时，混凝土强度标准差σ可参照表4-30选用。

表4-30　混凝土强度标准差取值表（JGJ 55—2011）

混凝土强度标准差	≤C20	C25~C45	C50~C55
σ（MPa）	4.0	5.0	6.0

（2）确定水胶比（W/B）

当混凝土强度等级小于C60时，混凝土水胶比宜按下式计算：

$$W/B=\frac{\alpha_a f_b}{f_{cu,o}+\alpha_a\alpha_b f_b} \tag{4-10}$$

式中：W/B为混凝土水胶比；α_a、α_b为回归系数，如无试验统计资料可按照表4-28选用；f_b为胶凝材料28 d胶砂抗压强度，MPa，可实测，也可按规定方法进行计算（参见4.3.4节）。

根据混凝土的使用条件，水胶比值应满足混凝土耐久性对最大水胶比的要求，查表4-29，若计算出的水胶比大于规定的最大水胶比值，则取规定的最大水胶比值。

（3）确定每立方米混凝土用水量（m_{w0}）

每立方米混凝土用水量，是决定混凝土流动性的主要因素，通常根据工程实际经验确定，如无经验，也可参照表4-31和表4-32选用。

表4-31　干硬性混凝土的用水量（JGJ 55—2011）　（kg/m^3）

拌合物稠度		卵石最大公称粒径（mm）			碎石最大公称粒径（mm）		
项目	指标	10.0	20.0	40.0	16.0	20.0	40.0
维勃稠度（s）	16~20	175	160	145	180	170	155
	11~15	180	165	150	185	175	160
	5~10	185	170	155	190	180	165

表4-32　塑性混凝土的用水量（JGJ 55—2011）　（kg/m^3）

拌合物稠度		卵石最大粒径（mm）				碎石最大粒径（mm）			
项目	指标	10.0	20.0	31.5	40.0	16.0	20.0	31.5	40.0
坍落度（mm）	10~30	190	170	160	150	200	185	175	165
	35~50	200	180	170	160	210	195	185	175
	55~70	210	190	180	170	220	205	195	185
	75~90	215	195	185	175	230	215	205	195

注：①本表用水量系指采用中砂时的平均取值。采用细砂时，每立方米混凝土用水量可增加5~10 kg；采用粗砂时，则可减少5~10 kg。

②掺用矿物掺合料和外加剂时，用水量应相应调整。

③本表适用于混凝土的水胶比在0.4~0.8时选用。

掺用外加剂时，每立方米流动性或大流动性混凝土的用水量(m_{w0})可按下式计算：

$$m_{w0} = m'_{w0}(1-\beta) \tag{4-11}$$

式中：m_{w0} 为计算配合比每立方米混凝土的用水量，kg/m³；m'_{w0} 为未掺外加剂时推定的满足实际坍落度要求的每立方米混凝土用水量，kg/m³，以表 4-32 中 90 mm 坍落度的用水量为基础，按每增大 20 mm 坍落度相应增加 5 kg/m³ 用水量来计算，当坍落度增大到 180 mm 以上时，随坍落度相应增加的用水量可减少；β 为外加剂的减水率，%，应经混凝土试验确定。

(4)计算每立方米混凝土中胶凝材料(m_{b0})、矿物掺合料(m_{f0})和水泥(m_{c0})用量

①每立方米混凝土的胶凝材料用量(m_{b0})按下式计算，并应进行试拌调整，在拌合物性能满足的情况下，取经济合理的胶凝材料用量。

$$m_{b0} = \frac{m_{w0}}{W/B} \tag{4-12}$$

除配制 C15 及其以下强度等级的混凝土外，混凝土的最小胶凝材料用量应符合表 4-33 的规定。

表 4-33　混凝土的最小胶凝材料用量(JGJ 55—2011)

最大水胶比	最小胶凝材料用量(kg/m³)		
	素混凝土	钢筋混凝土	预应力混凝土
0.60	250	280	300
0.55	280	300	300
0.50	320		
≤ 0.45	330		

②每立方米混凝土的矿物掺合料用量(m_{f0})按下式计算：

$$m_{f0}=m_{b0}\beta_f \tag{4-13}$$

式中：β_f 为矿物掺合料掺量，%，应通过试验确定，采用硅酸盐水泥或普通硅酸盐水泥时，最大掺量宜符合表 4-34 的规定。

表 4-34　钢筋混凝土和预应力混凝土中矿物掺合料的最大掺量(JGJ 55—2011)

	矿物掺合料种类	水胶比	最大掺量(%)	
			采用硅酸盐水泥时	采用普通硅酸盐水泥时
钢筋混凝土	粉煤灰	≤ 0.40	45	35
		>0.40	40	30
	粒化高炉矿渣粉	≤ 0.40	65	55
		>0.40	55	45
	钢渣粉	—	30	20
	磷渣粉	—	30	20
	硅灰	—	10	10
	复合掺合料	≤ 0.40	65	55
		>0.40	55	45

续表

	矿物掺合料种类	水胶比	最大掺量(%)	
			采用硅酸盐水泥时	采用普通硅酸盐水泥时
预应力混凝土	粉煤灰	≤0.40	35	30
		>0.40	25	20
	粒化高炉矿渣粉	≤0.40	55	45
		>0.40	45	35
	钢渣粉	—	20	10
	磷渣粉	—	20	10
	硅灰	—	10	10
	复合掺合料	≤0.40	55	45
		>0.40	45	35

注:①对基础大体积混凝土,粉煤灰、粒化高炉矿渣粉和复合掺合料的最大掺量可增加5%。

②采用产量大于30%的C类粉煤灰的混凝土应以实际使用的水泥和粉煤灰产量进行安定性检验。

③采用其他通用硅酸盐水泥时,宜将水泥混合材料掺量20%以上的混合材料用量计入矿物掺合料。

④复合掺合料各组分的掺量不宜超过单掺时的最大掺量。

⑤在混合使用两种或两种以上矿物掺合料时,矿物掺合料总掺量应符合表中复合掺合料的规定。

③每立方米混凝土中的水泥用量(m_{c0})按下式计算:

$$m_{c0} = m_{b0} - m_{f0} \tag{4-14}$$

(5)确定砂率(β_s)

砂率是指砂与骨料总量的质量比。合理的砂率应根据骨料的技术指标、混凝土拌合物性能和施工要求,参考既有历史资料确定。如无相关资料,可参照表4-35进行选择。

表4-35　混凝土的砂率(JGJ 55—2011)　(%)

水胶比	卵石最大公称粒径(mm)			碎石最大公称粒径(mm)		
	10.0	20.0	40.0	16.0	20.0	40.0
0.40	26~32	25~31	24~30	30~35	29~34	27~32
0.50	30~35	29~34	28~33	33~38	32~37	30~35
0.60	33~38	32~37	31~36	36~41	35~40	33~38
0.70	36~41	35~40	34~39	39~44	38~43	36~41

注:①本表数值系中砂的选用砂率,对细砂或粗砂,可相应地减少或增大砂率。

②只用一个单粒级粗骨料配制混凝土时,砂率应适当增大。

③采用人工砂配制混凝土时,砂率可适当增大。

④本表适用于坍落度为10~60 mm的混凝土,如坍落度小于10 mm,其砂率应经试验确定;如坍落度大于60 mm,其砂率可经试验确定,也可在本表的基础上,按坍落度每增大20 mm,砂率增大1%的幅度予以调整。

(6)确定每立方米混凝土的砂、石用量(m_{s0}、m_{g0})

确定砂、石用量可采用质量法或体积法。

1)质量法　根据经验,假定每立方米混凝土拌合物的质量为 m_{cp}(通常可取2 350~2 450 kg),由下列方程组解得 m_{s0}、m_{g0}。

$$\left.\begin{aligned} & m_{f0}+m_{c0}+m_{g0}+m_{s0}+m_{w0}=m_{cp} \\ & \beta_s=\frac{m_{s0}}{m_{s0}+m_{g0}}\times 100\% \end{aligned}\right\} \tag{4-15}$$

2）体积法　假定每立方米混凝土拌合物体积等于各组成材料绝对体积及拌合物所含空气的体积之和，据此列出方程组如下，解得 m_{s0}、m_{g0}。

$$\left.\begin{aligned} & \frac{m_{c0}}{\rho_c}+\frac{m_{f0}}{\rho_f}+\frac{m_{g0}}{\rho_g}+\frac{m_{s0}}{\rho_s}+\frac{m_{w0}}{\rho_w}+0.01\alpha=1 \\ & \beta_s=\frac{m_{s0}}{m_{s0}+m_{g0}}\times 100\% \end{aligned}\right\} \tag{4-16}$$

式中：ρ_c 为水泥的密度，kg/m³，可取 2 900~3 100 kg/m³；ρ_g、ρ_s 分别为粗、细骨料的表观密度，kg/m³；ρ_f 为矿物掺合料的密度，kg/m³；ρ_w 为水的密度，kg/m³，可取 1 000 kg/m³；α 为混凝土的含气量百分数，在不使用引气型外加剂时，可取为 1。

通过上述过程可将混凝土拌合物中的胶凝材料、砂、石和水的用量求出，得到初步配合比。

2. 基准配合比设计

利用上述过程求出的各材料的用量，是借助于经验公式或经验数据得到的，因而不一定符合实际情况，还必须要通过混凝土的试拌合调整，直到混凝土拌合物的工作性符合要求为止，这时的混凝土配合比即为基准配合比，作为检验混凝土强度用。

3. 设计（实验室）配合比确定

对满足工作性要求的基准配合比再次进行试拌合调整，还要考虑混凝土的强度、耐久性等方面的要求，直至满足要求，这时的配合比即为设计（实验室）配合比。

4. 施工配合比确定

设计（实验室）配合比的确定，都是以干燥的砂、石为基准的，而施工现场存放的砂、石通常是含有一定水分的，所以还应该根据现场砂、石的含水情况对设计（实验室）配合比进行调整修正，修正后的配合比称为施工配合比，也即最终用来指导施工的混凝土配合比。

施工配合比的调整方法是：在设计（实验室）配合比的基础上，假定现场砂、石的含水率分别为 $a\%$、$b\%$，则可利用下列公式进行调整，确定出混凝土施工配合比。

$$\begin{aligned} & m_c'=m_c \\ & m_s'=m_s(1+a\%) \\ & m_g'=m_g(1+b\%) \\ & m_w'=m_w-m_s\cdot a\%-m_g\cdot b\% \end{aligned}$$

式中：m_c'、m_s'、m_g'、m_w' 分别为每立方米混凝土拌合物中，水泥、砂、石、水的实际用量。

4.6.4　普通混凝土配合比设计实例

【例 4-2】 某工程中的现浇钢筋混凝土楼板，混凝土的强度等级为 C25，采用机械搅拌、机械振捣方式浇捣，根据工程的实际情况确定混凝土的坍落度要求为 30~50 mm，该工程为异地施工，无相关混凝土强度统计资料，使用原材料如下：水泥为普通硅酸盐水泥 42.5 级，密度 $\rho_c=3.1\ \text{g/cm}^3$，富余系数 $\gamma_c=1.13$；粉煤灰采用Ⅱ级粉煤灰，掺量为水泥用量的 20%，密度 $\rho_f=2.2\ \text{g/cm}^3$；砂为中砂，颗粒级配合格，表观密度 $\rho_s=2.6\ \text{g/cm}^3$；石为碎石，最大粒径 40 mm，颗粒级配合格，表观密度 $\rho_g=2.65\ \text{g/cm}^3$；水为生活饮用水。试确定混凝土的初步配合比。

解：

（1）确定配制强度（$f_{cu,o}$）

查表 4-30 确定 σ 值为 5.0。

$$f_{cu,o} = f_{cu,k} + 1.645\sigma = 25 + 1.645 \times 5.0 = 33.23 \text{ MPa}$$

（2）确定水胶比（W/B）

先查表 4-27 确定 γ_c 取值为 1.16。

水泥 28 d 胶砂抗压强度 $f_{ce} = \gamma_c \times f_{ce,g} = 1.16 \times 42.5 = 49.3$ MPa

本工程混凝土中掺加粉煤灰为Ⅱ级，掺量为 20%，查表 4-26 确定 γ_f、γ_s 分别为 0.85、1.00。

胶凝材料 28 d 胶砂抗压强度值 $f_b = \gamma_f \gamma_s f_{ce} = 0.85 \times 1 \times 49.3 = 41.90$ Mpa

查表 4-28 确定 α_a、α_b 取值为 0.53、0.20。则

$$W/B = \frac{\alpha_a f_b}{f_{cu,a} + \alpha_a \alpha_b f_b} = \frac{0.53 \times 41.90}{33.23 + 0.53 \times 0.2 \times 41.90} = 0.59$$

故取水胶比为 0.59。

（3）确定每立方米混凝土用水量（m_{w0}）

根据坍落度 30~50 mm、碎石最大粒径 40 mm，查表 4-32 确定每立方米混凝土用水量为 175 kg。

（4）计算每立方米混凝土中胶凝材料（m_{b0}）、矿物掺合料（m_{f0}）和水泥（m_{c0}）用量

a. 每立方米混凝土的胶凝材料用量 $m_{b0} = \dfrac{m_{w0}}{W/B} = \dfrac{175}{0.59} = 296.6$ kg

b. 每立方米混凝土的粉煤灰用量 $m_{f0} = m_{b0}\beta_f = 296.6 \times 0.2 = 59.3$ kg

c. 每立方米混凝土中的水泥用量 $m_{c0} = m_{b0} - m_{f0} = 296.6 - 59.3 = 237.3$ kg

（5）确定砂率（β_s）

依据水胶比、碎石最大粒径，查表 4-35 确定合理砂率 $\beta_s = 37\%$（内插法查表）。

（6）计算砂、石用量 m_{s0}、m_{g0}

①质量法：假定混凝土拌合物的表观密度为 2 400 kg/m³，解方程组

$$\begin{cases} m_{f0} + m_{c0} + m_{g0} + m_{s0} + m_{w0} = m_{cp} \\ \beta_s = \dfrac{m_{s0}}{m_{s0} + m_{g0}} \times 100\% \\ m_{f0} = 59.3 \text{ kg} \\ m_{c0} = 237.3 \text{ kg} \\ m_{w0} = 175 \text{ kg} \\ m_{cp} = 2\ 400 \text{ kg} \\ \beta_s = 0.37 \end{cases}$$

得

$$m_{s0} = 713.5 \text{ kg},\ m_{g0} = 1\ 214.9 \text{ kg}$$

即 1 m³ 混凝土中各种原材料的质量为：

$$m_{c0} = 237.3 \text{ kg},\ m_{f0} = 59.3 \text{ kg},\ m_{w0} = 175 \text{ kg},\ m_{s0} = 713.5 \text{ kg},\ m_{g0} = 1\ 214.9 \text{ kg}$$

②体积法公式如下：

$$\begin{cases} \dfrac{m_{c0}}{\rho_c} + \dfrac{m_{f0}}{\rho_f} + \dfrac{m_{g0}}{\rho_g} + \dfrac{m_{s0}}{\rho_s} + \dfrac{m_{w0}}{\rho_w} + 0.01\alpha = 1 \\ \beta_s = \dfrac{m_{s0}}{m_{s0} + m_{g0}} \times 100\% \end{cases}$$

解得

$$m_{s0} = 693.4 \text{ kg},\ m_{g0} = 1\ 178.8 \text{ kg}$$

即 1 m³ 混凝土中各种原材料的质量为：

$$m_{c0} = 237.3 \text{ kg},\ m_{f0} = 59.3 \text{ kg},\ m_{w0} = 175 \text{ kg},\ m_{s0} = 693.4 \text{ kg},\ m_{g0} = 1\ 178.8 \text{ kg}$$

4.7 混凝土外加剂

混凝土外加剂是一种在混凝土搅拌之前或拌制过程中加入的、用于改善新拌混凝土和(或)硬化混凝土性能的材料。其掺量通常不大于水泥质量的 5%。外加剂的掺量虽小,但其技术经济效果显著,因此外加剂已成为混凝土的重要组成部分。

4.7.1 外加剂的分类

依据《混凝土外加剂术语》(GB/T 8075—2017)的规定,外加剂按其主要使用功能分为以下四类。

①改善混凝土拌合物流变性能的外加剂,包括各种减水剂和泵送剂等。

②调节混凝土凝结时间、硬化性能的外加剂,包括缓凝剂、早强剂、促凝剂和速凝剂等。

③改善混凝土耐久性的外加剂,包括引气剂、防水剂和阻锈剂等。

④ 改善混凝土其他性能的外加剂,包括膨胀剂、防冻剂和着色剂等。

4.7.2 常用外加剂

视频 4-6 常用混凝土外加剂

1. 减水剂

减水剂是当前外加剂中品种最多、应用最广的一种,根据其功能分为普通减水剂(在混凝土坍落度基本相同的条件下,能减少拌合用水量的外加剂)、高效减水剂(在混凝土坍落度基本相同的条件下,能大幅度减少拌合用水量的外加剂)、早强减水剂(兼有早强和减水功能的外加剂)、缓凝减水剂(兼有缓凝和减水功能的外加剂)、引气减水剂(兼有引气和减水功能的外加剂)。

减水剂按其主要化学成分分为木质素磺酸盐类、多环芳香族磺酸盐类、水溶性树脂磺酸盐类、脂肪族类及聚羧酸系等。

各种减水剂尽管成分不同,但均为表面活性剂,所以其减水作用机理相似。表面活性剂是具有显著改变(通常为降低)液体表面张力或二相间界面张力的物质,其分子由亲水基团和憎水基团两个部分组成。表面活性剂加入水溶液中后,其分子中的亲水基团指向溶液,憎水基团指向空气、固体或非极性液体并作定向排列,形成定向吸附膜而降低水的表面张力和二相间的界面张力,在液体中显示出表面活性作用。

当水泥浆体中加入减水剂后,减水剂分子中的憎水基团定向吸附于水泥质点表面,亲水基团指向水溶液,在水泥颗粒表面形成单分子或多分子吸附膜,在电斥力作用下,使原来水泥加水后由于水泥颗粒间分子凝聚力等多种因素而形成的絮凝结构(图 4-19)打开,把被束缚在絮凝结构中的游离水释放出来,这就是由减水剂分子吸附产生的分散作用。

水泥加水后,水泥颗粒被水湿润,湿润越好,在具有同样工作性能的情况下所需的拌合用水量就愈少,且水泥水化速度亦加快。当有表面活性剂存在时,降低了水的表面张力和水与水泥颗粒间的界面张力,这就使水泥颗粒易于湿润、利于水化。同时,减水剂分子定向吸附于水泥颗粒表面,亲水基团指向水溶液,使水泥颗粒表面的溶剂化层增厚,增加了水泥颗粒间的滑动能力,又起了润滑作用(图 4-20)。若是引气型减水剂,则润滑作用更为明显。

综上所述,混凝土中掺加减水剂后可获得改善工作性或减水增强或节省水泥等多种效果,同时混凝土的耐久性也能得到显著改善。

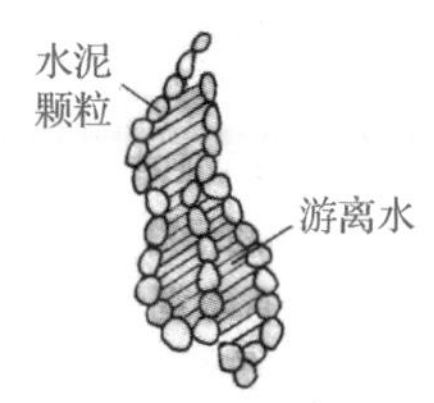

图 4-19 水泥浆的絮凝结构

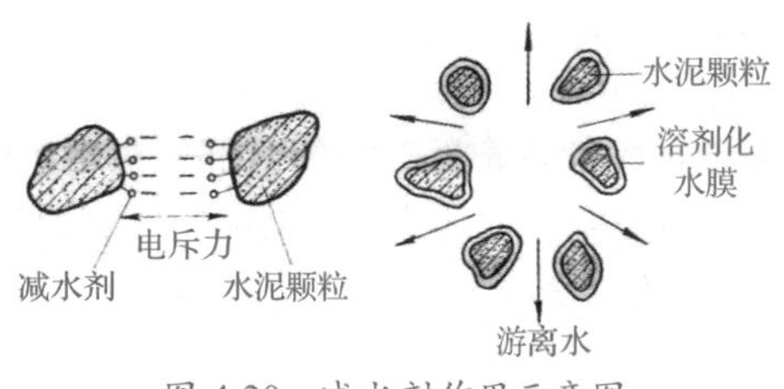

图 4-20 减水剂作用示意图

2. 早强剂

早强剂是指加速混凝土早期强度发展的外加剂。不加早强剂的混凝土从开始拌合到凝结硬化形成一定的强度都需要一段较长的时间，为了缩短施工周期（例如：加速模板的周转、缩短混凝土的养护时间、快速达到混凝土冬期施工的临界强度等），常需要掺入早强剂。目前常用的早强剂有氯盐、硫酸盐、有机醇胺三大类以及以它们为基础的复合早强剂。

1）氯盐类早强剂　主要有氯化钙、氯化钠、氯化钾、氯化铁、氯化铝等氯化物，氯盐类早强剂均有良好的早强作用，其中氯化钙早强效果好而成本低，应用最广。氯化钙的适宜掺量为水泥质量的 0.5%~2.0%，能使混凝土 1 d 强度提高 70%~140%，3 d 强度提高 40%~70%。

2）硫酸盐类早强剂　主要有硫酸钠（即元明粉）、硫代硫酸钠、硫酸钙、硫酸铝、硫酸铝钾等。其中硫酸钠应用较多。硫酸钠为白色固体，一般掺量为水泥质量的 0.5%~2.0%。当掺量为 1%~1.5% 时，可使混凝土 3 d 强度提高 40%~70%，硫酸钠对矿渣水泥混凝土的早强效果优于普通水泥混凝土。

3）有机醇胺类早强剂　主要有三乙醇胺（简称 TEA）、三异丙醇胺（简称 TP）、二乙醇胺等，其中早强效果以三乙醇胺为最佳。三乙醇胺是无色或淡黄色油状液体，呈碱性，能溶于水。掺量为水泥质量的 0.02%~0.05%，能使混凝土早期强度提高 50% 左右，28 d 强度不变或略有提高。三乙醇胺对水泥有一定缓凝作用。三乙醇胺对普通水泥混凝土的早强效果优于矿渣水泥混凝土。

早强剂可加速混凝土硬化，缩短养护周期，加快施工进度，提高模板周转率，多用于冬季施工或紧急抢修工程。在实际应用中，早强剂单掺效果不如复合掺加。因此较多使用由多种组分配成的复合早强剂，尤其是早强剂与早强减水剂同时复合使用，其效果更好。

3. 缓凝剂

缓凝剂是能延长混凝土凝结时间的外加剂。缓凝剂的主要种类有：羟基羧酸及其盐类，如柠檬酸、酒石酸钾钠等；糖类，如糖钙、葡萄糖酸盐等；无机盐类，如磷酸盐、锌盐等；木质素磺酸盐类，如木质素磺酸钙、木质素磺酸钠等。

缓凝剂能使混凝土拌合物在较长时间内保持塑性状态，以利于浇灌成型，提高施工质量，而且还可延缓水化放热时间，降低水化热。缓凝剂适用于长距离运输或长时间运输的混凝土、夏季和高温施工的混凝土、大体积混凝土等，不适用于 5 ℃以下的混凝土，也不适用于有早强要求的混凝土及蒸养混凝土，缓凝剂的掺量不宜过多，否则会引起强度降低，甚至长时间不凝结。

4. 引气剂

引气剂是在混凝土搅拌过程中能引入大量均匀分布、稳定而封闭的微小气泡且能保留在硬化混凝土中的外加剂，能减少混凝土拌合物泌水、离析现象的发生，改善工作性，并能显著提高硬化混凝土的抗冻性、耐久性。

当搅拌混凝土拌合物时，引入的气泡具有滚珠作用，可减小拌合物的摩擦阻力从而提高流动性；同时气泡还可缓解水分结冰产生的冰胀应力，且气泡呈封闭状态，很难吸入水分，所以混凝土的抗冻融破坏能力得以成倍提高，而且大量均匀分布的封闭气泡切断了渗水通道，提高了混凝土的抗渗能力；但是，由于气泡的弹性变形，使混凝土弹性模量降低，引气剂增加了混凝土的气泡，含气量每增加 1%，强度损失 3%~5%。

引气剂主要有松香树脂类、烷基和烷基芳烃磺酸盐类、脂肪醇磺酸盐类和皂苷类，其中松香树脂类中的松香热聚物和松香皂应用最多，而松香热聚物效果最好。引气剂适用于配制抗冻混凝土、抗渗混凝土、抗硫酸盐混凝土、泵送混凝土、港口混凝土，不适宜蒸养混凝土及预应力混凝土。使用引气剂时，含气量控制在 3%~6% 为宜。

有时单掺引气剂有可能会使混凝土强度降低，工程上较多使用引气减水剂。

5. 防冻剂

防冻剂是能使混凝土在负温下硬化，并在规定养护条件达到预期性能的外加剂。我国常用的防冻剂由多组分复合而成，其主要组分有防冻组分、减水组分、引气组分、早强组分等。

防冻组分是复合防冻剂中的重要组分，按其成分可分为以下三类。

1）氯盐类　常用的有氯化钙、氯化钠。由于氯化钙参与水泥的水化反应，不能有效地降低混凝土中液相的冰点，故常与氯化钠复合使用，通常配比为氯化钙：氯化钠 =2：1。

2）氯盐阻锈类　由氯盐与阻锈剂复合而成。阻锈剂有亚硝酸钠、铬酸盐、磷酸盐、聚磷酸盐等，其中亚硝酸钠阻锈效果最好，故被广泛应用。

3）无氯盐类　有硝酸盐、亚硝酸盐、碳酸盐、尿素、乙酸盐等。

复合防冻剂中的减水组分、引气组分、早强组分则分别采用前面所述的各类减水剂、引气剂、早强剂。

防冻剂中各组分对混凝土的作用有：改变混凝土中液相浓度，降低液相冰点，使水泥在负温下仍能继续水化；减少混凝土拌合用水量，减少混凝土中能成冰的水量；提高混凝土的早期强度，增强混凝土抵抗冰冻的破坏能力。

各类防冻剂具有不同的特性，因此防冻剂品种选择十分重要。氯盐类防冻剂适用于无筋混凝土。氯盐阻锈类防冻剂可用于钢筋混凝土。无氯盐类防冻剂，可用于钢筋混凝土和预应力钢筋混凝土，但硝酸盐、亚硝酸盐、碳酸盐类则不得用于预应力混凝土以及与镀锌钢材或铝铁相接触部位的钢筋混凝土。含有六价铬盐、亚硝酸盐等有毒防冻剂，严禁用于饮水工程及与食品接触的部位。

6. 膨胀剂

膨胀剂是在混凝土硬化过程中因化学作用能使混凝土产生一定体积膨胀的外加剂。根据《混凝土膨胀剂》（GB/T 23439—2017），膨胀剂按照水化产物分为：硫铝酸钙类（代号为 A）、氧化钙类（代号为 C）、硫铝酸钙 - 氧化钙类（代号为 AC）等。

1）硫铝酸钙类　这类膨胀剂有明矾石膨胀剂（主要成分是明矾石与无水石膏或二水石膏）、CSA 膨胀剂（主要成分是无水硫铝酸钙）、U 型膨胀剂（主要成分是无水硫铝酸钙、明矾石、石膏）等。

2）氧化钙类　这类膨胀剂的制备方法有多种，如用一定温度下煅烧的石灰加入适量石膏与水淬矿渣制成；生石灰与硬脂酸混磨而成；以石灰石、黏土、石膏在一定温度下烧成熟料，粉磨后再与经一定温度煅烧的磨细石膏混拌而成等。

3）硫铝酸钙 - 氧化钙类　这类膨胀剂分为一般膨胀剂和高性能膨胀剂，可以硫铝酸钙或者氧化钙为主。

上述各种膨胀剂的成分不同，引起膨胀的原理亦不尽相同。硫铝酸钙类膨胀剂加入水泥混凝土后，自身组成中的无水硫铝酸钙水化或参与水泥矿物的水化或与水泥水化产物反应，形成三硫型水化硫铝酸钙（钙矾石），钙矾石相的生成，使固相体积增加很大，而引起表观体积膨胀。氧化钙类膨胀剂的膨胀作用主要是由氧化钙晶体水化形成氢氧化钙晶体，体积增大而导致的。铁粉膨胀作用则是由于铁粉中的金属铁与氧化剂发生氧化作用，形成氧化铁，并在水泥水化的碱性环境中还会生成胶状的氢氧化铁而产生膨胀效应。

7. 泵送剂

泵送剂是指能改善混凝土拌合物泵送性能的外加剂。所谓泵送性能，就是混凝土拌合物具有能顺利通过输送管道、不阻塞、不离析、黏塑性良好的性能。泵送剂由减水剂、缓凝剂、引气剂等复合而成。

1）特点　泵送剂是流化剂的一种，它除了能大大提高拌合物的流动性以外，还能使新拌混凝土在 60~180 min 内保持其流动性，剩余坍落度不低于原始的 55%。此外，它不是缓凝剂，不应有缓强性，缓凝时间不宜超过 120 min（有特殊要求除外）。液体泵送剂与水一起加入搅拌机中，并延长搅拌时间。

2）适用范围　适用于各种需要采用泵送工艺的混凝土。缓凝泵送剂用于大体积混凝土、高层建筑、滑模施工、水下灌注桩等，含防冻组分的泵送剂适用于冬期混凝土施工。

4.7.3　外加剂的选择

①外加剂的品种应根据工程设计和施工要求选择，通过试验及技术经济比较确定。

②严禁使用对人体有害、对环境产生污染的外加剂。

③掺外加剂混凝土所用水泥，宜采用硅酸盐水泥、普通硅酸盐水泥、矿渣硅酸盐水泥、火山灰质硅酸盐水泥、粉煤灰硅酸盐水泥和复合硅酸盐水泥，并应检验外加剂与水泥的适应性，符合要求方可使用。

④掺外加剂混凝土所用材料：如水泥、砂、石、掺合料、外加剂均应符合国家现行有关标准的规定。试配掺外加剂的混凝土时，应采用工程使用的原材料，检测项目应根据设计及施工要求确定，检测条件应与施工条件相同，当工程所用原材料或混凝土性能要求发生变化时，应再进行试配试验。

⑤不同品种外加剂复合使用时，应注意其相容性及对混凝土性能的影响，使用时应进行试验，满足要求方可使用。

⑥外加剂的掺量以胶凝材料总量的百分比表示，外加剂的掺量应按供货生产单位推荐掺量、使用要求、施工条件、混凝土原材料等因素通过试验确定。

⑦对含有氯离子、硫酸根离子的外加剂应符合本规范及有关标准的规定。

⑧处于与水相接触或潮湿环境中的混凝土，当使用碱活性骨料时，由外加剂带入的碱含量（以当量氧化钠计）不宜超过 1 kg/m^3，混凝土总碱含量尚应符合有关标准的规定。

4.7.4 外加剂的质量控制

选用的外加剂应有供货单位提供的下列技术文件：产品说明书，应标明产品的主要成分；出厂检验报告及合格证；具有资质的检测单位所发的掺外加剂混凝土性能检测报告。

外加剂运到工地（或混凝土搅拌站）应立即取代表性样品进行检验，进货与工程试配一致时，方可入库使用，若发现不一致，应停止使用。外加剂按不同供货单位、品种、牌号分别存放，标识清楚。粉状外加剂应防止受潮结块，如有结块，经性能检验合格后粉碎至全部通过 0.63 mm 筛后方可使用。液体外加剂应放置在阴凉干燥处，防止日晒、受冻、污染、进水或蒸发，如有沉淀等现象，经性能检验合格后方可使用。外加剂配料控制系统应标识清楚、计量准确，计量误差不大于外加剂用量的 2%。液体外加剂冬季必须采取保温措施。

4.8 其他混凝土

常用的其他混凝土一般有高强混凝土、高性能混凝土、轻混凝土、泵送混凝土、大体积混凝土、纤维混凝土、喷射混凝土、抗渗混凝土、装饰混凝土、抗冻混凝土、超流态（自密实）混凝土等。

视频 4-7 加气混凝土

视频 4-8 其他混凝土

视频 4-9 透水混凝土砌块

4.8.1 高强混凝土

在 40 多年前，强度达 40 MPa 以上的混凝土便称为高强混凝土，而后界限提高到 50 MPa。近年来，更高强度的混凝土已在国内外桥梁工程、高层建筑、预制混凝土制品、港口和海洋工程、高架结构、大跨屋盖、防护工程、水工结构及路面工程等领域得到应用。现阶段通常认为强度等级达到 C60 和超过 C60 的混凝土为高强混凝土。

高强混凝土作为一种新型混凝土，以其抗压强度高、抗变形能力强、耐久性好、密度大、孔隙率低的优越性，在高层建筑结构、大跨度桥梁结构以及某些特种结构中得到广泛的应用。

高强混凝土最大的特点是抗压强度高，一般为普通强度混凝土的 4~6 倍，故可减小构件的截面，因此最适宜用于高层建筑。试验表明，在一定的轴压比和合适的配箍率情况下，高强混凝土框架柱具有较好的抗震性能。其柱截面尺寸减小，自重减轻，避免了短柱，对结构抗震也有利，而且提高了经济效益。高强混凝土材料为预应力技术提供了有利条件，可采用高强度钢材和人为控制应力，从而大大地提高了受弯构件的抗弯刚度和抗裂度。因此世界范围内越来越多地将施加预应力的高强混凝土结构应用于大跨度房屋和桥梁中。此外，利用高强混凝土密度大的特点，可将其用作建造承受冲击和爆炸荷载的建（构）筑物，如原子能反应堆基础等。高强混凝土具有抗渗性强和抗腐蚀性强的特点，可用于建造具有高抗渗和高抗腐要求的工业用水池等。

4.8.2　高性能混凝土

高性能混凝土是一种新型高技术混凝土，是在大幅度提高普通混凝土性能的基础上采用现代混凝土技术制作的混凝土。它以耐久性作为设计的主要指标，针对不同用途要求，对下列性能重点予以保证：耐久性、工作性、适用性、强度、体积稳定性和经济性。为此，高性能混凝土在配制上的特点是采用低水胶比，选用优质原材料，且必须掺加足够数量的矿物细掺料和高效外加剂。

与普通混凝土相比，高性能混凝土具有如下独特的性能。

①高性能混凝土具有一定的强度和高抗渗能力，但不一定具有高强度，中、低强度亦可。

②高性能混凝土具有良好的工作性，混凝土拌合物应具有较高的流动性，混凝土在成型过程中不分层、不离析，易充满模型；泵送混凝土、自密实混凝土还具有良好的可泵性、自密实性能。

③高性能混凝土的使用寿命长，对于一些特护工程的特殊部位，控制结构设计的不是混凝土的强度，而是耐久性。能够使混凝土结构安全可靠地工作 50~100 年，是高性能混凝土应用的主要目的。

④高性能混凝土具有较高的体积稳定性，即混凝土在硬化早期应具有较低的水化热，硬化后期具有较小的收缩变形。

概括起来说，高性能混凝土能更好地满足结构功能要求和施工工艺要求的混凝土，能最大限度地延长混凝土结构的使用年限，降低工程造价。

4.8.3　轻混凝土

轻混凝土是指容重不大于 1 950 kg/m^3 的混凝土的统称。轻混凝土按其孔隙结构分为：轻集料混凝土（即多孔集料轻混凝土）、多孔混凝土（主要包括加气混凝土和泡沫混凝土等）和大孔混凝土（即无砂混凝土或少砂混凝土）。轻混凝土与普通混凝土相比，其最大特点是容重轻、具有良好的保温性能。混凝土的容重越小，热导率越低，保温性能越好。容重为 500~1 400 kg/m^3 的轻混凝土，其热导率一般为 0.116~0.488 W/(m·K)，主要用作有保温要求的墙体、屋面或各种热工构筑物的保温层。容重 1 400~1 900 kg/m^3、抗压强度为 15~50 MPa 的结构轻混凝土，由于自重轻、弹性模量低、抗震性能好、耐火性能较好等特点，主要用作工业与民用建筑，特别是高层建筑和桥梁工程的承重结构。

1. 轻集料混凝土

用轻粗集料、轻砂（或普通砂）、水泥和水配制成的、容重不大于 1 950 kg/m^3 的混凝土，称为轻集料混凝土。

轻集料混凝土按轻集料的种类分为天然轻集料混凝土（如浮石混凝土、火山渣混凝土和多孔凝灰岩混凝土等）、人造轻集料混凝土（如黏土陶粒混凝土、页岩陶粒混凝土以及膨胀珍珠岩混凝土和用有机轻集料制成的混凝土等）、工业废料轻集料混凝土（如煤渣混凝土、粉煤灰陶粒混凝土和膨胀矿渣珠混凝土等）。

轻集料混凝土按细集料种类分为全轻混凝土（采用轻砂作为细集料的轻集料混凝土）、砂轻混凝土（部分或全部采用普通砂作为细集料的轻集料混凝土）。

2. 加气混凝土

加气混凝土是用含钙材料（水泥、石灰）、含硅材料（石英砂、尾矿粉、粉煤灰、粒化高炉矿渣、页岩等）和加气剂作为原材料，经过磨细、配料、搅拌、浇筑、切割和压蒸养护（8 或 15 大气压下养护 6~8 h）等工序生产而成的。一般采用铝粉作为加气剂，加在加气混凝土料浆中，与含钙材料中的氢氧化钙发生化学反应放出氢气，形成气泡，使料浆形成多孔结构。

除铝粉外，也可采用双氧水、碳化钙和漂白粉等作为加气剂。加气混凝土制品的生产也可以采用常压蒸汽养护的方法。加气混凝土的抗压强度一般为 0.5~1.5 MPa。

加气混凝土制品有砌块和条板两种（图 4-21）。条板均配有钢筋，钢筋宜加工或点焊成网片，而且必须预先经过防锈处理。加气混凝土屋面板可用于工业和民用建筑，用作承重和保温合一的屋面板。在墙体结构中，可采用砌块或条板，用于承重或非承重的内墙和外墙。由于加气混凝土能利用工业废料，产品成本较低，能大幅度降低建筑物自重，生产率较高，保温性能好，因此具有较好的经济技术效果。

3. 泡沫混凝土

泡沫混凝土如图 4-22 所示，实质上是加气混凝土中的一个特殊品种，它的孔结构和材料性能都接近加气混凝土，它们二者的差别是气孔形状和加气手段。加气混凝土气孔一般是椭圆形的，而泡沫混凝土受毛细孔作用的影响，产生变形，形成多面体。加气混凝土是利用化学发气，通过化学反应，由内部产生气体而形成气孔，泡沫混凝土则是通过机械制泡的方法，先将发泡剂制成泡沫，然后将泡沫加入水泥、菱镁、石膏浆中形成泡沫浆体，再经自然养护、蒸汽养护而成。

图 4-21　加气混凝土

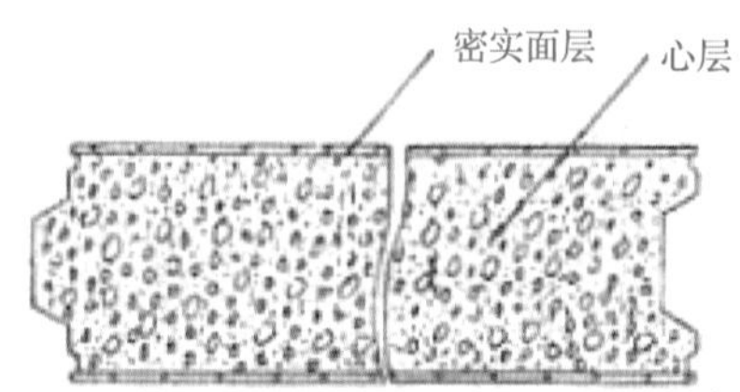

图 4-22　泡沫混凝土

泡沫混凝土通常是用机械方法将泡沫剂水溶液制备成泡沫，再将泡沫加入含硅质材料、钙质材料、水及各种外加剂等组成的料浆中，经混合搅拌、浇筑成型、养护而成的一种多孔材料。由于泡沫混凝土中含有大量封闭的孔隙，故其具有下列良好的物理力学性能。

1）轻质　泡沫混凝土的密度小，密度等级一般为 300~1 800 kg/m^3，常用泡沫混凝土的密度等级为 300~1 200 kg/m^3。

2）保温隔热性能好　由于泡沫混凝土中含有大量封闭的细小孔隙，因此具有良好的热工性能，即良好的保温隔热性能，这是普通混凝土所不具备的。

3）隔声耐火性能好　泡沫混凝土属多孔材料，因此它也是一种良好的隔声材料，在建筑物的楼层和高速公路的隔声板、地下建筑物的顶层等可采用该材料作为隔声层。泡沫混凝土是无机材料，不会燃烧，从而具有良好的耐火性，在建筑物上使用，可提高建筑物的防火性能。

4.8.4　泵送混凝土

用混凝土泵通过管道输送拌合物的混凝土称为泵送混凝土（也可称为流态混凝土）。泵送混凝土坍落度较大，易于流动，且黏聚性良好。

泵送施工要求混凝土拌合物既要有较大的流动性，又不能产生离析，流态混凝土恰好可满足这种要求。过去采用的大流动性混凝土（坍落度为 200 mm 左右），因水泥用量和用水量较多，因而收缩裂缝多，抗渗性、耐久性较差，钢筋也易锈蚀。而流态混凝土克服了大流动性混凝土的缺点，既满足了施工要求，又改善了混凝土质量。流态混凝土所用的流化剂是一种高效减水剂。

坍落度是反映流态混凝土流态化效果的具体技术指标，影响流态混凝土坍落度的因素很多，如流化剂的掺量、掺入时间、混凝土的温度等。流态混凝土的坍落度与普通混凝土一样，也存在经时损失问题，即搅拌好的流态混凝土也随着时间的延长而坍落度逐渐减小。流态混凝土坍落度的经时变化，与混凝土原材料、温度、流化剂种类和掺入时间、混凝土搅拌等因素有关。一般水泥用量少的流态混凝土，其坍落度经时损失显著；水泥用量多者，坍落度经时损失则相对较少。萘磺酸盐甲醛缩合物和三聚氢胺磺酸盐甲醛缩合物流化剂，在掺量相同的条件下，后者的坍落度经时损失较大。流化剂掺入的时间越迟，流态混凝土坍落度的经时损失越大；温度越高，坍落度的经时损失也越大。

4.8.5　大体积混凝土

现代建筑中时常涉及大体积混凝土施工，如高层楼房基础、大型设备基础、水利大坝等。它主要的特点是体积大，水泥水化热释放比较集中，内部温升比较快。混凝土内外温差较大时，会在混凝土内部产生较大温度应力，使混凝土产生温度裂缝，影响结构安全和正常使用。大体积混凝土在使用时应符合《大体积混凝土施工标准》(GB 50496—2018)。

产生裂缝的主要原因有以下几个。

(1)水泥水化热

水泥在水化过程中要释放出一定的热量，而大体积混凝土结构断面较厚，表面系数相对较小，所以水泥产生的热量聚集在结构内部不易散失。这样混凝土内部的水化热无法及时散发出去，以至于越积越高，使内外温差增大。单位时间混凝土释放的水泥水化热，与混凝土单位体积中水泥用量和水泥品种有关，并随混凝土的龄期而增长。由于混凝土结构表面可以自然散热，实际上内部的最高温度，多数发生在浇筑后的最初 3~5 d。

(2)外界气温变化

大体积混凝土在施工阶段，它的浇筑温度随着外界气温变化而变化。特别是气温骤降，会大大增加内外层混凝土温差，这对大体积混凝土是极为不利的。

温度应力是由于温差引起温度变形造成的；温差愈大，温度应力也愈大。同时，在高温条件下，大体积混凝土不易散热，混凝土内部的最高温度一般可达 60~65 ℃，并且有较长的延续时间。因此，应采取温度控制措施，防止混凝土内外温差引起的温度应力。

(3)混凝土的收缩

混凝土中约 20% 的水分是水泥硬化所必需的，而约 80% 的水分要蒸发。多余水分的蒸发会引起混凝土体积的收缩。混凝土收缩的主要原因是内部水蒸发引起混凝土收缩。如果混凝土收缩后，再处于水饱和状态，还可以恢复膨胀并几乎达到原有的体积。干湿交替会引起混凝土体积的交替变化，这对混凝土是很不利的。

影响混凝土收缩的因素主要是水泥品种、混凝土配合比、外加剂和掺合料的品种以及施工工艺(特别是养护条件)等。大体积混凝土所选用的原材料应注意以下几点。

① 粗骨料宜采用连续级配，粗骨料粒径宜为 5.0 ~31.5 mm，含泥量不应大于 1%；细骨料宜采用中砂，细度模数宜大于 2.3，含泥量不应大于 3%。

②外加剂宜采用缓凝剂、减水剂；掺合料宜采用粉煤灰、矿渣粉等。

③大体积混凝土在保证混凝土强度及坍落度要求的前提下，应提高掺合料及骨料的含量，以降低单位体积混凝土的水泥用量。

④水泥应选用水化热低的通用硅酸盐水泥， 3 d 水化热不宜大于 250 kJ/kg，7 d 水化热不宜大于 280 kJ/kg；当选用 52.5 强度等级的水泥时，7 d 水化热宜小于 300 kJ/kg。

但是，水化热低的矿渣水泥的析水性比其他水泥大，在浇筑层表面有大量水析出。这种泌水现象不仅影响施工速度，同时影响施工质量。因析出的水聚集在上下两浇筑层表面间，使混凝土水胶比改变，而在析水时又带走了一些砂浆，这样便形成了一层含水量多的夹层，破坏了混凝土的黏结力和整体性。混凝土泌水性的大小与用水量有关，用水量多，泌水性大；且与温度高低有关，水完全析出的时间随温度的提高而缩短；此外，还与水泥的成分和细度有关。所以，在选用矿渣水泥时应尽量选择具有泌水性的品种，并应在混凝土中掺入减水剂，以降低用水量。在施工中，应及时排出析水或拌制一些干硬性混凝土均匀浇筑在析水处，用振捣器振实后，再继续浇筑上一层混凝土。

4.8.6　纤维混凝土

纤维混凝土是纤维和水泥基料(水泥石、砂浆或混凝土)组成的复合材料的统称。水泥石、砂浆与混凝土的主要缺点是抗拉强度低、极限延伸率小、性脆，加入抗拉强度高、极限延伸率大、抗碱性好的纤维，可以克服这些缺点。

一般来说，纤维可分为两类：一类为高弹性模量的纤维，包括玻璃纤维、钢纤维(图 4-23)和碳纤维等；另一类为低弹性模量的纤维，如尼龙、聚丙烯、人造丝以及植物纤维等。高弹性模量纤维中钢纤维应用最多。低弹性模量纤维不能提高混凝土硬化后的抗拉强度，但能提高混凝土的抗冲击强度，因此其应用领域也逐渐扩大，其中聚丙烯纤维应用较多，应按照《水泥混凝土和砂浆用合成纤维》(GB/T 21120—2018)的要求使用。

各类纤维中以钢纤维对抑制混凝土裂缝的形成、提高混凝土抗拉和抗弯强度、增加韧性效果最好。纤维是否分散、均匀地分布在混凝土中对其强度影响很大。与普通混凝土相比，纤维混凝土(图 4-24)具有较高的抗拉与抗弯极限强度，尤其韧性提高的幅度最大。

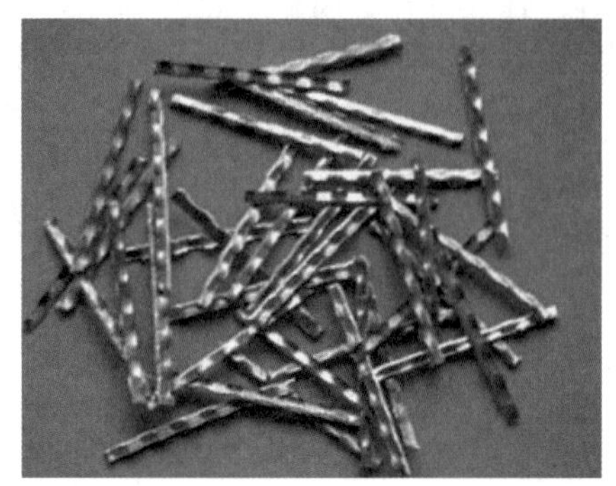

图 4-23　钢纤维

图 4-24　钢纤维混凝土

最常用的钢纤维混凝土与普通混凝土相比具有优越的物理和力学性能。

①强度和重量比值增大。

②具有较高的抗拉、抗弯、抗剪和抗扭强度。在混凝土中掺入适量钢纤维，其抗拉强度提高 25%~50%，抗弯强度提高 40%~80%，抗剪强度提高 50%~100%。

③具有卓越的抗冲击性能。材料抵抗冲击或震动荷载作用的性能，称为冲击韧性，在通常的纤维掺量下，冲击抗压韧性可提高 2~7 倍，冲击抗弯、抗拉等韧性可提高几倍到几十倍。

④收缩性能明显改善。在通常的纤维掺量下，钢纤维混凝土较普通混凝土的收缩值降低 7%~9%。

⑤抗疲劳性能显著提高。钢纤维混凝土的抗弯和抗压疲劳性能比普通混凝土都有较大改善。当掺有 1.5% 钢纤维抗弯疲劳寿命为 1×10^6 次时，应力比为 0.68，而普通混凝土仅为 0.51；当掺有 2% 钢纤维抗压疲劳寿命达 2×10^6 次时，应力比为 0.92，而普通混凝土仅为 0.56。

⑥耐久性能显著提高。钢纤维混凝土除抗渗性能与普通混凝土相比没有明显变化外，由于钢纤维混凝土抗裂性、整体性好，因而耐冻融性、耐热性、耐磨性、抗气蚀性和抗腐蚀性均有显著提高。掺有 1.5% 钢纤维的混凝土经 150 次冻融循环，其抗压和抗弯强度下降约 20%，而其他条件相同的普通混凝土却下降 60% 以上，经过 200 次冻融循环，钢纤维混凝土试件仍保持完好。掺量为 1%、强度等级为 CF35 的钢纤维混凝土耐磨损失比普通混凝土降低 30%。掺有 2% 钢纤维高强混凝土的抗气蚀能力较其他条件相同的高强混凝土提高 1.4 倍。钢纤维混凝土在空气、污水和海水中都呈现良好的耐腐蚀性，暴露在污水和海水中 5 年后的试件碳化深度小于 5 mm，只有表层的钢纤维产生锈斑，内部钢纤维未锈蚀，不像普通钢筋混凝土中钢筋锈蚀后，锈蚀层体积膨胀而将混凝土胀裂。

4.8.7　喷射混凝土

图 4-25　喷射混凝土施工

喷射混凝土是指借助喷射机械，利用压缩空气或其他动力，将按一定配比的拌合料，通过管道运输并以高速喷射到受喷面上，迅速凝结固化而成的混凝土，主要用于隧道、地下工程和矿井巷道的衬砌和支护，喷射混凝土施工见图 4-25。

喷射混凝土原材料宜采用普通水泥，要求良好的骨料，10 mm 以上的粗骨料控制在 30% 以下，最大粒径小于 25 mm；不宜使用细砂。依靠高速喷射时水泥与集料的反复连续撞击压密混凝土，由于采用较小的水胶比，与混凝土、砖石、钢材有很高的黏结强度，与钢筋网联合使用可很好地在结合面上传递拉应力和剪应力，具有较高的力学性能和良好的耐久性。

喷射混凝土制作有干拌法和湿拌法两种。干拌法是将水泥、砂、石在干燥状态下拌合均匀，用压缩空气送至喷嘴并与压力水混合后进行喷灌。此法水胶比宜小，石子须用连续级配，粒径不得过大，水泥用量不宜太小，一般可获得 28~34 MPa 的混凝土强度和良好的黏结力。但因喷射速度快，粉尘污染及回弹情况较严重，使用上受一定限制。湿拌法是将拌好的混凝土通过压浆泵送至喷嘴，再用压缩空气进行喷灌。施工时宜用随拌随喷的办法，以减少稠度变化。此法的喷射速度较慢，由于水胶比增大，混凝土的初期强度亦较低，但回弹情况有所改善，材料配合易于控制，工作效率较干拌法为高。喷射混凝土用的速凝剂应满足《喷射混凝土用速凝剂》（GB/T 35159—2017）的要求。

4.8.8　抗渗混凝土

普通混凝土往往由于不够密实，在压力水作用下会造成透水现象，同时水的浸透将加剧溶出性等侵蚀。所以经常受压力水作用的工程和构筑物，必须在表面的防水层，例如使用水泥砂浆防水层、卷材防水层等。这些防水层不但施工复杂，而且成本高，如果能够提高混凝土本身的抗渗性能，达到防水要求，工程的防水效果会更好。

抗渗混凝土通过提高混凝土的密实度，改善孔隙结构，从而减少渗透通道，提高抗渗性。常用的办法是掺用引气型外加剂，使混凝土内部产生不连通的气泡，截断毛细管通道，改变孔隙结构，从而提高混凝土的抗渗性。此外，减小水胶比，选用适当品种及强度等级的水泥，保证施工质量，特别是注意振捣密实、养护充分等，都对提高抗渗性能有重要作用。

混凝土的抗渗性用抗渗等级（P）表示。我国标准采用抗渗等级。抗渗等级以 28 d 龄期的标准试件，按标准试验方法进行试验时所能承受的最大水压力来确定。《混凝土质量控制标准》（GB 50164—2011）根据混凝土试件在抗渗试验时所能承受的最大水压力，将混凝土的抗渗等级划分为 P4、P6、P8、P10、P12 等 5 个等级。

抗渗混凝土通过各种方法提高混凝土的抗渗性能，以达到抗渗等级等于或大于 P6 级。一般是通过混凝土组成材料的质量改善，合理选择混凝土配合比和骨料级配，以及掺加适量外加剂，达到混凝土内部密实或是堵塞混凝土内部毛细管通路，使混凝土具有较高的抗渗性能。

目前常用的抗渗混凝土，按其配制方法大体可分为 4 类：骨料级配法防水混凝土、普通防水混凝土、掺外加剂的防水混凝土和采用特种水泥的防水混凝土。

4.8.9　装饰混凝土

装饰混凝土，又称清水混凝土，因其极具装饰效果而得名。它属于一次浇筑成型，不做任何外装饰，直接采用现浇混凝土的自然表面效果作为饰面，因此不同于普通混凝土，其表面平整光滑，色泽均匀，棱角分明，无碰损和污染，只是在表面涂一层或两层透明的保护剂，显得十分天然、庄重。

装饰混凝土是混凝土材料中最高级的表达形式，它显示的是一种最本质的美感，体现的是“素面朝天”的品位。装饰混凝土具有朴实无华、自然沉稳的外观，与生俱来的厚重与清雅是一些现代建筑材料无法效仿和媲美的。材料本身所拥有的柔软感、刚硬感、温暖感、冷漠感不仅对人的感官及精神产生影响，而且可以表达出建筑情感。世界上越来越多的建筑师采用装饰混凝土工艺，如世界级建筑大师贝聿铭、安藤忠雄等都在他们的设计中大量地采用了装饰混凝土。日本国家大剧院、巴黎史前博物馆等世界知名的艺术类公建，均采用这一建筑艺术形式。

装饰混凝土是名副其实的绿色混凝土。混凝土结构不需要装饰，省去了涂料、饰面等化工产品，有利于环保。装饰混凝土结构一次成型，不剔凿修补、不抹灰，减少了大量建筑垃圾，有利于保护环境。

1）消除了诸多质量通病　装饰混凝土避免了抹灰开裂、空鼓甚至脱落的质量隐患，减轻了结构施工的漏浆、楼板裂缝等质量通病；促使工程建设的质量管理进一步提升：装饰混凝土的施工，不可能有剔凿修补的空间，每一道工序都至关重要，迫使施工单位加强施工过程的控制，使结构施工的质量管理工作得到全面提升。

2）降低工程总造价　装饰混凝土的施工需要投入大量的人力、物力，势必会延长工期，但因其最终不用抹灰、吊顶、装饰面层，从而减少了维保费用，最终降低了工程总造价。

本任务小结

（1）混凝土是由胶凝材料、水、粗骨料和细骨料（根据情况可掺入外加剂），按照适当比例配合，经搅拌振捣成型，在一定条件下养护而成的人造石材。

（2）混凝土按表观密度不同，分为重混凝土（表观密度大于 2 800 kg/m³）、普通混凝土（表观密度为 2 000~2 800 kg/m³）、轻混凝土（表观密度小于 2 000 kg/m³）。

（3）混凝土用砂宜选用中砂，石子最大粒径不宜大于 40 mm。用于混凝土中的掺合料可分为活性矿物掺合料和非活性矿物掺合料两大类。

（4）混凝土的工作性是一项综合的技术性质，包括流动性、黏聚性和保水性等三方面。混凝土工作性的测定通常采用坍落度法、维勃稠度法和扩展度法。

（5）影响混凝土工作性的因素主要有原材料的性质、混凝土的水泥浆数量、水胶比、砂率、环境因素及施工条件等。

（6）影响混凝土强度的因素有水泥强度等级、水胶比及骨料的性质，此外还受到施工质量、养护条件及龄期的影响。

（7）混凝土的耐久性主要包括抗渗性、抗冻性、抗侵蚀性、抗碳化及抗碱－骨料反应等方面。

（8）混凝土配合比设计主要包括初步配合比设计、基准配合比设计、设计配合比和施工配合比确定四项内容。

（9）混凝土外加剂按其主要功能分为四类。

（10）强度等级达到 C60 和超过 C60 的混凝土为高强混凝土。高强混凝土的特点是强度高、耐久性好、变形小，能适应现代工程结构向大跨度、重载、高耸发展和承受恶劣环境条件的需要。

（11）高性能混凝土是一种新型高技术混凝土，是在大幅度提高普通混凝土性能的基础上采用现代混凝土技术制作的混凝土。它以耐久性作为设计的主要指标，针对不同用途要求，对下列性能重点予以保证：耐久性、工作性、适用性、强度、体积稳定性和经济性。

任务 5 金属材料的选择与应用

任务简介

金属材料作为无机材料的一种，广泛地应用于铁路、桥梁、房屋建筑等工程中，并在现代工农业生产中占有极其重要的地位。常用的金属材料包括黑色金属和有色金属两大类，黑色金属是指以铁元素为主要成分的金属及其合金，常用的黑色金属材料有钢和生铁。有色金属是指黑色金属以外的金属，如铝、铜、铅、锌等金属及其合金。

知识目标

(1)熟悉钢筋的种类及常用钢筋的特性。
(2)掌握钢材的力学性质。
(3)掌握钢材的工艺性能及质量检测方法。
(4)掌握钢结构用钢和混凝土结构用钢两类钢材的技术性质和应用。
(5)了解铝材、铸铁、金箔的一般特性和应用。

能力目标

(1)具备合理选用钢筋品种、级别的能力。
(2)具备查阅钢筋主要力学指标的能力。
(3)具备钢筋力学性能试验操作的能力。

思政教学

思政元素 5

教学课件 5

授课视频 5

应用案例与发展动态

金属材料作为无机材料，一直被广泛应用，在现代工农业生产和人民生活中占有极其重要的地位。通常金属材料分为黑色金属、有色金属和特种金属材料。

钢材作为一种传统的金属材料，至今仍然广泛应用。20 世纪钢铁工业得到空前发展，1900 年世界钢产量为 2 850 万 t，到 1973 年世界钢产量超过了 7 亿 t，2000 年增至 8.43 亿 t，2020 年中国粗钢和钢材产量分别为 10.65 亿 t、13.25 亿 t，占全球钢铁产量的 57%，中国已连续 25 年保持世界第一产钢大国称号，当然我国钢铁行业今后重点要在品种质量、低碳、绿色智能方面加大投资，实现转型升级。非铁金属的冶炼产品总产量也呈增加趋势，其中，铝、镍、镁和钛的产量增长率最高，其次是铜、锌和铅。

金属材料特别是钢铁材料之所以被广泛应用，很大程度上是由于其性能较好、价格低廉、用途广泛。但是，随着现代科学技术的发展，对钢铁材料的性能提出越来越高的要求，这也是钢铁材料能不断发展和应用的原因和动力。

5.1 建筑钢材

5.1.1 钢材的冶炼和分类

1. 钢的冶炼

钢是由生铁冶炼而成的。生铁的含碳量为 2.06%~6.67%，同时含有较多的硫、磷等杂质，因此生铁表现出抗拉强度较低和脆性大等特点，且不能采用轧制或锻压等方法来进行加工，在建筑上很少应用。现代炼钢方法是以生铁为原料，在熔融状态下采取一定的措施，如供给足够的氧气进行氧化还原反应，使生铁中的杂质含量和含碳量降低到规定标准要求，再经过脱氧处理的工艺过程。为了改善钢的性能，必要时可掺入合金元素。理论上，将含碳量在 2% 以下、含杂质较少的铁碳合金称为钢。

常用的钢材冶炼方法主要有转炉冶炼法、平炉冶炼法和电炉冶炼法三种。钢在冶炼的过程中，不可避免地使部分氧化铁残留在钢水中，降低了钢的质量，因此要进行脱氧处理。脱氧程度不同，钢的内部状态和性能也不同。

2. 钢的分类

钢的分类方法很多，通常有以下几种分类方法。

（1）按化学成分分类

按化学成分可将钢分为碳素钢（非合金钢）和合金钢两类。碳素钢根据含碳量分为低碳钢（含碳量 ≤ 0.25%）、中碳钢（含碳量为 0.25%~0.6%）和高碳钢（含碳量 >0.6%）；合金钢根据合金元素总量分为低合金钢（合金元素总量 ≤ 5%）、中合金钢（合金元素总量为 5%~10%）和高合金钢（合金元素总量 >10%）。

（2）按有害杂质含量分类

按质量（磷、硫的含量）可将钢分为普通碳素钢、优质碳素钢、高级优质钢和特级优质钢。钢的磷、硫含量见表 5-1。

表 5-1 各质量等级钢的磷、硫百分含量

钢类	碳素钢	
	P	S
普通碳素钢	≤ 0.045	≤ 0.005
优质碳素钢	≤ 0.035	≤ 0.035
高级优质钢	≤ 0.025	≤ 0.025
特级优质钢	≤ 0.025	≤ 0.015

（3）按脱氧程度分类

根据冶炼时的脱氧程度，可将钢分为沸腾钢、半镇静钢、镇静钢和特殊镇静钢。沸腾钢在冶炼时脱氧不充分，浇筑时碳与氧反应发生沸腾。这类钢一般为低碳钢，其塑性好、成本低、成材率高，但不致密，主要用于制造用量大的冷冲压零件，如汽车外壳、仪器仪表外壳等。镇静钢脱氧充分，组织致密，但成材率低。而半镇静钢介于两者之间。特殊镇静钢比镇静钢脱氧程度更充分彻底，质量最好，适用于特别重要的结构工程。

（4）按用途分类

①结构钢：主要用于工程结构及机械零件的钢，一般为低、中碳钢。

②工具钢：主要用于各种刀具、量具和模具的钢，一般为高碳钢。

③特殊钢：具有特殊的物理、化学及机械性能的钢，如不锈钢、耐热钢、耐磨钢等。

（5）按加工工艺分类

根据钢材加工温度不同分为冷加工和热加工两种。冷加工是指常温下进行加工，常见的冷加工方式有冷拉、冷拔、冷轧、冷扭、刻痕等；热加工是将钢材按照一定的规律加热、保温、冷却，以获得需要性能的一种工艺过程。

钢材的主要加工方法有轧制、锻造、拉拔和挤压等。

①轧制是将金属坯料通过一对旋转轧辊的间隙（各种形状），因受轧辊的压缩使材料截面减小、长度增加的压力加工方法，这是生产钢材最常用的生产方式，主要用来生产型材、板材、管材。分冷轧、热轧。

②锻造是利用锻锤的往复冲击力或压力机的压力使坯料改变成我们所需要的形状和尺寸的一种压力加工方法。一般分为自由锻和模锻，常用作生产大型材、开坯等截面尺寸较大的材料。

③拉拔：是将已经轧制的金属坯料（型、管、制品等）通过模孔拉拔成截面减小、长度增加的加工方法，大多用作冷加工。

④挤压是将金属放在密闭的挤压筒内，一端施加压力，使金属从规定的模孔中挤出而得到不同形状和尺寸的成品的加工方法，多用于生产有色金属材料。

3. 钢的编号

我国钢的牌号一般采用大写汉语拼音字母、化学元素符号和阿拉伯数字相结合的方法表示。采用汉语拼音字母或英文字母表示钢产品的名称、用途、特性和工艺方法时，一般从产品名称中选取有代表性的汉字的汉语拼音的首位字母或英文单词的首位字母。当和另一产品所取字母重复时，改取第二个字母或第三个字母，或同时选取两个（或多个）汉字或英文单词的首位字母。采用汉语拼音字母或英文字母，原则上只取一个，一般不超过三个。

我国国家标准《钢铁及合金牌号统一数字代号体系》（GB/T 17616—2013）对钢铁及合金产品牌号规定了统一数字代号，与现行的《钢铁产品牌号表示方法》（GB/T 221—2008）等同时使用。统一数字代号有利于现代化的数据处理设备进行存储和检索，便于生产和使用。

统一数字代号由固定的 6 位符号组成，左边第 1 位用大写的拉丁字母作为前缀（一般不使用“I”和“O”字母），后接 5 位阿拉伯数字。每个统一数字代号只适用于一个产品牌号。

统一数字代号的结构形式如下：

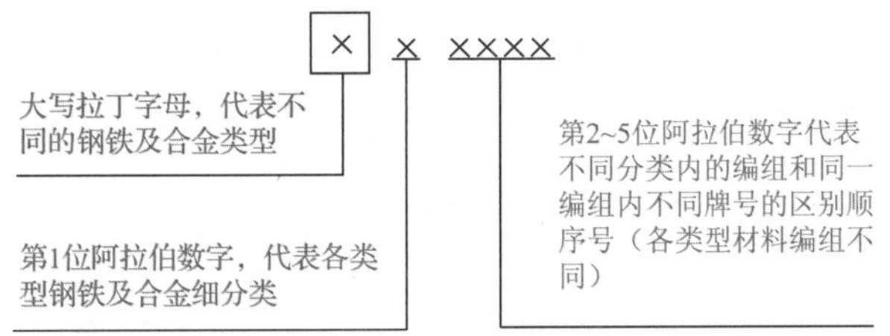

钢铁及合金的类型和每个类型产品牌号统一数字代号如表 5-2 所示。各类型钢铁及合金的细分类和主要编组及其产品牌号统一数字代号详见国标 GB/T 17616—2013。

表 5-2　钢铁及合金的类型与统一数字代号

钢铁及合金的类型	统一数字代号	钢铁及合金的类型	统一数字代号
合金结构钢	A×××××	杂类材料	M×××××
轴承钢	B×××××	粉末及粉末材料	P×××××
铸铁、铸钢及铸造合金	C×××××	快淬金属及合金	Q×××××
电工用钢和纯铁	E×××××	不锈、耐蚀和耐热钢	S×××××
铁合金和生铁	F×××××	工具钢	T×××××
高温合金和耐蚀合金	H×××××	非合金钢	U×××××
精密合金及其他特殊物理性能材料	J×××××	焊接用钢及合金	W×××××
低合金钢	L×××××		

5.1.2　钢材的技术性能

钢材的技术性能主要包括力学性能、工艺性能和化学性能等。只有掌握钢材的各项性能指标及要求，才能做到正确、经济及合理地选择和使用钢材。

1. 钢材的力学性能

（1）抗拉性能

视频 5-1　抗拉试验（动画）

拉伸是材料特别是建筑钢材的主要受力形式，抗拉性能是钢材最主要的技术性能。

1）低碳钢的拉伸　低碳钢拉伸的应力－应变曲线如图 5-1 所示。从图 5-1 中可以看到，低碳钢受拉经历了四个阶段：弹性阶段（*OA* 段）、屈服阶段（*AB* 段）、强化阶段（*BC* 段）、颈缩阶段（*CD* 段）。

①弹性阶段（*OA*），应力增加，应变也增大，应力与应变成正比，如果卸掉载荷，试样恢复到原来尺寸，这种能恢复到原来形状的变形叫作弹性变形，这个阶段叫作弹性阶段。*A* 点所对应的应力为材料承受最大弹性变形时的应力，称为弹性极限。在 *OA* 段，应力和应变的比值称为弹性模量，即 $E=\dfrac{\sigma}{\varepsilon}=\tan\alpha$，单位为 MPa。*A* 点的应力为应力和应变能保持正比的最大应力，称为比例极限，用 σ_p 表示，单位为 MPa。

②屈服阶段（*AB*），钢材在荷载作用下，开始丧失对变形的抵抗能力，并产生明显的塑性变形。在屈服阶段，屈服台阶最高点所对应的应力称为屈服上限（σ_{SU}）；最低点所对应的应力称为屈服下限（σ_{SL}）。屈服下限的应力为钢材的屈服强度，用 σ_s 表示，单位为 MPa。屈服强度是确定结构容许应力的主要依据。

③强化阶段（*BC*），应变随应力的增加而继续增加。*C* 点的应力称为强度极限或极限抗拉强度，用 σ_b 表示，单位为 MPa。屈服强度与极限抗拉强度之比即屈强比（σ_s/σ_b），在工程中具有一定意义，此值越小，表明结构的可靠性越高，即防止结构破坏的潜力越大；但此值太小时，钢材强度的有效利用率低。合理的屈强比一般为 0.60~0.75。

④颈缩阶段（*CD*），钢材的变形速度明显加快，而承载能力明显下降。此时在试件的某一部位，截面急剧缩小，出现颈缩现象，钢材将在此处断裂。

2）高碳钢（硬钢）的拉伸　高碳钢（硬钢）的拉伸过程，无明显的屈服阶段，如图 5-2 所示。通常以条件屈服强度 $\sigma_{0.2}$ 作为硬质钢材设计强度选取值。条件屈服点是使硬钢产生 0.2% 塑性变形（残余变形）时的应力。

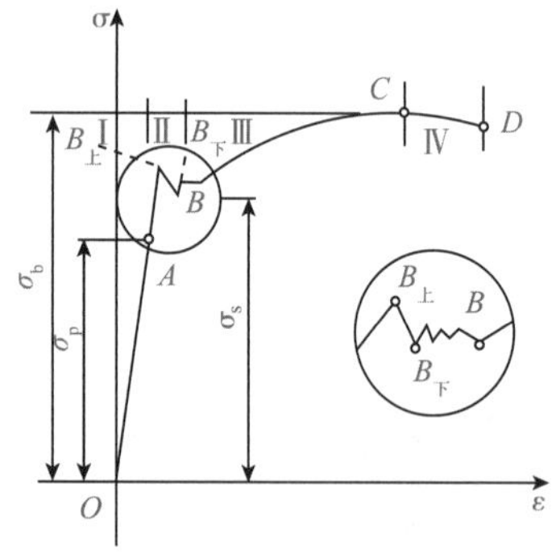

图 5-1　低碳钢受拉的应力－应变曲线

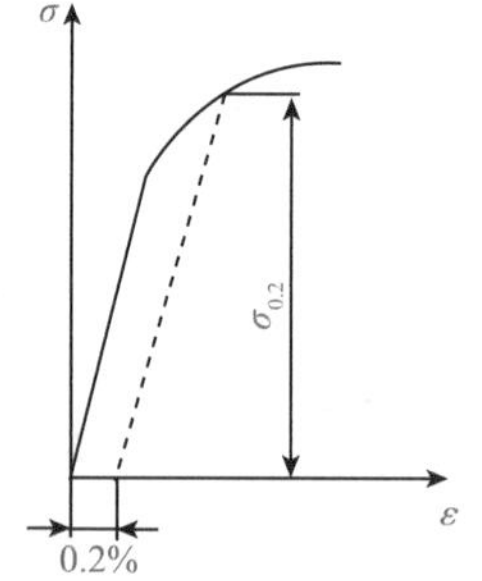

图 5-2　高碳钢受拉应力－应变曲线

3）钢材的拉伸性能指标　该指标主要有强度指标和塑性指标两种。

①强度指标。屈服强度或屈服点：

$$\sigma_s=\frac{F_s}{A_0}$$

抗拉强度或强度极限：

$$\sigma_b=\frac{F_b}{A_0}$$

式中：σ_s、σ_b 分别为钢材的屈服强度和抗拉强度，MPa；F_s、F_b 分别为钢材拉伸时的屈服荷载和极限荷载，N；A_0 为钢材试件的初始横截面积，mm^2。

②塑性指标。钢材的塑性指标有两个，都是表示在外力作用下产生塑性变形的能力。一是伸长率，二是

断面收缩率（即断裂后试样横截面积的最大缩减量与原始横截面积之比的百分率）。

伸长率：

$$A = \frac{L_u - L_0}{L_0} \times 100\%$$

式中：L_0 为原始标距，mm；L_u 为断后标距，mm。

A 越大，则钢材的塑性越好。钢材具有一定的塑性变形能力，可以保证钢材应力重分布，从而不致产生突然脆性破坏。

断面收缩率：

$$Z = \frac{S_0 - S_u}{S_0} \times 100\%$$

式中：S_0 为平行长度部分的原始横截面积，mm^2；S_u 为断后最小横截面积，mm^2。

显然，A 与 Z 值越大，材料的塑性越好。两者比较，用 Z 表示塑性比 A 更接近材料的真实应变。当 $A>Z$ 时，试样无颈缩，是脆性材料的特征；反之，当 $A<Z$ 时，试样有颈缩，是塑性材料的特征。试样直径 d 不变时，随 L_0 增加，A 下降，只有当 L_0/d 为常数时，不同材料的伸长率才有可比性。工程上规定了两种标准拉伸试样，对于圆形截面拉伸试样，相应于 L_0=10 d_0 和 L_0=5 d_0，分别称为 10 倍和 5 倍试样。相应地，伸长率分别用 A_{10} 和 A_5 表示，对于同一种钢材，$A_5>A_{10}$。

通常以伸长率 δ 的大小来区别钢材塑性的好坏，δ 越大表示塑性越好。工程上，常将 $\delta \geq 5\%$ 的材料称为塑性材料，如常温静载下的低碳钢、铝、铜等；$\delta \leq 5\%$ 的材料称为脆性材料，如常温静载下的铸铁、玻璃、陶瓷等。

钢材即使在弹性范围内工作，其内部由于原有的一些结构缺陷和杂质、夹杂物，也有可能产生应力集中现象，使局部应力超过屈服强度。一定的塑性变形能力，可保证应力重新分布，从而避免结构的破坏。但塑性过大时，钢质软，结构塑性变形大，也会影响实际使用。

从拉伸曲线还可以得到材料韧性的信息，所谓材料的韧性是指材料从变形到断裂整个过程所吸收的能量，具体地说就是拉伸曲线与横坐标所包围的面积。

（2）冲击韧性

冲击韧性是指材料在冲击荷载作用下，抵抗破坏的能力，如图 5-3 所示。根据《金属材料夏比摆锤冲击试验方法》（GB/T 229—2007）规定，将带有 V 型或 U 型缺口的试件，在冲击试验机的摆锤作用下，以破坏后缺口（标准夏比缺口冲击试样如图 5-4 所示）处单位面积所消耗的功来表示，即冲击韧性值，符号 α_k，单位为 J/cm^2。α_k 值越大，冲断试件消耗的功越多，或者说钢材断裂前吸收的能量越多，说明钢材的韧性越好，不容易产生脆性断裂。钢材的冲击韧性会随环境温度下降而降低。

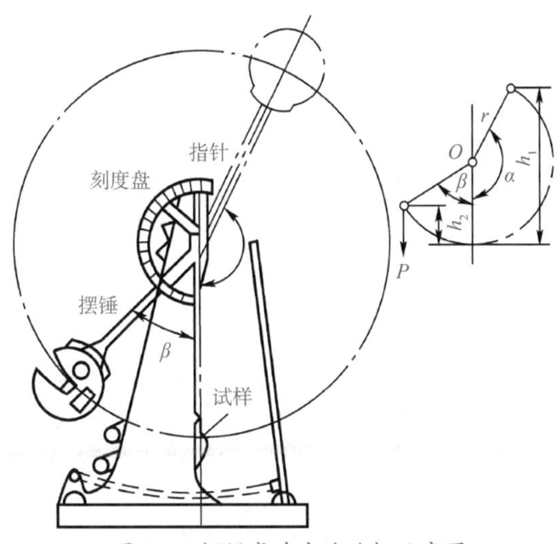

图 5-3 摆锤式冲击试验机示意图

视频 5-2 冲击韧性试验（动画）

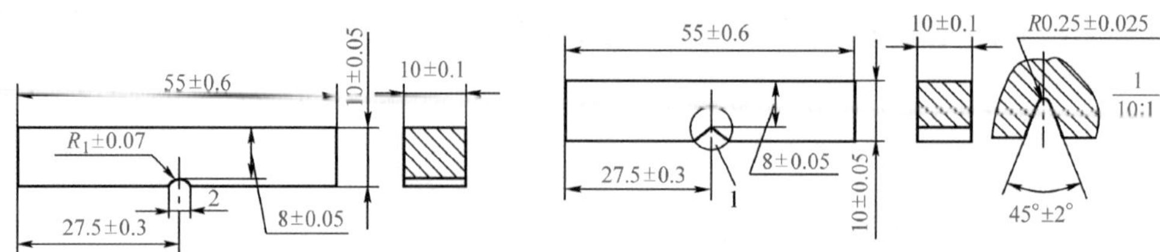

图 5-4　标准夏比缺口冲击试样

材料的冲击韧性除取决于其化学成分和组织外，还与加荷速度、温度、试样的表面质量、材料的冶炼质量和时效有关。加荷愈快，温度愈低，表面质量愈差，时间愈长，则 α_k 值愈低。

试验时将试样放置在固定支架上，然后将由于抬高而具有一定位能的摆锤释放，使试样承受冲击弯曲直至断裂。

材料的冲击韧性随温度下降而下降。在某一温度范围内 A_k 值发生急剧下降的现象称为韧脆转变，发生韧脆转变的温度范围称为韧脆转变温度，如图 5-5 所示。常在低温下服役的船舶、桥梁等结构材料的使用温度应高于其韧脆转变温度，如果使用温度低于韧脆转变温度，则材料处于脆性状态，可能发生低应力脆性破坏。应当指出的是，并非所有材料都有韧脆转变现象，如铝和铜合金等就没有韧脆转变。

(3)硬度

视频 5-3　硬度试验(动画)

硬度是指钢材抵抗比其更坚硬的其他材料压入表面的能力。我国现行硬度试验根据其测试方法的不同可分为静压法(如布氏硬度、洛氏硬度、维氏硬度等)、划痕法(如莫氏硬度)、回跳法(如肖氏硬度)及显微硬度、高温硬度等多种方法。用各种方法所测得的硬度值不能直接比较，可通过硬度对照表进行换算。一般布氏硬度用符号 HB 表示，洛氏硬度用符号 HR 表示。

硬度与材料的化学成分、组织状态、加工处理、工作环境和其他机械性能等有关。硬度值因硬度试验方法的不同，其物理意义也不同。用划痕法测得的硬度值，表示材料表面抵抗断裂的能力；用压入法测得的硬度值，表示材料表面抵抗塑性变形的能力；用动力法测得的硬度值，表示材料变形功的大小。因此，硬度代表材料的强度和韧性等综合性能指标。

硬度与强度之间有近似的对应关系。一般来说，金属硬度越高，强度也越大。硬度与延展性、韧性和耐磨性也有一定关系。一般来说，硬度越高，延展性和韧性越差，耐磨性越好。布氏硬度测定示意图见图 5-6。

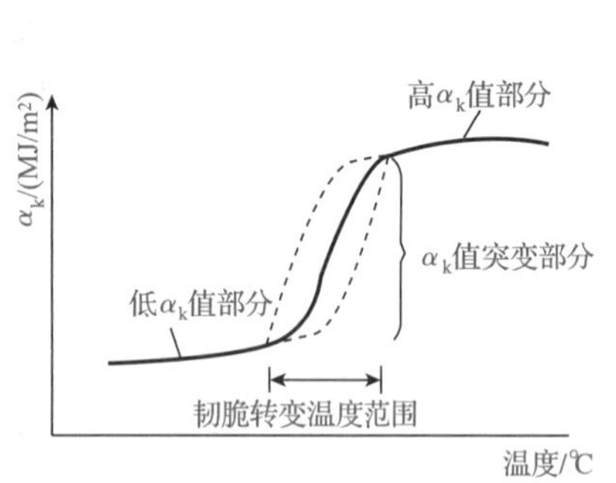

图 5-5　韧脆转变温度曲线示意图

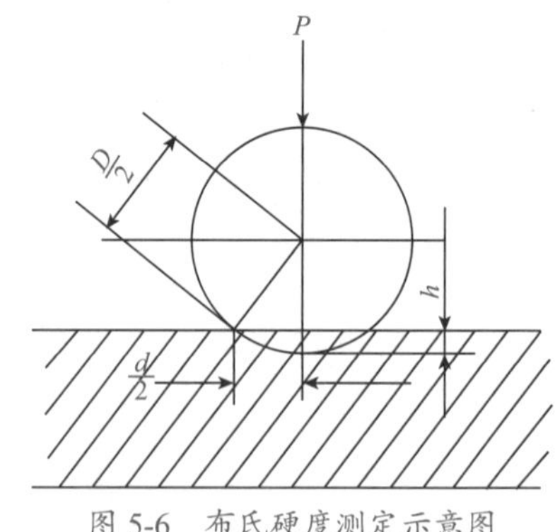

图 5-6　布氏硬度测定示意图

(4)疲劳强度

钢材在交变荷载作用下，受到远小于其抗拉强度的应力时就发生断裂，这种现象称为疲劳破坏。所谓交变载荷是指大小、方向随时间呈周期性变化的载荷。如发动机的轴、齿轮等均受交变载荷作用。实际工作的金属材料有 90% 是因为疲劳而破坏。疲劳破坏是脆性破坏，即破坏前没有明显的塑性变形。

一般认为，钢材的疲劳破坏是由拉应力引起的，其抗拉强度高，疲劳极限也较高。钢材的疲劳极限与其内部组织和表面质量有关。

2. 钢材的工艺性能

建筑钢材的工艺性能主要包括冷弯性能、焊接性能、热处理性能等。

（1）冷弯性能

冷弯性能是指钢材在常温下承受弯曲变形的能力。它是用试验方法来检验钢材承受规定弯曲程度的弯曲变形性能，检查试件弯曲部位是否有裂纹、断裂和分层。

冷弯性能的表示方法一般用弯曲角度 α（外角）及弯心直径 d 相对于材料厚度 d_0 的比值表示，α 愈大或 d/d_0 愈小，则材料的冷弯性能愈好，如图 5-7 所示。通过冷弯试验有助于暴露钢材的某些缺陷，如钢材因冶炼、轧制过程不良产生的气孔、杂质、裂纹、严重偏析等，以及焊接时产生的局部脆性和焊接接头质量缺陷等。所以，钢材的冷弯指标不仅是工艺性能的要求，还是评定钢材质量的重要指标。

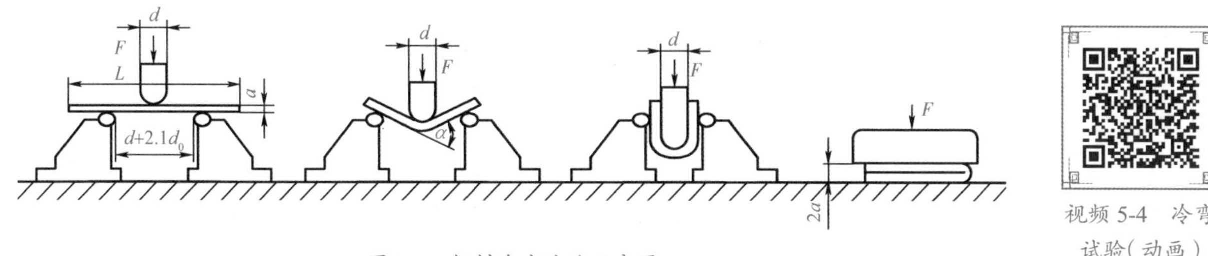

图 5-7　钢材冷弯试验示意图

视频 5-4　冷弯试验（动画）

在常温下，以规定弯心直径和弯曲角度（90° 或 180°）对钢材进行弯曲，在弯曲处外表面（即受拉区）或侧面无裂纹、起层、鳞落或断裂等现象，则钢材冷弯合格。

（2）焊接性能

焊接是各种型钢、钢板和钢筋的重要连接形式，建筑工程中的钢结构有 90% 以上为焊接结构。焊接的质量取决于焊接工艺、焊接材料和钢材的可焊性等。

钢材的焊接性能是指在一定的焊接工艺条件下，在焊缝及其附近过热区不产生裂纹及硬脆倾向，焊接后钢材的力学性能，特别是强度不低于原钢材的强度。

钢材的化学成分对钢材的焊接性能有很大的影响。随钢材的含碳量、合金元素及杂质元素含量的提高，钢材的焊接性能降低。钢材的含碳量超过 0.3% 时，焊接性能明显降低；加入过多合金元素（硅、锰、钒等），也将增大焊接处的硬脆性，降低焊接性能。硫、磷含量较多时，在焊缝及其附近过热区产生裂纹及硬脆倾向的概率提高，会使焊口处产生裂纹，严重降低焊接质量。

（3）热处理性能

热处理性能是指将钢材按一定的方法加热、保温和冷却以改变其显微组织或消除内应力，获得人们所需性能的一种工艺性能。钢材的热处理一般在钢铁厂进行，并以热处理状态交货。在施工现场有时需对焊接件进行热处理。

根据钢材加热、冷却方式及获得的组织和性能不同，钢的热处理工艺可分为普通热处理（退火、正火、淬火、回火及调质）、表面热处理（表面淬火和化学热处理）及形变热处理。常见的热处理工艺曲线如图 5-8 所示。

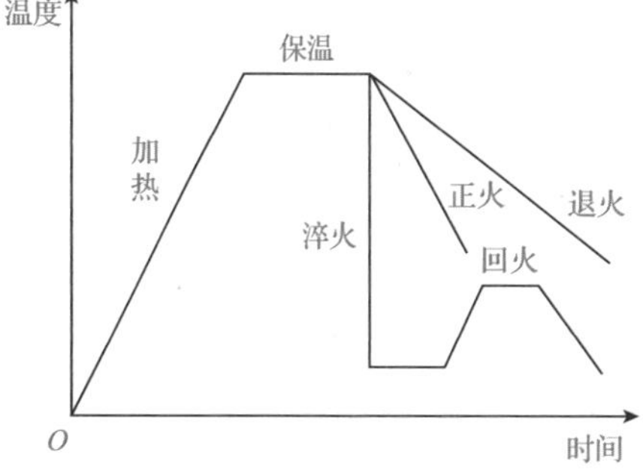

图 5-8　热处理工艺示意图

1）退火　指金属材料加热到适当的温度，保持一定的时间，然后缓慢冷却的热处理工艺。常见的退火工艺有再结晶退火、去应力退火、球化退火、完全退火等。退火的目的主要是降低金属材料的硬度，提高塑性，以利切削加工或压力加工，减少残余应力，使材料组织和成分均匀，为以后热处理作好组织准备等。

2）正火　指将钢材或钢件加热到基本组织转变温度以上 30~50 ℃，保持适当时间后，在静止的空气中冷却的热处理工艺。正火的目的主要是提高低碳钢的力学性能，改善切削加工性，细化晶粒，消除组织缺陷，为后道热处理做好组织准备等。

3）淬火　指将钢件加热到基本组织转变温度以上 30~50℃，保持一定的时间，然后快速冷却以获得目的组织的热处理工艺。淬火是钢的最重要的强化方法。

4)回火　指经过淬火的钢材重新加热到低于相变温度的某一温度,适当保温后,冷却到室温的热处理工艺。回火的目的主要是消除钢件在淬火时所产生的应力,降低其硬度和强度,以提高其韧性。

5)调质　指将钢材或钢件进行淬火及回火的复合热处理工艺。用于调质处理的钢称调质钢,一般是指中碳结构钢和中碳合金结构钢。

3. 钢材的化学成分与性能

钢材中的基本元素除铁外,还有碳、硅、锰、硫、磷及氢、氧、氮等元素和一些非金属夹杂物。

①碳是决定钢材性能的最重要元素。含碳量小于 0.8% 的碳素钢,随含碳量增加,钢的强度和硬度相应提高,而塑性和韧性相应降低;含碳量大于 0.8% 时,随含碳量增加,钢的抗拉强度反而下降。此外,含碳量增大,还会降低钢材的耐腐蚀性和可焊性。含碳量大于 0.3% 时增加钢的冷脆性和时效敏感性,含碳量对碳素钢性能的影响见图 5-9。

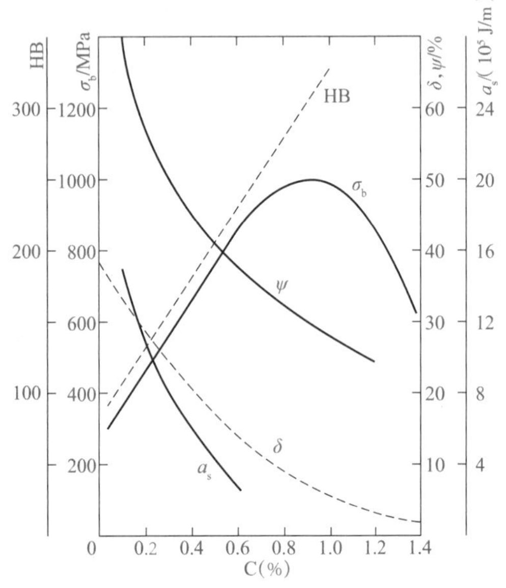

图 5-9　含碳量对碳素钢性能的影响

②锰和硅是钢中的有益元素,是在炼钢的过程中加入的脱氧剂,同时锰还有脱硫的作用。它们把钢液中的 FeO 还原成铁,并形成 MnO 与 SiO_2;锰与钢液中的 S 结合形成 MnS,从而在很大程度上消除了硫在钢中的有害影响。这些产物大部分进入炉渣,小部分残留于钢中形成非金属夹杂。锰和硅有一部分会溶于钢液中,冷却至室温后即溶于铁素体中,提高铁素体的强度。锰和硅对提高钢材的强度有显著作用,但是并不是锰和硅的含量越高越好,当锰和硅的含量较高时,将使钢材的塑性和韧性下降,焊接性能变差等。故钢材中锰和硅的含量要有个合适的质量百分含量值,一般锰 <1%;硅 <0.5%。

③硫是钢中的有害元素,它是在炼钢时由矿石和燃料带到钢中来的杂质。硫的最大危害是引起钢在加热过程中开裂,这种现象称为热脆。硫的存在还使钢的冲击韧性、焊接性能、疲劳强度和耐蚀性降低。但是硫能提高钢的切削加工性能。

④磷也是钢中的有害元素,它是由矿石和生铁炼钢原料带入的。磷具有很强的固溶强化作用,使钢的强度和硬度大幅度提高,但是却显著降低钢的韧性,尤其是低温韧性更为明显,这种现象称为冷脆性。同时,还使钢材的冷弯性能和可焊接性降低,但可提高钢的耐腐蚀性。

⑤一般认为氮是有害元素,其影响与碳、磷类似,使钢材的强度提高,塑性、韧性下降,加剧钢材的时效敏感性和冷脆性,降低焊接性能。

⑥氢对钢的危害作用很大。一是引起氢脆,即在低于钢材强度极限的应力作用下,经过一定时间,在无任何征兆的情况下突然断裂;二是导致钢材内部产生细裂纹缺陷,又称白点,这种缺陷多发生在合金钢中。

⑦氧在钢中的溶解度非常小,通常以氧化物夹杂的形式存在于钢中,对钢的塑性、韧性、疲劳强度和耐蚀性等危害很大。

⑧铝、钛、钒、铌等均是炼钢时加入的强脱氧剂,也是合金钢常用的元素,适量加入钢内,可改善钢的组织,细化晶粒,显著提高其强度和韧性。

5.1.3　钢结构用型钢

钢结构构件一般应直接选用各种型钢加工。构件之间可直接连接或通过钢板进行连接。连接方式有铆接、螺栓连接或焊接。所用母材主要是碳素结构钢及低合金高强度结构钢。

型钢是一种有一定截面形状和尺寸的条型钢材,按加工工艺分有热轧和冷轧成型两种;按断面形状分为简单断面型钢(方钢——热轧方钢、冷拉方钢;圆钢——热轧圆钢、锻制圆钢、冷拉圆钢;线材;扁钢;弹簧扁钢;角钢—等肢角钢、不等肢角钢;三角钢;六角钢;弓形钢;椭圆钢)和复杂断面型钢(工字钢——普通工字钢、轻型工字钢;槽钢——热轧槽钢(普通槽钢、轻型槽钢)、弯曲槽钢;H 型钢(又称宽腿工字钢);钢轨——重轨、轻轨、起重机钢轨、其他专用钢轨；窗框钢；钢板桩；弯曲型钢——冷弯型钢、热弯型钢；其他）。

建筑工程中广泛使用的是工字钢、槽钢、角钢、T 型钢、H 型钢等。

5.1.4　钢筋混凝土结构用钢材

土木工程中钢筋混凝土用钢材主要根据结构的重要性、荷载性质（动荷载或静荷载）、连接方法（焊接、螺纹连接或铆接等）、温度条件（正温或负温）等，综合考虑钢种或钢牌号、质量等级和脱氧程度等进行选用，确保结构安全。

钢筋混凝土结构用的钢筋和钢丝，主要由碳素结构钢和低合金钢轧制而成，主要品种有热轧钢筋、冷加工钢筋、热处理钢筋、预应力混凝土用钢丝和钢绞线等，选用钢筋时应符合《钢筋混凝土用钢　第 1 部分：热轧光圆钢筋》（GB/T 1499.1—2017）、《钢筋混凝土用钢　第 2 部分：热轧带肋钢筋》（GB/T 1499.2—2018）、《钢筋混凝土用钢　第 3 部分：钢筋焊接网》（GB/T 1499.3—2010）、《冷轧带肋钢筋》（GB 13788—2017）、《预应力混凝土用钢绞线》（GB/T 5224—2014）等国家标准要求。一般按直条或盘条（也称盘圆）供货。

1. 热轧钢筋

钢筋混凝土用热轧钢筋分为光圆钢筋和带肋钢筋两种。热轧光圆钢筋是横截面通常为圆形、表面光滑的配筋用钢材，采用钢锭经热轧成型并自然冷却而成。热轧带肋钢筋是横截面为圆形，且表面通常有两条纵肋和沿长度方向均匀分布的横肋的钢筋，按肋的形状分为月牙肋和等高肋（如图 5-10 所示）。月牙肋的纵横肋不相交，而等高肋则纵横肋相交。月牙肋钢筋有生产简便、强度高、应力集中、敏感性小、疲劳性能好等优点，但其与混凝土的黏结锚固性能稍逊于等高肋钢筋。

热轧钢筋的力学、工艺性能见表 5-3。其中，热轧光圆钢筋强度等级代号为 HPB300；热轧带肋钢筋牌号由 HRB 和屈服强度特征值构成。H、R、B 分别为热轧（Hot rolled）、带肋（Ribbed）、钢筋（Bars）三个词的英文首位字母。热轧带肋钢筋有 HRB400、HRB500、HRB600、HRB400E、HRB500E 五个牌号。其意义如下：

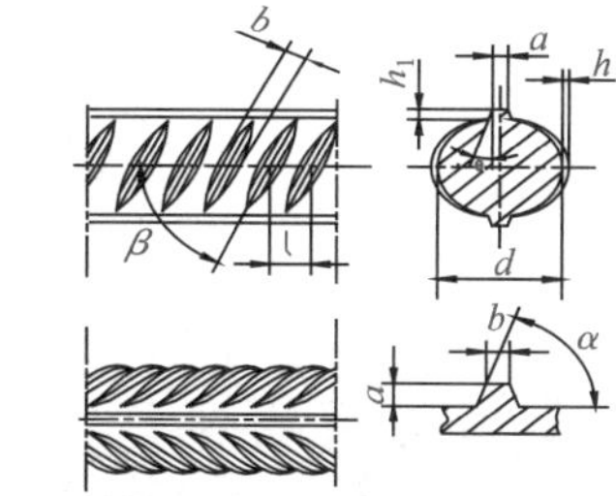

图 5-10　热轧带肋钢筋的外形

HRB 400

400——屈服点不小于 400 MPa

HRB——热轧、带肋、钢筋三个词的英文首位字母

此牌号表示屈服点不小于 400 MPa 的热轧带肋钢筋。

热轧光圆钢筋的公称直径范围为 6~22 mm，推荐公称直径为 6、8、10、12、16、20 mm。钢筋混凝土用热轧带肋钢筋的公称直径范围为 6~50 mm。热轧钢筋的力学性能和工艺性能应符合表 5-3 的规定，即冷弯性能必须合格。

表 5-3　热轧钢筋的力学性能和工艺性能

表面形状	强度等级代号	公称直径（mm）	屈服点 σ_s（MPa）	抗拉强度 σ（MPa）	断后伸长率 A（%）	最大力总伸长率 A_{gt}（%）	冷弯 d—弯心直径 a—钢筋公称直径
光圆	HPB300	6~22	≥ 300	≥ 420	≥ 25	≥ 10	180°，d=a
带肋	HRB400	6~25 28~40 >40~50	≥ 400	≥ 540	≥ 16	≥ 7.5	180°，d=4a 180°，d=5a 180°，d=6a
	HRB400E				—	≥ 9	
	HRB500	6~25 28~40 >40~50	≥ 500	≥ 630	≥ 15	≥ 7.5	180°，d=6a 180°，d=7a 180°，d=8a
	HRB500E				—	≥ 9	
	HRB600	6~25 28~40 >40~50	≥ 600	≥ 730	≥ 14	≥ 7.5	180°，d=6a 180°，d=7a 180°，d=8a

热轧带肋钢筋应在其表面轧上牌号标志、生产企业序号(许可证后3位数字)和公称直径毫米数字,还可轧上经注册的厂名或商标。钢筋的牌号以阿拉伯数字或阿拉伯数字加英文字母表示,HRB400、HRB500、HRB600分别以4、5、6表示。HRB400E、HRB500E分别以4E、5E表示。厂名以汉语拼音字头表示。公称直径毫米数以阿拉伯数字表示。公称直径不大于10 mm的钢筋,可不轧标志,采用挂牌方法。标志应清晰明了,标志的尺寸由供方按钢筋直径大小作适当规定,与标志相交的横肋可以取消。

2. 低碳钢热轧圆盘条

低碳钢热轧圆盘条是由屈服强度较低的碳素结构钢轧制的盘条,是目前用量最大、使用最广的线材,也称普通线材。除大量用作建筑工程中钢筋混凝土的配筋外,还适用于拉丝、包装及其他用途。大多通过卷线机成盘卷供应,因此称为盘条、盘圆或线材。

盘条按用途分为供拉丝用盘条(代号L)、供建筑和其他一般用途用盘条(代号J)两种。低碳钢热轧圆盘条的牌号由屈服点符号、屈服点数值、质量等级符号、脱氧方法符号、用途类别符号等五个内容组成。具体符号、数值表示的意义见表5-4。低碳热轧圆盘条的力学性能和工艺性能如表5-5所示。

如牌号:Q235AF—J,表示为屈服点不小于235 MPa、质量等级为A级的沸腾钢,是供建筑和其他用途用的低碳钢热轧圆盘条钢筋。

表5-4 低碳热轧圆盘条牌号中各符号、数值的含义

符号及数值名称	屈服点	屈服点(MPa)	质量等级	脱氧方法	用途类别
符号	Q	≥195 ≥215 ≥235 ≥275	A B	沸腾钢—F 半镇静钢—b 镇静钢—Z	供拉丝用—L 供建筑和其他用途—J

表5-5 低碳热轧圆盘条的力学性能和工艺性能

牌 号	力学性能			冷弯试验180° d=弯心直径 a=试样直径
	屈服点σ_s(MPa)	抗拉强度σ_b(MPa)	伸长率$\delta_{11.3}$(%)	
Q195	≥195	≥410	≥30	d=0
Q215	≥215	≥435	≥28	d=0
Q235	≥235	≥500	≥23	d=0.5a
Q275	≥275	≥540	≥21	d=1.5a

3. 冷轧带肋钢筋

冷轧带肋钢筋是由热轧圆盘条经冷轧后,在其表面带有沿长度方向均匀分布的横肋的钢筋。钢筋冷轧后允许进行低温回火处理。冷轧带肋钢筋多用于非预应力构件,与热轧圆盘条相比,强度提高17%左右,可节约钢材30%左右;用于预应力构件,与低碳冷拔丝比,伸长率高,钢筋与混凝土之间的黏结力较大,适用于中、小预应力混凝土结构构件;同时也适用于焊接钢筋网。

根据《冷轧带肋钢筋》(GB 13788—2017)规定,冷轧带肋钢筋按抗拉强度分为CRB550、CRB650、CRB800、CRB600H、CRB680H、CRB800H六个牌号。C、R、B、H分别为冷轧、带肋、钢筋、高延性四个英文单词的首位字母,数字为抗拉强度的最小值。

CRB550、CRB600H、CRB680H钢筋的公称直径范围为4~12 mm,CRB650、CRB800、CRB800H钢筋的公称直径为4 mm、5 mm、6 mm。冷轧带肋钢筋的力学性能和工艺性能应符合表5-6的规定;当进行冷弯试验时,受弯曲部位表面不得产生裂纹;强屈比$\sigma_b/\sigma_{0.2}$应不小于1.05。其具体的尺寸应符合《冷轧带肋钢筋》(GB 13788—2017)的规定。

表 5-6 冷轧带肋钢筋的力学性能和工艺性能

分类	牌号	抗拉强度 σ_b(MPa)	伸长率(%)		弯曲试验(180°)	反复弯曲次数	应力松弛 $\sigma_{con}=0.7\sigma_b$
			δ_{10}	δ_{100}			1 000 h(%)
普通混凝土用	CRB550	≥ 550	≥ 11	—	d=3a	—	—
	CRB600H	≥ 600	≥ 14	—	d=3a	—	—
	CRB680H[h]	≥ 680	≥ 14	—	d=3a	4	≤ 5
预应力混凝土用	CRB650	≥ 650	—	≥ 4.0	—	3	≤ 8
	CRB800	≥ 800	—	≥ 4.0	—	3	≤ 8
	CRB800H	≥ 800	—	≥ 7.0	—	4	≤ 5

注:① d 为弯心直径,a 为钢筋公称直径。

②当该牌号钢筋作为普通钢筋混凝土用钢筋使用时,对反弯曲和应力松弛不做要求;当该牌号钢筋作为预应力混凝土用钢筋使用时,应进行反弯曲试验代替 180° 弯曲试验,并检测松弛率。

4. 热处理钢筋

热处理钢筋,是经过淬火和回火调质处理的螺纹钢筋,分有纵肋和无纵肋两种,其外形分别见图 5-11、图 5-12。其代号为 RB150。

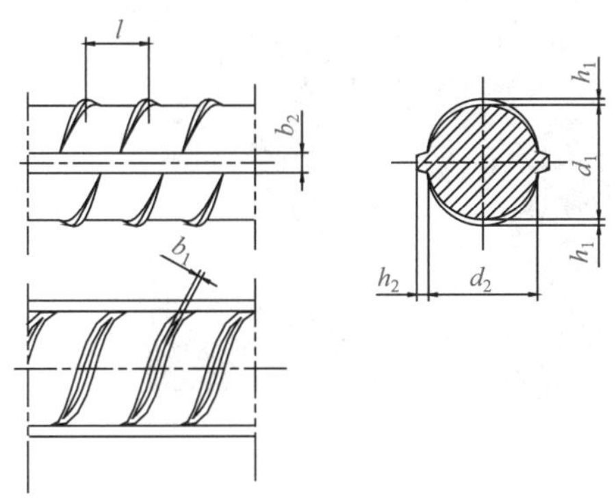

图 5-11 有纵肋热处理钢筋外形

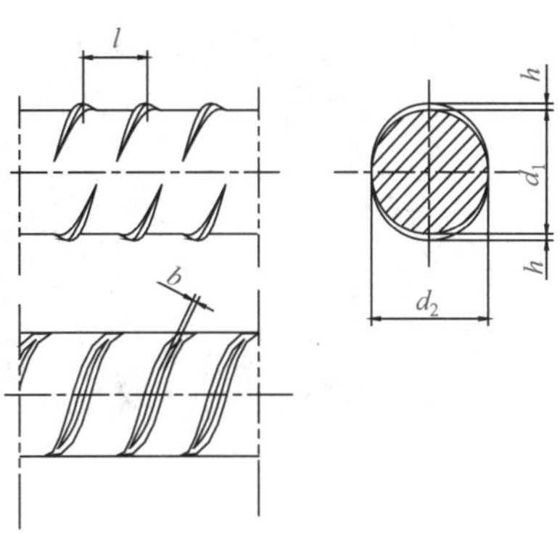

图 5-12 无纵肋热处理钢筋外形

热处理钢筋规格有公称直径 6、8.2、10 mm 三种。钢筋经热处理后应卷成盘。每盘应由一整根钢筋盘成,且每盘钢筋的质量应不小于 60 kg。每批钢筋中允许有 5% 的盘数不足 60 kg,但不得小于 25 kg。公称直径为 6 mm 和 8.2 mm 的热处理钢筋盘的内径不小于 1.7 m;公称直径为 10 mm 的热处理钢筋盘的内径不小于 2.0 m;热处理钢筋的牌号有 $40Si_2Mn$、$48Si_2Mn$ 和 $45Si_2Cr$ 三个,为低合金钢。各牌号钢的化学成分应符合有关标准规定。热处理钢筋的力学性能应符合表 5-7 的规定。

表 5-7 预应力混凝土用热处理钢筋的力学性能

公称直径(mm)	牌 号	$\sigma_{0.2}$(MPa)	σ_b(MPa)	δ_{10}(%)
6 8.2 10	$40Si_2Mn$ $48Si_2Mn$ $45Si_2Cr$	≥ 1 325	≥ 1 470	≥ 6

热处理钢筋具有较高的综合力学性能,除具有很高的强度外,还具有较好的塑性和韧性,特别适用于预应力构件。钢筋成盘供应,可省去冷拉、调质和对焊工序,施工方便。但其应力腐蚀及缺陷敏感性强,应防止产生锈蚀及刻痕等现象。热处理钢筋不适用于焊接和点焊的钢筋。

5. 预应力混凝土用钢丝及钢绞线

(1)预应力混凝土用钢丝

预应力混凝土用钢丝简称预应力钢丝,是以优质碳素结构钢盘条为原料,经冷加工和热处理等工艺制成,根据国标规定,钢丝按加工状态分为冷拉钢丝和消除应力钢丝两类,按外形分为光圆钢丝、刻痕钢丝、螺旋肋钢丝三种。

钢丝的抗拉强度比低碳钢热轧圆盘条、热轧光圆钢筋、热轧带肋钢筋的强度高、质量稳定、安全可靠、施工方便，在构件中采用钢丝可节约钢材、减小构件截面积和节省混凝土。钢丝主要用作桥梁、吊车梁、电杆、楼板、大口径管道等预应力混凝土构件中的预应力钢筋。

（2）预应力混凝土用钢绞线

预应力混凝土用钢绞线简称预应力钢绞线，钢绞线应以热轧盘条为原料，经冷拔后捻制成钢绞线。捻制后，钢绞线应进行连续的稳定化处理。钢绞线的捻向一般为左捻。

根据《预应力混凝土用钢绞线》（GB/T 5224—2014）规定，钢绞线按结构分以下 8 类，结构代号为：(1 × 2) 用两根钢丝捻制的钢绞线；(1 × 3) 用三根钢丝捻制的钢绞线；(1 × 3 I) 用三根刻痕钢丝捻制的钢绞线；(1 × 7) 用七根钢丝捻制的标准型钢绞线；(1 × 7)C 用七根钢丝捻制又经模拔的钢绞线；(1 × 19S) 用十九根钢丝捻制的 1+9+9 西鲁式钢绞线；(1 × 19W) 用十九根钢丝捻制的 1+6+6/6 瓦林吞式钢绞线。

钢绞线与其他配筋材料相比，具有强度高、柔性好、质量稳定、成盘供应、不需接头等优点，适合作为大型建筑、公路或铁路桥梁、吊车梁等大跨度预应力混凝土构件的预应力钢筋，广泛地应用于大跨度、重荷载的结构工程中。港珠澳大桥沉管隧道的钢筋混凝土结构用钢见图 5-13。

图 5-13　建筑钢筋应用现场（港珠澳大桥沉管）

视频 5-5　钢筋套丝

视频 5-6　钢筋调直与切断

视频 5-7　钢筋折弯

视频 5-8　上海中心大厦钢结构与 BIM 系统

视频 5-9　洞庭湖二桥主索缆

视频 5-10　一天三层中国新常态

5.1.5　装饰用钢材

在普通钢材中添加多种元素或在基体表面上进行表面处理，可使钢材成为一种金属感强、美观大方的装饰材料，在现代建筑装饰中，其逐渐受到更多的关注。

目前，建筑装饰工程中常用的装饰钢材制品主要有不锈钢板与钢管、彩色不锈钢板、彩色涂层钢板和彩色压型钢板以及塑料复合钢板及轻钢龙骨等。

1. 不锈钢及其制品

不锈钢是以不锈、耐蚀为主要特征，且铬含量至少为 10.5%，碳含量最大不超过 1.2% 的钢。它具有表面美观和耐腐蚀性能好等特性，不必经过镀色等表面处理，发挥了不锈钢所固有的表面性能。不锈钢以加铬元素为主并加入其他元素的合金钢，铬含量越高，钢的抗腐蚀性越好。除铬外，不锈钢中还含有镍、锰、钛、硅等元素，这些元素都能影响不锈钢的强度、塑性、韧性和耐蚀性。

不锈钢耐腐蚀是由于铬的性质比铁活泼，在不锈钢中，铬首先与环境中的氧化合，生成一层与钢基材牢固结合的致密氧化膜层，称作钝化膜，它能使合金钢得到保护，不致锈蚀。

不锈钢按其化学成分可分为铬不锈钢、铬镍不锈钢和铬镍钼不锈钢等几类；按不同的耐腐蚀特点，又可分为普通不锈钢（简称不锈钢）和耐酸钢两类，前者具有耐大气和水蒸气侵蚀的能力，后者除对大气和水蒸气有抗蚀能力外，还对某些化学侵蚀介质（如酸、碱、盐溶液）具有良好的抗蚀性。常用的不锈钢有 40 多个品种，其中，建筑装饰用不锈钢主要是 Cr18Ni8，OCr17Ti，Cr17Mn2Ti 等几种。根据金相组织，不锈钢还可分为奥氏体不锈钢 、铁素体不锈钢、马氏体不锈钢和沉淀硬化不锈钢。

不锈钢的主要特点包括膨胀系数大，为碳钢的 1.3~1.5 倍，导热系数只有碳钢的 1/3，韧性和延展性很好，常温下可以加工；同时耐腐蚀性好，经不同表面加工可形成不同的光泽度和反射能力，安装方便，装饰效果好，具有时代感。

2. 不锈钢装饰制品

建筑装饰用不锈钢制品包括薄钢板、管材、型材及各种异型材。薄钢板应用较多，其中，厚度小于 2 mm 的薄钢板用得最多。不锈钢制品在建筑上可用作屋面、幕墙、门、窗、内外墙饰面、栏杆扶手等。目前，不锈钢包柱被广泛用于大型商场、宾馆和餐馆的入口、门厅、中厅等处，这是由于不锈钢包柱不仅是一种新颖的具有很高观赏价值的建筑装饰手段，而且，由于其镜面反射作用，可取得与周围环境中的各种色彩、景物交相辉映的效果，同时，在灯光的配合下，还可形成晶莹明亮的高光部分，从而有助于在这些共享空间中，形成空间环境中的兴趣中心，对空间环境的效果起到强化、点缀和烘托的作用。

（1）彩色不锈钢板

彩色不锈钢板系在不锈钢板上进行技术性和艺术性加工，使其表面成为具有各种绚丽色彩的不锈钢装饰板，其颜色有蓝、灰、紫、红、青、绿、金黄、橙、茶色等多种。

彩色不锈钢板具有抗腐蚀性强、机械性能较高、彩色面层经久不褪色、色泽随光照角度不同会产生色调变幻等特点，而且彩色面层能耐 200 ℃的温度，耐盐雾腐蚀性能比一般不锈钢好，耐磨和耐刻划性能相当于箔层涂金的性能。当弯曲 90 ℃时，彩色层不会损坏。

彩色不锈钢板可用于厅堂墙板、天花板、电梯厢板、车箱板、建筑装潢、招牌等。采用彩色不锈钢板装饰墙面，不仅坚固耐用，美观新颖，而且具有强烈的时代感。

（2）彩色涂层钢板

为提高普通钢板的防腐和装饰性能，20 世纪 70 年代开始，一些先进国家开发出了一种新型带钢预涂产品——彩色涂层钢板。我国也在上海宝山钢铁厂兴建了第一条现代化彩色涂层钢板生产线。这种钢板涂层可分为有机涂层、无机涂层和复合涂层，以有机涂层钢板发展最快。有机涂层可以配制各种不同色彩和花纹，故称为彩色涂层钢板。

彩色涂层钢板具有优异的装饰性，涂层附着力强，可长期保持新颖的色泽，并且具有良好的耐污染性能、耐高低温性能和耐沸水浸泡性能，另外加工性能也好，可进行切断、弯曲、钻孔、铆接、卷边进而可以加工制成压型板，其断面形状和铝合金压型板基本相似。结构如图 5-14 所示。

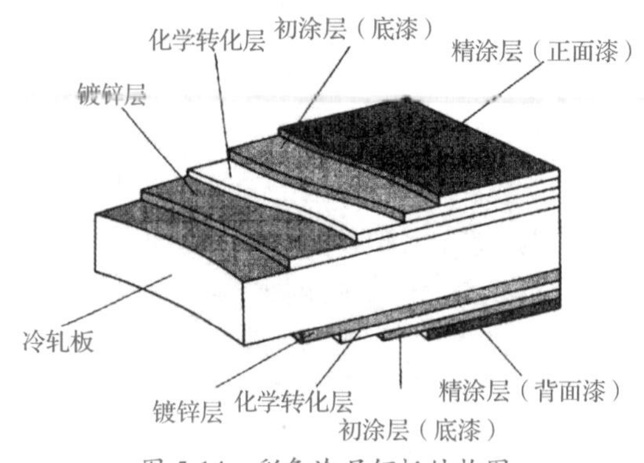

图 5-14　彩色涂层钢板结构图

彩色涂层钢板可用作建筑外墙板、屋面板、护壁板、拱覆系统等，如表 5-8 所示。它可用作商业亭、候车亭的瓦楞板，工业厂房大型车间的壁板与屋顶等，还可用作防水气渗透板，排气管道、通风管道、耐腐蚀管道、电气设备罩等。一般彩色涂层钢板尺寸如表 5-9 所示。

表 5-8　常用彩色涂层钢板分类和代号

分类方法	类别	代号	分类方法	类别	代号
按用途分	建筑外用	JW	按面漆种类分	聚酯	PE
	建筑内用	JN		硅改性聚酯	SMP
	家用	JD		高耐久性聚酯	HDP
	其他	QT		聚偏氟乙烯	PVDF
按表面状态分	涂层板	TC	按涂层结构分	正面二层、反面一层	2/1
	印花板	YA		正面二层、反面二层	2/2
	压花板	YI			
按基板类型分	热镀锌基板	Z			
	热镀锌铁合金基板	ZF	热镀锌基板表面结构	小锌花	MS
	热镀铝锌合金基板	AZ			
	热镀锌铝合金基板	ZA		无锌花	FS
	电镀锌基板	ZE			

表 5-9　彩色涂层钢板尺寸

项目	公称尺寸
公称厚度（mm）	0.2~2.0
公称宽度（mm）	600~1 600
钢板公称长度（mm）	1 000~6 000
钢卷公称内径[a]（mm）	450、508 或 610

注：a 如用户对钢卷内径公差有要求，应由供需双方协商确定；如未规定，由供方确定。

（3）轻钢龙骨

龙骨是指罩面板装饰中的骨架材料。罩面板装饰包括室内厢墙、厢断、吊顶。与抹灰类和贴面类装饰相比，罩面板大大减少了装饰工程中的湿作业工程量。

龙骨按用途分为隔墙龙骨及吊顶龙骨。隔墙龙骨如图 5-15 所示，一般作为室内隔断墙骨架，两面覆以石膏板或石棉水泥板、塑料板、纤维板、金属板等作为墙面，表面用塑料壁纸或贴墙布装饰，内墙用涂料等进行装饰，以组成新型完整的隔断墙。吊顶龙骨如图 5-16 所示，用作室内吊顶骨架，面层采用各种吸声材料，以形成新颖美观的室内吊顶。龙骨的材料有轻钢、铝合金、塑料等。

建筑用轻钢龙骨是以连续热镀锌钢板（带）或以连续热镀锌钢板（带）为基材的彩色涂层钢板（带）做原料，采用冷弯工艺生产的薄壁型钢。它具有自重轻、刚度大、防火、抗震性能好、加工安装简便等特点，适用于工业与民用建筑等室内隔墙和吊顶所用的骨架，可装配各种类型的石膏板、钙塑板、吸音板等，用作墙体隔断和吊顶的龙骨支架，美观大方。它广泛用于各种民用建筑工程以及轻纺工业厂房等场所，对室内装饰造型、隔声等起到良好效果。

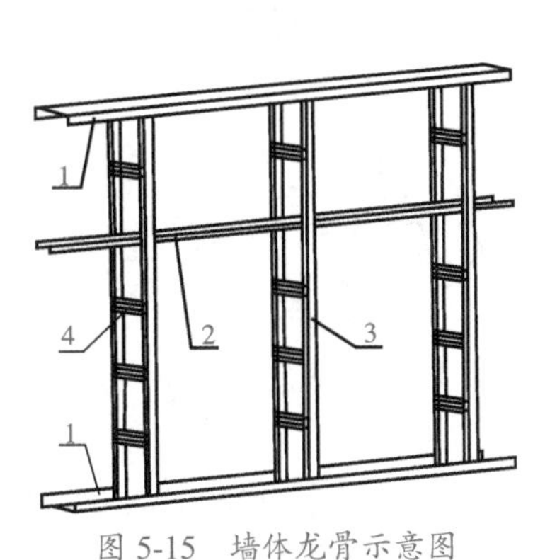

图 5-15　墙体龙骨示意图

1—横龙骨；2—通贯龙骨；3—竖龙骨；4—支撑卡

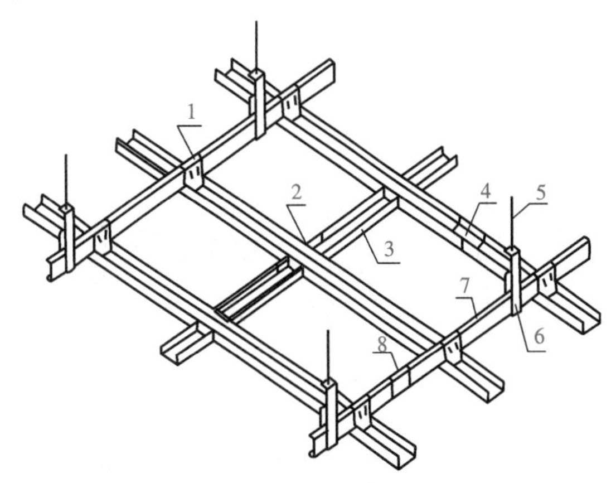

图 5-16　吊顶龙骨示意图

1—挂件；2—挂插件；3—覆面龙骨；4—覆面龙骨连接件；5—吊杆；6—吊件；7—承载龙骨；8—承载龙骨连接件

轻钢龙骨断面有 U 形、C 形、T 形及 L 形。吊顶龙骨代号 D，墙体龙骨代号 Q，分竖龙骨、横龙骨和通贯龙骨等。吊顶龙骨分主龙骨（又叫大龙骨、承重龙骨）和交龙骨（又叫覆面龙骨，包括中龙骨和小龙骨）。墙体龙骨则分竖龙骨、横龙骨和通贯龙骨等。

轻钢龙骨的产品规格、技术要求、试验方法和检验规则在《建筑用轻钢龙骨》（GB 11981—2008）中有具体规定。轻钢龙骨按断面宽度划分，墙体龙骨主要规格有 Q50、Q75、Q100、Q150；吊顶龙骨主要规格有 D38、D45、D50 和 D60。技术要求包括外观质量、表面防锈、形状尺寸和力学性能等指标。轻钢龙骨的外形要平整、棱角清晰，切口不允许有影响使用的毛刺和变形。龙骨表面应镀锌防锈，不允许有起皮、脱落等现象。对于腐蚀、损伤、麻点等缺陷也需按规定要检测。形状尺寸要求应符合《建筑用轻钢龙骨》（GB 11981—2008）中的有关规定。

产品标记顺序为：产品名称、代号、断面形状的宽度、高度、钢板带厚度和标准号。如断面形状为 C 型，宽度为 75 mm，高度为 45 mm，钢板带厚度为 0.7 mm 的墙体竖龙骨，可标记为：建筑用轻钢龙骨 QC75 × 45 × 0.7 GB/T 11981—2008。

（4）彩色压型钢板

彩色压型钢板是以冷轧板、镀锌钢板、彩色涂层板等不同类别的钢板为基材，将涂层板或镀层板经辊压冷弯，沿板宽方向形成波形截面的成型钢板。用于建筑物围护结构（屋面、墙面）及组合楼盖并独立使用的压型钢板。这种钢板具有质量轻、抗震性好、耐久性强、色彩鲜艳、易加工以及施工方便等特点，主要用做屋面板、墙板、楼板和装饰板等。

建筑用压型钢板的质量检查与验收要求应符合《建筑用压型钢板》（GB/T 12755—2008）的规定。对用镀锌钢板及彩色涂层钢板制成的压型钢板规定不得有镀层、涂层脱落以及影响使用性能的擦伤。

建筑用压型钢板分为屋面用板、墙面用板与楼盖用板三类，其型号由压型代号、用途代号与板型特征代号三部分组成。压型代号以“压”字汉语拼音的第一个字母“Y”表示。屋面板用途代号以“屋”字汉语拼音的第一个字母“W”表示；墙面板用途代号以“墙”字汉语拼音的第一个字母“Q”表示；楼盖板用途代号以“楼”字汉语拼音的第一个字母“L”表示。板型特征代号由压型钢板的波高尺寸（mm）与覆盖宽度（mm）组合表示，如波高 51 mm，覆盖宽度 760 mm 的屋面用压型钢板，其代号为 YW51-760。

压型钢板板型的展开宽度（基本宽度）宜符合 600 mm、1 000 mm 或 1 200 mm 系列基本尺寸的要求，常用宽度尺寸宜为 1 000 mm。工程中墙面压型钢板基板的公称厚度不宜小于 0.5 mm，屋面压型钢板基板的公称厚度不宜小于 0.6 mm，楼盖压型钢板基板的公称厚度不宜小于 0.8 mm，基板厚度（包括镀层厚度在内）的允许偏差应符合 GB/T 12755—2008 的规定。图 5-17 是几种压型钢板的板型。

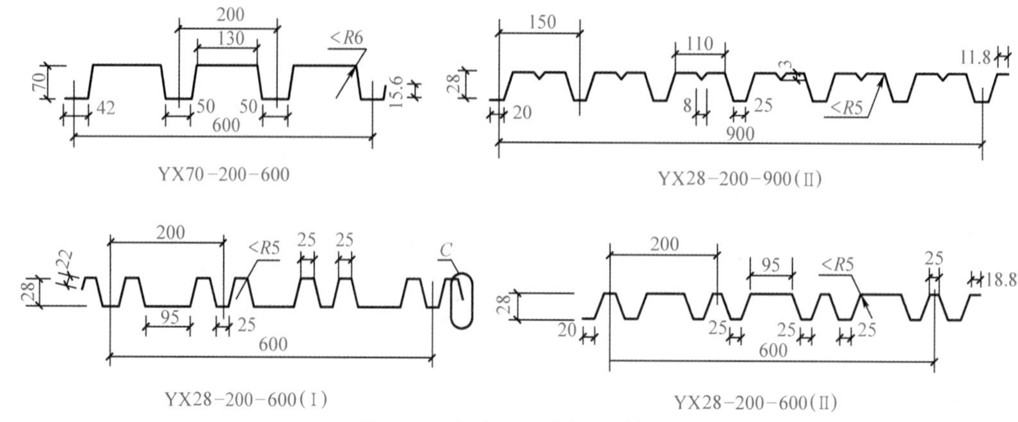

图 5-17　建筑用压型钢板的板型

压型钢板具有质量轻（板厚 0.5~1.2 mm）、波纹平直坚挺、色彩鲜艳丰富、造型美观大方、耐久性强（涂敷耐腐蚀涂层）、抗震性好、加工简单、施工方便等特点，广泛用于工业与民用建筑及公共建筑的内外墙面、屋面、吊顶等的装饰以及轻质夹芯板材的面板等。

5.1.6　钢材的防腐蚀与防火

钢材的锈蚀是指钢的表面与周围介质发生化学作用或电化学作用遭到侵蚀而破坏的过程。锈蚀不仅使钢结构有效断面减小，而且会形成程度不等的锈坑、锈斑，造成应力集中，加速结构破坏。若受到冲击荷载、循环交变荷载作用，将产生锈蚀疲劳现象，使钢材疲劳强度大为降低，甚至出现脆性断裂。

金属腐蚀的根本原因是其化学性质不稳定，即金属及其合金较某些化合物（如氧化物、氢氧化物、盐等）原子处于自由能较高的状态，这种倾向在条件（动力学因素）具备时，就会发生金属单质向化合物的转化，即发生腐蚀。

钢材锈蚀的主要影响因素有环境湿度、侵蚀性介质性质及数量、钢材材质及表面状况等。

1. 钢材锈蚀的分类

（1）化学锈蚀

化学锈蚀是指钢材直接与周围介质（如空气、水或其他物质）发生化学反应，这种锈蚀通常是氧化作用，在钢材表面形成疏松的氧化物而引起锈蚀。在常温下，钢材表面形成一薄层钝化能力很弱的氧化保护膜，它疏松，易破裂，有害介质可进一步侵入而发生反应，造成锈蚀。在干燥环境下，锈蚀进展缓慢。但在温度或湿度较高的环境条件下，这种锈蚀进展会加快。

（2）电化学锈蚀

钢材的表面锈蚀主要由电化学作用引起，由于金属表面成分不均匀并含有杂质，在表面介质的作用下，各成分电极电位的不同，形成许多微电池。在潮湿空气中，钢材表面将覆盖一层薄的水膜。在阳极区，铁被氧化成 Fe^{2+} 离子进入水膜。因为水中溶有来自空气中的氧，故在阴极区氧将被还原为 OH^-离子，两者结合成为不溶于水的 $Fe(OH)_2$，并进一步氧化成为疏松易剥落的红棕色铁锈 $Fe(OH)_3$。电化学锈蚀是最主要的钢材锈蚀形式。但是钢材的腐蚀是多种因素综合作用的结果。

钢材锈蚀时，会体积膨胀，最严重的可达原体积的 6 倍。在钢筋混凝土中钢材锈蚀会使周围的混凝土胀裂。

2. 钢材锈蚀的防止

（1）保护层法

在钢材表面施加保护层，使钢与周围介质隔离，从而防止锈蚀。保护层可分为金属保护层和非金属保护层两类。

金属保护层是用耐蚀性较强的金属，以电镀或喷镀的方法覆盖钢材表面，如镀锌、镀锡、镀铬等。

非金属保护层是用有机或无机材料做保护层。常用的方法是在钢材表面涂刷各种防锈涂料，此法简单易行，但不耐久。此外，还可采用塑料保护层、沥青保护层及搪瓷保护层等。

（2）添加合金元素法

在生产实践中，人们常常在钢材冶炼过程中加入合金元素提高钢材的耐蚀性。

（3）物理或化学热处理

对钢材采用合适的物理热处理工艺，可提高钢材的耐蚀性；采用合适的化学热处理方式（表面渗碳或渗氮），可大幅提高钢的耐蚀性。

3. 钢结构的防火

钢材作为结构材料，本身不燃烧，却不耐高温，其机械性能如屈服点、弹性模量、抗压强度、荷载能力等均会因温度的升高而急剧下降，当钢构件温度达到 350 ℃、500 ℃、600 ℃时，强度分别下降 1/3、1/2、2/3。据理论计算，全负荷钢结构失去静态平衡稳定性的临界温度为 540 ℃。纽约世贸大厦的倒塌就是因为高温燃烧导致作为结构承重体系的钢材软化。钢结构的防火措施就是给钢构件提供一层适用于吸热或绝热的材料。这些材料在火中将起到延迟钢构件升温的作用。

钢结构的防火保温方式通常有以下几种。

1）外包层　就是在钢结构外表添加外包层，可以现浇成型，也可以采用喷涂法。现浇成型的实体混凝土外包层通常用钢丝网或钢筋来加强，以限制收缩裂缝，并保证外壳的强度。喷涂法可以在施工现场对钢结构表面涂抹砂浆以形成保护层，砂浆可以是石灰水泥或石膏砂浆，也可以掺入珍珠岩或石棉。同时外包层也可以用珍珠岩、石棉、石膏或石棉水泥、轻混凝土做成预制板，采用胶黏剂、钉子、螺栓固定在钢结构上。

2）浇筑混凝土砌筑砖块法　用现浇混凝土做外包层时，可以在钢结构上现浇成型，也可采用喷涂法（喷射工艺）。这种方法做的保护层强度高、耐冲击，占用空间较大，适用于容易碰撞、无保护面板的钢柱的防火保护。

3）充水法　是指在空心钢构件内充水，是抵御火灾最有效的方法。它能使钢结构在火灾时保持较低的温度。水在结构构件内循环，受热的水可经冷却再循环，或由水管引入凉水来取代加热过的水。这种方法在国外被广泛地使用在钢柱的防护中。这种方法造价低，对空心钢构件的防渗漏、防腐蚀要求高，只适用于空心钢构件的保护。

4）包覆法　指采用无机防火板材对大型钢构件进行箱式包裹，如石膏板、蛭石板、无石棉硅酸钙隔热板等，包板的厚度根据耐火极限的要求而定。这种方法具有施工方便、装修面平整光滑、成本低、损耗小、无环境污染、施工周期短、耐老化等优点，推广前景好，是钢结构防火保护新的发展方向。

5）复合保护法　是指紧贴钢板涂敷防火涂料或粘贴柔性毡状隔热材料，外用防火薄板作罩面板。这种方法适用于表面有装饰要求，一般用于需要粘贴柔性毡状隔热材料或涂敷厚质防火涂料的钢柱。

5.2 铝及铝合金

视频 5-11　铝合金及其应用

铝及铝合金以其特有的性能和装饰效果，被广泛应用于建筑工程、航空航天、汽车制造、化工包装等领域。

5.2.1 铝及铝合金特性

铝元素在地壳中的含量仅次于氧和硅，居第三位，是地壳中含量最丰富的金属元素。铝在自然界是以化合物的形式存在的，由三氧化二铝通过电解可得到金属铝，再通过提纯分离出杂质，制成铝锭。

纯铝具有银白色金属光泽，密度小（2.72 g/cm³），熔点低（660.4 ℃），导电、导热性能优良，仅次于银、铜、金；无磁性；纯铝在空气中易氧化，可在表面形成一层致密牢固的氧化膜，因而抗大气腐蚀性能好；具有极好的塑性和较低的强度，易于加工成型；还具有良好的低温塑性，直到 -253 ℃时其塑性和韧性也不降低。纯铝的主要用途是配制铝合金，还可用来制造导线、包覆材料及耐蚀器具等。经冷加工后，铝的强度可提高到 150~250 MPa。

纯铝的强度、硬度低，故不能作为结构材料使用。向铝中加入适量的合金元素制成铝合金，可改变其组织结构，提高性能，既可以保持铝质量轻的特点，同时其机械性能明显提高。铝合金是典型的轻质高强材料，同时其耐蚀性和低温脆变性较纯铝得到较大改善。

常加入的元素主要有铜、锰、硅、镁、锌等，此外还有铬、镍、钛、钪、锆、铒等附加元素。由于这些合金元素的强化作用，使得铝合金既具有高强度又保持纯铝的优良特性，因此铝合金既可以用于建筑装饰，还可以用于制造承受较大载荷的机械零件或构件，成为工业中广泛使用的有色金属材料。由于铝合金具有较高的比强度，所以是飞机的主要结构材料。

5.2.2 铝合金的分类、牌号及性质

1. 铝合金的分类

①按制造的成品分为工业铝、航空铝、民用铝、导电铝几大类。

②按含铝量分为熟铝和生铝。生铝为含铝量 98% 以下的合金，性质脆硬，只能翻砂铸造产品；熟铝为含铝量 98% 以上的合金，性质柔软，可压延或冲轧多种器皿。

③按形态分为铝板、铝锭、铝线、铝杆、铝饼等。

④按加工方法可以分为变形铝合金和铸造铝合金。变形铝合金又分为不可热处理强化型铝合金和可热处理强化型铝合金。不可热处理强化型铝合金不能通过热处理来提高机械性能，只能通过冷加工变形来实现强化，它主要包括高纯铝、工业高纯铝、工业纯铝以及防锈铝等。可热处理强化型铝合金可以通过淬火和时效等热处理手段来提高机械性能，它分为硬铝、锻铝、超硬铝和特殊铝合金等。铸造铝合金按化学成分可分为铝硅合金、铝铜合金、铝镁合金和铝锌合金。

2. 铝合金的牌号

①纯铝产品：纯铝分冶炼品和压力加工品两类，前者以化学成分 Al 表示，后者用汉语拼音 LG（铝，工业用）表示。

②压力加工铝合金：铝合金压力加工产品分为防锈（LF）、硬质（LY）、锻造（LD）、超硬（LC）、包覆（LB）、特殊（LT）及钎焊（LQ）等七类。常用铝合金材料的状态为退火（M，焖火）、硬化（Y）、热轧（R）等三种。

③铸造铝合金：铸造铝合金（ZL）按成分中铝以外的主要元素硅、铜、镁、锌分为四类，代号编码分别为 100、200、300、400。

5.2.3 铝合金型材的加工和表面处理

铝合金型材的生产加工包括熔铸、挤压和氧化三个过程。

（1）熔铸

熔铸是铝材生产的首道工序。主要过程如下。

1）配料　根据需要生产的具体合金牌号，计算出各种合金成分的添加量，合理搭配各种原材料。

2）熔炼　将配好的原材料按工艺要求加入熔炼炉内熔化，并通过除气、除渣、精炼手段将熔体内的杂渣、气体有效除去。

3）铸造　熔炼好的铝液在一定的铸造工艺条件下，通过深井铸造系统，冷却铸造成各种规格的圆铸棒。

（2）挤压

挤压是型材成型的手段。先根据型材产品断面设计、制造出模具，利用挤压机将加热好的圆铸棒从模具中挤出成型。在挤压时还有一个风冷淬火过程及其后的人工时效过程，以完成热处理强化。不同牌号的可热处理强化合金，其热处理制度不同。

（3）氧化

挤压好的铝合金型材，其表面耐蚀性不强，须通过阳极氧化进行表面处理以增加铝材的抗蚀性、耐磨性及外表的美观度。其主要过程如下。

1）表面预处理　用化学或物理的方法对型材表面进行清洗，裸露出纯净的基体，以利于获得完整、致密的人工氧化膜，还可以通过机械手段获得镜面或无光（亚光）表面。

2）阳极氧化　经表面预处理的型材，在一定的工艺条件下，基体表面发生阳极氧化，生成一层致密、多孔、强吸附力的膜层。

3）封孔　将阳极氧化后生成的多孔氧化膜的膜孔孔隙封闭，使氧化膜防污染、抗蚀和耐磨性能增强。氧化膜是无色透明的，利用封孔前氧化膜的强吸附性，在膜孔内吸附沉积一些金属盐，可使型材外表显现本色（银白色）以外的许多颜色，如黑色、古铜色、金黄色及不锈钢色等。

除了上述阳极氧化表面处理工艺外，铝合金还有很多的表面处理方法，如电泳涂装、表面喷涂、拉丝处理等。

5.2.4 建筑装饰铝合金及其制品

在现代建筑中，常用的铝合金制品有铝合金门窗、铝合金装饰板及吊顶、铝及铝合金波纹板、压型板、冲孔平板、铝箔等，这些制品具有承重、耐用、装饰、保温、隔热等优良性能。

1. 铝合金门窗

铝合金门窗是由经过表面处理的铝合金型材，经过备料→铣切→钻孔→铣槽→组角→组装→装密闭条→装玻璃→装启闭配件→成品检验→成品入库等工序加工而成的。门窗框料之间的连接采用直角榫头、不锈钢螺丝钉结合。现代建筑装修工程中，尽管铝合金门窗比普通钢门窗的造价高 3~4 倍，但因其长期维修费用少、性能好、美观、节约能源等，所以，其在建筑装饰工程中扮演了重要角色并得到广泛应用。

（1）铝合金门窗的特点

①轻质、高强。门窗框的断面是空腹薄壁组合断面，这种断面利于使用并因空腹而减轻了铝合金型材的质量，铝合金门窗较钢门窗轻 50% 左右。在断面尺寸较大且质量较轻的情况下，其截面却有较高的抗弯刚度。

②密闭性能好。密闭性能为门窗的重要性能指标，铝合金门窗较之普通木门窗和钢门窗，其气密性、水密性和隔声性能均佳。铝合金推拉门窗比平开门窗的密闭性稍差，因此推拉门窗在构造上加设了尼龙毛条，以增强其密闭性能。

③使用中变形小。一是因为型材本身的刚度好，二是由于其制作过程中采用冷连接。横竖杆件之间、五金配件的安装，均采用螺丝、螺栓或铝钉，它是通过角铝或其他类型的连接件，使框、扇杆件连成一个整体。这种冷连接同钢门窗的电焊连接相比，可以避免在焊接过程中因受热不均而产生的变形现象，从而确保制作精度。

④立面美观。一是造型美观，门窗面积大，使建筑物立面效果简洁明亮，并增加了虚实对比，富有层次感；二是色调美观，其门窗框料经过氧化着色处理，可具银白色、金黄色、青铜色、古铜色、黄黑色等色调或带色的花纹，外观华丽雅致，无须再涂漆或进行表面维修。

⑤耐腐蚀、使用维修方便。铝合金门窗不需要涂漆，不褪色、不脱落，表面不需要维修。铝合金门窗强度高，刚性好，坚固耐用，开闭轻便灵活，无噪声。

⑥施工速度快。铝合金门窗现场安装的工作量较小，施工速度快。

⑦使用价值高。在建筑装饰工程中，特别是高层建筑、高档次的装饰工程，如果从装饰效果、空调运行及年久维修等方面综合权衡，铝合金门窗的使用价值是优于其他种类门窗的。

⑧便于工业化生产。铝合金门窗框料型材加工、配套零件及密封件的制作与门窗装配试验等，均可在工厂内进行，可大批量工业化生产，有利于实现门窗设计标准化、产品系列化、零配件通用化以及门窗产品商品化。

（2）铝合金门窗的性能指标

铝合金门窗在出厂前须经过严格的性能试验，只有达到规定的性能指标后才可以安装使用。常用的性能指标如下。

①强度。铝合金门窗的强度是在门窗专用仪器设备上进行加压试验，用所加风压的等级来表示的。

②气密性。在压力箱内，使窗的前后形成一定压力差，用每平方米面积每小时的通气量（m^3）表示窗的气密性，单位为 $m^3/(h·m^2)$。

③水密性。在压力箱内，对窗的外侧加入周期为 2 s 的正弦脉冲压力，同时向窗内单位面积（m^2）上每分钟喷 4 L 的人工降雨，连续喷 10 min，看室内一侧是否有渗漏现象。根据加压大小的平均值来评定水密性等级。

④开闭力。装配和安装好后，窗扇打开或关闭所需要的力的大小为开闭力。

⑤隔声和隔热性能。当声频达到一定值，铝合金窗的响声通过损失趋于恒定时，可用响声通过损失大小来评定隔声性；隔热用窗的热对流阻抗值来表示。

⑥尼龙导向轮的耐久性等。

（3）铝合金门窗的类型

根据结构与开闭方式的不同，铝合金门窗可分为推拉门、推拉窗、平开门、平开窗、固定窗、悬挂窗、回转门、回转窗等几种。

①根据色泽的不同，铝合金门窗可分为银白色、金黄色、青铜色、古铜色、黄黑色等几种。

②根据生产系列（习惯上按门窗型材截面的宽度尺寸）的不同，铝合金门窗可分为 38 系列、42 系列、50 系列、54 系列、60 系列、64 系列、70 系列、78 系列、80 系列、90 系列、100 系列等。

③根据铝合金窗的抗风压强度、空气渗透系数和雨水渗透性可分为 A 类（高性能窗）、B 类（中性能窗）、C 类（低性能窗）。每一类又按同样指标分为优等品、一等品和合格品。

2. 铝合金装饰板

铝合金装饰板具有质量轻、不燃烧、耐久性好、施工方便及装饰效果好等特点，广泛用于公共建筑室内外装饰，常用的有如下几种。

（1）铝合金花纹板

铝合金花纹板是采用防锈铝合金等坯料，用特制的花纹轧制而成的，花纹美观大方，不易磨损，防滑性能好，防腐蚀性强，便于冲洗，通过表面处理可以得到不同的颜色。花纹板材平整，裁剪尺寸精确，便于安装，广泛用于墙面装饰、楼梯及楼梯踏板处。

（2）铝合金浅花纹板

铝合金浅花纹板以冷作硬化后的铝材为基材，经过轧制而成。铝合金浅花纹板是优良的建筑装饰材料。它的花纹精巧别致，色泽美观大方，除具有普通铝板共有的优点外，刚度提高 20%，抗污垢、抗划伤、抗擦伤能力均有提高，尤其是增加了立体图案和美丽的色彩，更使建筑物生辉。它是我国特有的建筑装修产品。铝合金浅花纹板对白光的反射率达 75%~90%，热反射率达 85%~95%，在氨、硫、硫酸、磷酸、亚磷酸、浓硝酸、浓醋酸中耐蚀性好。通过电解、电泳、涂漆等表面处理可得到不同色彩的浅花纹板。

（3）铝合金波纹板

铝合金波纹板是世界上广泛应用的装饰材料，它主要用于墙面装饰，也可用于屋面，表面经化学处理可以有各种颜色，有较好的装饰效果，又有很强的反射遮光能力，这种板的特点是自重轻（仅为钢的 3/10），能防火、防潮、耐腐蚀，十分经久耐用，在大气中使用 20 年不需要换，搬迁拆卸下的波纹板仍可重复使用。它适用于旅馆、饭店、商场等建筑墙面和屋面的装饰。常见铝合金波纹板形状如图 5-18 所示。

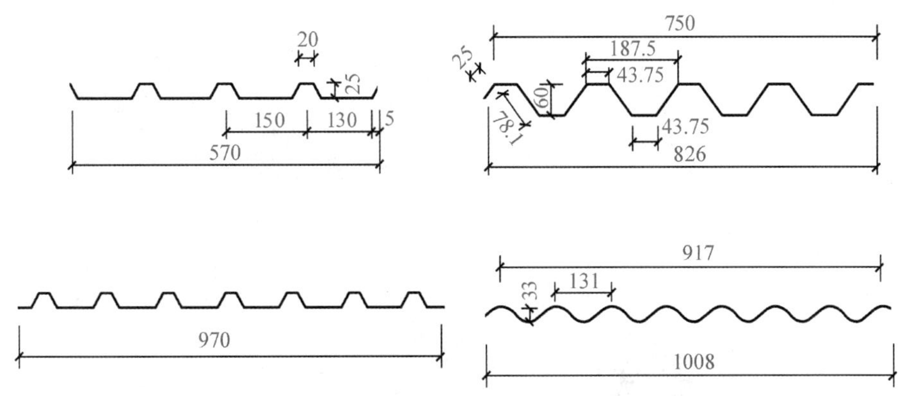

图 5-18　铝合金波纹板波纹形状

(4)铝合金穿孔吸声板

铝合金穿孔吸声板采用各种铝合金平板经机械穿孔而成。孔形根据需要有圆孔、方孔、长圆孔、长方孔、三角孔、组合孔等。这是一种降低噪声并兼有装饰作用的新产品。

铝合金穿孔吸声板材质轻、耐高温、耐腐蚀、防火、防潮、防震、化学稳定性好,造型美观,色泽幽雅,立体感强,装饰效果好,且组装简便,可用于宾馆、饭店、影院、播音室等公共建筑和中高档民用建筑改善音质条件,也可用于各类车间厂房、人防地下室等作为降噪措施。铝合金穿孔吸声板及装饰板的主要规格、性能及生产厂见表 5-10。

表 5-10　铝合金穿孔吸声板及装饰板的主要规格、性能及生产厂

产品名称	生产厂	性能和特点	规格(mm × mm × mm)
穿孔平面吸声板	无锡市铝制品厂	材质:防锈铝(LF21) 板厚 1 mm,孔径 $\phi6$,孔距 10 mm,降噪系数 1.16 工程使用降噪效果:4~8 dB 吸声系数:(Hz/ 吸声系数),厚度 75 mm, 125/0.13, 250/184, 500/1.18, 1 000/1.37, 2 000/1.04, 4 000/0.97	495 × 495 × (50~100)
穿孔块体式吸声体	无锡市铝制品厂	材质:防锈铝(LF21) 板厚 1 mm,孔径 $\phi6$,孔距 10 mm,降噪系数:2.17 工程使用降噪效果:4~8 dB 吸声系数:(Hz/ 吸声系数),厚度 75 mm, 125/0.22, 250/1.25, 500/2.34, 1 000/2.63, 2 000/2.54, 4 000/2.25	750 × 500 × 100
铝合金穿孔压花吸声板	—	材质:电化铝板 孔径:6~8 mm 工程使用降噪效果:4~8 dB	500 × 500 × (0.8~1) 1 000 × 1 000 × (0.8~1)

3. 其他铝合金装饰制品

除了上述铝合金装饰制品以外,还有很多,如铝合金吊顶龙骨、铝合金百叶窗、搪瓷铝合金制品及铝箔等,另外,铝合金还可用于压制五金零件,如把手、铰锁以及标志、商标、提把、提攀、嵌条、包角等装饰制品,既美观、金属感强,又耐久不腐。此外,铝合金还可以用作建筑模板,见图 5-19。

图 5-19　建筑铝合金模板

5.3　其他金属材料

视频 5-12　铸铁及其应用

建筑与装饰工程中还常用到铸铁、铜合金及金箔等建筑与装饰材料。

5.3.1　铸铁

铸铁是含碳量大于 2.11% 并含有较多硅、锰、硫、磷等元素的铁碳合金。铸铁具有良好的铸造性能，成本低，是工业上广泛应用的一种黑色金属材料。

铸铁性脆，无塑性，抗压强度较高，但抗拉和抗弯强度不高，不宜作为结构材料。在建筑中大量采用铸铁水管，用作上下水管道，城市输水、输气管道，也用作排水管、地沟、窨井等的盖板以及暖气片及各种零部件。铸铁也是一种常用的装饰材料，用于制作门、窗、栏杆、栅栏及某些建筑小品等。图 5-20 为建筑中常用的铸铁管件。

图 5-20　建筑中常用的铸铁管件

5.3.2　铜及铜合金

视频 5-13　铜合金及其应用

铜为紫红色金属，故又称为紫铜。铜的固态密度为 8.96 g/cm^3，具有优良的导电性、导热性、延展性和耐蚀性，但强度较低，易生锈，一般用于制作发电机、母线、电缆、开关装置、变压器等电工器材和热交换器、管道、太阳能加热装置的平板集热器等导热器材。

建筑上所用纯铜较少，一般均用铜合金。常用的铜合金分为青铜、黄铜、白铜三大类。

①青铜原指铜锡合金，后除黄铜、白铜以外的铜合金均称青铜，并常在青铜名字前冠以第一主要添加元素的名。锡青铜的铸造性能、减摩性能和机械性能好，适用于制造轴承、蜗轮、齿轮等。铅青铜是现代发动机和磨床广泛使用的轴承材料。铝青铜强度高，耐磨性和耐蚀性好，用于铸造高载荷的齿轮、轴套、船用螺旋桨等。磷青铜的弹性极限高、导电性好，适用于制造精密弹簧和电接触元件。铍青铜用来制造煤矿、油库等使用的无火花工具，铍铜是一种过饱和固溶体铜基合金，其机械性能、物理性能、化学性能及抗蚀性能良好。

②黄铜是由铜和锌组成的合金。只是由铜、锌组成的黄铜叫作普通黄铜。黄铜常被用于制造阀门、水管、空调内外机连接管和散热器等，黄铜阀门见图 5-21。由两种以上的元素组成的多种合金称为特殊黄铜，如由铅、锡、锰、镍、铁、硅组成的铜合金。特殊黄铜又叫特种黄铜，它强度高、硬度大、耐化学腐蚀性强，切削加工的机械性能也较突出。黄铜有较强的耐磨性能。由黄铜拉成的无缝铜管，质软、耐磨性能强。黄铜无缝管可用于热交换器和冷凝器、低温管路、海底运输管。黄铜可用于制造板料、条材、棒材、管材，铸造零件等；含铜量为 62%~68% 的黄铜，塑性强，可制造耐压设备等。为了改善普通黄铜的性能；常添加其他元素，如铝、镍、锰、锡、硅、铅等。铝能提高黄铜的强度、硬度和耐蚀性，但使其塑性降低，加铝的黄铜适合制作海轮冷凝管及其他耐蚀零件。锡能提高黄铜的强度和对海水的耐腐性，故加铝的黄铜称海军黄铜，用作船舶热工设备和螺旋桨等。铅能改善黄铜的切削性能，这种易切削黄铜常用作钟表零件。黄铜铸件常用来制作阀门和管道配件等。

图 5-21 黄铜阀门

③白铜是以镍为主要添加元素的铜合金。铜镍二元合金称普通白铜；加有锰、铁、锌、铝等元素的白铜合金称复杂白铜。工业用白铜分为结构白铜和电工白铜两大类。结构白铜的特点是机械性能和耐蚀性好，色泽美观。这种白铜广泛用于制造精密机械、眼镜配件、化工机械和船舶构件。电工白铜一般有良好的热电性能。锰铜、康铜、考铜是含锰量不同的锰白铜，是制造精密电工仪器、变阻器、精密电阻、应变片、热电偶等用的材料。

5.3.3 金箔

视频 5-14 金箔及其应用

金箔是我国民间的传统工艺品，相传已有 1 700 多年历史，源于东晋，成熟于南朝，流行于宋、齐、梁、陈。金箔是以未锻造的黄金为主要原料，通过特殊工艺把黄金锤成厚度达到 0.12 μm 左右的黄金薄片。黄金由于具有良好的延展性和可塑性，一两纯金（32.5 g）可锤成万分之一毫米厚、面积 16.2 m^2 的金箔。黄金的性质稳定，永久不变色、抗氧化、防潮湿、耐腐蚀、防变霉、防虫咬、防辐射，用黄金制作的金箔具有薄如蝉翼、色泽纯正、厚度均匀、经久不变色等特点。金箔的这些特点，使金箔广泛用于一些高档宾馆、会馆、别墅、会议室等重要和有特殊要求工程（如人民大会堂）的内外部装修、金字招牌、寺庙贴金、雕塑贴金、工艺品、文物保护和修复等。图 5-22 所示为香港恒丰金业公司用黄金打造的“黄金皇宫”。这座“瑞士号黄金皇宫”位于恒丰金业土瓜湾总部，占地 700 多平方米，耗时 5 年建成，耗资 3 亿港元。黄金屋内所有家具设计均参考西式皇宫用品及陈设，包括床、沙发、茶几、书桌、椅子、餐桌、梳妆台、浴缸、坐厕、洗手盆及地下嵌画、壁画、天花浮雕等，全是黄金制造，璀璨夺目，令人叹为观止。

图 5-22 “瑞士号黄金皇宫”

本任务小结

金属材料是建筑工程中十分重要的材料。钢材具有一些特殊的性能和优点，广泛地应用于工业各领域中。建筑工程中钢材的使用量十分大，有各种型号和规格，同时由于建筑结构向大跨度和高层发展，为钢结构提供了舞台，使钢结构得以快速发展。建筑钢材的技术性质包括抗拉性能、冲击性能、硬度、耐疲劳性、冷弯性能和焊接性能。建筑工程用钢包括钢结构用钢和混凝土结构用钢。

目前建筑工程当中，铝及铝合金是除钢材外用量较多的另一种金属材料。本任务主要介绍了铝及铝合金的特性、分类、加工、制品等内容。此外，还介绍了铸铁、铜及铜合金、金箔等金属材料。

任务 6　墙体材料及屋面材料的选择与应用

任务简介

通过学习掌握各种砌墙砖、砌块、板材、屋面材料的性能，能够根据工程结构的特点正确选用合理的墙体材料。

知识目标

（1）了解禁止生产使用普通烧结黏土砖的意义，掌握常用几种砌墙砖的类型、性能。

（2）掌握常用建筑砌块的类型、性能。

（3）了解墙体板材的种类、性能。

（4）掌握常用屋面材料的类型、品种、主要技术性能。

技能目标

（1）能根据工程要求，按照标准规范，正确完成砌墙砖等各项材料的常规试验及外观质量检查，进行数据处理，并评定检测结果，会书写检测报告及分析整理资料。

（2）具有分析判别的能力，并能合理选择墙体与屋面材料。

思政教学

思政元素 6

教学课件 6

授课视频 6

应用案例与发展动态

墙体材料是房屋建筑的主要围护材料和结构材料，其用量占砖混结构房屋所用材料的首位。常用的墙体材料有砖、砌块和板材三大类，其中普通黏土砖在我国的使用已有数千年的历史（战国时期出现，秦朝大量使用，号称“秦砖”），随着节能减排、低碳环保的发展需要，普通黏土砖将逐步退出历史舞台。

墙体材料以节能、节地、利废和改善建筑功能为目的，大力发展多孔砖、空心砖、废渣砖、各种建筑砌块和轻质板材等新型墙体材料，开发承重复合墙体材料，实现墙体材料的轻质、高强、隔声、保温、隔热、多功能以及生产耗能低、施工速度快、抗震性能好等。

6.1　砌墙砖

砌墙砖系指以黏土、工业废料或其他地方资源为主要原料，以不同工艺制造的、用于砌筑承重和非承重墙体的墙砖。砖的价格便宜，能满足一定的建筑功能要求。

砌墙砖按制作工艺可分为烧结砖、蒸压（养）砖、免烧（蒸）砖；按砖的孔洞率、孔的尺寸和数量，可分为实心砖、多孔砖、空心砖，实心砖又称为普通砖，孔洞率 <25%，多孔砖的孔洞率≥ 25%，孔的尺寸小而数量多，空心砖的孔洞率≥ 40%，孔的尺寸大而数量小；按原料分为黏土砖、页岩砖、灰砂砖、粉煤灰砖、煤矸石砖、炉

渣砖等。各种类型的砖如图 6-1 所示。

图 6-1　各种类型的砖

6.1.1　烧结砖

凡是以黏土、页岩、煤矸石或粉煤灰等固体废弃物为原料，经成型和高温焙烧而制得的用于砌筑承重和非承重墙体的砖统称为烧结砖。目前，在墙体材料中应用最多的是烧结普通砖、烧结多孔砖和烧结空心砖。由于多孔砖和空心砖的尺寸和孔洞率大于或等于普通砖，一方面可减少 20%~30% 的黏土消耗量，节约耕地和燃料；另一方面可改善墙体的保温隔热性能和吸声性能。

视频 6-1　烧结普通砖

1. 烧结普通砖

烧结普通砖是以黏土、页岩、煤矸石、粉煤灰、建筑渣土、淤泥（江河湖淤泥）、污泥等为主要原料，经成型、干燥、焙烧、冷却而成的用于砌筑的直角六面体小型块材，包括黏土砖（N）、页岩砖（Y）、煤矸石砖（M）、粉煤灰砖（F）、建筑渣土砖（Z）、淤泥砖（U）、污泥砖（W）、固体废弃物砖（G）。

视频 6-2　烧结普通砖的生产

（1）生产工艺

各种烧结普通砖的生产工艺基本相同，以烧结黏土砖为例，生产工艺过程可简述为：采土→配料调制→制坯→干燥→焙烧→成品。焙烧是生产过程中最重要的环节。砖坯在焙烧过程中，要控制好焙烧温度，火候要适当、均匀，否则将出现不合格品——欠火砖和过火砖。欠火砖是由于焙烧过程中温度过低，砖的孔隙率大，强度低，耐久性差。过火砖是由于焙烧温度过高，易出现弯曲等变形，砖的孔隙率小，外形极不规整。欠火砖色浅，敲击时声哑，过火砖色较深，敲击时声清脆。

砖坯在氧化气氛中焙烧，可制得红砖。若砖坯在氧化气氛中烧成后，再经浇水闷窑，使窑内形成还原气氛，使砖内的红色高价氧化铁（Fe_2O_3）还原成青色的低价氧化亚铁（FeO），即制得青砖。

按焙烧方法的不同，烧结普通砖又分为内燃砖和外燃砖。内燃砖是将可燃性工业废料（煤渣、粉煤灰、煤矸石等）以适当比例掺入砖坯中，当砖烧到一定温度后，坯内的燃料燃烧而烧结成砖。这样既节省了大量燃煤，节约黏土，又使砖坯烧结均匀，且留下许多封闭小孔，所以砖的强度有所提高，表面密度减小，隔声保温性能增强。

（2）烧结普通砖的主要技术性质

《烧结普通砖》（GB/T 5101—2017）规定，将建筑渣土、淤泥、污泥及其他固体废弃物纳入制砖原料范围，并根据建筑应用和砖类产品生产的实际情况取消了产品质量分等，采用合格与不合格判定产品质量。标准对烧结普通砖的尺寸偏差、外观质量、强度等级和抗风化性质等主要技术性能指标均作了具体规定。

Ⅰ.尺寸偏差

烧结普通砖的公称尺寸为 240 mm × 115 mm × 53 mm，如图 6-2 所示。若加上砌筑灰缝厚约 10 mm，则 4 块砖长、8 块砖宽和 16 块砖厚约 1 m^3。因此，每立方米砌体共有砖 4 × 8 × 16=512 块。砖的尺寸允许偏差应符合表 6-1 的规定。

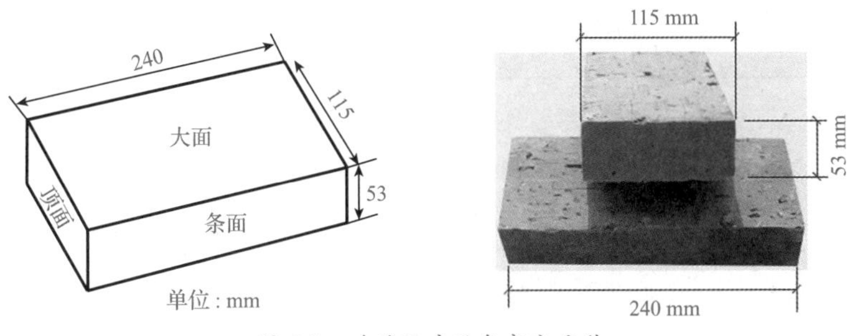

图 6-2　砖的尺寸及各部分名称

表 6-1　烧结普通砖尺寸允许偏差　（mm）

公称尺寸	指标	
	样本平均偏差	样本极差
240	± 2.0	≤ 6
115	± 1.5	≤ 5
53	± 1.5	≤ 4

Ⅱ.外观质量

烧结普通砖的外观质量包括两条面高度差、弯曲、杂质凸出高度、缺棱掉角、裂纹、完整面、颜色等内容，分别应符合表 6-2 的规定。

表 6-2　烧结普通砖的外观质量　（mm）

项目		指标
两条面高度差		≤ 2
弯曲		≤ 2
杂质凸出高度		≤ 2
缺棱掉角的三个破坏尺寸		不得同时大于 5
裂纹长度	大面上宽度方向及其延伸至条面的长度	≤ 30
	大面上长度方向及其延伸至顶面的长度或条顶面上水平裂纹的长度①	≤ 50
完整面		不得少于一条面和一顶面

注：①为砌筑挂浆而施加的凹凸纹、槽、压花等不算作缺陷。

②凡有下列缺陷之一者，不得称为完整面：缺损在条面或顶面上造成的破坏面尺寸同时大于 10 mm × 10 mm；条面或顶面上裂纹宽度大于 1 mm，其长度超过 30 mm；压陷、粘底、焦花在条面或顶面的凹陷或凸出超过 2 mm，区域尺寸同时大于 10 mm × 10 mm。

Ⅲ.强度等级

按抗压强度，砖划分为 MU30、MU25、MU20、MU15、MU10 五个强度等级。强度等级的确定：取 10 块砖样进行抗压强度试验，加荷速度为（5 ± 0.5）kN/s，再根据式（6-1）和式（6-2）确定的强度平均值和强度标准值确定。各强度等级应满足表 6-3 的要求。

表 6-3 烧结普通砖的强度等级 （MPa）

强度等级	抗压强度平均值 $\overline{f}$	强度标准值 f_k
MU30	≥ 30.0	≥ 22.0
MU25	≥ 25.0	≥ 18.0
MU20	≥ 20.0	≥ 14.0
MU15	≥ 15.0	≥ 10.0
MU10	≥ 10.0	≥ 6.5

抗压强度平均值：

$$\overline{f}=\frac{1}{10}\sum_{i=1}^{10}f_i \tag{6-1}$$

强度标准值 f_k：

$$f_k=\overline{f}-0.83S \tag{6-2}$$

强度标准差：

$$S=\sqrt{\frac{1}{9}\sum_{i=1}^{10}(f_i-\overline{f})^2} \tag{6-3}$$

式中：f_k 为强度标准值，精确至 0.1 MPa；S 为 10 块试样的抗压强度标准差，精确至 0.01 MPa；$\overline{f}$ 为 10 块试样的抗压强度平均值，精确至 0.1 MPa；f_i 为单块试样抗压强度测定值，精确至 0.1 MPa。

图 6-3 泛霜

Ⅳ. 泛霜和石灰爆裂

泛霜指砖的原料中含有可溶性盐类，在砖使用过程中，随水分蒸发在砖表面产生盐析，常为白色粉末，如图 6-3 所示，严重者会导致粉化剥落。《烧结普通砖》（GB/T 5101—2017）严格规定每块砖不准许出现严重泛霜。

石灰爆裂是烧结砖的原料中夹杂着石灰石，焙烧时石灰石被烧成生石灰块，在使用过程中生石灰吸水熟化转变为熟石灰，体积膨胀而产生爆裂现象。石灰爆裂影响砖的质量，使砖砌体强度降低，直至破坏。

因此，砖的石灰爆裂应符合下列规定：破坏尺寸大于 2 mm 且小于或等于 15 mm 的爆裂区域，每组砖样不得多于 15 处，其中大于 10 mm 的不得多于 7 处；不允许出现最大破坏尺寸大于 15 mm 的爆裂区域；试验后抗压强度损失不得大于 5 MPa。

Ⅴ. 抗风化性能

抗风化性能是指材料在干湿变化、温度变化、冻融变化等物理因素作用下不破坏并保持原有性质的能力。我国按风化指数将各省市划分为严重风化区和非严重风化区，见表 6-4。

表 6-4 风化区的划分

严重风化区			非严重风化区		
1. 黑龙江省	7. 甘肃省	13. 天津市	1. 山东省	7. 浙江省	13. 广东省
2. 吉林省	8. 青海省	14. 西藏自治区	2. 河南省	8. 四川省	14. 广西壮族自治区
3. 辽宁省	9. 陕西省		3. 安徽省	9. 贵州省	15. 海南省
4. 内蒙古自治区	10. 山西省		4. 江苏省	10. 河南省	16. 云南省
5. 新疆维吾尔自治区	11. 河北省		5. 湖南省	11. 福建省	17. 上海市
6. 宁夏回族自治区	12. 北京市		6. 江西省	12. 台湾省	18. 重庆市

用于严重风化区中 1~5 地区的砖必须进行冻融试验。其他地区的砖，其沸煮吸水率与饱和系数指标若

能达到表 6-5 的要求，可认为其抗风化性能合格，不再进行冻融试验，当有一项指标达不到要求时，也必须进行冻融试验。淤泥砖、污泥砖、固体废弃物砖应进行冻融试验。

15 次冻融试验后，每块砖样不准许出现分层、掉皮、缺棱、掉角等冻坏现象；冻后裂纹长度不得大于表 6-2 中第 5 项裂纹长度的规定。

表 6-5　抗风化性能

<table>
<tr><th rowspan="3">砖种类</th><th colspan="4">严重风化区</th><th colspan="4">非严重风化区</th></tr>
<tr><th colspan="2">5 h 沸煮吸水率(%)</th><th colspan="2">饱和系数</th><th colspan="2">5 h 沸煮吸水率(%)</th><th colspan="2">饱和系数≤</th></tr>
<tr><th>平均值</th><th>单块最大值</th><th>平均值</th><th>单块最大值</th><th>平均值</th><th>单块最大值</th><th>平均值</th><th>单块最大值</th></tr>
<tr><td>黏土砖</td><td>≤ 18</td><td>≤ 20</td><td rowspan="2">≤ 0.85</td><td rowspan="2">≤ 0.87</td><td>≤ 19</td><td>≤ 20</td><td rowspan="2">≤ 0.88</td><td rowspan="2">≤ 0.90</td></tr>
<tr><td>粉煤灰砖</td><td>≤ 21</td><td>≤ 23</td><td>≤ 23</td><td>≤ 25</td></tr>
<tr><td>页岩砖</td><td>≤ 16</td><td>≤ 18</td><td rowspan="2">≤ 0.74</td><td rowspan="2">≤ 0.77</td><td>≤ 18</td><td>≤ 20</td><td rowspan="2">≤ 0.78</td><td rowspan="2">≤ 0.80</td></tr>
<tr><td>煤矸石砖</td><td>≤ 16</td><td>≤ 18</td><td>≤ 18</td><td>≤ 20</td></tr>
</table>

Ⅵ. 酥砖和螺旋纹砖及放射性核素限量

酥砖是指砖坯被雨水淋、受潮、受冻或在焙烧过程中受热不均匀等原因，从而产生大量的网状裂纹的砖，这种现象会使砖的强度和抗冻性严重降低。

螺旋纹砖是指从挤泥机挤出的砖坯上存在螺旋纹的砖。它在烧结时不易消除，导致砖受力时易产生应力集中，使砖的强度下降。标准规定产品中不允许有欠火砖、酥砖和螺旋纹砖。

在利用煤矸石、粉煤灰等固体废弃物代替黏土原料生产砖时，由于地质成矿条件不同，可能会带入含有放射性的元素，引起放射性危害，其放射性核素限量应符合《建筑材料放射性核素限量》(GB 6566—2010)的规定。

Ⅶ. 产品标记

烧结普通砖的产品标记按英文缩写(Fired Common Bricks，简记为 FCB)、类别、强度等级和标准编号顺序编写。示例：烧结普通砖，强度等级 MU15 的黏土砖，其标记为：FCB N MU15 GB 5101。

(3)烧结普通砖的应用

烧结普通砖具有较高的强度、较好的耐久性及保温、隔热、隔声、价格低廉等优点，加之原料广泛、工艺简单，所以是应用历史最久、应用范围最为广泛的墙体材料，常用于砌筑墙体、基础、柱、拱、烟囱，铺砌地面、沟道等。可在砌体中设置适当的钢筋或钢筋网成为配筋砌筑体，以代替混凝土柱和过梁。中等泛霜的砖不能用于潮湿部位。

2. 烧结多孔砖

烧结多孔砖是以黏土、页岩、煤矸石、粉煤灰、淤泥(江河湖淤泥)及其他固体废弃物等为主要原料，经焙烧制成的主要用于建筑物承重部位的多孔砖和多孔砌块(以下简称砖和砌块)，形状如图 6-4 所示。

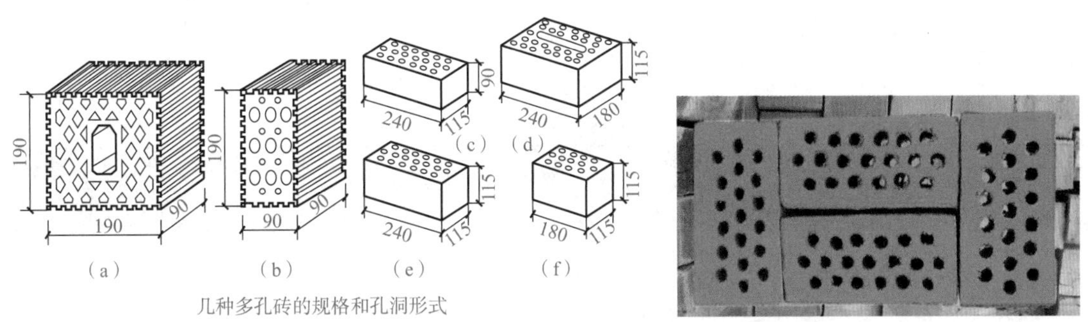

图 6-4　烧结多孔砖外形

(a)KM1 型　(b)KM1 型配砖　(c)KP1 型　(d)KP2 型　(e)、(f)KP2 型配砖

(1)砖和砌块的分类、规格、等级和标记

砖和砌块的分类、规格、等级和标记依据《烧结多孔砖和多孔砌块》(GB 13544—2011)的规定。

1)分类　按主要原料分为黏土砖和黏土砌块(N)、页岩砖和页岩砌块(Y)、砖和煤矸石砌块(M)、粉煤灰砖和粉煤灰砌块(F)、淤泥砖和淤泥砌块(U)、固体废弃物砖和固体废弃物砌块(G)。

2)规格　砖和砌块的外形一般为直角六面体,在与砂浆的结合面上应设有增加结合力的粉刷槽和砌筑砂浆槽。砖规格尺寸(mm):290、240、190、180、140、115、90;砌块规格尺寸(mm):490、440、390、340、290、240、190、180、140、115、90。其他规格尺寸由供需双方协商确定。

3)等级　砖和砌块等级分为强度等级和密度等级。依据抗压强度分为 MU30、MU25、MU20、MU15、MU10 五个强度等级;依据密度等级分为 1 000、1 100、1 200、1 300 四个密度等级,砌块分为 900、1 000、1 100、1 200 四个密度等级。

4)产品标记　砖和砌块的产品标记按产品名称、品种、规格、强度等级、密度等级和标准号顺序编写。示例:规格尺寸 290 mm × 140 mm × 90 mm、强度等级 MU25、密度 1 200 级的黏土烧结多孔砖,其标记为:烧结多孔砖 N 290 × 140 × 90 MU25 1200　GB 13544—2011。

(2)技术要求

1)尺寸允许偏差　尺寸允许偏差应满足表 6-6 的要求。

表 6-6　烧结多孔砖尺寸允许偏差　(mm)

尺寸	样本平均偏差	样本极差
>400	± 3.0	≤ 10.0
300~400	± 2.5	≤ 9.0
200~300	± 2.5	≤ 8.0
100~200	± 2.0	≤ 7.0
<100	± 1.5	≤ 6.0

2)外观质量　烧结多孔砖的外观质量应符合表 6-7 的规定。

表 6-7　烧结多孔砖的外观质量　(mm)

项　目		指　标
完整面		不得少于一条面和一顶面
缺棱掉角的三个破坏尺寸		不得同时大于 30
裂纹长度	大面(有孔面)上深入孔壁 15 mm 以上宽度方向及其延伸到条面的长度	≤ 80
	大面(有孔面)上深入孔壁 15 mm 以上长度方向及其延伸到顶面的长度	≤ 100
	条顶面上的水平裂纹	≤ 100
杂质在砖或砌块面上造成的凸出高度		≤ 5

注:凡有下列缺陷之一者,不能称为完整面:缺损在条面或顶面上造成的破坏面尺寸同时大于 20 mm×30 mm;条面或顶面上裂纹宽度大于 1 mm,其长度超过 70 mm;压陷、焦花、粘底在条面或顶面上的凹陷或凸出超过 2 mm,区域最大投影尺寸同时大于 20 mm×30 mm。

3)密度等级　烧结多孔砖密度等级应符合表 6-8 的规定。

表 6-8　砖和砌块的密度等级　(kg/m^3)

密度等级		3 块砖或砌块干燥表观密度平均值
砖	砌块	
—	900	≤ 900
1 000	1 000	900~1 000
1 100	1 100	1 000~1 100
1 200	1 200	1 100~1 200
1 300	—	1 200~1 300

4)强度等级　强度以大面(有孔面)抗压强度结果表示。砖和砌块强度等级应符合表 6-9 的规定。

表 6-9　强度等级　(MPa)

强度等级	抗压强度平均值 $\overline{f}$	强度标准值 f_k
MU30	≥ 30.0	≥ 22.0
MU25	≥ 25.0	≥ 18.0
MU20	≥ 20.0	≥ 14.0
MU15	≥ 15.0	≥ 10.0
MU10	≥ 10.0	≥ 6.5

5)泛霜与石灰爆裂　每块砖不允许出现严重泛霜。破坏尺寸大于 2 mm 且小于或等于 15 mm 的爆裂区域,每组砖和砌块不得多于 15 处,其中大于 10 mm 的不得多于 7 处;不允许出现破坏尺寸大于 15 mm 的爆裂区域。

6)抗风化性能　风化区的分类见表 6-4。严重风化区中的 1、2、3、4、5 地区的砖、砌块和其他地区以淤泥、固体废弃物为主要原料生产的砖和砌块必须进行冻融试验;其他地区以黏土、粉煤灰、页岩、煤矸石为主要原料生产的砖和砌块的抗风化性能符合表 6-10 的规定时,可不做冻融试验,否则必须进行冻融试验。

表 6-10　抗风化性能

种类	项　目							
	严重风化区				非严重风化区			
	5 h 沸煮吸水率(%)		饱和系数		5 h 沸煮吸水率(%)		饱和系数	
	平均值	单块最大值	平均值	单块最大值	平均值	单块最大值	平均值	单块最大值
黏土砖和砌块	≤ 21	≤ 23	≤ 0.85	≤ 0.87	≤ 23	≤ 25	≤ 0.88	≤ 0.90
粉煤灰砖和砌块	≤ 23	≤ 25			≤ 30	≤ 32		
页岩砖和砌块	≤ 16	≤ 18	≤ 0.74	≤ 0.77	≤ 18	≤ 20	≤ 0.78	≤ 0.80
煤矸石砖和砌块	≤ 19	≤ 21			≤ 21	≤ 23		

注:粉煤灰掺入量(质量比)小于 30% 时按黏土砖和砌块规定判定。

15 次冻融循环试验后,每块砖和砌块不允许出现裂纹、分层、掉皮、缺棱掉角等冻坏现象。产品中不允许有欠火砖(砌块)、酥砖(砌块)。砖和砌块的放射性核素限量应符合《建筑材料放射性核素限量》(GB 6566—2010)的规定。

(3)烧结多孔砖的应用

烧结多孔砖可代替烧结普通砖,用于建筑物的承重墙体。中等泛霜的砖不得用于潮湿部位。

3. 烧结空心砖

烧结空心砖是指以黏土、页岩、煤矸石、粉煤灰淤泥(江、河、湖等淤泥)、建筑渣土及固体废弃物为主要原料,经焙烧而成的砖,主要用于非承重墙和填充墙体。根据《烧结空心砖和空心砌块》(GB 13545—2014)的规定,烧结空心砖的主要技术要求如下。

(1)规格尺寸

烧结空心砖的外形为直角六面体,如图 6-5 所示,砖的长、宽、高尺寸应符合下列要求:长度规格尺寸(mm):390、290、240、190、180(175)、140。宽度规格尺寸(mm):190、180(175)、140、115。高度规格尺寸(mm):180(175)、140、115、90。其他规格尺寸由供需双方协商确定。

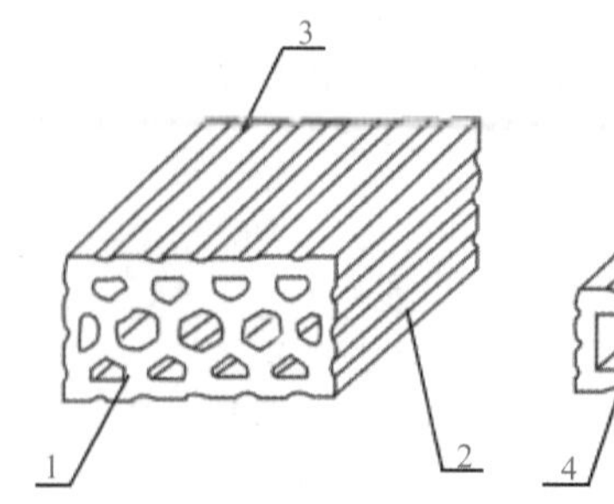

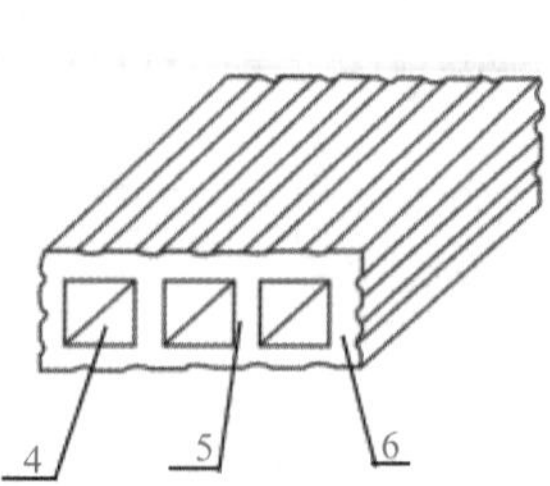

图 6-5　烧结空心砖

1—顶面；2—条面；3—大面；4—壁孔；5—肋；6—外壁

（2）强度等级

根据抗压强度分为 MU10.0、MU7.5、MU5.0、MU3.5 四个强度等级。各强度等级的强度值应符合表 6-11 的要求。

表 6-11　烧结空心砖和空心砌块的强度等级

强度等级	抗压强度（MPa）		
	抗压强度平均值 $\overline{f}$	变异系数 $\delta \leqslant 0.21$	变异系数 $\delta > 0.21$
		强度标准值 f_k	单块最小抗压强度值 f_{min}
MU10.0	≥ 10.0	≥ 7.0	≥ 8.0
MU7.5	≥ 7.5	≥ 5.0	≥ 5.8
MU5.0	≥ 5.0	≥ 3.5	≥ 4.0
MU3.5	≥ 3.5	≥ 2.5	≥ 2.8

（3）尺寸允许偏差

尺寸允许偏差见表 6-12。

表 6-12　烧结空心砖尺寸允许偏差　（mm）

尺寸	样本平均偏差	样本极差
>300	± 3.0	≤ 7.0
200~300	± 2.5	≤ 6.0
100~200	± 2.0	≤ 5.0
<100	± 1.7	≤ 4.0

（4）密度等级

烧结空心砖体积密度分为 800、900、1 000、1 100 四个体积密度级别（见表 6-13）。强度、密度、抗风化性能和放射性物质合格的砖和砌块，根据《烧结空心砖和空心砌块》（GB 13545—2014），取消了质量等级划分。

表 6-13　烧结空心砖和空心砌块的密度级别

密度级别	5 块体积密度平均值（kg/m^3）
800	≤ 800
900	801~900
1 000	901~1 000
1 100	1 001~1 100

（5）外观质量

烧结空心砖的外观质量要求见表 6-14。

表 6-14　烧结空心砖的外观质量要求　　（mm）

项　　目		指标
弯曲		≤ 4
缺棱掉角的三个破坏尺寸		不得同时大于 30
垂直度差		≤ 4
未贯穿裂纹长度	大面上宽度方向及其延伸到条面的长度	≤ 100
	大面上长度方向或条面上水平面方向的长度	≤ 120
贯穿裂纹长度	大面上宽度方向及其延伸到条面的长度	≤ 40
	壁、肋沿长度方向、宽度方向及其水平面方向的长度	≤ 40
肋、壁内残缺长度		≤ 40
完整面		不得少于一条面和一大面

注：凡有下列缺陷之一者，不能称为完整面：缺损在大面、条面上造成的破坏面尺寸同时大于 20 mm × 30 mm；大面、条面上裂纹宽度大于 1 mm，其长度超过 70 mm；压陷、焦花、粘底在大面、条面上的凹陷或凸出超过 2 mm，区域尺寸同时大于 20 mm × 30 mm。

（6）抗风化性能

风化区的分类见表 6-4。严重风化区中的 1、2、3、4、5 地区的空心砖和空心砌块必须进行冻融试验；其他地区的空心砖和空心砌块抗风化性能符合表 6-15 规定时可不做冻融试验，否则应该做冻融试验。

表 6-15　抗风化性能

种类	项　　目							
	严重风化区				非严重风化区			
	5 h 沸煮吸水率（%）		饱和系数		5 h 沸煮吸水率（%）		饱和系数	
	平均值	单块最大值	平均值	单块最大值	平均值	单块最大值	平均值	单块最大值
黏土砖和砌块	≤ 21	≤ 23	≤ 0.85	≤ 0.87	≤ 23	≤ 25	≤ 0.88	≤ 0.90
粉煤灰砖和砌块	≤ 23	≤ 25			≤ 30	≤ 32		
页岩砖和砌块	≤ 16	≤ 18	≤ 0.74	≤ 0.77	≤ 18	≤ 20	≤ 0.78	≤ 0.80
煤矸石砖和砌块	≤ 19	≤ 21			≤ 21	≤ 23		

注：粉煤灰掺入量（质量分数）小于 30% 时按黏土空心砖和空心砌块规定判定。
淤泥、建筑渣土及其他固体废弃物掺入量（质量分数）小于 30% 时按相应产品类别规定判定。

15 次冻融循环试验后，每块空心砖和空心砌块不允许出现裂纹、分层、掉皮、缺棱掉角等冻坏现象。冻后裂纹长度不大于表 6-14 中的第 4、5 项规定。

（7）泛霜与石灰爆裂

每块空心砖和空心砌块不允许出现严重泛霜。每组空心砖和空心砌块石灰爆裂的长度应符合下列规定。

①最大破坏尺寸大于 2 mm 且小于或等于 15 mm 的爆裂区域，每组砖样不得多于 10 处，其中大于 10 mm 的不得多于 5 处。

②不允许出现最大破坏尺寸大于 15 mm 的爆裂区域。

（8）产品标记

烧结空心砖和空心砌块的产品标记按产品名称、类别、规格、密度等级、强度等级和标准编号顺序编写。

示例 1：规格尺寸 290 mm × 190 mm × 90 mm、密度等级 800、强度等级 MU7.5 的页岩空心砖，其标记为：烧结空心砖 Y（290 × 190 × 90）800 MU7.5　GB 13545—2014。

示例 2：规格尺寸 290 mm × 290 mm × 190 mm、密度等级 1 000、强度等级 MU3.5 的黏土空心砖，其标记为：烧结空心砖 N（290 × 290 × 190）1000 MU3.5 GB 13545—2014。

烧结空心砖一般可用于砌筑填充墙和非承重墙。多孔砖和空心砖与普通砖相比，可使建筑自重减轻 1/3 左右，节约黏土 20%~30%，节省燃料 10%~20%，造价可降低 20%，施工效率可提高 40%，并能改善砖的隔热和隔声性能，在相同的热工要求下，用空心砖砌筑的墙体厚度可减半砖左右。因此，推广使用多孔砖、空心砖代替普通砖是加快我国墙体材料改革的重要措施之一。

6.1.2 蒸养(压)砖

蒸养(压)砖是以含钙材料(石灰、电石渣等)和含硅材料(砂子、粉煤灰、煤矸石、灰渣、炉渣等)与水拌合，经压制成型，在自然条件或人工热合成条件(常压或高压蒸汽养护)下反应生成以水化硅酸钙、水化铝酸钙为主要胶结料的硅酸盐建筑制品，故也称为硅酸盐砖。其主要品种有灰砂砖、粉煤灰砖、炉渣砖等。

图 6-6 灰砂砖

视频 6-3 非烧结砖

1. 灰砂砖

蒸压灰砂砖是以磨细生石灰和天然砂(也可以掺入颜料和外加剂)为原料，混合搅拌、陈化(使生石灰充分熟化)、轮碾、加压成型、蒸压养护(175~203 ℃，0.8~1.6 MPa 的饱和蒸汽)而成的砖。灰砂砖组织均匀密实，尺寸准确，外形光洁、平整，色泽大方，多为浅灰色，如图 6-6 所示。

(1)技术要求

蒸压灰砂砖的规格尺寸与烧结普通砖相同，颜色有彩色(C)和本色(N)两类。根据《蒸压灰砂实心砖和实心砌块》(GB/T 11945—2019)的规定，灰砂砖按其抗压强度和抗折强度分为 MU30、MU25、MU20、MU15 及 MU10 五个级别。彩色砖的颜色应基本一致，无明显色差。

各等级的强度指标应符合表 6-16 的规定；尺寸偏差和外观质量应符合表 6-17 的要求。

表 6-16 蒸压灰砂砖的强度指标

强度等级	抗压强度(MPa)	
	平均值	单块值
MU30	≥ 30.0	≥ 25.5
MU25	≥ 25.0	≥ 21.2
MU20	≥ 20.0	≥ 17.0
MU15	≥ 15.0	≥ 12.8
MU10	≥ 10.0	≥ 8.5

表 6-17 蒸压灰砂砖的尺寸偏差和外观质量

项目			指标
尺寸允许偏差(mm)	长度	L	±2
	宽度	B	±2
	高度	H	±1
缺棱掉角	三个方向最大投影尺寸(mm)		≤ 10
弯曲(mm)			≤ 2
裂纹延伸到投影面尺寸累计(mm)			≤ 20

蒸压灰砂砖产品标记采用产品名称(LSB)、颜色、强度等级、产品等级、标准编号的顺序进行。

示例：尺寸 240 mm × 115 mm × 53 mm，强度等级为 MU15 的本色实心砖，其标记为：LSBS-N MU15 240 × 115 × 153 GB/T 11945—2019

（2）蒸压灰砂砖的应用

蒸压灰砂砖主要用于工业与民用建筑中，MU30、MU25、MU20、MUI5 的灰砂砖可用于基础及其他建筑；MU10 的灰砂砖仅可用于防潮层以上的建筑。由于灰砂砖在长期高温作用下会发生破坏，故灰砂砖不得用于长期受 200 ℃以上或受急冷急热和有酸性介质侵蚀的建筑部位，也不适用于有流水冲刷的部位，如不能砌筑炉衬或烟囱等。

2. 粉煤灰砖

蒸压（养）粉煤灰砖是以粉煤灰、石灰和水泥为主要原料，掺入适量的石膏、外加剂、颜料和集料等，经坯料制备、成型、高压或常压蒸汽养护而制成的实心粉煤灰砖（图 6-7），按湿热养护条件不同，分别为蒸压粉煤灰砖、蒸养粉煤灰砖及自养粉煤灰砖。

图 6-7 粉煤灰砖

（1）技术要求

粉煤灰砖的规格尺寸与烧结普通砖相同。根据《蒸压粉煤灰砖》（JC/T 239—2014）规定，按抗压强度和抗折强度划分为 MU30、MU25、MU20、MU15、MU10 五个强度等级。强度等级应符合表 6-18 的规定。

表 6-18 蒸压粉煤灰砖的强度指标及抗冻性指标

强度等级	抗压强度（MPa）		抗折强度（MPa）	
	10 块平均值	单块值	10 块平均值	单块值
MU30	≥ 30	≥ 24.0	≥ 4.8	≥ 3.8
MU25	≥ 25.0	≥ 20.0	≥ 4.5	≥ 3.6
MU20	≥ 20.0	≥ 16.0	≥ 4.0	≥ 3.2
MU15	≥ 15.0	≥ 12.0	≥ 3.7	≥ 3.0
MU10	≥ 10.0	≥ 8.0	≥ 2.5	≥ 2.0

粉煤灰砖产品标记按产品名称（AFB）、规格尺寸、强度等级、质量等级、标准编号顺序编写。

示例：强度等级为 MU15，尺寸 240 mm × 115 mm × 53 mm 的粉煤灰砖标记为：AFB 240 × 115 × 53 MU15 JC/T 239。

（2）粉煤灰砖应用

粉煤灰砖可用于工业与民用建筑的墙体和基础，但用于基础或易受冻融和干湿交替作用的建筑部位时，必须使用强度不低于 MU15 的砖。不得用于长期受热（200 ℃以上）、受急冷急热和有酸性介质侵蚀的建筑部位。为避免或减少收缩裂缝的产生，用粉煤灰砖砌筑的建筑物，应适当增设圈梁及伸缩缝。

3. 炉渣砖

炉渣是煤燃烧后的残渣。炉渣砖（旧称煤渣砖）是以煤燃烧后的残渣为主要原料，掺入适量（水泥、电石渣）石灰、石膏，经混合、压制成型、蒸养或蒸压而成的实心炉渣砖。

根据《炉渣砖》(JC/T 525—2007)的规定，炉渣砖的公称尺寸为 240 mm × 115 mm × 53 mm，其他规格尺寸由供需双方协商确定。炉渣砖按其抗压强度和抗折强度分为 MU25、MU20、MU15 三个强度级别，各级别的强度指标应满足表 6-19 的规定。

表 6-19 炉渣砖的强度指标

强度等级	抗压强度平均值 f	变异系数 $\delta \leqslant 0.21$	变异系数 $\delta > 0.21$
		强度标准值 f_k	单块最小抗压强度值 f_{min}
MU25	≥ 25.0	≥ 19.0	≥ 22.0
MU20	≥ 20.0	≥ 14.0	≥ 16.0
MU15	≥ 15.0	≥ 10.0	≥ 12.0

炉渣砖产品标记按产品名称(LZ)、强度等级以及标准编号顺序进行编写。示例：强度等级为 MU20 的炉渣砖标记为：LZ MU20 JC/T 525—2007。

炉渣砖干燥收缩率不应大于 0.06%，耐火极限不小于 2 h。

炉渣砖主要用于一般建筑物的墙体和基础部位，但不得用于受高温、急冷急热交替作用和有酸性介质侵蚀的建筑部位。

6.1.3 免烧砖

免烧砖是利用粉煤灰、煤渣、煤矸石、尾矿渣、化工渣或者天然砂、海涂泥等(以上原料的一种或数种)作为主要原料，经过混合、搅拌、成型、养护，不经高温煅烧而制造的一种新型墙体材料。

免烧砖强度高、耐久性好、尺寸标准、外形完整、色泽均一，具有古朴自然的外观，可做清水墙也可以做任何外装饰。

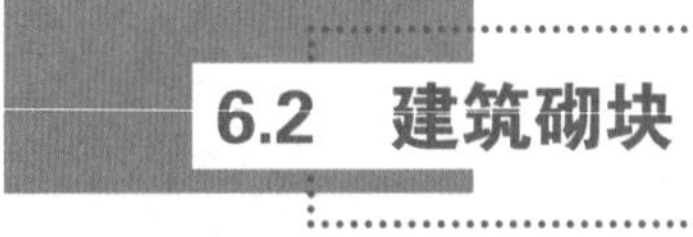

6.2 建筑砌块

视频 6-4 砌块类产品

建筑砌块是一种体积比砖大、比大板小的新型墙体材料，其外形多为直角六面体，也有各种异型的。砌块主规格尺寸中的长度、宽度和高度，至少有一项应大于 356 mm、240 mm、115 mm，但高度不大于长度或宽度的 6 倍，长度不超过高度的 3 倍。

砌块不仅尺寸大，制作工艺简单，施工效率高，可改善墙体的热工性能，而且其生产所用的原材料可以是炉渣、粉煤灰、煤矸石等，从而充分利用地方材料和工业废料，因此砌块应用广泛，是目前常用的墙体材料。

砌块按规格尺寸可分为大型砌块(主规格高度大于 980 mm)、中型砌块(主规格高度为 380~980 mm)和小型砌块(主规格高度为 115~380 mm)；按其在结构中的作用可分为承重砌块和非承重砌块；按有无孔洞及孔洞率大小可分为实心砌块、空心砌块；按材质可分为硅酸盐混凝土砌块、普通混凝土砌块、轻骨料混凝土砌块。

6.2.1 普通混凝土小型空心砌块

普通混凝土小型砌块是以水泥为胶结材料，砂、碎石或卵石为骨料，必要时加入外加剂，按一定比例配合、加水搅拌，振动加压成型，养护而成的小型砌块。它包括实心砌块(空心率小于 25%，代号 S)和空心砌块(空心率不小于 25%，代号 H)。混凝土小型空心砌块分为承重砌块和非承重砌块两类。

根据《普通混凝土小型砌块》(GB/T 8239—2014)的规定：砌块的主规格尺寸为 390 mm × 190 mm × 190 mm，辅助规格尺寸可由供需双方协商，承重空心砌块的最小外壁厚度应不小于 30 mm，最小肋厚应不小于 25 mm；非承重空心砌块最小外壁厚和最小肋厚不小于 20 mm；主砌块各部位的名称如图 6-8 所示。

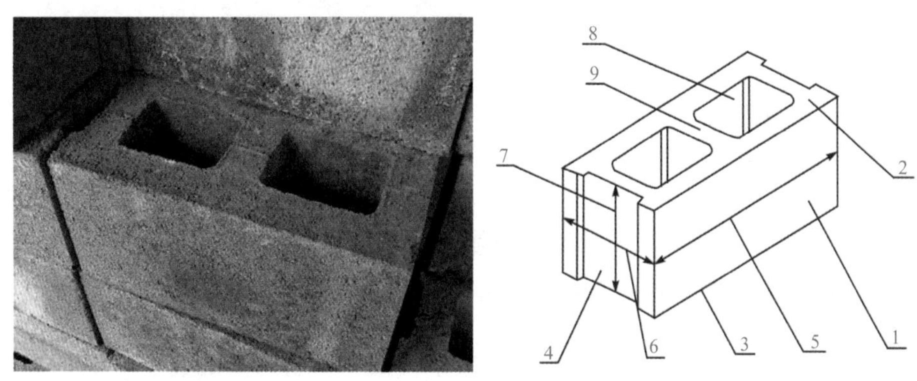

图 6-8 小型空心砌块各部位的名称

1—条面;2—坐浆面(肋厚较小的面);3—铺浆面(肋厚较大的面);4—顶面;5—长度;6—宽度;7—高度;8—壁;9—肋

尺寸偏差和外观质量具体要求见表 6-20。砌块的主要技术要求包括外观质量、强度等级、相对含水率、抗渗性及抗冻性。按其抗压强度分为 MU5.0、MU7.5、MU10、MU15、MU20、MU25、MU30、MU35、MU40 九个强度等级,具体要求见表 6-21。砌块按砌块种类、规格尺寸、强度等级(MU)、标准代号的顺序进行标记。

标记示例:规格尺寸为 395 mm × 190 mm × 194 mm、强度等级为 MU7.5 的非承重结构空心砌块,其标记为:NH 395 × 190 × 194 MU7.5 GB/T 8239—2014。

表 6-20 普通混凝土小型砌块的尺寸偏差、外观质量

项目			技术指标
尺寸允许偏差(mm)		长度	± 2
		宽度	± 2
		高度	+3、-2
外观质量	缺棱掉角	弯曲(mm)	≤ 2
		个数(个)	≤ 1
		三个方向投影尺寸最小值(mm)	≤ 20
	裂纹延伸的投影尺寸累计(mm)		≤ 30

表 6-21 普通混凝土小型砌块的强度等级

强度等级		MU5.0	MU7.5	MU10	MU15	MU20	MU25	MU30	MU35	MU40
抗压强度(MPa)	平均值	≥ 5.0	≥ 7.5	≥ 10.0	≥ 15.0	≥ 20.0	≥ 25.0	≥ 30.0	≥ 35.0	≥ 40.0
	单块最小值	≥ 4.0	≥ 6.0	≥ 8.0	≥ 12.0	≥ 16.0	≥ 20.0	≥ 24.0	≥ 28.0	≥ 32.0

其产品质量检验规则如下。

(1)检验分类

1)出厂检验 检验项目为尺寸偏差、外观质量、强度等级、最小壁肋厚度,用于清水墙的砌块尚应检验抗渗性。

2)型式检验 检验项目为技术要求中的全部项目。有下列情况之一者,必须进行型式检验:新产品投产或产品定型鉴定时;正常生产后,原材料、配比和生产工艺改变时;正常生产时,每年进行一次;产品停产三个月以上恢复生产时;出厂检验与上次型式检验结果有较大差异时。

(2)组批规则

砌块按外观质量等级和强度等级分批验收。以同一种原材料配制成的相同规格、龄期、强度等级和同一工艺生产的 500 m^3 且不超过 3 万块砌块为一批,每周生产不足 500 m^3 且不足 3 万块者亦按一批。

（3）抽样规则

每批随机抽取 32 块做尺寸偏差和外观质量检验。

从尺寸偏差和外观质量合格的检验批中，随机抽取一定数量进行空心率、外壁和肋厚、强度等级、吸水率、线性干燥收缩值、抗冻性、碳化系数、软化系数、放射性核素限量项目的检验。

（4）判定规则

若受检砌块的尺寸偏差和外观质量均符合相应指标，则判该砌块合格。

若受检的 32 块砌块中，尺寸偏差和外观质量的不合格块数不超过 7 块，则判该批砌块合格，否则判不合格。

混凝土小型空心砌块使用灵活，砌筑方便，多用于非承重墙和隔墙，这种砌块在砌筑时一般不宜浇水，但在气候特别干燥炎热时，可在砌筑前稍喷水湿润。砌块堆放运输及砌筑时应有防雨措施，宜采用薄膜包装。砌块装卸时，严禁碰撞、扔摔，应轻码轻放，不许翻斗倾斜。砌筑时尽量采用主规格砌块，并应先清除砌块表面污物和砌块孔洞的底部毛边。

6.2.2　蒸压加气混凝土砌块

图 6-9　蒸压加气混凝土砌块

蒸压加气混凝土砌块（简称加气混凝土砌块），代号 ACB，是以钙质材料和硅质材料（如粉煤灰、石英砂、粒化高炉矿渣）为基本原料，经过磨细，并以铝粉为发气剂，按一定比例配合，再经过料浆浇筑、发气成型、坯体切割和蒸压养护等工艺制成的一种轻质、多孔的建筑材料。如以粉煤灰、石灰和水泥等为基本原料制成的砌块，称为蒸压粉煤灰加气混凝土砌块；以磨细砂、矿渣粉和水泥等为基本原料制成的砌块，称为蒸压矿渣砂加气混凝土砌块（见图 6-9）。

1. 规格尺寸

《蒸压加气混凝土砌块》（GB 11968—2006）规定，砌块的规格尺寸见表 6-22。

表 6-22　蒸压加气混凝土砌块的规格尺寸

长度（mm）	宽度（mm）	高度（mm）
600	100、120、125、150、180、200、240、250、300	200、240、250、300

2. 主要技术要求

（1）砌块的强度级别

砌块按抗压强度分为 A1.0、A2.0、A2.5、A3.5、A5.0、A7.5、A10.0 七个强度级别，各级别的立方体抗压强度值见表 6-23。

表 6-23　蒸压加气混凝土砌块的抗压强度

强度等级		A1.0	A2.0	A2.5	A3.5	A5.0	A7.5	A10.0
立方体抗压强度（MPa）	平均值≥	1.0	2.0	2.5	3.5	5.0	7.5	10.0
	单块最小值≥	0.8	1.6	2.0	2.8	4.0	6.0	8.0

（2）体积密度等级

砌块按体积密度分为 B03、B04、B05、B06、B07、B08 六个体积密度级别，见表 6-24。

表 6-24　蒸压加气混凝土砌块的干密度

干密度级别		B03	B04	B05	B06	B07	B08
干密度（kg/m^3）	优等品（A）	≤ 300	≤ 400	≤ 500	≤ 600	≤ 700	≤ 800
	合格品（B）	≤ 325	≤ 425	≤ 525	≤ 625	≤ 725	≤ 825

（3）砌块的质量等级

砌块按尺寸偏差、外观质量、干密度、抗压强度和抗冻性分为优等品（A）和合格品（B）两个等级，其具体指标见表 6-25。

表 6-25 蒸压加气混凝土砌块的强度级别

干密度级别		B03	B04	B05	B06	B07	B08
强度级别	优等品（A）	A1.0	A2.0	A3.5	A5.0	A7.5	A10.0
	合格品（B）			A2.5	A3.5	A5.0	A7.5

示例：强度等级为 A3.5、干密度级别为 B05、优等品、规格尺寸为 600 mm × 200 mm × 250 mm 的蒸压加气混凝土砌块，其标记为 ACB A3.5 B05 600 × 200 × 250A GB 11968。

3. 蒸压加气混凝土砌块的应用

①蒸压加气混凝土砌块质量轻，表观密度约为黏土砖的 1/3，普通混凝土的 1/5，由于建筑自重减轻，地震破坏力小，所以大大提高了建筑物的抗震能力。

②蒸压加气混凝土砌块导热系数小，具有保温、隔热、隔声性能好，耐火性好，易于加工，施工方便等特点，是应用较多的轻质墙体材料之一。

③适用于低层建筑的承重墙、多层建筑的间隔墙和高层框架结构的填充墙，也可用于一般工业建筑的围护墙，作为保温隔热材料，也可用于复合墙板和屋面结构中。

④加气混凝土不得用于建筑物基础和处于浸水、高温和有化学侵蚀环境（如强酸、强碱和高浓度二氧化碳）中，也不能用于承重制品表面温度高于 80 ℃的建筑部位。蒸压加气混凝土砌块（见图 6-10）是应用广泛的墙体材料。

图 6-10 蒸压加气混凝土砌块砌筑

6.2.3 轻骨料混凝土小型空心砌块

轻骨料混凝土小型空心砌块（代号 LB），是由水泥、砂（轻砂或普通砂）、轻粗集料、水等经搅拌、装模、振动、成型养护而得（见图 6-11）的一种空心率大于 25%，表观密度小于 1 400 kg/m³ 的轻质墙体材料。

图 6-11 轻骨料混凝土小型空心砌块

轻粗集料按所用原材料可分为天然轻集料（如浮石、火山渣）、工业废渣类轻集料（如煤渣、自燃煤矸石）、人造轻集料（如黏土陶粒、页岩陶粒、粉煤灰陶粒）。

根据《轻集料混凝土小型空心砌块》（GB/T 15229—2011）的

规定，轻集料混凝土小型空心砌块按砌块孔的排数分为：单排孔（1）、双排孔（2）、三排孔（3）和四排孔（4）四类。按其密度可分为700、800、900、1 000、1 100、1 200、1 300、1 400八个密度等级；按其强度可分为MU2.5、MU3.5、MU5.0、MU7.5、MU10.0五个强度等级。其主规格尺寸为390 mm × 190 mm × 190 mm，其他规格尺寸可由供需双方商定。吸水率应不大于18%，干燥收缩率应不大于0.065%。砌块应按类别、密度等级和强度等级分批堆放。砌块装卸时，严禁碰撞、扔摔，应轻码轻放，不许用翻斗车轻卸。

轻集料混凝土小型空心砌块具有轻质、保温、隔热性能好等特点，在保温、隔热要求较高的围护结构中应用广泛，可用于工业及民用的建筑承重和非承重墙体，特别适合高层建筑的填充墙和内隔墙。

6.3 墙用板材

视频 6-5 墙用板材

我国目前可用于墙体的轻质板材品种较多，各种板材都有其特点，从板的形式分，有薄板、条板、轻型复合板等类型。每种板中又有很多品种，如薄板类有石膏板、纤维水泥板、蒸压硅酸钙板、水泥刨花板、水泥木屑板、建筑用纸面草板；条板类有石膏空心条板、加气混凝土空心条板、玻璃纤维增强水泥空心条板、预应力混凝土空心墙板、硅镁加气空心轻质墙板等；轻型复合板类有钢丝网架水泥夹芯板及其他夹芯板等。下面仅介绍几种有代表性的板材。

6.3.1 轻质面板

轻质面板常见品种有纸面石膏板、纤维增强低碱度水泥建筑平板、水泥木屑板（水泥刨花板）等。

1. 纸面石膏板

纸面石膏板是以建筑石膏为主要原料，掺入适量添加剂与纤维做板芯，以特制的板纸为护面，经加工制成的板材，如图6-12所示，按其用途分为普通纸面石膏板、耐水纸面石膏板、耐火纸面石膏板和防潮石膏板四种。

图 6-12 纸面石膏板

纸面石膏板韧性好，不燃，尺寸稳定，表面平整，可以锯割，便于施工，主要用于吊顶、隔墙、内墙贴面、天花板、吸声板等。

（1）普通纸面石膏板

普通纸面石膏板采用象牙白色板芯，灰色纸面，是最为经济与常见的品种，适用于无特殊要求的使用场所，使用场所连续相对湿度不超过65%。因为价格低，很多人喜欢使用9.5 mm厚的普通纸面石膏板做吊顶或间墙，但是由于9.5 mm普通纸面石膏板比较薄、强度不高，在潮湿条件下容易发生变形，因此建议选用12 mm以上的石膏板。同时，使用较厚的板材也是预防接缝开裂的一个有效手段。

（2）耐水纸面石膏板

其板芯和护面纸均经过了防水处理，根据国标的要求，耐水纸面石膏板的纸面和板芯都必须达到一定的防水要求（表面吸水量不大于160 g，吸水率不超过10%）。耐水纸面石膏板适用于连续相对湿度不超过

95% 的使用场所，如卫生间、浴室等。

（3）耐火纸面石膏板

其板芯内增加了耐火材料和大量玻璃纤维，如果切开石膏板，可以从断面处看见很多玻璃纤维。质量好的耐火纸面石膏板会选用耐火性能好的无碱玻纤，一般的产品都选用中碱或高碱玻纤。

（4）防潮石膏板

防潮石膏板具有较高的表面防潮性能，表面吸水率小于 160 g/m²，防潮石膏板用于环境湿度较大的房间吊顶、隔墙和贴面墙。

纸面石膏板表面平整、尺寸稳定，具有自重轻、保温隔热、隔声、防火、抗震、可调节室内湿度、加工性好、施工简便等优点，但用纸量较大、成本较高。

2. 纤维增强低碱度水泥建筑平板

纤维增强低碱度水泥建筑平板是以温石棉、抗碱玻璃纤维等为增强材料，以低碱水泥为胶结材料，加水混合成浆，经制坯、压制、蒸养而成的薄型平板。按石棉掺入量分为掺石棉纤维增强低碱度水泥建筑平板（代号为 TK）与无石棉纤维增强低碱度水泥建筑平板（代号为 NTK）。该产品按《纤维增强低碱度水泥建筑平板》（JC/T 626—2008）执行，适用于以温石棉、短切中碱玻璃纤维或以抗碱玻璃纤维为增强材料，以 I 型低碱度硫铝酸盐水泥为胶结材料制成的建筑平板。该产品按尺寸偏差和物理力学性能分为优等品（A）、一等品（B）和合格品（C）三个等级。平板质量轻、强度高，防潮、防火，不易变形，可加工性好，适用于各类建筑物室内的非承重内隔墙和吊顶平板等。

3. 水泥木屑板（水泥刨花板）

水泥刨花板是一种以硅酸盐水泥为胶结材料，以木质刨花（或棉秆、麻秆、豆秆、稻草等植物纤维）为加强筋材料，加入水和化学助剂，经混合搅拌、气流铺装、叠压成型、蒸养护和人工干燥等工序而制成的人造板材（见图 6-13），长度 1 800~3 600 mm，宽度 600~1 200 mm，厚度 8~40 mm。

水泥刨花板具有良好的物理力学性能、防水防火性能和加工性能，是一种综合性能优良的新型墙体材料和装饰装修材料，可广泛用作各种建筑物的天棚吊顶板、非承重内隔墙板、地面板、屋面板、外墙板以及岗亭、售货亭、活动房等临时设施的围护材料，还是制造高级防静电地板的最佳基材。

图 6-13　水泥刨花板饰面

选用水泥刨花板时应考虑的主要技术指标：密度、平面抗拉强度、抗冲击强度、抗冻性、浸水 24 h 抗折强度、燃烧性能、线性膨胀收缩率。水泥刨花板内隔墙还应考虑墙体的隔声性能和耐火性能。

6.3.2　轻质条板

轻质条板是面密度不大于规定数值，长宽比不小于 2.5，采用轻质材料或轻型构造制作，用于非承重内隔墙的预制条板。轻质条板按断面构造分为空心条板、实心条板和复合夹芯条板三种类型；按板的构造类型，可分为普通板、门窗框板、异型板；按材料可分为轻集料混凝土条板、玻纤增强水泥条板、玻纤增强石膏条板、硅镁加气水泥条板、粉煤灰泡沫水泥条板、植物纤维复合条板、聚苯颗粒水泥夹芯复合条板。轻质条板产品分类和代号见表 6-26。

表 6-26 轻质条板产品分类及代号

分类方法	名称	代号
按断面构造分类	空心条板	K
	实心条板	S
	复合夹芯条板	F
按构造类型分类	普通板	PB
	门窗框板	MCB
	异型板	YB

轻质条板标记按改型序号(依次用大写汉语拼音字母 A、B 表示)、板尺寸、分类代号(PB、MCB、YB)、产品代号(K、S、F)顺序编写。示例:板长为 2 540 mm,宽度 600 mm,厚度 90 mm 的空心条板门窗框板,标记为:KMCB 254 × 60 × 9 JG/T 169—2005。

6.3.3 绝热芯板

1. 钢丝网架水泥夹芯板

钢丝网架水泥夹芯板是以钢丝制成不同的三维空间结构以承受荷载,以发泡聚苯乙烯或半硬质岩棉板或玻纤板为保温芯材而制成的一类轻型复合板材,两侧配以直径为 2 mm 的冷拔钢丝网片,钢丝网目 50 mm × 50 mm。该板材以芯材不同分为聚苯乙烯泡沫、岩棉、矿渣棉、膨胀珍珠岩等类型,面层都以水泥砂浆抹面。

此类复合墙板的最典型产品是泰柏板,如图 6-14 所示。泰柏板又称舒乐舍板、3D 板、三维板。板的名称不同,但板的基本结构相似。

图 6-14 泰柏板的施工

钢丝网架水泥夹芯板于 20 世纪 80 年代初从国外引进我国,发展很快,后来相继出现以整块聚苯泡沫保温板为芯材的舒乐舍板和以岩棉保温板为芯材的 GY 板(又称钢丝网岩棉夹芯复合板)。

泰柏板具有节能、质量轻、强度高、防火、抗震、隔热、隔声、抗风化、耐腐蚀等优良性能,广泛用于内隔墙、围护墙、保温复合外墙和双轻体系(轻板、轻框架)的承重墙;还可用于楼面、屋面、吊顶、新旧楼房加层和卫生间隔墙等;面层可做任何贴面装修。

2. 金属面绝热夹芯板

金属面绝热夹芯板是由双金属面和黏结于两金属面之间的绝热芯材组成的自支撑的复合板材,按芯材的不同分为聚苯乙烯夹芯板、硬质聚氨酯泡沫夹芯板、岩棉或矿渣棉夹芯板、玻璃棉夹芯板四类;按用途分为墙板、屋面板。

6.3.4 复合墙体

以单一材料制成的板材,常因材料本身的局限性而使其应用受到限制。如质量较轻、隔热、隔声效果较好的石膏板、加气混凝土板、稻草板等，因其耐水性差或强度较低，通常只能用于非承重内隔墙。而水泥混凝土类板材虽有足够的强度和耐久性，但其自重大，隔声保温性能差。为克服上述缺点，常用不同材料组合成多功能的复合墙体以满足需要。

常用的复合墙体主要由承受（或传递）外力的结构层（多为普通混凝土或金属板）、保温层（矿棉、泡沫塑料、加气混凝土等）及面层（各类具有可装饰性的轻质薄板）组成，如图 6-15 所示。

其优点是承重材料和轻质保温材料的功能都得到合理利用，实现物尽其材，开拓材料来源。

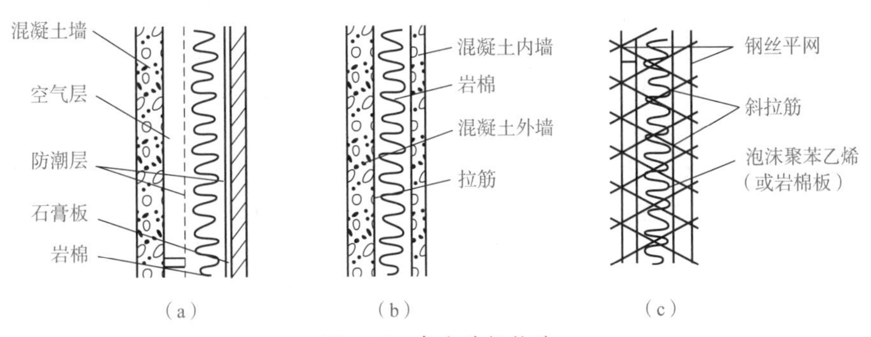

图 6-15　复合墙板构造

（a）拼装复合墙　（b）岩棉 - 混凝土预制复合墙板　（c）泰柏板（或 GY 板）

复合墙体的保温隔热有三种形式：第一种是将保温隔热材料放在内、外面层材料中间的夹芯式复合墙体；第二种是将保温隔热材料设置在两侧；第三种是将保温隔热材料设置在板的一侧，这样可以有效防止墙体内部结露。

由面板材料、保温材料和龙骨材料组成的复合墙体具有以下特点。

①充分地发挥了各类材料的优点。

②墙体是通过现场组装来实现的。

③施工方便、快速。

④对于将来改变建筑室内隔墙的布局有利。

⑤为设计人员根据建筑的使用功能和风格，较为灵活地运用复合墙体材料提供了可能。

复合墙体一般由保温隔热材料和面层材料组成。墙体保温隔热材料种类繁多，基本上可归纳为无机和有机两大类。面层材料分非金属和金属两大类。

常用复合墙体主要有以下几种形式。

（1）夹芯复合板

1）钢筋混凝土类夹芯复合板　钢筋混凝土类夹芯复合板使用岩棉代替聚苯乙烯泡沫塑料作为保温隔热材料，板总厚为 250 mm；其中内侧作为承重的混凝土结构层，厚 150 mm，岩棉保温层厚 50 mm，外侧的混凝土保护层厚 50 mm。钢筋混凝土类夹芯复合板可达到 490 mm 厚砖墙的保温效果，具有节省建筑采暖能耗的作用。

2）钢丝网水泥类夹芯复合板　钢丝网水泥类夹芯复合板是一类半预制与现场复合相结合的墙体材料，这类复合板可用于各种自承重墙体，在低层建筑中也可用作承重墙体。

3）聚氨酯夹芯复合板　聚氨酯夹芯复合板通常以彩色镀锌钢板为外表面用材，经过数道辊轧，成为压型板，然后与液体聚氨酯发泡复合而成。

（2）薄平板材

复合墙体用薄平板材的主要特点是轻质、高强、耐火和具有良好的可加工性，薄平板材包括石膏板、纤维增强水泥板、纤维增强硅酸钙板（硅钙板）、纤维增强硬石膏压力板。

（3）墙体龙骨

复合墙体主要由面板材料敷装、固定在组装成的龙骨骨架上构成。因此，墙体龙骨材料的材质、质量以及组装后的龙骨骨架的强度、刚度是关系墙体质量的关键因素。目前最普通的墙体龙骨有两种：墙体轻钢龙骨和墙体石膏龙骨。

（4）外墙及屋面的护、饰面板

玻璃纤维增强水泥外墙板（CRC外墙板）是一种以水泥砂浆为基材，以玻璃纤维（或玻璃纤维网格布）为增强材料制成的外墙护面板。

6.3.5 墙体保温材料

墙体保温材料是近年发展的新型墙体材料，可大量节约墙体材料，提高墙体的保温性能，节约资源，减少环境污染。目前墙体节能保温材料包括有机类（如苯板、聚苯板、挤塑板、聚苯乙烯泡沫板、硬质泡沫聚氨酯、聚碳酸酯及酚醛等）、无机类（如珍珠岩水泥板、泡沫水泥板、岩棉、保温砂浆等）和复合材料类（如金属夹芯板，芯材为聚苯、玻化微珠、聚苯颗粒等）。聚苯乙烯泡沫板如图6-16所示。

视频6-6 聚苯乙烯泡沫板

外墙保温材料还要考虑防火等级要求。目前市面上的保温材料，普遍存在着开裂脱落的隐患，所以施工过程中，必须用抗裂砂浆网格布来弥补这方面的缺陷，以达到墙体保温的效果。

图6-16 聚苯乙烯泡沫板

6.4 屋面材料

屋面就是建筑物屋顶的表面，直接承受风雨、冰冻和太阳光照射等自然环境的作用。屋面材料主要起防水、隔热保温、防渗漏等作用。目前我国常用的屋面材料主要有各种材质的瓦类和各种高分子复合材料（含轻型板材）。

6.4.1 屋面瓦材

瓦的生产始于西周时期，春秋时期瓦被普遍使用，西汉时期工艺上又取得了明显的进步，瓦的质量有较大提高，因此称为“秦砖汉瓦”。房子的屋面系统大致可以分成坡屋面和平屋面两个系统。坡屋面系统的历史可以追溯到远古，我国自有史记载以来至清末，房屋建筑几乎都是坡屋面。国外也大致如此，不过更具特色和多样性，如各种尖屋顶、圆球屋顶等。平屋面系统实际是从古代城堡结构演化而来的，伴随着现代混凝土构件的发展，在许多高层建筑上获得了广泛应用。屋面基本都使用屋面瓦。

瓦作为最古老的建筑材料之一，千百年来被广泛使用。瓦是最主要的屋面材料，它不仅起到了遮风挡雨和室内采光的作用，而且有着重要的装饰效果，随着现代新材料不断涌现，瓦的其他功能也不断出现。

1. 烧结类瓦材

（1）黏土瓦

黏土瓦以黏土为主要原料，经成型、干燥、焙烧而成，对黏土的质量要求较高，如含杂质少、塑性高、泥料均化程度高等，按颜色分为红瓦和青瓦；按形状分为平瓦和脊瓦；按生产工艺分为压制瓦和挤出瓦。压制瓦经过模压成型后焙烧而成的平瓦、脊瓦，称为压制平瓦、压制脊瓦；挤出瓦经过挤出成型后焙烧而成的平瓦、脊瓦，称为挤出平瓦、挤出脊瓦。

视频6-7 屋面材料

视频6-8 屋面瓦材料

脊瓦与平瓦配套使用，专门用于覆盖屋脊处，截面呈120°，脊瓦的长度一般为400 mm，宽度一般为250 mm，有八字形和半圆弧形两种，按其外观质量可分为一等品和合格品两个等级。对脊瓦的质量要求是：不翘曲、不变形、不缺棱掉角、不裂缝、没有砂眼。单块脊瓦的最小抗折荷载不得小于580 N，抗冻性要求同平瓦。一批瓦的颜色应基本一致。

黏土瓦主要用于民用建筑和农村建筑的坡形屋面防水，如图6-17（a）所示。但由于使用材料大量毁坏土地，且耗能较大，生产和施工的生产率均不高，因此已出现了许多替代产品。

(2)琉璃瓦

琉璃瓦是采用优质矿石原料，经过筛选粉碎、高压成型、高温烧制而成的。

琉璃瓦具有强度高、平整度好、吸水率低、抗折、抗冻、耐酸、耐碱、永不褪色、造型多样、釉色质朴、多彩、环保、耐用、不长苔藓、无须人工护理等优点。这种瓦表面光滑、质地坚硬、色彩美丽，常用的有黄、绿、黑、蓝、青、紫、翡翠等颜色，其造型多样，主要有板瓦、滴水、勾头等，有时还制成飞禽、走兽等形象作为檐头和屋脊的装饰，是一种富有中国传统民族特色的高级屋面防水与装饰材料。

琉璃瓦耐久性好，但成本高，一般只在古建筑修复、纪念性建筑及园林建筑中的厅、台、楼、阁上使用，如图 6-17(b)所示。

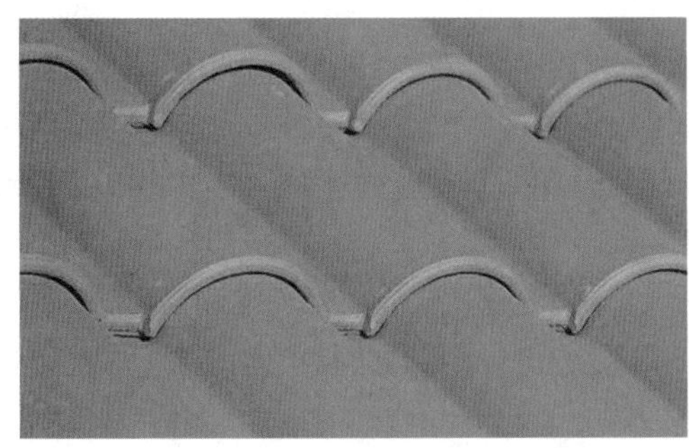

(a)

(b)

图 6-17　烧结类瓦材

(a)黏土瓦屋面　(b)琉璃瓦屋面

2. 水泥类屋面瓦材

(1)混凝土瓦

混凝土瓦是以水泥、细集料、水等为主要原料，经过拌合、压制成型、养护而成的，用于坡屋面的混凝土屋面瓦及与其配合使用的混凝土配件瓦，如图 6-18(a)所示。混凝土屋面瓦又分为波形屋面瓦和平面屋面瓦。根据《混凝土瓦》(JC/T 746—2007)，混凝土瓦的规格以长 × 宽(mm)表示。

示例：混凝土波形屋面瓦，规格 430 mm × 320 mm 的标记为：CRWT 430 × 320 JC/T 746—2007。

混凝土彩色瓦经耐热性能检验后，其表面涂层应完好。混凝土瓦的吸水率应不大于 10%。混凝土瓦经抗渗性能检验后，瓦的背面不得出现水滴现象。混凝土瓦经抗冻性能检验后，其承载力仍不小于承载力标准值。

混凝土屋面瓦承载力标准值不得低于 800 N。该瓦成本低、耐久性好，但自重大，在配料中加入耐碱颜料，可制成彩色瓦，其应用范围同黏土瓦。

(2)纤维增强水泥瓦

纤维增强水泥瓦是以增强纤维和水泥为主要原料，经配料、打浆、成型、养护而成的，主要有石棉水泥瓦，分大波、中波、小波三种类型，如图 6-18(b)所示。该瓦具有防水、防潮、防腐、绝缘等性能。石棉瓦主要用于工业建筑，如厂房、库房、堆货棚、凉棚等，因石棉纤维瓦可能带有致癌物，所以已开始使用其他增强材料(如耐碱玻璃纤维、有机纤维)代替石棉。

(a)

(b)

图 6-18　水泥类屋面瓦材

(a)彩色混凝土瓦　(b)石棉水泥瓦

(3)钢丝网水泥大波瓦

钢丝网水泥大波瓦是用普通硅酸盐水泥、砂子,按一定配合比加水搅拌后浇模,中间加一层低碳冷拔钢丝网加工而成的。

钢丝网水泥大波瓦的规格有两种,分别为:1 700 mm × 830 mm × 14 mm,波高 80 mm,每张瓦约重 50 kg;1 700 mm × 830 mm × 12 mm,波高 68 mm,每张瓦重 39~49 kg。脊瓦每块重 15~16 kg。要求瓦的初裂荷载每块 2 200 N。在 100 mm 的静水压力下,24 h 后瓦背后无严重渗水现象。钢丝网水泥大波瓦适用于工厂散热车间、仓库或临时性的屋面及维护结构等处。

3. 高分子类复合材料

(1)纤维增强塑料波形瓦

纤维增强塑料波形瓦也称为玻璃钢波形瓦,是以不饱和聚酯和玻璃纤维为原料经人工糊制而成的。其长度为 1 800~3 000 mm,宽度为 700~800 mm,厚度为 0.5~1.5 mm。

纤维增强塑料波形瓦具有轻质、强度高、耐冲击、耐高温、耐腐蚀、透光率高、制作简单的特点,适用于各种建筑的遮阳板、车站站台、售货亭、凉棚等。

(2)聚氯乙烯波形瓦

聚氯乙烯波形瓦也称塑料瓦楞板,是以聚氯乙烯树脂为主要原料,加入其他配合剂,经塑化、挤压或压延、压波而制成的一种新型建筑瓦材。

聚氯乙烯波形瓦的规格尺寸为 2 100 mm ×(1 100~1 300)mm ×(1.5~2)mm,它具有轻质、高强、防水、耐化学腐蚀、透光率高、色彩鲜艳等特点,适用于凉棚、果棚、遮阳板和简易建筑的屋面等处。

(3)玻璃纤维沥青瓦

玻璃纤维沥青瓦是以玻璃纤维薄毡为胎料,以改性沥青涂敷而成的片状屋面瓦才,也可以在其表面撒以各种彩色的矿物粒料,形成彩色沥青瓦。

玻璃纤维沥青瓦的特点是质量轻,互相黏结的能力强,抗风化能力好,施工方便,适用于一般民用建筑的坡形屋面。

6.4.2 屋面用轻型板材

在传统建筑中,钢筋混凝土屋面板用于大跨度屋盖结构中,自重大且不保温,需另设防水层。彩色涂层钢板、超细玻璃纤维、自熄性泡沫塑料的出现,使轻型保温的大跨度屋盖结构得以迅速发展。

1. EPS 轻型板

EPS 轻型板是以 0.5~0.75 mm 厚的彩色涂层钢板为表面材,以聚苯乙烯泡沫(Expanded Polystyrene,简称 EPS)板为芯材,用热固化胶在连续成型机内加热加压复合而成的超轻型建筑板材,如图 6-19 所示。

视频 6-9　EPS 泡沫板

EPS 轻型板的质量为混凝土屋面的 1/30~1/20,保温隔热性好,施工方便,是集承重、保温、防水、装饰于一体的新型维护结构材料,可生产成平面或曲面形板材,适合多种屋面形式,适用于大跨度屋面结构,如体育馆、展览馆、冷库等。

2. 金属面硬质聚氨酯夹芯板

金属面硬质聚氨酯夹芯板是由镀锌彩色压型钢板(面层)和硬质聚氨酯泡沫(芯材)复合而成的。压型钢板厚度为 0.5 mm、0.75 mm、1.0 mm。彩色涂层有聚酯型、改性聚酯型、氟氯乙烯塑料型,这些涂层均具有极强的耐气候性,如图 6-20 所示。

图 6-19　EPS 轻型板

图 6-20　金属面硬质聚氨酯夹芯板

这种复合板材具有质量轻、强度高、保温、隔声效果好、色彩丰富、施工简便等特点，是承重、保温、防水三合一的屋面板材，适用于大型工业厂房、仓库、公共设施等大跨度建筑和高层建筑的屋面结构。

本任务小结

（1）砌墙砖分为烧结砖和蒸压（养）砖两大类。其中烧结砖包括烧结普通砖（黏土砖、粉煤灰砖、页岩砖、煤矸石砖）、烧结多孔砖和烧结空心砖。为了避免毁田取土，保护环境，黏土砖在中国主要大、中城市及部分地方已禁止使用。重视使用多孔砖和空心砖，充分利用工业废料生产其他普通砖、非烧结砖，对于维持生态平衡，保护环境具有重要意义。砌墙砖按抗压强度划分为若干强度等级。

（2）砌块主要有粉煤灰砌块、蒸压加气混凝土砌块、混凝土小型空心砌块、轻骨料混凝土小型空心砌块。各类型砌块按抗压强度划分为若干强度等级。

（3）墙用板材是一种复合材料，常用的品种有水泥类墙用板材、石膏类墙用板材、植物纤维类墙用板材和复合墙板等。复合墙板和砌块是国家大力推广使用的墙体材料。

（4）屋面材料主要有烧结类瓦材、水泥类屋面瓦材、高分子类复合材料、屋面用轻型板材。烧结类瓦材主要是利用其装饰性，屋面用轻型板材自重轻、保温效果好，是主要的应用材料。

任务7　建筑砂浆的选择与应用

任务简介

本任务主要介绍建筑工程中常用的砌筑砂浆、抹面砂浆和逐步推广的预拌砂浆。

知识目标

（1）掌握建筑砂浆的定义和分类、主要技术性质。

（2）了解砂浆的配合比设计、砂浆的发展趋势。

（3）了解预拌砂浆的基本生产工艺。

技能目标

（1）能够结合工程实际合理选择砂浆类型。

（2）具有现场检测砂浆基本性能的能力。

思政教学

思政元素7

教学课件7

授课视频7

应用案例与发展动态

砂浆是建筑工程中用途广泛的一种建筑材料。水泥一般通过混凝土和砂浆应用到建筑工程中，由于砂浆通常作为辅助材料，用于表面处理或砌体等的黏结，因此用量比混凝土要少得多。建筑砂浆是由胶结料、细骨料、掺加料和水，有时加入外加剂按适当比例配制，经凝结硬化而成的建筑工程材料，也可以看作一种细骨料混凝土。在建筑工程中起黏结、衬垫和传递应力、装饰等作用。砂浆在建筑工程中是一种用量大、用途广泛的建筑材料。在砌体结构中，砂浆可以把砖、石块、砌块胶结成砌体。墙面、地面及钢筋混凝土梁、柱等结构表面需要用砂浆抹面，起到保护结构和装饰作用。镶贴大理石、水磨石、陶瓷面砖、马赛克以及制作钢丝网水泥制品等都要使用砂浆。

建筑砂浆，根据用途分为砌筑砂浆和抹面砂浆；根据胶结材料不同，可分为水泥砂浆、水泥混合砂浆、石灰砂浆、石膏砂浆和聚合物砂浆等；按生产方式，分为预拌砂浆（按照客户需求，工厂商品化生产的砂浆）和现场配制砂浆（所有的原材料均运至施工现场，采用简易的方法拌制而成的砂浆）两种。按供货形式，预拌砂浆分为湿拌砂浆（有时称湿砂浆）和干混砂浆。预拌砂浆按设定的配合比在工厂集中生产，然后通过专用搅拌车运送到建筑工地直接使用，其生产工艺过程类似于商品混凝土。湿拌砂浆一般适用于品种少、使用量大而集中的工程。干混砂浆是由经烘干筛分处理的细集料与无机胶结料、矿物掺合料、保水增稠材料和添加剂按一定比例混合而成的一种颗粒状或粉状混合物，它可由专用罐车运输至工地加水拌合使用，也可采用包装形式运到工地拆包加水拌合使用。干混砂浆具有品种多、用途广、使用方便灵活的特点，在国外特别是欧洲等发达国家得到广泛应用。

7.1 砌筑砂浆

视频 7-1 砌筑砂浆

将砖、石、砌块等块材胶结成为砌体的材料称为砂浆，其主要起黏结、衬垫和传力作用，是砌体的重要组成部分，如图 7-1 所示。

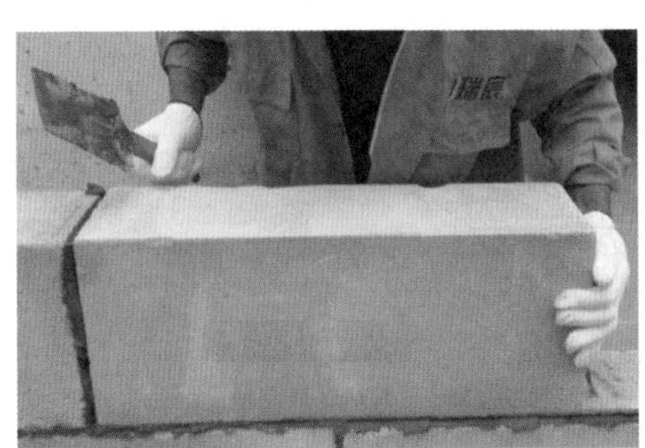

图 7-1 砌筑砂浆示意图

7.1.1 砌筑砂浆的组成材料

1. 胶凝材料

砌筑砂浆常用的胶凝材料有水泥、石灰、石膏等，砂浆中的水泥和石灰膏、电石膏等材料的用量可按表 7-1 选用。

表 7-1 砌筑砂浆的材料用量 （kg/m^3）

砂浆种类	材料用量
水泥砂浆	≥ 200
水泥混合砂浆	≥ 350
预拌砂浆	≥ 200

注：①水泥砂浆中的材料用量是指水泥用量。
②水泥混合砂浆中的材料用量是指水泥和石灰膏、电石膏的材料总量。
③预拌砂浆中的材料用量是指胶凝材料用量，包括水泥和替代水泥的粉煤灰等活性矿物掺合料。

水泥宜采用通用硅酸盐水泥或砌筑水泥，且应符合《通用硅酸盐水泥》（GB 175—2007）和《砌筑水泥》（GB/T 3183—2017）的规定。水泥强度等级应根据砂浆品种及强度等级的要求进行选择。M15 及以下强度等级的砌筑砂浆宜选用 32.5 级的通用硅酸盐水泥或砌筑水泥；M15 以上强度等级的砌筑砂浆宜选用 42.5 级通用硅酸盐水泥。

为合理利用资源、节约材料，在配制砂浆时要尽量选用低强度等级水泥和砌筑水泥。对于一些特殊用途的砂浆，如修补裂缝、预制构件嵌缝、结构加固等可采用膨胀水泥。装饰砂浆采用白色与彩色水泥等。

2. 细骨料

砌筑砂浆用细骨料主要为建筑用砂，砂宜选用中砂，并应符合现行行业标准《普通混凝土用砂、石质量及检验方法标准》（JGJ 52—2006）的规定，且应全部通过 4.75 mm 的筛孔，既能满足和易性要求，又能节约水泥，因此建议优先选用。由于砂浆铺设层较薄，应对砂的最大粒径加以限制，应小于灰缝的 1/4~1/5，对砖砌体应小于 2.36 mm，对石砌体应小于 5 mm。

其他性质的要求同混凝土用砂。对用于面层的抹面砂浆，应采用轻砂，如膨胀珍珠岩砂、火山渣等。配制装饰砂浆或混凝土时应采用白色或彩色砂（粒径可放宽到 7~8 mm），石屑、玻璃或陶瓷碎粒等。

由于一些地区人工砂、山砂及特细砂资源较多，为合理地利用这些资源，以及避免从外地调运而增加工程成本，因此经试验能满足《砌筑砂浆配合比设计规程》（JGJ 98—2010）技术指标后，可参照使用。

3. 掺加料

掺加料是为改善砂浆和易性而加入的无机材料，例如，石灰膏、电石膏（电石消解后，经过滤后的产物）、粉煤灰等。

①生石灰熟化成石灰膏时，应用孔径不大于 3 mm × 3 mm 的网过滤，熟化时间不得少于 7 d；磨细生石灰粉的熟化时间不得少于 2 d。沉淀池中贮存的石灰膏，应采取防止干燥、冻结和污染的措施。严禁使用脱水硬化的石灰膏。

②采用黏土或亚黏土制备黏土膏时，宜用搅拌机加水搅拌，通过孔径不大于 3 mm × 3 mm 的网过滤。用比色法鉴定黏土中的有机物含量时应浅于标准色。

③制作电石膏的电石渣应用孔径不大于 3 mm × 3 mm 的网过滤，检验时应加热至 70 ℃并保持 20 min，没有乙炔气味后，方可使用。

④消石灰粉不得直接用于砌筑砂浆中。

⑤石灰膏、电石膏试配时的稠度应为（120 ± 5）mm，不同稠度的换算系数见表 7-2。

表 7-2 石灰膏不同稠度的换算系数

稠度（mm）	120	110	100	90	80	70	60	50	40	30
换算系数	1.00	0.99	0.97	0.95	0.93	0.92	0.90	0.88	0.87	0.86

⑥粉煤灰、粒化高炉矿渣粉、硅灰、天然沸石粉应分别符合国家现行标准《用于水泥和混凝土中的粉煤灰》（GB/T 1596—2017）、《用于水泥、砂浆和混凝土中的粒化高炉矿渣粉》（GB/T 18046）、《高强高性能混凝土用矿物外加剂》（GB/T 18736—2017）和《天然沸石粉在混凝土和砂浆中的应用技术规程》（JGJ/T 112—1997）的规定。当采用其他品种矿物掺合料时，应有充足的技术依据，并应在使用前进行试验验证。

⑦砌筑砂浆所用原材料不应对人体、生物与环境造成有害的影响，并应符合现行国家标准《建筑材料放射性核素限量》（GB 6566—2010）的规定。

4. 水

配制砂浆用水应符合现行行业标准《混凝土用水标准》（JGJ 63）的规定。质量要求与混凝土用水相同。

5. 外加剂

外加剂是在拌制砂浆过程中掺入，用以改善砂浆性能的物质。外加剂应符合国家现行有关标准的规定，引气型外加剂还应有完整的型式检验报告。

6. 保水增稠材料

保水增稠材料是改善砂浆可操作性及保水性能的非石灰类材料。采用保水增稠材料时，应在使用前进行试验验证，并应有完整的型式检验报告。砂浆中可掺入保水增稠材料、外加剂等，掺量应经试配后确定。

在水泥砂浆中，可使用减水剂或防水剂、膨胀剂、微沫剂等。微沫剂在其他砂浆中也可以使用，其作用主要是改善砂浆的和易性和替代部分石灰。

7.1.2 砌筑砂浆的技术性质

1. 砂浆的工作性

新拌砂浆应具有良好的和易性。和易性良好的砂浆容易在粗糙的砖石基面上铺抹成均匀的薄层，而且能够和底面紧密黏结，既便于施工操作，提高生产效率，又能保证工程质量。砂浆的和易性包括流动性和保水性两个方面。

（1）流动性（稠度）

砂浆的流动性是指在自重或外力作用下流动的性质。流动性大的砂浆便于泵送或铺抹。流动性过大、过小都对施工和施工质量有不利影响。砂浆的流动性用沉入度（mm）来表示。可用砂浆稠度仪测定其稠度值（即沉入度）。砂浆的流动性与胶凝材料的品种和用量、用水量、砂的粗细、形状和级配、搅拌时间等有关。砂浆及应用见图 7-2。

图 7-2　砂浆及应用

砌筑砂浆的稠度应按表 7-3 的规定选用。

表 7-3　砌筑砂浆的稠度

砌体种类	砂浆稠度（mm）
烧结普通砖砌体、粉煤灰砖砌体	70~90
烧结多孔砖砌体、烧结空心砖砌体、轻集料混凝土小型空心砌块砌体、蒸压加气混凝土砌块砌体	60~80
混凝土砖砌体、普通混凝土小型空心砌块砌体、灰砂砖砌体	50~70
石砌体	30~50

（2）保水性（分层度）

砂浆的保水性是指砂浆保持水分及保持整体均匀一致的能力。保水性好可以保证砂浆在运输、放置、使用（铺抹、浇灌等）过程中不发生较大的分层、离析和泌水，从而保证砂浆的铺抹和浇灌质量。砂浆的保水性用保水率表示。砌筑砂浆保水率应符合表 7-4 的规定。

表 7-4　砌筑砂浆的保水率

砂浆种类	保水率（%）
水泥砂浆	≥ 80
水泥混合砂浆	≥ 84
预拌砂浆	≥ 88

2. 砂浆的表观密度

砌筑砂浆拌合物的表观密度宜符合表 7-5 的规定。

表 7-5　砂浆的表观密度　（kg/m^3）

砂浆种类	表观密度
水泥砂浆	≥ 1 900
水泥混合砂浆	≥ 1 800
预拌砂浆	≥ 1 800

3. 砂浆的强度及强度等级

在工程中以抗压强度作为砂浆的强度指标。砂浆的强度等级是以边长为 70.7 mm 的立方体，在标准养护条件（水泥混合砂浆为（20 ± 3）℃，相对湿度为 60%~80%；水泥砂浆和微沫砂浆为（20 ± 3）℃，相对湿度为 90% 以上）下，用标准试验方法测得 28 d 龄期的抗压强度的平均值。砌筑砂浆的强度等级共分 M5、M7.5、M10、M15、M20、M25、M30 共七个等级。水泥混合砂浆的强度等级可分为 M5、M7.5、M10、M15 四个等级。砌筑砂浆强度等级为 M10 及 M10 以下宜采用水泥混合砂浆。

4. 变形性能

砂浆在承受荷载、温度或湿度变化时，均会产生变形，如果变形过大或不均匀，都会引起沉陷或裂缝，降低砌体质量。掺太多轻骨料或掺加料配制的砂浆，其收缩变形比普通砂浆大，应采取措施防止砂浆开裂。

5. 砂浆的黏结力

砖石砌体是靠砂浆把块状的砖石材料黏结成为坚固的整体。因此，为保证砌体的强度、耐久性及抗震性等，要求砂浆与基层材料之间应有足够的黏结力。一般情况下，砂浆的抗压强度越高，它与基层的黏结力也越大。此外，砖石表面状态、清洁程度、湿润状况以及施工养护条件等都直接影响砂浆的黏结力。粗糙的、洁净的、湿润的表面与养护良好的砂浆，其黏结力好。

6. 砂浆的抗冻性

在受冻融影响较多的建筑部位，要求砂浆具有一定的抗冻性。对有冻融次数要求的砌筑砂浆，经冻融试验后，质量损失率不得大于5%，抗压强度损失率不得大于25%。

有抗冻性要求的砌体工程，砌筑砂浆应进行冻融试验。砌筑砂浆的抗冻性应符合表7-6的规定，且当设计对抗冻性有明确要求时，尚应符合设计规定。

表7-6　砌筑砂浆的抗冻性

使用条件	抗冻指标	质量损失率(%)	强度损失率(%)
夏热冬暖地区	F15	≤5	≤25
夏热冬冷地区	F25		
寒冷地区	F35		
严寒地区	F50		

7.1.3　砌筑砂浆的配合比设计

砌筑砂浆要根据工程类别及砌体部位的设计要求，选择其强度等级，再按砂浆强度等级来确定其配合比。

确定砂浆配合比，一般情况可查阅有关手册或资料来选择。重要工程用砂浆或无参考资料时，可根据《砌筑砂浆配合比设计规程》(JGJ/T 98—2010)，按下列步骤计算。

1. 水泥混合砂浆配合比计算

(1)确定砂浆的试配强度($f_{m,0}$)

砂浆的试配强度应按下式计算：

$$f_{m,0}=kf_2 \tag{7-1}$$

式中：$f_{m,0}$为砂浆的试配强度，MPa，精确至0.1 MPa；f_2为砂浆强度等级值，MPa，精确至0.1 MPa；k为系数，按表7-7取值。

砌筑砂浆现场强度标准差的确定应符合下列规定。

①当有统计资料时，应按下式计算：

$$\sigma=\sqrt{\frac{\sum_{i=1}^{n}f_{m,i}^2-n\mu_{fm}^2}{n-1}} \tag{7-2}$$

式中：$f_{m,i}$为统计周期内同一品种砂浆第i组试件的强度，MPa；μ_{fm}为统计周期内同一品种砂浆n组试件强度的平均值，MPa；n为统计周期内同一品种砂浆试件的总组数，$n\geq 25$。

②当不具有近期统计资料时，砂浆现场强度标准差σ及k值可按表7-7取用。

表7-7　砂浆强度标准差σ及k值

强度等级 / 施工水平	强度标准差σ(MPa)							k
	M5.0	M7.5	M10	M15	M20	M25	M30	
优　良	1.00	1.50	2.00	3.00	4.00	5.00	6.00	1.15
一　般	1.25	1.88	2.50	3.75	5.00	6.25	7.50	1.20
较　差	1.50	2.55	3.00	4.50	6.00	7.50	9.00	1.25

（2）水泥用量计算

水泥用量的计算应符合下列规定。

①每立方米砂浆中的水泥用量，应按下式计算：

$$Q_c = \frac{1\,000\left(f_{m,0} - \beta\right)}{\alpha f_{ce}} \tag{7-3}$$

式中：Q_c 为每立方米砂浆的水泥用量，kg，精确至 1 kg；$f_{m,0}$ 为砂浆的试配强度，MPa，精确至 0.1 MPa；f_{ce} 为水泥的实测强度，MPa，精确至 0.1 MPa；α、β 为砂浆的特征系数，其中 α=3.03，β=−15.09。

各地区可用本地区试验资料确定 α、β 值，统计用的试验组数不得少于 30 组。

②在无法取得水泥的实测强度值时，可按下式计算 f_{ce}：

$$f_{ce} = \gamma_c \cdot f_{ce,k} \tag{7-4}$$

式中：$f_{ce,k}$ 为水泥强度等级值，MPa；γ_c 为水泥强度等级值的富余系数，该值应按实际统计资料确定；无统计资料时 γ_c 可取 1.0。

（3）石灰膏用量计算

水泥混合砂浆的石灰膏用量，应按下式计算：

$$Q_D = Q_A - Q_c \tag{7-5}$$

式中：Q_D 为每立方米砂浆的石灰膏用量，kg，应精确至 1 kg；石灰膏使用时的稠度宜为（120 ± 5 mm）；Q_c 为每立方米砂浆的水泥用量，kg，精确至 1 kg；Q_A 为每立方米砂浆中水泥和石灰膏总量，应精确至 1 kg，可为 350 kg。

（4）砂用量计算

每立方米砂浆中的砂子用量，应按干燥状态（含水率小于 0.5%）的堆积密度值作为计算值（kg/m³）。

（5）用水量计算

每立方米砂浆中的用水量，根据砂浆稠度等要求可选用 210~310 kg。

混合砂浆中的用水量，不包括石灰膏中的水；当采用细砂或粗砂时，用水量分别取上限或下限；稠度小于 70 mm 时，用水量可小于下限；施工现场气候炎热或干燥季节，可酌量增加用水量。

2. 水泥砂浆配合比选用

水泥砂浆配合比选用见表 7-8。

表 7-8　每立方米水泥砂浆材料用量　（kg/m³）

强度等级	水泥	砂子	水
M5	200~230	砂的堆积密度值	270~330
M7.5	220~260		
M10	260~290		
M15	290~330		
M20	340~400		
M25	360~410		
M30	430~480		

注：①M15 及 M15 以下强度等级水泥砂浆，水泥强度等级为 32.5 级；M15 以上强度等级水泥砂浆，水泥强度等级为 42.5 级；

②当采用细砂或粗砂时，用水量分别取上限或下限；

③稠度小于 70 mm 时，用水量可小于下限；

④施工现场气候炎热或干燥季节，可酌量增加用水量；

⑤试配强度应按式（7-1）计算。

3. 水泥粉煤灰砂浆材料用量

水泥粉煤灰砂浆材料用量可按表 7-9 选用。

表 7-9 每立方米水泥粉煤灰砂浆材料用量 （kg/m³）

强度等级	水泥和粉煤灰总量	粉煤灰	砂	用水量
M5	210~240	粉煤灰掺量可占胶凝材料总量的 15%~25%	砂的堆积密度值	270~330
M7.5	240~270			
M10	270~300			
M15	300~330			

注:①表中水泥强度等级为 32.5 级。
②当采用细砂或粗砂时,用水量分别取上限或下限。
③稠度小于 70 mm 时,用水量可小于下限。
④施工现场气候炎热或干燥季节,可酌量增加用水量。
⑤试配强度应按式(7-1)计算。

4. 配合比试配、调整与确定

砌筑砂浆试配时应考虑工程实际要求,砂浆试配时应采用机械搅拌。搅拌时间应自开始加水算起,对水泥砂浆和水泥混合砂浆,不得少于 120 s;对预拌砂浆和掺有粉煤灰、外加剂、保水增稠材料等的砂浆,搅拌时间不得少于 180 s。

按计算或查表所得配合比进行试拌时,应按现行行业标准《建筑砂浆基本性能试验方法标准》(JGJ/T 70—2009)测定砌筑砂浆拌合物的稠度和保水率。当稠度和保水率不能满足要求时,应调整材料用量,直到符合要求为止,然后确定为试配时的砂浆基准配合比。

试配时至少应采用三个不同的配合比,其中一个配合比应为按标准得出的基准配合比,其余两个配合比的水泥用量应按基准配合比分别增加、减少 10% 。在保证稠度、保水率合格的条件下,可将用水量、石灰膏、保水增稠材料或粉煤灰等活性掺合料用量作相应调整。

砂浆试配时稠度应满足施工要求,并应按现行行业标准《建筑砂浆基本性能试验方法标准》(JGJ/T 70—2009)分别测定不同配合比砂浆的表观密度及强度;并应选定符合试配强度及和易性要求、水泥用量最低的配合比作为砂浆的试配配合比。

砂浆中可掺入保水增稠材料、外加剂等,掺量应经试配后确定。

砂浆试配配合比尚应按下列步骤进行校正。

①应根据(JGJ/T 98—2010)中的第 5.3.4 条,确定砂浆配合比材料用量,按下式计算砂浆的理论表观密度值:

$$\rho_t=Q_c+Q_D+Q_s+Q_w \tag{7-6}$$

式中:ρ_t 为砂浆的理论表观密度值,kg/m³,应精确至 10 kg/m³。

②应按下式计算砂浆配合比校正系数 δ:

$$\delta=\rho_c/\rho_t \tag{7-7}$$

式中:ρ_c 为砂浆的实测表观密度值,kg/m³,应精确至 10 kg/m³。

③当砂浆的实测表观密度值与理论表观密度值之差的绝对值不超过理论值的 2% 时,可将按《砌筑砂浆配合比设计规程》(JGJ/T 98—2010)中第 5.3.4 条得出的试配配合比确定为砂浆设计配合比;当超过 2% 时,应将试配配合比中每项材料用量均乘以校正系数(δ)后,确定为砂浆设计配合比。

预拌砂浆生产前应进行试配、调整与确定,并应符合《预拌砂浆》(GB/T 25181—2019)的规定。

7.2 抹面砂浆

抹面砂浆(也称抹灰砂浆)是指涂抹在建筑物或建筑构件表面的砂浆。抹面砂浆应用见图 7-3。对抹面砂浆,要求具有良好的和易性,容易抹成均匀平整的薄层,便于施工;有较好的黏结力,能与基层黏结牢固,长期使用不会开裂或脱落。处于潮湿环境或易受外力作用时(如地面、墙裙等),还应具有较高的强度等。

抹面砂浆的组成材料与砌筑砂浆基本相同。但为了防止砂浆层开裂，有时需要加入一些纤维材料（如纸筋、麻刀等），有时为了使其具有某些功能还需加入特殊骨料或掺合料。

抹面砂浆，根据功能可分为普通抹面砂浆、装饰砂浆和具有某些特殊功能的抹面砂浆（防水、耐热、绝热、吸声等）。

图 7-3 抹面砂浆应用

7.2.1 普通抹面砂浆

普通抹面砂浆为建筑工程中用量最大的抹面砂浆，常用的有石灰砂浆、水泥砂浆、混合砂浆等。其功能主要是对建筑物和墙体起保护作用。

普通抹面砂浆是建筑工程中普遍使用的砂浆。它可以保护建筑物不受风、雨、雪、大气等有害介质的侵蚀，提高建筑物的耐久性，同时使表面平整美观。

抹面砂浆通常分为两层或三层进行施工，各层抹灰要求不同，所以各层选用的砂浆也有区别。底层抹灰的作用，是使砂浆与底面能牢固地黏结，因此要求砂浆具有良好的和易性和黏结力，基层面也要求粗糙，以提高与砂浆的黏结力。中层抹灰主要是为了抹平，有时可省去。面层抹灰要求平整光洁，达到规定的饰面要求。底层及中层多用水泥混合砂浆。面层多用水泥混合砂浆或掺麻刀、纸筋的石灰砂浆。在潮湿的房间或地下建筑及容易碰撞的部位，应采用水泥砂浆。

普通抹面砂浆的配合比及应用范围可参见表 7-10。

表 7-10 常用抹面砂浆配合比及应用范围

材 料	配合比（体积比）	应用范围
石灰：砂	（1：2）~（1：4）	用于砖石墙面（檐口、勒脚、女儿墙及潮湿房间的墙除外）
石灰：黏土：砂	（1：1：4）~（1：1：8）	干燥环境墙表面
石灰：石膏：砂	（1：0.4：2）~（1：1：3）	用于不潮湿房间的墙及天花板
石灰：石膏：砂	（1：2：2）~（1：2：4）	用于不潮湿房间的线脚及其他装饰工程
石灰：水泥：砂	（1：0.5：4.5）~（1：1：5）	用于檐口、勒脚、女儿墙以及比较潮湿的部位
水泥：砂	（1：3）~（1：2.5）	用于浴室、潮湿车间的墙裙、勒脚或地面基层
水泥：砂	（1：2）~（1：1.5）	用于地面、天棚或墙面面层
水泥：砂	（1：0.5）~（1：1）	用于混凝土地面随时压光
石灰：石膏：砂：锯末	1：1：3：5	用于吸音粉刷
水泥：白石子	（1：2）~（1：1）	用于水磨石（打底用 1：2.5 水泥砂浆）
水泥：白石子	1：1.5	用于斩假石（打底用（1：2）~（1：2.5）水泥砂浆）
白灰：麻刀	100：2.5（质量比）	用于板条天棚底层
石灰膏：麻刀	100：1.3（质量比）	用于板条天棚面层（或 100 kg 石灰膏加 3.8 kg 纸筋）
纸筋：白灰浆	灰膏 0.1 m^3，纸筋 0.36 kg	较高级墙板、天棚

7.2.2 装饰砂浆

直接施工于建筑物内外表面，以提高建筑物装饰艺术性为主要目的的抹面砂浆，称为装饰砂浆。这是常用的装饰手段之一。

获得装饰效果的主要方法是：采用白水泥、彩色水泥，或浅色的其他硅酸盐水泥以及石膏、石灰等胶凝材料，采用彩色砂、石（如大理石、花岗石等带颜色的石渣及玻璃、陶瓷等碎粒）等细骨料，以达到改变色彩的目的；采取不同施工手法（如喷涂、滚涂、拉毛以及水刷、干粘、水磨、剁斧、拉条等）使抹面砂浆表面层获得设计的线条、图案、花纹等和不同的质感。

常见的有地面、窗台、墙裙等处用的水磨石，外墙用的水刷石、剁斧石（斩假石）、干石、假面砖等石渣类饰面砂浆。装饰抹面类砂浆多采用底层和中层与普通抹面砂浆相同，而只改变面层的处理方法，装饰效果好、施工方便、经济适用，得到广泛应用。

建筑工程中常用的几种工艺做法如下。

（1）拉毛

在水泥砂浆或水泥混合砂浆抹灰中层上，抹上水泥混合砂浆、纸筋石灰或水泥石灰等，并利用拉毛工具将砂浆拉出有波纹和斑点的毛头，做成装饰面层，一般适用于有声学要求的礼堂、剧场等室内墙面，也常用于外墙面、阳台栏板或围墙等外饰面。拉毛效果如图 7-4 所示。

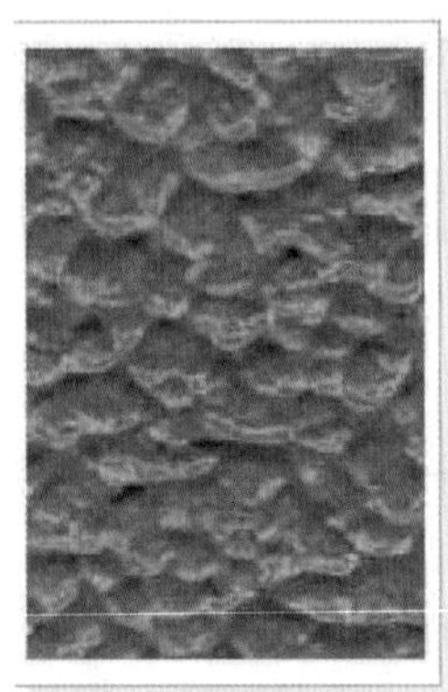
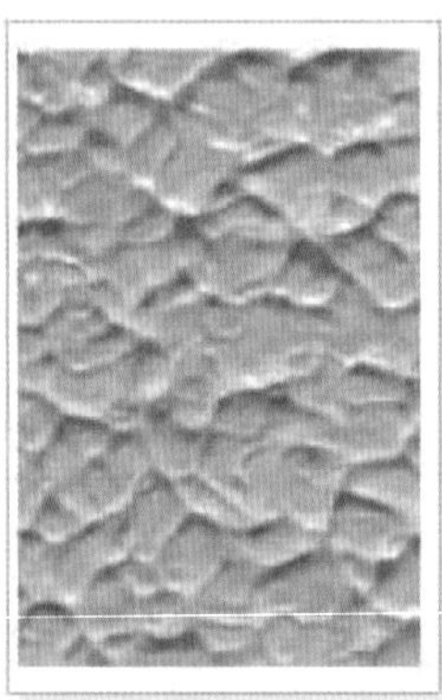
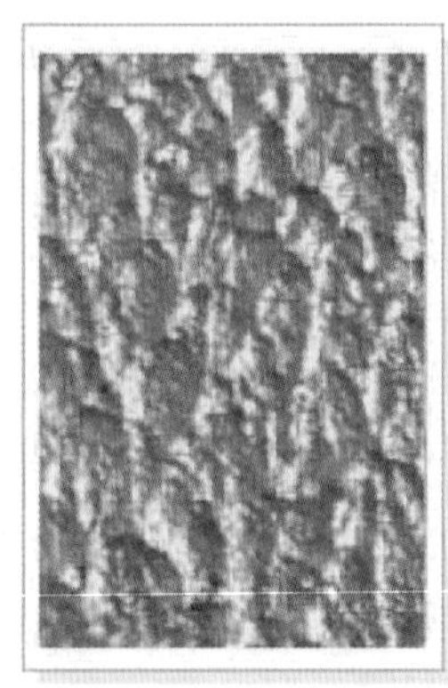
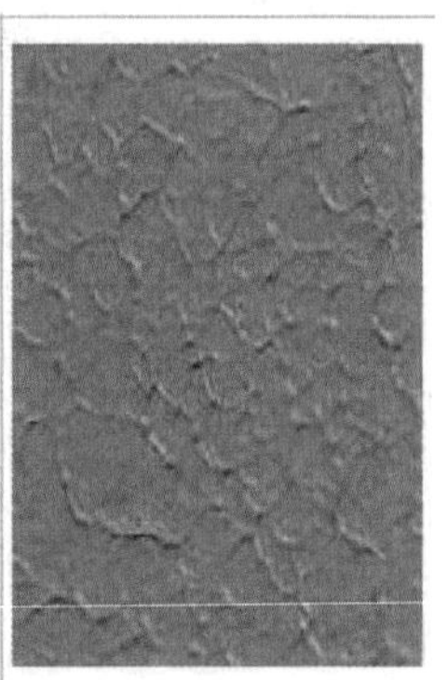

图 7-4 拉毛效果

（2）喷涂

喷涂多用于外墙面，它是用挤压式砂浆泵或喷斗，将聚合物水泥砂浆喷涂在墙面基层或底灰上，形成饰面层，最后在表面再喷一层甲基硅醇钠或甲基硅树脂疏水剂，以提高饰面层的耐久性和减少墙面污染。喷涂施工及效果如图 7-5 所示。

图 7-5 砂浆喷涂施工及效果

（3）弹涂

弹涂是在墙体表面刷一道聚合物水泥浆后，用弹涂器分几遍将不同色彩的聚合物水泥砂浆弹在已涂刷的基层上，形成 3~5 mm 的扁圆形花点，再喷一层甲基硅树脂，适用于建筑物内外墙面，也可用于顶棚饰面。弹涂效果如图 7-6 所示。

图 7-6　弹涂效果

（4）水磨石

水磨石是用普通水泥、白色水泥或彩色水泥拌合各种色彩的大理石渣做面层，硬化后用机械磨平抛光表面。水磨石多用于地面装饰，可事先设计图案和色彩，抛光后更具艺术效果。水磨石除可用作地面之外，还可预制做成楼梯踏步、窗台板、柱面、踢脚板和地面板等多种建筑构件。水磨石一般用于室内。水磨石效果如图 7-7 所示。

图 7-7　水磨石地面效果

（5）水刷石

水刷石是用水泥和细小的石渣（约 5 mm）按比例配合并拌制成水泥石渣浆，在墙面上抹灰，在水泥浆初凝时，用硬毛刷蘸水刷洗，或用喷水冲刷表面，使石渣半露而不脱落，达到装饰目的，多用于建筑物的外墙。

水刷石具有石料饰面的质感，自然朴实，结合不同的分格、分色、凹凸线条等艺术处理，可使饰面获得明快庄重、淡雅秀丽的艺术效果。水刷石的不足之处是操作技术要求较高，费工费料，湿作业量大，劳动强度大，逐渐被干粘石取代。水刷石效果如图 7-8 所示。

图 7-8　水刷石效果

(6)干粘石

干粘石是将彩色石粒直接粘在砂浆层上。这种做法与水刷石相比,既节约水泥、石粒等原材料,又能减少湿作业和提高工效。干粘石效果如图 7-9 所示。

(7)斩假石

斩假石又称剁斧石,是在水泥砂浆基层上涂抹水泥石粒浆,待硬化后,用剁斧、齿斧及各种凿子等工具剁出有规律的石纹,使其形成天然花岗石粗犷的效果,主要用于室外柱面、勒脚、栏杆、踏步等处的装饰。斩假石饰面效果如图 7-10 所示。

图 7-9　干粘石效果

图 7-10　斩假石饰面效果

7.2.3　特种砂浆

1. 防水砂浆

防水砂浆是一种制作防水层用的抗渗性高的砂浆。砂浆防水层又称刚性防水层,适用于不受振动和具有一定刚度的混凝土或砖石砌体工程中,如水塔、水池、地下工程等的防水。

防水砂浆可用普通水泥砂浆制作,也可以在水泥砂浆中掺入防水剂制得。水泥砂浆宜选用强度等级为 42.5 以上的普通硅酸盐水泥和级配良好的中砂。砂浆配合比中,水泥与砂的质量比不宜大于 1∶2.5,水灰比宜控制在 0.5~0.6,稠度不应大于 80 mm。

在水泥砂浆中掺入防水剂,可促使砂浆结构密实,堵塞毛细孔,提高砂浆的抗渗能力,这是目前最常用的方法。常用的防水剂有氯化物金属盐类防水剂、金属皂类防水剂和水玻璃防水剂。

防水砂浆应分 4~5 层分层涂抹在基面上,每层涂抹厚度约 5 mm,总厚度 20~30 mm。每层在初凝前压实一遍,最后一遍要压光,并精心养护,以减少砂浆层内部连通的毛细孔通道,提高密实度和抗渗性。防水砂浆还可以用膨胀水泥或无收缩水泥来配制,广泛用于地下建筑和蓄水池等。

2. 绝热砂浆

绝热砂浆又称保温砂浆,是采用水泥、石灰、石膏等胶凝材料与膨胀珍珠岩、膨胀蛭石或陶粒砂等轻质多孔骨料,按一定比例配制的砂浆。绝热砂浆质轻,具有良好的绝热性能,其导热系数为 0.07~0.1 W/(m·K)。

绝热砂浆可用于屋面、墙壁或供热管道的绝热保护。

3. 吸声砂浆

绝热砂浆由轻质多孔骨料制成，所以都具有吸声性能。同时，还可以用水泥、石膏、砂、锯末（体积比为 1∶1∶3∶5）配制吸声砂浆，或在石灰、石膏砂浆中掺入玻璃纤维、矿物棉等松软纤维材料。吸声砂浆用于室内墙壁和吊顶的吸声处理。

7.3 预拌砂浆

视频 7-2 干混砂浆

预拌砂浆指在专业工厂进行配料和混合而生产的商品化砂浆，预拌砂浆是相对于现场搅拌砂浆而言的。由于砂浆的现场配制带来了诸多问题，加上劳动力成本提升，预拌砂浆应运而生，早在 20 世纪 50 年代初就开始在欧洲国家大量生产和使用。

预拌砂浆包括湿拌砂浆和干混砂浆（个别也称为干粉砂浆）。根据《预拌砂浆》（GB/T 25181—2019），湿拌砂浆是指由水泥、细骨料、矿物掺合料、外加剂、添加剂和水，按一定比例，在搅拌站经计量、拌制后，运至使用地点，并在规定的时间内使用的拌合物。干混砂浆是指由水泥、干燥骨料或粉料、添加剂以及根据性能确定的其他组分，按一定比例，在专业生产厂经计量、混合而成的混合物，在使用地点按规定比例加水或配套组分拌合使用的砂浆。

干混砂浆生产流程如图 7-11 所示。

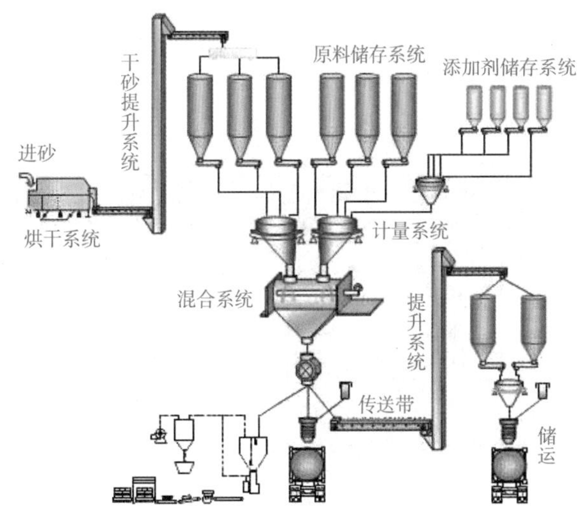

图 7-11 干混砂浆生产流程

预拌砌筑砂浆应满足下列规定。

①在确定湿拌砂浆稠度时应考虑砂浆在运输和储存过程中的稠度损失。

②湿拌砂浆应根据凝结时间要求确定外加剂掺量。

③干混砂浆应明确拌制时的加水量范围。

④预拌砂浆的性能以及搅拌、运输、储存等应符合《预拌砂浆》（GB/T 25181—2019）的规定。

1. 预拌砂浆的分类、标记和性能

预拌砂浆一般有砌筑砂浆、抹灰砂浆、地面砂浆、防水砂浆等类型。砌筑砂浆按照灰缝是否大于 5 mm 分为普通砌筑砂浆（>5 mm）和薄层砌筑砂浆（≤ 5 mm）；抹面砂浆按照砂浆层厚度是否大于 5 mm 分为普通抹灰砂浆（>5 mm）和薄层抹灰砂浆（≤ 5 mm）。

（1）预拌砂浆分类

1）湿拌砂浆分类　按用途分为湿拌砌筑砂浆、湿拌抹灰砂浆、湿拌地面砂浆和湿拌防水砂浆，并采用表 7-11 的代号，按强度等级、抗渗等级、稠度和凝结时间的分类应符合表 7-12 的规定。

表 7-11　湿拌砂浆代号

品种	湿拌砌筑砂浆	湿拌抹灰砂浆	湿拌地面砂浆	湿拌防水砂浆
代号	WM	WP	WS	WW

表 7-12　湿拌砂浆分类

项目	湿拌砌筑砂浆	湿拌抹灰砂浆	湿拌地面砂浆	湿拌防水砂浆
强度等级	M5、M7.5、M10、M15、M20、M25、M30	M5、M10、M15、M20	M15、M20、M25	M10、M15、M20

续表

项目	湿拌砌筑砂浆	湿拌抹灰砂浆	湿拌地面砂浆	湿拌防水砂浆
抗渗等级	—	—	—	P6、P8、P10
稠度(mm)	50、70、90	70、90、110	50	50、70、90
凝结时间(h)	6、8、12、24	6、8、12、24	4、6、8	6、8、12、24

2)干混砂浆分类　按用途分为干混砌筑砂浆、干混抹灰砂浆、干混地面砂浆、干混普通防水砂浆、干混陶瓷砖黏结砂浆、干混界面砂浆、干混保温板黏结砂浆、干混保温板抹面砂浆、干混聚合物水泥防水砂浆、干混自 流平砂浆、干混耐磨地坪砂浆和干混饰面砂浆等,并采用表 7-13 的代号。

表 7-13　干混砂浆代号

品种	干混砌筑砂浆	干混抹灰砂浆	干混地面砂浆	干混普通防水砂浆	干混陶瓷砖黏结砂浆	干混界面砂浆
代号	DM	DP	DS	DW	DTA	DIT
品种	干混填缝砂浆	干混修补砂浆	干混聚合物水泥防水砂浆	干混自流平砂浆	干混耐磨地坪砂浆	干混饰面砂浆
代号	DTG	DRM	DWS	DSL	DFH	DDR

干混砌筑砂浆、干混抹灰砂浆、干混地面砂浆和干混普通防水砂浆按强度等级、抗渗等级的分类应符合表 7-14 的规定。

表 7-14　干混砂浆分类

项目	干混砌筑砂浆		干混抹灰砂浆			干混地面砂浆	干混普通防水砂浆
	普通砌筑砂浆	薄层砌筑砂浆	普通抹灰砂浆	薄层抹灰砂浆	机喷抹灰砂浆		
强度等级	M5、M7.5、M10、M15、M20、M25、M30	M5、M10	M5、M7.5、M10、M15、M20	M5、M7.5、M10	M5、M7.5、M10、M15、M20	M15、M20、M25	M15、M20
抗渗等级	—	—	—	—	—	—	P6、P8、P10

(2)标记

1)湿拌砂浆　湿拌砂浆标记示意及示例如下。

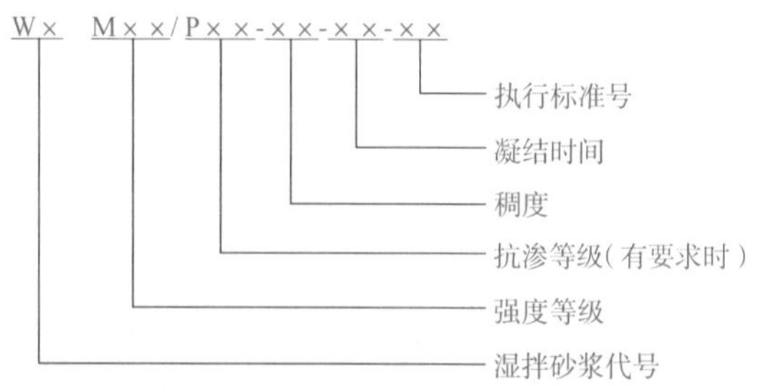

示例 1:湿拌砌筑砂浆的强度等级为 M10,稠度为 70 mm,凝结时间为 12 h,其标记为: WM M10-70-12-GB/T 25181—2019。

示例 2:湿拌防水砂浆的强度等级为 M15,抗渗等级为 P8,稠度为 70 mm,凝结时间为 12 h,其标记为: WW M15/P8-70-12-GB/T 25181—2019。

2)干混砂浆　干混砂浆标记示意及示例如下。

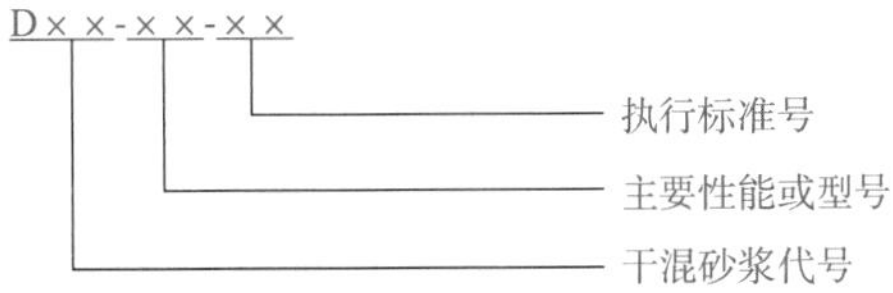

示例1:干混砌筑砂浆的强度等级为M10,其标记为:DM M10-GB/T 25181—2019。

示例2:用于混凝土界面处理的干混界面砂浆的标记为:DIT-C-GB/T 25181—2019。

(3)预拌砂浆性能

湿拌砌筑砂浆的砌体力学性能应符合GB 50003—2011的规定,湿拌砌筑砂浆拌合物的表观密度不应小于1 800 kg/m³。

干混砂浆从外观看粉状产品应均匀、无结块。双组分产品液料组分经搅拌后应呈均匀状态、无沉淀;粉料组分应均匀、无结块。干混砌筑砂浆的砌体力学性能应符合GB 50003—2011的规定,干混普通砌筑砂浆拌合物的表观密度不应小于1 800 kg/m³。

预拌砂浆的物理性能见表7-15。

表7-15 预拌砂浆的物理性能

项　目	干混砌筑砂浆	湿拌砌筑砂浆
强度等级	M5、M7.5、M10、M15、M20、M25、M30	M5、M7.5、M10、M15、M20、M25、M30
稠度(mm)	—	50、70、90
凝结时间(h)	3~8	≥8、≥12、≥24
保水率(%)	≥88	≥88

3. 湿拌砂浆与干混砂浆的异同

(1)相同点

二者均由专业生产厂生产供应,有专业技术人员进行砂浆配合比设计、配方研制以及砂浆质量控制,从根本上保证了砂浆的质量。

(2)不同点

①砂浆状态及存放时间不同。湿拌砂浆是将包括水在内的全部组分搅拌而成的湿拌拌合物,可在施工现场直接使用,但需在砂浆凝结之前使用完毕,最长存放时间不超过24 h;干混砂浆是将干燥物料混合均匀的干混混合物,以散装或袋装形式供应,该砂浆需在施工现场加水或配套液体搅拌均匀后使用。干混砂浆储存期较长,通常为3个月或6个月。

②生产设备不同。目前湿拌砂浆大多由混凝土搅拌站生产,而干混砂浆则由专门的混合设备生产。

③品种不同。由于湿拌砂浆采用湿拌的形式生产,不适合生产黏度较高的砂浆,因此砂浆品种较少,目前只有砌筑、抹灰、地面等砂浆品种;而干混砂浆生产出来的是干状物料,不受生产方式限制,因此砂浆品种繁多,但原材料的品种要比湿拌砂浆多很多,且复杂得多。

④砂浆的处理方式不同。湿拌砂浆用砂不需烘干,而干混砂浆用砂需经烘干处理。

⑤运输设备不同。湿拌砂浆要采用搅拌运输车运送,以保证砂浆在运输过程中不产生分层、离析;散装干混砂浆采用罐车运送,袋装干混砂浆采用汽车运送。

本任务小结

本任务主要介绍了砌筑砂浆的组成材料,主要有胶凝材料、砂、掺加料、水、外加剂等;技术性质,包括和易性(流动性、保水性)、砂浆的强度及强度等级、变形性能、黏结力、抗冻性等;配合比设计公式及步骤、注意事项等。

抹面砂浆部分讲述了,普通抹面砂浆、装饰砂浆、特种砂浆的常用种类、工艺和主要组成材料。

最后简单介绍了干混砂浆的来历、定义和特点;干混砂浆的原料、生产工艺;干混砂浆的性能指标和参数要求。

模块4　建筑功能材料

模块内容简介

本模块所介绍的功能材料是担负建筑物使用过程中一定建筑功能的材料，包括石材、玻璃、陶瓷、有机高分子材料、防水材料、隔热吸声材料、木材等。

模块学习目标

学生在学完本模块后，应该掌握这几类材料的主要功能、应用环境、使用注意事项。学习过程中，应该充分利用网络、报刊、媒体了解各种功能材料的新品种和新用途。

任务 8　建筑石材的选择与应用

任务简介

掌握砌筑用石材的分类、特点、性能，装饰石材的分类。

知识目标

（1）掌握砌筑用石材和装饰用石材的分类及特点。
（2）熟悉建筑石材的放射性污染及控制。
（3）了解天然岩石的形成与分类。
（4）掌握建筑石材的物理性质、力学性质、耐久性的要求。

技能目标

（1）能对石材进行简单的识别。
（2）能正确、合理地选用各类石材。

思政教学

思政元素 8

教学课件 8

授课视频 8

应用案例与发展动态

建筑用石材分天然石材和人造石材两类。天然岩石经过机械加工或不经过加工而制得的材料统称为天然石材。人造石材主要是指人们采用一定的材料、工艺技术，仿照天然石材的花纹和纹理，人为制作的合成石材。

天然石材是古老的建筑材料，来源广泛，使用历史悠久。国内外许多著名建筑，如意大利的比萨斜塔、埃及的金字塔、我国的赵州桥（见图 8-1）等都是由天然石材建造而成的。天然石材具有很高的抗压强度、良好的耐久性和耐磨性，经过加工后花纹美观、色泽艳丽、富有装饰性，虽然作为结构材料已在很大程度上被钢筋混凝土、钢材所取代，但在现代建筑中，特别是在建筑装饰中得到了广泛的应用。

图 8-1　赵州桥

8.1 石材的基本知识

石材是装饰工程中常用的高级装饰材料之一，分为天然石材、人造石材、超薄天然石材型复合板。从天然岩石中开采得到的毛石，经过加工后成为料石、板材和颗粒状等材料，统称为天然石材。天然石材在建筑装饰中应用最广泛，主要有花岗石、大理石、砂岩及石灰石。

视频 8-1 石材的基本知识

8.1.1 天然岩石的形成与分类

图 8-2 天然石材

岩石由造岩矿物组成，不同的造岩矿物在不同的地质条件下，形成不同性能的岩石。各种造岩矿物在不同的地质条件下，形成不同类型的岩石，通常可分为三大类，即火成岩、沉积岩和变质岩，它们具有不同的结构、构造和性质。天然石材见图 8-2。

1. 火成岩

火成岩又称岩浆岩，它是因地壳变动，熔融的岩浆由地壳内部上升后冷却而成的。火成岩是组成地壳的主要岩石，占地壳总质量的 89%。火成岩根据岩浆冷却条件的不同，又分为深成岩、喷出岩和火山岩三种。

1）深成岩　深成岩是岩浆在地壳深处，在很大的覆盖压力下缓慢冷却而成的岩石，其特征是：构造致密，容重大，抗压强度高，吸水率小，抗冻性好，耐磨性和耐久性好，如花岗岩、正长岩、辉长岩、闪长岩、橄榄岩等。

2）喷出岩　喷出岩是熔融的岩浆喷出地表后，在压力降低、迅速冷却的条件下形成的岩石，如建筑上使用的玄武岩、安山岩等。当喷出岩形成较厚的岩层时，其结构致密，特性近似深成岩，若形成的岩层较薄，则形成的岩石常呈多孔结构，近似火山岩。

3）火山岩　火山岩又称火山碎屑岩。火山岩是火山爆发时，岩浆被喷到空中，经急速冷却后落下而形成的碎屑岩石，如火山灰、浮石等。火山岩都是轻质多孔结构的材料，其中火山灰被大量用作水泥的混合材料，而乳石可用作轻质骨料，以配制轻骨料混凝土，用作墙体材料。

2. 沉积岩

沉积岩又称水成岩。沉积岩是原来的母岩风化后，经过风吹搬迁、流水冲移而沉积和再造岩等作用，在离地表不太深处形成的岩石。沉积岩为层状结构，其各层的成分、结构、颜色、层厚等均不相同，与火成岩相比，其特性是：结构致密性较差，容重较小，孔隙率及吸水率均较大，强度较低，耐久性也较差。

1）机械沉积岩　风化后的岩石碎屑在流水、风、冰川等作用下，经搬迁、沉积、固结（多为自然胶结物固结）而成，如常用的砂岩、砾岩、火山凝灰岩、黏土岩等，此外，还有砂、卵石等（未经固结）。

2）化学沉积岩　由岩石风化后溶于水而形成的溶液、胶体经搬迁沉淀而成，如常用的石膏、菱镁矿、某些石灰岩等。

3）生物沉积岩　由海水或淡水中的生物残骸沉积而成，常用的有石灰岩、白垩、硅藻土等。

沉积岩虽仅占地壳总质量的 5%，但在地球上分布极广，约占地壳表面积的 75%，加之藏于地表不太深处，故易于开采。沉积岩用途广泛，其中最重要的是石灰岩。石灰岩是烧制石灰和水泥的主要原料，更是配制普通混凝土的重要组成材料。石灰岩也是修筑堤坝和铺筑道路的原材料。

3. 变质岩

变质岩是由原生的火成岩或沉积岩，经过地壳内部高温、高压等变化作用后而形成的岩石，其中沉积岩变质后，性能变好，结构变得致密，坚实耐久，如石灰岩（沉积岩）变质为大理石；而火成岩经变质后，性质反而变差，如花岗岩（深成岩）变质成的片麻岩，易产生分层剥落，耐久性变差。

8.1.2　天然岩石的性质

岩石质地坚硬，强度、耐水性、耐久性、耐磨性高，使用寿命可达数十年至数百年，但因其密度高，故开采和加工也相应困难。岩石中的大小、形状和颜色各异的晶粒及其不同的排列使得许多岩石具有较好的装饰性，特别是具有斑状构造和砾状构造的岩石，在磨光后纹理美观夺目，具有很好的装饰性。

天然石材的技术性质，可分为物理性质、力学性质和工艺性质。

1. 物理性质

（1）表观密度

天然石材根据表观密度大小可分为：轻质石材，表观密度≤ 1 800 kg/m^3；重质石材，表观密度 >1 800 kg/m^3。表观密度的大小常间接反映石材的致密程度与孔隙多少。在通常情况下，同种石材的表观密度越大，则抗压强度越高，吸水率越小，耐久性越好，导热性越好。

（2）吸水性

吸水率低于 1.5% 的岩石称为低吸水性岩石，吸水率为 1.5%~3.0% 的称为中吸水性岩石，吸水率高于 3.0% 的称为高吸水性岩石。

岩浆深成岩以及许多变质岩的孔隙率都很小，故而吸水率也很小，例如花岗岩的吸水率通常小于 0.5%。沉积岩由于形成条件、密实程度与胶结情况有所不同，因而孔隙率与孔隙特征的变动很大，这导致石材吸水率的波动也很大，致密的石灰岩吸水率可小于 1%，而多孔的贝壳石灰岩吸水率可高达 15%。

石材的吸水性对其强度与耐水性有很大影响。石材吸水后，会降低颗粒之间的黏结力，从而使强度降低。有些岩石还容易被水溶蚀，因此吸水性强与易溶的岩石，其耐水性较差。

（3）耐水性

石材的耐水性以软化系数表示。岩石中含有较多的黏土或易溶物质时，软化系数较小，耐水性较差。根据软化系数，可将石材分为高、中、低三个等级。软化系数 >0.90 的为高耐水性石材，软化系数在 0.75~0.90 的为中耐水性石材，软化系数在 0.60~0.75 的为低耐水性石材，软化系数 <0.60 的石材则不允许用于重要建筑物中。

（4）抗冻性

石材的抗冻性是指其抵抗冻融破坏的能力，根据石材在水饱和状态下按规范要求所能经受的冻融循环次数表示。能经受的冻融循环次数越多，则石材的抗冻性越好。石材抗冻性与吸水性有密切的关系，吸水率大的石材其抗冻性差。根据经验，吸水率 <0.5% 的石材，认为是抗冻的。

（5）耐热性

石材的耐热性与其化学成分及矿物组成有关。石材经高温后，由于热胀冷缩、体积变化而产生内应力或因组成矿物发生分解和变异等导致结构破坏。如含有石膏的石材，在 100 ℃以上时就开始破坏；含有碳酸镁的石材，温度高于 725 ℃会发生破坏；含有碳酸钙的石材，温度达 827 ℃时开始破坏。由石英与其他矿物所组成的结晶石材，如花岗岩等，当温度达到 700 ℃以上时，由于石英受热发生膨胀，强度迅速下降。

2. 力学性质

天然石材的力学性质主要包括抗压强度、冲击韧性、硬度及耐磨性等。

（1）抗压强度

石材的抗压强度以三个边长为 70 mm 的立方体试块的抗压破坏强度的平均值表示。根据抗压强度值的大小，石材共分九个强度等级：MU100、MU80、MU60、MU50、MU40、MU30、MU20、MU15 和 MU10。抗压试件也可采用表 8-1 所列各种边长尺寸的立方体，但应对其试验结果乘以相应的换算系数。

表 8-1　石材强度等级的换算系数

立方体边（mm）	200	150	100	70	50
换算系数	1.43	1.28	1.14	1	0.86

(2)冲击韧性

石材的冲击韧性取决于岩石的矿物组成与构造。石英岩、硅质砂岩脆性较大。含暗色矿物较多的辉长岩、辉绿岩等具有较高的韧性。通常,晶体结构的岩石较非晶体结构的岩石具有较高的韧性。

(3)硬度

硬度取决于石材矿物组成的硬度与构造。凡由致密、坚硬矿物组成的石材,其硬度就高。岩石的硬度以莫氏硬度表示。

(4)耐磨性

耐磨性是指石材在使用条件下抵抗摩擦、边缘剪切以及冲击等复杂作用的能力。石材的耐磨性包括耐磨损与耐磨耗两方面。凡是用于可能遭受磨损作用的场所,例如台阶、人行道、地面、楼梯踏步等和可能遭受磨耗作用的场所,例如道路路面的碎石等,应采用具有高耐磨性的石材。

3. 工艺性质

石材的工艺性质主要指其开采和加工过程的难易程度及可能性,包括加工性、磨光性与抗钻性等。

(1)加工性

石材的加工性主要是指对岩石开采、锯解、切割、凿琢、磨光和抛光等加工工艺的难易程度。凡强度、硬度、韧性较高的石材,不易加工;质脆而粗糙、有颗粒交错结构、含有层状或片状构造以及业已风化的岩石,都难以满足加工要求。

(2)磨光性

磨光性指石材能否磨成平整光滑表面的性质。致密、均匀、细粒的岩石,一般都有良好的磨光性,可以磨成光滑亮洁的表面。疏松多孔、有鳞片状构造的岩石,磨光性不好。

(3)抗钻性

抗钻性指石材钻孔的难易程度。影响抗钻性的因素很复杂,一般石材的强度越高、硬度越大,越不易钻孔。

由于用途和使用条件的不同,对石材的性质及所要求的指标均有所不同。工程中用于基础、桥梁、隧道以及石砌工程的石材,一般规定其抗压强度、抗冻性与耐水性必须达到一定指标。建筑工程中常用天然石材的技术性能可参见表 8-2。

表 8-2 建筑工程中常用天然石材的性能及用途

名称	主要质量指标			主要用途
	项目		指标	
花岗岩	表观密度(kg/m³)		2 500~2 700	基础、桥墩、堤坝、拱石、阶石、路面、海港结构、基座、勒脚、窗台、装饰石材等
	强度(MPa)	抗压	120~250	
		抗折	8.5~15.0	
		抗剪	13~19	
	吸水率(%)		<1	
	膨胀系数(10^{-6}/℃)		5.6~7.34	
	平均韧性(cm)		8	
	平均质量磨耗率(%)		11	
	耐用年限(年)		75~200	

续表

<table>
<tr><th rowspan="2">名称</th><th colspan="3">主要质量指标</th><th rowspan="2">主要用途</th></tr>
<tr><th colspan="2">项目</th><th>指标</th></tr>
<tr><td rowspan="10">石灰岩</td><td colspan="2">表观密度(kg/m³)</td><td>1 000~2 600</td><td rowspan="10">墙身、桥墩、基础、阶石、路面、石灰及粉刷材料的原料等</td></tr>
<tr><td rowspan="3">强度(MPa)</td><td>抗压</td><td>22.0~140.0</td></tr>
<tr><td>抗折</td><td>1.8~20</td></tr>
<tr><td>抗剪</td><td>7.0~14.0</td></tr>
<tr><td colspan="2">吸水率(%)</td><td>2~6</td></tr>
<tr><td colspan="2">膨胀系数(10⁻⁶/℃)</td><td>6.75~6.77</td></tr>
<tr><td colspan="2">平均韧性(cm)</td><td>7</td></tr>
<tr><td colspan="2">平均质量磨耗率(%)</td><td>8</td></tr>
<tr><td colspan="2">耐用年限(年)</td><td>20~40</td></tr>
<tr><td colspan="2"></td><td></td></tr>
<tr><td rowspan="10">砂 岩</td><td colspan="2">表观密度(kg/m³)</td><td>2 200~2 500</td><td rowspan="10">基础、墙身、衬面、阶石、人行道、纪念碑及其他装饰石材等</td></tr>
<tr><td rowspan="3">强度(MPa)</td><td>抗压</td><td>47~140</td></tr>
<tr><td>抗折</td><td>3.5~14</td></tr>
<tr><td>抗剪</td><td>8.5~18</td></tr>
<tr><td colspan="2">吸水率(%)</td><td><10</td></tr>
<tr><td colspan="2">膨胀系数(10⁻⁶/℃)</td><td>9.02~11.2</td></tr>
<tr><td colspan="2">平均韧性(cm)</td><td>10</td></tr>
<tr><td colspan="2">平均质量磨耗率(%)</td><td>12</td></tr>
<tr><td colspan="2">耐用年限(年)</td><td>20~200</td></tr>
<tr><td colspan="2"></td><td></td></tr>
<tr><td rowspan="9">大理岩</td><td colspan="2">表观密度(kg/m³)</td><td>2 500~2 700</td><td rowspan="9">装饰材料、踏步、地面、墙面、柱面、柜台、栏杆、电气绝缘板等</td></tr>
<tr><td rowspan="3">强度(MPa)</td><td>抗压</td><td>47~140</td></tr>
<tr><td>抗折</td><td>2.5~16</td></tr>
<tr><td>抗剪</td><td>8~12</td></tr>
<tr><td colspan="2">吸水率(%)</td><td><1</td></tr>
<tr><td colspan="2">膨胀系数(10⁻⁶/℃)</td><td>6.5~11.2</td></tr>
<tr><td colspan="2">平均韧性(cm)</td><td>10</td></tr>
<tr><td colspan="2">平均质量磨耗率(%)</td><td>12</td></tr>
<tr><td colspan="2">耐用年限(年)</td><td>30~100</td></tr>
</table>

8.2 工程砌筑用石材

1. 工程砌筑用石材的要求

天然石材品种多，性能差别大，在建筑设计和施工时应根据建筑物等级、建筑结构、环境和使用条件、地方资源等因素选用适当的石材，使其主要技术性能符合使用及工程要求，以达到适用、安全、经济和美观。

（1）适用性

按使用要求分别衡量各种石材在建筑中的适用性。对于承重构件，如基础、勒脚、墙、柱等主要考虑抗压强度能否满足设计要求；对于围护结构构件，要考虑是否具有良好的绝热性能；对于处在特殊环境，如高温、高湿、水中、严寒、侵蚀等条件下的构件，还要分别考虑石材的耐火性、耐水性、抗冻性以及耐化学侵蚀性等。

（2）经济性

天然石材表观密度大，运输不便，应利用地方资源，尽可能做到就地取材。难于开采和加工的石料，必然使成本提高，选材时应充分考虑。

2. 常用砌筑石材

砌筑用石材按加工后的外形规则程度，可分为毛石和料石。

视频 8-2　工程砌筑用石材

（1）毛石

毛石，又称片石或块石，是指开采所得，未经加工的形状不规则的石块，依其平整程度又分为乱毛石和平毛石两种。

1）乱毛石　乱毛石形状不规则，一般要求石块中部厚度不小于 150 mm，长度为 300~400 mm，重 20~30 kg，其强度不宜小于 10 MPa，如图 8-3 所示。常用于砌筑基础、勒脚、堤坝、挡土墙等。

2）平毛石　平毛石是乱毛石略经加工而成的。形状较乱毛石整齐，基本上有六个面，但表面粗糙，中部厚度不小于 200 mm，如图 8-4 所示。它常用于砌筑基础、勒脚、桥墩、涵洞等。

图 8-3　乱毛石

图 8-4　平毛石

（2）料石

料石系由人工或机械开采出的较规则的六面体石块，略加雕琢而成的。按其加工后的外形规则程度不同又可分为毛料石、粗料石、半细料石和细料石四种；按形状可分为条石、方石及拱石。

1）毛料石　外形大致方正，一般不经加工或稍加修整，高度不应大于 200 mm，叠砌面凹入深度不应大于 25 mm。

2）粗料石　外形较方正，其截面的宽度、高度不应小于 200 mm，且不应小于长度的 1/4，叠砌面凹入深度不应大于 20 mm。粗料石主要应用于建筑物的基础、勒脚、墙体部位，半细料石和细料石主要用作镶面的材料。

3）半细料石　形体方正，规格尺寸同粗料石，但叠砌面凹入深度不应大于 15 mm。

4）细料石　细加工，外形规整，尺寸规格同半细料石，但叠砌面凹入深度不应大于 10 mm。

8.3　装饰用石材

8.3.1　饰面石材的加工

用致密岩石凿平或锯解而成的厚度不大的石材称为板材。饰面板用的板材一般采用花岗石和大理石制成。

花岗石板材按形状分为普型板、圆弧板和异型板，常用规格为厚 10~20 mm，宽 150~600 mm，长 300~1 000 mm。饰面板材要求耐久、耐磨、色彩花纹美观，表面应无裂缝、翘曲、凹陷、色斑、污点等，并根据板材尺寸偏差、平面度、角度、外观质量、镜面光泽度分为优等品、一等品、合格品三个等级。

花岗石板材按表面加工程度不同可分为粗面板材、细面板材、亚光板材和镜面板材。粗面板材表面平整粗糙，具有规则加工条纹，如机刨板、剁斧板、锤击板、烧毛板等。细面板材表面平整光滑。这两种板材主要用于建筑物外墙面、柱面、台阶、勒脚等部位。亚光板材是用磨料将平板进行粗磨、细磨加工而成的，其饰面的光度和色彩都低于抛光面，表面较光滑，多孔，这种纹理饰面通常用于公共场所。镜面板材是经研磨抛光而具有镜面光泽的板材，主要用于室内外墙面、柱面、地面。大理石板材一般均加工成镜面板材，供室内饰面用。大理石饰面板主要有正方形和矩形两种，常用规格为厚 10~20 mm，宽 150~900 mm，长 300~1 200 mm，与花岗石板材相同，相应标准对大理石板材的尺寸偏差、平面度、角度、外观质量等均提出了明确要求。

8.3.2　饰面天然大理石

视频 8-3　装饰用石材

天然大理石是石灰岩和白云岩经过地壳内高温高压作用形成的变质岩，通常是层状结构，有明显的结晶和纹理，属于中硬石材，主要由方解石和白云石组成。

1. 天然大理石的主要化学成分

大理石的主要化学成分为氧化钙，其次为氧化镁，还有其他化学成分。大理石的颜色与成分有关，白色含碳酸钙和碳酸镁，紫色含锰，绿色含钴化物，黄色含铬化物，红褐色、紫红、棕黄色含锰及氧化铁水化物。许多大理石都是由多种化学成分混杂而成的，所以，大理石的颜色变化多端，纹理错综复杂，深浅粗细不一，光泽度也差异很大。另外，通常将凝灰岩、砂岩、页岩和板岩也归为大理石类。天然大理石见图 8-5。

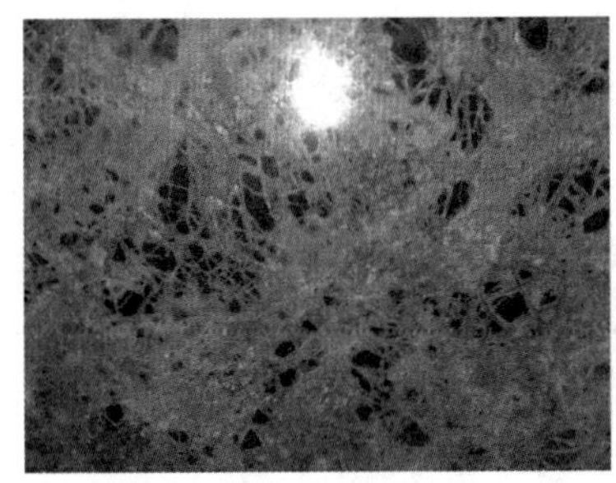

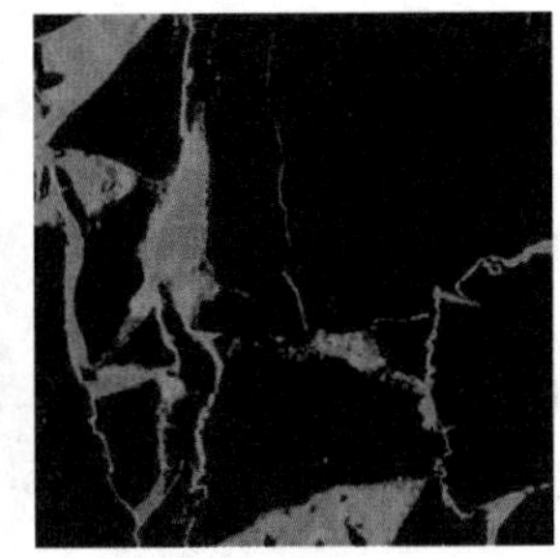

图 8-5　天然大理石

2. 天然大理石的特点

天然大理石具有品种繁多、花纹多样、色泽鲜艳、石质细腻、抗压性强、吸水率小、耐腐蚀、耐磨、耐久性好、有良好的抗压性、不变形、便于清洁等特点。浅色大理石板的装饰效果庄重而清雅，深色大理石板的装饰效果华丽而高贵。

天然大理石的缺点如下：一是比花岗岩硬度低，如在地面上使用，磨光面易损坏，其耐用年限一般为 30~80 年；二是抗风化能力、耐腐蚀性差。由于空气中常含有二氧化硫，遇水时生成亚硫酸，以后变成硫酸，与大理石中的碳酸钙反应，生成易溶于水的硫酸钙，使大理石表面失去光泽，变得粗糙多孔而降低建筑物的装饰效果。所以大理石不宜用于建筑物室外装饰和其他露天部位的装饰。公共卫生间等经常使用水冲刷和酸性洗涤材料处，也不宜用大理石作为地面材料。

3. 天然大理石的分类和用途

大理石原指产于云南省大理的白色带有黑色花纹的石灰岩，剖面可以形成一幅天然的水墨山水画，古代常选取具有成形花纹的大理石制作画屏或镶嵌画，后来用大理石这个名称称呼一切有各种颜色、花纹的，用来做建筑装饰材料的石灰岩，白色大理石一般称为汉白玉，但翻译西方制作雕像的白色大理石也称为大理石。大理石的分类、命名原则不一，有的以产地和颜色命名，如丹东绿、铁岭红等；有的以花纹和颜色命名，如雪花白、艾叶青；有的以花纹形象命名，如秋景、海浪；有的是传统名称，如汉白玉、晶墨玉等。因此，因产地不同常有同类异名或异岩同名现象出现。大理石的品种繁多,石质细腻,光泽柔润,绚丽多彩,在我国主要有云灰、白色和彩色三类。

1)云灰大理石　因其多呈云灰色或云灰色的底面上泛起一些天然的云彩状花纹而得名。

2)白色大理石　因其晶莹纯净、洁白如玉、熠熠生辉,故又称为巷山白玉、汉白玉和白玉,是大理石的名贵品种,是重要建筑物的高级装修材料。

3)彩色大理石　产于云灰大理石之间,是大理石中的精品,表面经过研磨、抛光,呈现色彩斑斓、千姿百态的天然图画。

天然大理石板主要用于宾馆、饭店、银行、纪念馆、博物馆、办公大楼等高级建筑物的室内饰面,如墙面、柱面、地面、造型面、酒吧吧台侧立面与台面、服务台立面与台面等,还常用于各种营业柜台和家具台面。住宅建筑的门厅、窗台板、卫生间洗漱台板、楼梯踏步也可采用。

另外,大理石磨光板有美丽多姿的花纹,如似青云飞渡的云彩花纹,似天然图画的彩色图案纹理,这类大理石板常用来镶嵌或刻出各种图案的装饰品。

4. 天然大理石的品种

按表面加工光洁度分为:镜面板材,表面镜向光泽值应不低于 70 光泽单位;亚光板材,表面要求亚光平整、细腻,使光线产生漫反射现象;粗面板材,饰面粗糙规则有序、端面锯切整齐。

按色系分为:白灰色系列,爵士白、雪花白、大花白、雅士白、白水晶、风雪、芝麻白、羊脂玉、冰花玉、汉晶白、白沙米黄、汉白玉;黄色系列,金花米黄、金线米黄、银线米黄、莎安娜米黄、西班牙米黄、金碧辉煌、新米黄、虎皮黄、松香黄、木纹米黄、黄奶油、贵州米黄、黄花王;红粉色系列,橙皮红、西施红、珊瑚红、挪威红、武定红、陕西红、桃红、岭红、秋枫、红花玉;褐色系列,紫罗红、啡网纹;青蓝黑色系列,大花绿、蛇纹石、黑白根、杭灰、墨玉、珊瑚绿、莱阳绿、黑壁莱阳黑;木质纹理系列,木纹石、丽石砂岩、红木纹。

8.3.3 饰面天然花岗岩

天然花岗石是火成岩,由长石、石英和少量云母组成构造密实,呈整体均粒状结构。其花纹特征是晶粒细小,并分布着繁星般的云母黑点和闪闪发光的石英结晶。我国花岗岩资源丰富,经探明,储量约达 1 000 亿 m^3,品种 150 多个。目前,花岗岩的产地主要有北京西山,山东泰山、崂山,江苏金山、焦山,安徽黄山、大别山,陕西华山、秦岭,湖南衡山,浙江莫干山,广东云浮、丰顺县、连州市、新兴县、南雄市,广西岑溪市,河南太行山,四川峨眉山、横断山以及云南、贵州山区。传统产品中如"济南青""泉州黑"等早已饮誉海外,近年又开发出山东"樱花红"、广西"岑溪红"、山西"贵妃红"等高档品种。天然花岗岩见图 8-6。

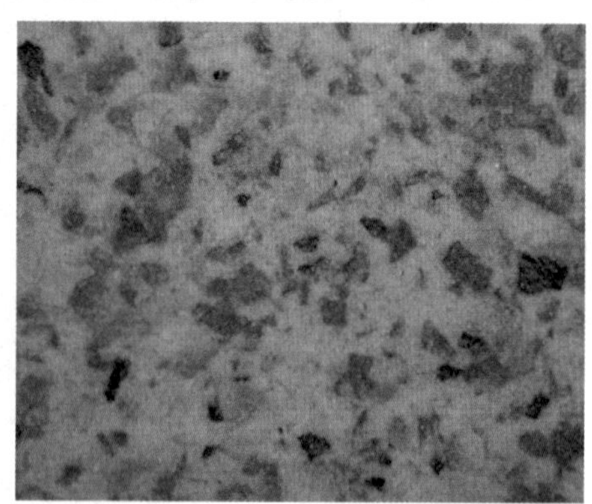

图 8-6　天然花岗岩

1. 天然花岗岩的主要化学成分

花岗岩的化学成分见表 8-3。

表 8-3 花岗岩的主要化学成分

化学成分	SiO_2	Al_2O_3	CaO	MgO	Fe_2O_3
含量 %	67~75	12~17	1~2	1~2	0.5~1.5

2. 天然花岗岩的特点

天然花岗岩具有结构致密、质地坚硬、耐酸碱、耐腐蚀、耐高温、耐摩擦、吸水率小、抗压强度高、耐日照、抗冻融性好（可经受 100~200 次甚至更多的冻融循环）、耐久性好（一般的耐用年限为 75~200 年）等特点。同时，天然花岗岩色彩丰富，晶格花纹均匀细致，经磨光处理后，光亮如镜，具有华丽高贵的装饰效果。

天然花岗岩的主要缺点如下：一是自重大，用于房屋建筑会增加建筑物的重量；二是硬度大，给开采和加工造成困难；三是质脆，耐火性差，当花岗岩受热超过 800 ℃以上时，由于花岗岩中所含石英的晶态转变，造成体积膨胀，导致石材爆裂，失去强度，但可利用此特性用火焰将花岗岩表面烧成毛面（火烧板）；四是某些花岗岩含有微量放射性元素，对人体有害，这类花岗岩应避免用于室内。

3. 天然花岗岩的品种

天然花岗岩根据用途和加工方法、加工程序的差异可分为剁斧板材、机刨板材、亚光板材、烧毛板材、磨光板材、蘑菇石等六类；根据颜色可分为红橙色系列、暗色系列、灰白色系列、蓝绿色系列、褐黄色系列等五个系列。

（1）按加工方法分

天然花岗岩按加工方法可以分为以下几种。

1）磨光板材　经过细磨加工和抛光，表面光亮，结晶裸露，表面具有鲜明的色彩和美丽的花纹，多用于室内外墙面、地面、立柱、纪念碑、基碑等处。

2）亚光板材　表面经机械加工，平整细腻，能使光线产生漫射现象，有色泽和花纹，常用于室内墙柱面。

3）烧毛板材　经机械加工成型后，表面用火焰烧蚀，形成不规则粗糙表面，表面呈灰白色，岩体内暴露晶体仍闪烁发光，具有独特的装饰效果，多用于外墙面。

4）机刨板材　是近几年兴起的新工艺，用机械将石材表面加工成有相互平行的刨纹，替代剁斧石，常用于室外台阶、广场。

5）剁斧板材　经人工剁斧加工，使石材表面有规律的条状斧纹，用于室外台阶、纪念碑座。

6）蘑菇石　将块材四边基本凿平齐，中部石材自然突出一定高度，使材料更具有自然和厚实感，常用于重要建筑外墙基座。

（2）按颜色分

天然花岗岩按颜色分为以下几种。

1）红橙色系列　中国红、印度红、石榴红、樱花红、泰山红、粉红麻、幻彩红。

2）暗色系列　丰镇黑、巴西黑、黑白根、金点黑、黑中王、济南青、蒙古黑（中国黑）。

3）灰白色系列　美利坚白麻、意大利白麻、太阳白、山东白麻、文登白、崂山灰。

4）蓝绿色系列　新疆兰宝、兰珍珠、幻彩绿、绿蝴蝶、墨玉冰花、豆绿、燕山绿、翡翠绿、孔雀绿。

5）褐黄色系列　英国棕、啡钻、金麻石、世贸金麻、虎皮黄、会理黄。

8.3.4 人造石材

人造石材是以天然大理石、花岗石碎料或方解石、白云石、石英砂、玻璃粉等无机矿物骨料，拌合树脂、聚酯等聚合物或水泥等黏结剂以及适宜的稳定剂、颜料等，经过真空强力拌合震动、混合、浇筑、加压成型、打磨抛光以及切割等工序制成的板材。通过颜料、填料和加工工艺的变化，可以仿制成天然大理石、天然花岗石等表面装饰效果，故称为人造大理石、人造花岗石。人造石材具有质量轻、强度高、色泽均匀、结构紧密、耐磨、耐腐蚀、耐寒等特点。

人造石材是一种不断发展的室内外装饰材料，可用于地面、墙面、柱面、踢脚板、阳台等装饰，也可用于楼梯面板、窗台板、服务台台面、庭园石凳等装饰，适用于宾馆、饭店、旅馆、商店、会客厅、会议室、休息室的墙面门套或柱面装饰，也可用作工厂、学校、医院的工作台面及各种卫生洁具，还可加工制成浮雕、工艺品、美术装潢品和陈列品等。

1. 人造石材的分类及特点

人造石材按照生产所用材料不同一般分为四类。

(1)水泥型人造石材

水泥型人造石材以水泥为胶黏剂，砂为细骨料，大理石、花岗岩、工业废渣等为粗骨料，特点是以铝酸盐水泥的制品最佳，表面光泽度高，花纹耐久；具有抗风化能力，耐火性、防潮性都优于一般人造大理石，价格低，耐腐蚀性能较差。

(2)树脂型人造石材

树脂型人造石材以不饱和聚酯树脂及其配套材料为胶黏剂，石英砂、大理石、方解石粉为骨料，特点是光泽好，颜色浅，可调成不同的鲜明颜色；制作方法国际上比较通行，宜用于室内，价格相对较高。

(3)复合型人造石材

复合型人造石材以无机材料和有机高分子材料为胶黏剂，性能稳定的无机材料为底层，聚酯树脂和大理石为面层，特点是具有大理石的优点，既有良好的物化性能，成本也较低。

(4)烧结型人造石材

烧结型人造石材以黏土约占40%的高岭土为胶黏剂，以斜长石、石英、辉石、方解石等为骨料，特点是生产方法与陶瓷工艺相似，高温焙烧能耗大，价格高，产品破损率高。

2. 人造石材产品

(1)聚酯型人造大理石

聚酯型人造大理石以不饱和聚酯为胶黏剂，与石英砂、大理石、方解石粉等搅拌混合，浇筑成型，在固化剂作用下产生固化作用，经脱模、烘干、抛光等工序而制成。我国多用此法生产人造大理石。

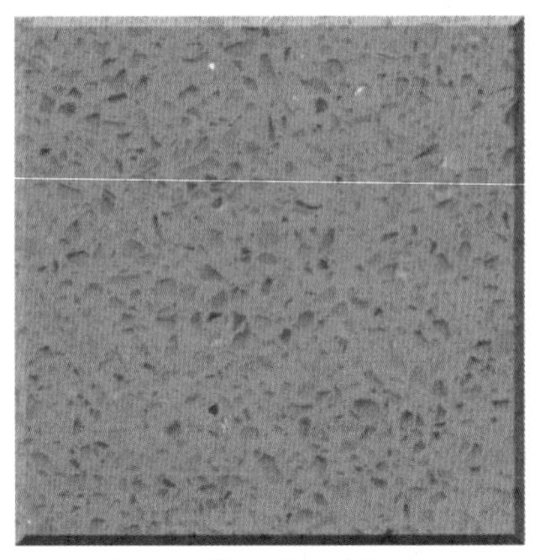

图 8-7 聚酯型人造大理石

聚酯型人造大理石俗称色丽石、富丽石或结晶石等，目前，它已实现用先进工艺机械化方式进行生产，产品性能优良，在国内，已较多运用于高档宾馆、餐厅、高级住宅的墙面、台面装饰。聚酯型人造大理石具有装饰性好、强度高、耐磨性好、耐腐蚀性好、耐污染性好、可加工性好、耐热性差、耐候性差等特点。聚酯型人造大理石见图 8-7。

聚酯型人造大理石由于生产时所加颜料不同，采用的天然石料的种类、粒度和纯度不同，以及制作的工艺方法不同，因此，人造石的花纹、图案、颜色和质感也就不同，通常制成仿天然大理石和天然玛瑙石的花纹和质感，故分别被称为人造大理石和人造玛瑙。另外，还可以制成具有类似玉石色泽的透明状的人造石材，称之为人造玉石。人造玉石可惟妙惟肖地仿造出紫晶、彩翠、芙蓉石、山田玉等名贵玉石产品，甚至可以达到以假乱真的程度。聚酯型人造大理石通常用以制作饰面人造大理石板材和人造玉石板材，以及制作卫生洁具，如浴缸，带梳妆台的单、双盆洗脸盆，立柱式脸盆，坐便器等；另外，还可做成人造大理石壁画等工艺品。

(2)聚酯型人造花岗石

聚酯型人造花岗石与人造大理石有不少相似之处。但人造花岗石胶(树脂)固(填料)比更高(为 1：(6.3~8.0))，集料用天然较硬石质碎粒和深色颗粒，固化后经抛光，内部的石粒外露，通过不同色粒和颜料的搭配可生产出不同色泽的人造花岗石，其外观极像天然花岗石，并避免了天然花岗石抛光后表面存在的轻微凹陷(因所含云母矿物强度低，不耐磨所致)。由于集料、粉料掺量较多，故其硬度较高，其他性能与聚酯型人造大理石相近。它主要用于高级装饰工程中。聚酯型人造花岗石见图 8-8。

(3)人造全无机花岗石大理石装饰板

人造全无机花岗石大理石装饰板是以高标号水泥、优质石英砂为主要原料，配以高级无机化工颜料，经化学反应塑化后制成的一种新型装饰板材。这种板材强度大、光泽度高、不变形、不龟裂、不粉化、耐酸碱、耐水火、色泽艳丽、易于水泥及黏结剂粘贴、施工方便、化学性能稳定，主要技术指标接近天然石材产品，花纹及装饰效果可与天然石材媲美，特别适用于墙裙、柱面、地板、窗台、踢脚、家具、台面等的装修。

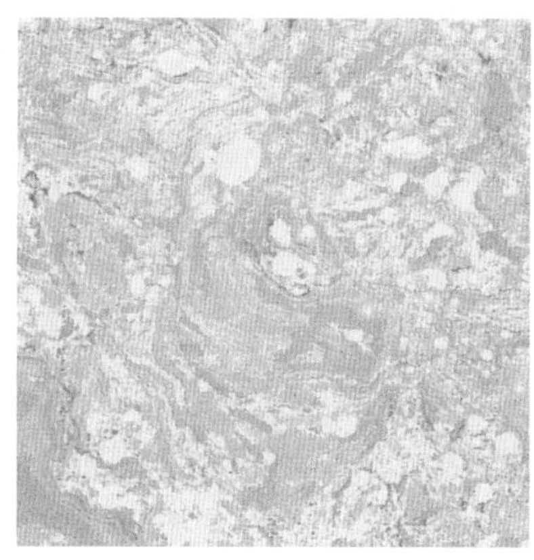

图 8-8 聚酯型人造花岗石

（4）玻璃花岗石装饰板

这种装饰板是一种可以抗风化及有花岗石外观和性质的新型装饰材料，光泽度、色泽度、抗折强度、黏结强度、表面硬度方面均优于天然花岗石、天然大理石，耐老化、抗变形、抗冲击、抗冻和热稳定性方面可与传统石材媲美，并可设计各种色调，可广泛用于建筑物及高档宾馆的内外墙面、台阶、廊柱、室内地面和其他固定设施的装饰。

（5）玻璃大理石装饰板

这种大理石是玻璃基材仿大理石花纹装饰材料，花纹色彩可人工操控，酷似天然大理石，硬度、平整度、光洁度均高于天然大理石，具有寿命长、不怕风吹、雨淋、日晒以及耐酸碱、容易加工、便于施工等特点，应用于高档建筑的内外墙、地面装饰。

（6）仿花岗岩水磨石砖

仿花岗岩水磨石砖是使用颗粒较小的碎石米，加入各种颜色的颜料，采用压制、粗磨、打蜡、磨光等生产工艺制成的。其砖面的颜色、纹路和天然花岗岩十分接近，光泽度较高，装饰效果好，用于宾馆、饭店、办公楼、住宅等的内外墙和地面装饰。

8.3.5 建筑石材的放射性污染及控制

建筑石材含有一定辐射，过量的辐射会对人体有害。我国制定的《天然石材产品放射性防护分类标准》（JC 518—1993）和《建筑材料放射性核素限量》（GB 6566—2010），对石材的安全使用意义重大。

石材辐射，即石材放射性，表征天然石材中具有天然放射性核素，选择其中最重要的放射性镭 -226、钍 -232、钾 -40 等 3 个核素的比活度（指物质中的某种核素放射性与该物质的质量之比）来评价石材放射性。

1. 天然石材放射性分类及使用范围

建筑工程使用的天然石材中的放射性镭 -226、钍 -232、钾 -40 比活度要满足要求。用 C_{Ra}、C_{Th}、C_K 分别表示天然石材中镭 -226、钍 -232、钾 -40 的放射比活度，单位为 $Bq \cdot kg^{-1}$。

C_{Ra}^{e} 为镭当量浓度，用其表示石材的放射性比活度，公式为：

$$C_{Ra}^{e}=C_{Ra}+1.35C_{Th}+0.088C_K$$

天然石材产品根据放射性水平划分为三类。

（1）A 类产品

石质建筑材料中放射性比活度同时满足式（8-1）和式（8-2）的为 A 类产品，其使用范围不受限制。

$$C_{Ra}^{e} \leqslant 350\ Bq \cdot kg^{-1} \tag{8-1}$$

$$C_{Ra} \leqslant 200\ Bq \cdot kg^{-1} \tag{8-2}$$

(2)B 类产品

不满足 A 类要求的石质建筑材料，其放射性比活度同时满足式(8-3)和式(8-4)的为 B 类产品。B 类产品不可用于居室内饰面，可用于其他一切建筑物的内、外饰面。

$$C_{Ra}^{e} \leqslant 700\ \mathrm{Bq \cdot kg^{-1}} \tag{8-3}$$

$$C_{Ra} \leqslant 250\ \mathrm{Bq \cdot kg^{-1}} \tag{8-4}$$

(3)C 类产品

不满足 A、B 类要求的石质建筑材料，其放射性比活度满足式(8-5)的为 C 类产品。C 类产品可用于一切建筑物的外饰面。

$$C_{Ra}^{e} \leqslant 1\ 000\ \mathrm{Bq \cdot kg^{-1}} \tag{8-5}$$

放射性比活度大于 C 类控制值的天然石材，可用于海堤、桥墩和碑石等。

不高于当地天然放射性水平的石质建筑材料，可在当地使用，不受上述标准的限制。

2. 产品检测

①天然石材块料的 γ 照射量率低于或等于 $5.2\times10^{-3}\mu C/kg\cdot h$（$20\mu R/h$）时，不必进行天然放射性核素比活度检测。

②天然石材块料的 γ 照射量率高于 $5.2\times10^{-3}\mu C/kg\cdot h$（$20\mu R/h$）时，必须取样进行镭 -226、钍 -232、钾 -40 放射性比活度的分析测定。

③γ 照射量率的检测方法有两种：一是被测天然石材产品的堆场应平整，面积大于 4 m×4 m，厚度大于 0.5 m，探测器放在堆场中心点，距表面 0.5 m；二是 γ 照射量率测量仪的探测下限应低于 $2.6\times10^{-4}\mu C/kg\cdot h$，对于能量在 100~2 000 keV 范围内的 γ 射线，能量响应的变化不大于 ±20%。

④镭 226、钍 232、钾 40 放射性—比活度的检测方法：可用 γ 能谱法或放射化学的方法测定镭 -226、钍 -232、钾 -40 的放射性比活度。

当铀、镭、钍的放射性比活度大于 37 Bq/kg 或钾的放射性比活度大于 300 Bq/kg 时，用能谱法分析误差应小于 ±20%；铀、镭、钍的放射性比活度大于 37 Bq/kg 或钾的放射性比活度大于 300 Bq/kg 时，用放射化学法分析误差应小于 ±30%。

本任务小结

建筑装饰工程的石材分为天然石材和人造石材两大类。

天然石材是从天然岩体中开采出来并经加工而成的块状或板状材料的总称，建筑装饰用的饰面石材主要有大理石和花岗石两大类。

人造石材是一种合成装饰材料，包括人造大理石、人造花岗岩等，按所用黏结剂不同，可分为有机类人造石和无机类人造石；按生产工艺，可分为聚酯型、硅酸盐型、复合型以及烧结型人造石。

砌筑用石材按加工后的外形规则程度，可分为毛石和料石。

饰面板用的板材一般为花岗石和大理石。

天然大理石具有品种繁多、花纹多样、色泽鲜艳、石质细腻、抗压性强、吸水率小、耐腐蚀、耐磨、耐久性好、有良好的抗压性、不变形、便于清洁等特点。

天然花岗岩具有结构致密、质地坚硬、耐酸碱、耐腐蚀、耐高温、耐摩擦、吸水率小、抗压强度高、耐日照、抗冻融性好(可经受 100~200 次甚至更多的冻融循环)、耐久性好(一般的耐用年限为 75~200 年)等特点。

天然石材中含有放射性物质，国标将天然石材按放射性物质的比活度分为 A 级、B 级、C 级。

A 级：比活度低，不会对人的健康造成危害，可用于一切场合。

B 级：比活度较高，用于宽敞高大和通风良好的空间。

C 级：比活度很高，只能用于室外。

人造石材是以天然大理石、花岗石碎料或方解石、白云石、石英砂、玻璃粉等无机矿物骨料，拌合树脂、聚酯等聚合物或水泥等黏结剂以及适宜的稳定剂、颜料等，经过真空强力拌合震动、混合、浇筑、加压成型、打磨抛光以及切割等工序制成的板材。人造石材具有质量轻、强度高、色泽均匀、结构紧密、耐磨、耐腐蚀、耐寒等特点。

任务 9　建筑玻璃的选择与应用

任务简介

玻璃在现代建筑工程中大量应用，建筑玻璃品种繁多，功能已由过去单纯的采光、维护向艺术装饰、调节光线、保温隔热、控制噪声、防火防盗、节约能源等多功能方向发展。

知识目标

（1）了解玻璃的组成、基本性质。
（2）熟悉建筑玻璃的种类。
（3）掌握平板玻璃、安全玻璃、节能玻璃的种类、性能及特点。

能力目标

（1）熟悉常用建筑玻璃的主要功能。
（2）具有合理选用建筑玻璃的能力。

思政教学

思政元素 9

教学课件 9

授课视频 9

应用案例与发展动态

9.1　玻璃的基本知识

玻璃是一种古老而新兴的建筑光学材料。早期，玻璃在建筑上主要用于封闭、采光和装饰，应用的品种主要为普通平板玻璃和各种装饰玻璃。随着建筑业和玻璃制造业的发展，功能性建筑玻璃的应用日趋广泛，其功能也延伸到节能和环保等领域。应用到节能领域的主要有吸热玻璃、热发射玻璃、中空玻璃、低辐射玻璃、真空玻璃等；应用于环保领域的主要有具备隔绝噪声功能的中空玻璃、夹层玻璃、能隔紫外线的防紫外夹层玻璃等。同时现代玻璃向高强度、高安全性方向发展，如钢化玻璃、防火玻璃、防弹玻璃等。

建筑玻璃泛指平板玻璃及由平板玻璃制成的深加工玻璃，也包括玻璃砖、玻璃马赛克和槽形玻璃等玻璃类建筑材料。

9.1.1　玻璃的组成

玻璃是以石英砂、纯碱、长石和石灰石等为主要原料，在 1 500~1 650 ℃高温下熔融、成型并经快速冷却而制得的非结晶体的均质材料。为了改善玻璃的某些性能和满足特种技术要求，常在玻璃生产中加入某些辅助原料，如助熔剂、脱色剂、着色剂，或经特殊工艺处理得到具有特殊性能的玻璃。

玻璃的化学成分甚为复杂，其主要成分为 SiO_2（含量为 72% 左右）、Na_2O（含量 15% 左右）、CaO（含量

9% 左右)。此外还有少量的 Al_2O_3、MgO 及其他化学成分,它们对玻璃的性质起着十分重要的作用。改变玻璃的化学成分、相对含量和制备工艺,可获得不同性能的玻璃制品。

9.1.2 玻璃的基本性质

1. 玻璃的密度

玻璃的密度与其化学组成有关,玻璃内部几乎无孔隙,密度为 2.5~2.6 g/cm³,属于致密材料。另外,玻璃的密度随温度的升高而降低。

2. 玻璃的光学性质

(1)透光性与透明性

玻璃通常是透明的,采光是它的传统基本属性之一。玻璃的透光性可使室内的光线柔和、恬静、温暖,现代建筑正在越来越多地运用玻璃这一特性。玻璃的透光性往往被误认为是透明性,实际上玻璃的透光性与透明性是两个概念,透光不一定透明。现代技术和工艺生产的玻璃都是纯净透明的,而生产只透光而不透明的玻璃必须采用特殊的生产工艺,如压延法、磨砂法等。

(2)反射性

建筑上大量应用玻璃的反射性始于热反射镀膜玻璃。热反射镀膜玻璃可有效降低玻璃的热传导能力,提高建筑节能效果。热反射玻璃有各种颜色,如茶色、银白色、银灰色、绿色、蓝色、金色、黄色等,其反射率为 10%~50%,比普通玻璃高,热反射玻璃是半透明玻璃。目前热反射玻璃大量用于建筑,特别是幕墙,使得一幢幢大厦色彩斑斓,较高的反射率将对面的街景反射到建筑上,景中有景。但反射率过高,不但破坏建筑的美与和谐,还会造成"光污染",因此,不可盲目地追求高反射率。

3. 玻璃的热工性质

玻璃的热工性质主要包括导热性、热膨胀性和热稳定性。

玻璃的导热性很小,常温时大体上与陶瓷制品相当,远远低于各种金属材料,导热系数仅为铜的 1/400,但随着温度的升高(尤其在 700 ℃以上时)将增大。玻璃的导热系数还受玻璃的化学组成、颜色及密度影响。

玻璃的热膨胀性比较明显。热膨胀系数的值取决于玻璃的化学成分及纯度,玻璃的纯度越高,热膨胀系数越小,不同成分的玻璃热膨胀性差别很大。

因为玻璃的导热性能差,当玻璃温度急变时,热量不能及时传到整块玻璃上,内部会产生温度应力,当温度应力超过玻璃极限强度时,就会造成碎裂。玻璃经受剧烈的温度变化而不破坏的性能称为玻璃的热稳定性。玻璃的热稳定性主要受热膨胀系数影响。玻璃的热膨胀系数越小,热稳定性越高。此外,玻璃越厚、体积越大,热稳定性越差;玻璃的表面出现擦痕或裂纹以及各种缺陷都能使热稳定性变差。

4. 玻璃的力学性质

玻璃的理论强度极限为 1 200 MPa,而由于玻璃中的各种缺陷造成了应力集中或薄弱环节,且尺寸越大,缺陷对材料强度的影响越显著,所以玻璃的实际抗压强度为 700~1 200 MPa,抗拉强度为 40~80 MPa。一般玻璃的弹性模量为 60 000~75 000 MPa,是典型的脆性材料,在冲击力作用下易发生破碎。玻璃的硬度一般为莫氏硬度 4~7,因生产加工方法和化学成分不同而不同。玻璃的硬度越高,耐磨性越好。常用的硬度指标有布氏硬度、洛氏硬度和维氏硬度。

5. 玻璃的化学性质

一般的建筑玻璃具有较高的化学稳定性,玻璃抵抗气体、水、酸、碱、盐或各种化学试剂侵蚀的能力称为玻璃的化学稳定性。玻璃对多数酸(氢氟酸除外)、碱、盐及化学试剂与气体等都具有较强的抵抗能力,但长期受到侵蚀性介质的腐蚀,化学稳定性差,也能导致变质和破坏。通过改变玻璃的化学成分,或对玻璃进行热处理及表面处理,可以提高玻璃的化学稳定性。

9.2 平板玻璃

视频 9-1 平板玻璃

平板玻璃是建筑工程中应用量比较大的建筑材料之一。平板玻璃通常指未经其他加工的平板状玻璃制品，也称为白片玻璃或净片玻璃，是建筑玻璃中产量最大、使用最多的一个品种，主要用于建筑门窗，具有采光、围护、保温、隔热、隔声等作用，也是进一步加工成其他深加工玻璃的原片。根据《平板玻璃》（GB 11614—2009）的规定，玻璃按厚度可分为 2、3、4、5、6、8、10、12、15、19、22、25 mm 共十二种规格，用于一般建筑、厂房、仓库等。按照国家标准，平板玻璃根据其外观质量进行分等定级，普通平板玻璃分为优等品、一等品和合格品三个等级。

普通平板玻璃成品常采用标准箱方式计算产量，一般每重量箱为 50 kg（玻璃的质量 = 玻璃密度 × 玻璃长度 × 玻璃宽度 × 玻璃厚度，普通钠钙硅玻璃的密度是 2.5 g/cm^3）。平板玻璃按厚度可分为薄玻璃、厚玻璃、特厚玻璃；按表面状态可分为普通平板玻璃、磨砂玻璃、彩色玻璃、彩绘玻璃等。平板玻璃见图 9-1。

图 9-1 平板玻璃

1. 平板玻璃

普通平板玻璃即窗玻璃，一般指用浮法工艺生产的平板玻璃，大量用于建筑采光，玻璃厚度一般为 3~5 mm。普通平板玻璃相对其他建筑材料来说，自重较轻，能获得良好的采光效果。窗按窗框材料不同，可分为木窗、金属窗和其他材料窗。窗大多安装在外墙上，形式的选择和对玻璃的要求均要从建筑整体效果考虑。

2. 磨砂玻璃

磨砂玻璃又称毛玻璃，是将普通平板玻璃表面（单面或双面）用机械喷砂手工研磨或氟酸溶蚀等方法处理而成的一种平板玻璃深加工制品。磨砂玻璃被加工成无数细小的方向各异的面，光线因此成为更均匀的散射光线，透过磨砂玻璃，几乎不能看清另一面的物体，手触及磨砂面能感到平整但粗糙的表面。它因为具有均匀、粗糙、透光、不透视的性能，故能使室内光线柔和、不刺眼，主要用于卫生间、会议室的门窗及教学用黑板。安装时，如磨砂玻璃毛面是单面，毛面须朝室内一侧，避免淋湿或沾水后透明。

3. 彩色玻璃

彩色平板玻璃有透明、半透明和不透明三种。透明的彩色玻璃是在玻璃原料中加入一定量的金属氧化物（如氧化铜、氧化钛、氧化钴、氧化铁和氧化锰等）而使玻璃具有各种色彩。彩色玻璃常见的颜色有乳白色、茶色、海蓝色、宝石蓝色和翡翠绿等。表 9-1 是彩色玻璃常用氧化物着色剂。

表 9-1 彩色玻璃常用氧化物着色剂

颜色	黑色	深蓝色	浅蓝色	绿色	红色	乳白色	桃红色	黄色
氧化物	过量的锰、铁或铬	钴	氧化铜	氧化铬或氧化铁	硒或镉	氟化钙或氟化钠	二氧化锰	硫化镉

①半透明彩色玻璃可通过在透明彩色玻璃的表面进行喷砂处理后制成，这种玻璃具有透光不透视的性能。

②透明、半透明彩色玻璃也称有色玻璃，其装饰性好，常用于建筑物内外墙、门窗、隔断及对光线有特殊要求的部位。

③不透明彩色玻璃又称彩釉玻璃，它是用 4~6 mm 厚的平板玻璃按照要求的尺寸切割成型，然后经过清洗、喷釉、烘烤、退火而成的。

彩色玻璃可以做成各种图案进行拼接，并且具有耐腐蚀、抗冲刷、易清洗特点。

4. 彩绘玻璃

彩绘玻璃主要有两种：一种是用现代数码科技经过工业黏胶黏合成的；另一种是纯手绘。可以在有色的玻璃上绘画，也可以在无色的玻璃上绘画，就是把玻璃当画布，运用特殊的颜料，绘画过后，再经过低温烧制就可以了，花色不会掉落，持久度更长，不用担心被酸碱腐蚀，而且也便于清洁。彩绘玻璃有透明、半透、不透三种。

彩绘玻璃是目前家居装修中运用较多的一种装饰玻璃。彩绘玻璃图案丰富亮丽，居室中彩绘玻璃的恰当运用，能较自如地创造出一种赏心悦目的和谐氛围，增添浪漫迷人的现代情调，主要用于居家移门（推拉门）等。

9.3 安全玻璃

视频 9-2　安全玻璃

玻璃具有采光、维护和装饰的作用，但是随着时代变迁，对玻璃的安全性提出了更高的要求，为提高玻璃的安全性，安全玻璃应运而生。安全玻璃指玻璃受到破坏时尽管碎裂，但不容易掉下，即使破碎后掉下，但碎块无尖角，不易伤人。安全玻璃具有良好的安全性、抗冲击性和抗穿透性，具有防盗、防爆、防冲击等功能。安全玻璃的主要品种有钢化玻璃、夹层玻璃、夹丝玻璃等。

2003 年，中华人民共和国国家发展和改革委员会和建设部联合发布的《建筑安全玻璃管理规定》要求，建筑物需要以玻璃作为建筑材料的下列部位时必须使用安全玻璃。

① 7 层及 7 层以上建筑物外开窗。

② 面积大于 1.5 m^2 的窗玻璃或玻璃底边离最终装修面小于 500 mm 的落地窗。

③ 幕墙（全玻幕墙除外）。

④ 倾斜装配窗、各类天棚（含天窗、采光顶）、吊顶。

⑤ 观光电梯及其外围护。

⑥ 室内隔断、浴室围护和屏风。

⑦ 楼梯、阳台、平台走廊的栏板和中庭内栏板。

⑧ 用于承受行人行走的地面板。

⑨ 水族馆和游泳池的观察窗、观察孔。

⑩ 公共建筑物的出入口、门厅等部位。

⑪ 易遭受撞击、冲击而造成人体伤害的其他部位。

1. 钢化玻璃

钢化玻璃又称强化玻璃，是平板玻璃的二次加工产品。

钢化玻璃是用物理或化学的方法，在玻璃表面形成一个压应力层，玻璃本身具有较高的抗压强度，不会造成破坏。当玻璃受到外力作用时，这个压力层可将部分拉应力抵消，避免玻璃碎裂，虽然钢化玻璃内部处于较大的拉应力状态，但玻璃的内部无缺陷存在，不会造成破坏，从而达到提高玻璃强度的目的，钢化玻璃应力如图 9-2 所示。

（1）物理钢化玻璃

物理钢化玻璃又称为淬火钢化玻璃。它是将普通平板玻璃在加热炉中加热到接近玻璃的软化温度（约 650 ℃）并保持一段时间，通过自身的形变消除内部应力，然后将玻璃移出加热炉，再用多头喷嘴将高压冷空气吹向玻璃的两面，使其迅速且均匀地冷却至室温，即可制得钢化玻璃。这种玻璃处于内部受拉、外部受压的应力状态，一旦局部发生破损，便会发生应力释放，玻璃被破碎成无数小块，这些小的碎片没有尖锐棱角，不易伤人。物理钢化玻璃的重要生产工艺过程包括加热和淬冷。

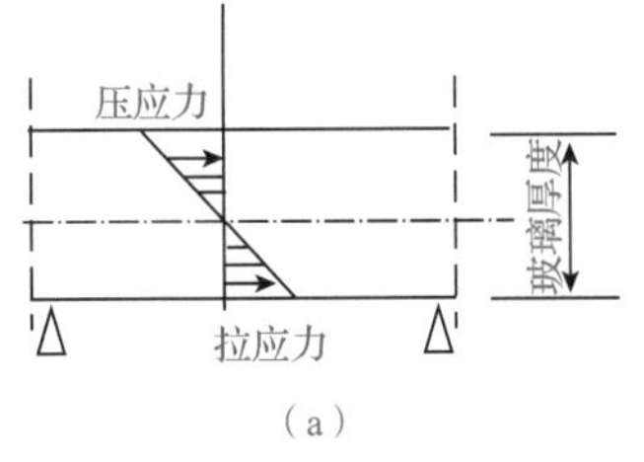

(a)

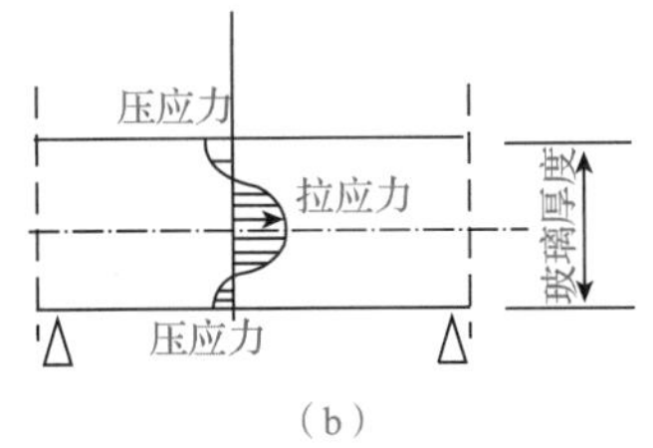

(b)

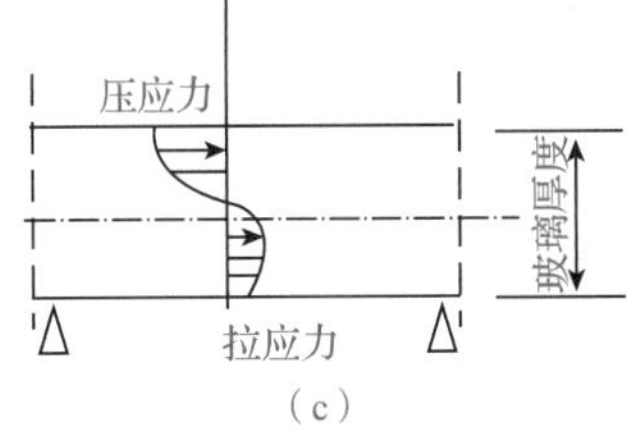

(c)

图 9-2　钢化玻璃应力比较

(a)普通玻璃受弯作用截面应力分布　(b)钢化玻璃截面预应力分布　(c)钢化玻璃截面应力分布

由于物理钢化玻璃中有很大的相互平衡的应力分布，所以一般不能再进行切割、磨削，边角不能碰击挤压，需按现成的尺寸规格选用或提出具体设计图纸进行加工定制。

(2)化学钢化玻璃

化学钢化玻璃是通过改变玻璃表面的化学组成来提高玻璃的强度，一般是应用离子交换法进行钢化。其方法是将含有碱金属离子的硅酸盐玻璃，浸入熔融状态的锂(Li^+)盐中，使玻璃表层的 Na^+ 或 K^+ 与 Li^+ 发生交换，表面形成 Li^+ 交换层，由于 Li^+ 的膨胀系数小于 Na^+、K^+，从而在冷却过程中造成外层收缩较小而内层收缩较大，当冷却到常温后，玻璃便同样处于内层受拉、外层受压的状态，其效果类似于物理钢化玻璃。

但化学钢化的压应力层很薄，表面磨伤后强度会降低。化学钢化玻璃的钢化效果较弱，碎后有带尖角的大碎片，可以进行任意切割。

钢化玻璃在建筑、汽车、飞机、船舶及其他领域应用广泛。平面钢化玻璃常用于建筑物的门窗、隔断、幕墙、地面、橱窗、家具等方面，曲面钢化玻璃常用于汽车、火车、船舶、飞机、展柜等方面。全钢化玻璃广泛用于高层建筑幕墙、室内玻璃隔断、电梯扶手、栏杆等要求安全的地方。半钢化玻璃广泛用于玻璃幕墙、天棚、暖房、温室、隔墙等。用于大面积的玻璃幕墙的玻璃在钢化上要予以控制，选择半钢化玻璃，即其应力不能过大，以避免受风荷载引起振动而自爆。

2. 夹层玻璃

夹层玻璃是两片或多片玻璃之间夹了一层或多层有机聚合物中间膜，经过特殊的高温预压(或抽真空)及高温高压工艺处理后，使玻璃和中间膜永久黏合为一体的复合玻璃产品。常用的夹层玻璃中间膜有 PVB、SGP、EVA、PU 等。

夹层玻璃的层数有 2、3、5、7 层，最多可达 9 层，对于 2 层的夹层玻璃，原片厚度一般常用 2 mm+2 mm、3 mm+3 mm、3 mm+5 mm 等。因夹层玻璃中间夹有 PVB 胶片，玻璃即使碎裂，碎片也会粘在薄膜上，碎的玻璃表面仍保持整洁光滑。这就有效防止了碎片扎伤和穿透坠落事件的发生，确保了人身安全。

在欧美，大部分建筑玻璃都采用夹层玻璃，这不仅为了避免伤害事故，还因为夹层玻璃有极好的抗震入侵能力。中间膜能抵御锤子、劈柴刀等凶器的连续攻击，还能在相当长时间内抵御子弹穿透，其安全防范程度可谓极高。

现代居室的隔声效果已成为人们衡量住房质量的重要因素之一。使用了 PVB 中间膜的夹层玻璃能阻隔声波，维持安静、舒适的办公环境。其特有的过滤紫外线功能，既保护了人们的皮肤，又可使家中的贵重家具、陈列品等摆脱褪色的厄运。它还可减弱太阳光的透射，降低制冷能耗。

夹层玻璃用在家居装饰方面也会有意想不到的好效果。如许多家庭的门，包括厨房的门，都是用磨砂玻璃做材料，做饭时厨房的油烟容易积在上面，如果用夹层玻璃取而代之，就不会有这个烦恼。同样，家中大面积的玻璃间隔，对天生好动的小孩来说是个安全隐患，若用上夹层玻璃，家长就可以大大放心了。

夹层玻璃安全破裂，在重球撞击下可能碎裂，但整块玻璃仍保持一体性，碎块和锋利的小碎片仍与中间膜粘在一起。钢化玻璃需要较大撞击力才碎，一旦破碎，整块玻璃爆裂成无数细微颗粒，框架中仅存少许碎玻璃。普通玻璃一撞就碎，典型的破碎状况，产生许多长条形的锐口碎片。

夹层玻璃的性能如下。

(1)安全特性

夹层玻璃能抵挡外力撞击,减少破碎或玻璃掉落的危险,即使玻璃碎了,碎片仍会与 PVB 胶片粘在一起,可避免因玻璃掉落造成人身伤害或财产损失。

(2)保安防范特性

夹层玻璃对人身和财产具有保护作用。标准的"二夹一"玻璃能抵挡一般冲击物的穿透,用 PVB 胶片特制的夹层玻璃能抵挡住枪弹、炸弹和暴力的冲击。

(3)隔声特性

PVB 胶片具有对声波的阻尼作用,夹层玻璃在建筑上使用能有效地控制声音传播,起到良好的隔声效果。

(4)控制阳光和防紫外线特性

夹层玻璃能有效地减弱太阳光的透射,防止眩光,避免色彩失真,使建筑物获得良好的美学效果。夹层玻璃还有阻挡紫外线的功能,可保护家具、陈列品或商品免受紫外线辐射而发生褪色。

由于夹层玻璃具有很高的抗冲击强度和使用安全性,因而适用于建筑物的门、窗、天花板、地板和隔墙,工业厂房的天窗,商店的橱窗,幼儿园、学校、体育馆、私人住宅、别墅、医院、银行、珠宝店、邮局等建筑及玻璃易破碎建筑的门、窗等,同时也广泛用作汽车、飞机、船舶等的挡风玻璃。

3. 夹丝玻璃

夹丝玻璃是将预先编织好的钢丝网压入已加热软化的红热玻璃之中而制成的。夹丝玻璃所用的金属丝网和金属丝线分为普通钢丝和特殊钢丝两种,普通钢丝直径为 0.4 mm 以上,特殊钢丝直径为 0.3 mm 以上。夹丝网玻璃应采用经过处理的点焊金属丝网。夹丝玻璃分为夹丝压花玻璃和夹丝磨光玻璃两类,颜色可制成无色透明和彩色。根据国家行业标准规定,夹丝玻璃按厚度分为 6 mm、7 mm、10 mm,按等级分为优等品、一等品和合格品,规格尺寸一般不小于 600 mm × 400 mm,不大于 2 000 mm × 1 200 mm。

图 9-3 安全玻璃应用于建筑幕墙

夹丝玻璃的特点是安全性和防火性好。夹丝玻璃由于钢丝网的骨架作用,不仅提高了玻璃的强度,而且当受到冲击或温度骤变而破坏时,碎片也不会飞散,避免了碎片对人的伤害。在出现火情,当火焰蔓延时,夹丝玻璃受热炸裂,由于金属丝网的作用,玻璃仍能保持固定,隔绝火焰,故又称为防火玻璃。夹丝玻璃适用于对防火、防暴(坠落)、防震及采光隐秘和装饰等多需求于一体的各类公共及个人场所,如公共建筑的走廊、防火门、楼梯、工业厂房天窗及各种采光屋顶等。安全玻璃见图 9-3。

9.4 节能玻璃

视频 9-3 节能玻璃

传统玻璃在建筑中主要起采光作用,随着人们对大面积采光需求的增加,建筑物门窗尺寸的加大,人们对玻璃的保温隔热同样有了更高的要求。人们研制出具有对光和热吸收、透射和反射能力的节能玻璃,同时它还具有令人赏心悦目的外观色彩。建筑上常用的节能装饰玻璃有吸热玻璃、热反射玻璃和中空玻璃。节能玻璃见图 9-4。

1. 吸热玻璃

吸热玻璃是一种可以控制阳光,既能吸收大量红外线辐射能,又能保持良好透光率的平板玻璃。吸热玻璃的生产方法有两种:一种是在普通钠钙硅酸盐玻璃的原料中加入一定量的有吸热性能的着色剂;另一种是在平板玻璃表面喷镀一层或多层金属或金属氧化物薄膜。

吸热玻璃有灰色、茶色、蓝色、绿色、古铜色、青铜色、粉红色和金黄色等。我国目前主要生产前三种颜色的吸热玻璃，厚度有 2 mm、3 mm、5 mm、6 mm 四种。吸热玻璃还可以进一步加工制成磨光、钢化、夹层或中空玻璃等。

吸热玻璃与普通平板玻璃相比具有以下主要特点。

1）吸收太阳辐射热　与普通的平板玻璃相比，吸热玻璃具有吸收可见光和红外线的作用。无论是哪一种色调的玻璃，当其厚度为 6 mm 时，均可吸收 40% 左右的辐射热（见表 9-2）。吸热玻璃的颜色和厚度不同，对太阳辐射热的吸收程度也不同。在太阳直射的情况下，进入室内的太阳辐射热减少了，从而可以减轻空调设备的负荷。这种玻璃具有隔断太阳辐射热的特性，在重视建筑物色调的设计中，也多采用这种玻璃。

图 9-4　节能玻璃

表 9-2　普通平板玻璃与吸热玻璃的太阳能透过热值及透热率

测试样品	透过热值（$W/(m^2 \cdot h)$）	透热率（%）
空气（暴露空气）	879.2	100
普通平板玻璃（3 mm 厚）	725.7	82.55
普通平板玻璃（6 mm 厚）	662.9	75.53
蓝色吸热玻璃（3 mm 厚）	551.3	62.7
蓝色吸热玻璃（6 mm 厚）	432.6	49.21

2）吸收可见太阳光　吸热玻璃具有减弱太阳光的强度，起到反眩作用。

3）吸收一定的紫外线　吸热玻璃可以减少紫外线的透射，减轻对人体的伤害，也可以减轻紫外线对室内家具、日用电器、商品、档案资料与书籍等褪色和变质的影响。

4）透明度较高　吸热玻璃具有一定的透明度，透过它仍能清楚地观察室外的景物。

由于上述特点，吸热玻璃已广泛用于建筑物的门窗、外墙以及用作车、船的挡风玻璃等，起到隔热、防眩、采光及装饰等作用。

吸热玻璃吸热后温度迅速升高，形成热辐射源，比普通平板玻璃更容易炸裂，而且玻璃越厚吸热效果越好，越容易炸裂。在选用时，要避免建筑物阴影投射在玻璃上，防止夏天的雨水直接冲淋；在安装时，应该使用高隔热材料作为支持材料，减少玻璃与边框之间的温度差；在使用时，最好不要安装窗帘，不要在玻璃表面上粘贴东西，避免空调冷气直接喷吹到玻璃表面上等，这些措施都可以降低吸热玻璃炸裂的可能性。

2. 热反射玻璃

具有反射太阳能作用的镀膜玻璃都可被称为热反射玻璃。通常在玻璃表面镀覆金属或者金属氧化物薄膜，以达到大量反射太阳红外热能的目的。热反射玻璃具有良好的遮光性和隔热性，可用于各种高层建筑。它不仅可节约室内空调能源，而且具有良好的建筑装饰效果。

（1）热反射玻璃的性能

热反射玻璃具有以下特性。

1）对太阳辐射能的反射能力较强　普通平板玻璃的太阳能辐射反射率为 7%~10%，而热反射玻璃高达 25%~40%，可节省室内空调的能源消耗。如 6 mm 厚浮法玻璃的总反射热仅 16%，同样条件下，吸热玻璃的总反射热为 40%，而热反射玻璃则可高达 61%。

2）遮阳系数小　能有效阻止热辐射，有一定的隔热保温效果。玻璃的遮光系数愈小，通过玻璃射入室内的太阳愈少，冷房效果愈好。8 mm 厚透明浮法玻璃的遮光系数为 0.93，8 mm 厚茶色吸热玻璃为 0.77，8 mm 厚热反射玻璃为 0.60~0.75，热反射双层中空玻璃可达到 0.24~0.49。不同品种玻璃的遮阳系数见表 9-3。

表 9-3 不同品种玻璃的遮阳系数

品种	厚度（mm）	遮阳系数
透明浮法玻璃	8	0.93
茶色吸热玻璃	8	0.77
热反射玻璃	8	0.60~0.75
热反射双层中空玻璃	—	0.24~0.49
双面青铜色热反射玻璃	8	0.58

3）单向透视性　它是指热反射玻璃在迎光一面具有镜子的特性，而在背光一面则具有普通玻璃的透明效果。白天，人们从室内透过热反射玻璃幕墙可以看到外面车水马龙的热闹街景，但室外却看不见室内的景物，可起到屏幕的遮挡作用。晚间的情况正好相反，由于室内光线的照明作用，室内看不见玻璃幕墙外的事物，给人以不受外界干扰的舒适感。但对不宜公开的场所应用窗帘等加以遮蔽。

4）可见光透过率低　6 mm 厚热反射玻璃的可见光透过率比相同厚度的浮法玻璃减少 75% 以上，比吸热玻璃也减少 60%；6 mm 厚热反射玻璃对可见光的透光率比同厚度的透明浮法玻璃减少 75% 以上，比茶色吸热玻璃减少 60%。

（2）热反射玻璃的应用

热反射玻璃用于避免由于太阳辐射而增热或设置空调的建筑物。热反射玻璃因有良好的隔热性能，所以日晒时室内温度保持稳定，光线柔和，节省空调费用；改变建筑内的色调、避免眩光，改善室内环境，镀金属膜的热反射玻璃还具有单向透视的功能，即白天能在室内看到家外的景物，而在室外却看不到室内的景象。

热反射玻璃多用来制成中空玻璃或夹层玻璃窗，以增强隔热性能。到目前为止，热反射玻璃已有多种系列，从颜色看，有灰色、蓝灰色、茶色、金色、赤铜色、褐色等；玻璃的结构有单板、中空、夹层等；从强度看，有一般热反射玻璃、半钢化热反射玻璃、钢化热反射玻璃等，其厚度为 3 mm、5 mm、6 mm、8 mm、10 mm、12 mm、15 mm。

从先进工业国家的建筑外装修发展趋势来看，花岗岩贴面、铝合金窗和热反射玻璃构成新型建筑的主要外貌形式。近年来，我国热反射玻璃在宾馆、饭店、商业场所得到较多的应用，随着节能问题的日益突出，热反射玻璃在南方民用住宅中亦将得到广泛应用。但是由于大量使用热反射玻璃而造成的“光污染”问题也应引起关注。

应该强调的是，热反射玻璃最主要的功能是节能，其次才是影像装饰功能，但是在实际使用中，由于建筑设计师对玻璃性能的误解，常常颠倒了这两个功能的主次顺序，出现了在需要阳光照射的寒带地区整个建筑使用热反射玻璃幕墙的失误。

在应用热反射玻璃时还应注意以下几点：一是安装施工中要防止损伤膜层，电焊火花不得落到薄膜表面；二是要防止玻璃变形，以免引起影像的“畸变”；三是注意消除玻璃反光可能造成的不良后果。

3. 中空玻璃

中空玻璃是指将两片或多片玻璃，以有效支撑均匀隔开，将周边黏结密封，使玻璃层间形成有干燥气体空间的制品。

两片平板玻璃用间隔框架隔开，中间形成空腔，四周用密封性好的胶黏剂将玻璃与铝合金框架或橡皮条或玻璃条黏结密封，充入干燥空气，并填入一定量的分子筛作为干燥剂，就构成了双层中空玻璃。由三片或四片以上的平板玻璃构成的具有两个或两个以上空腔的中空玻璃是多层中空玻璃，一般是双层结构。构造如图 9-5 所示。

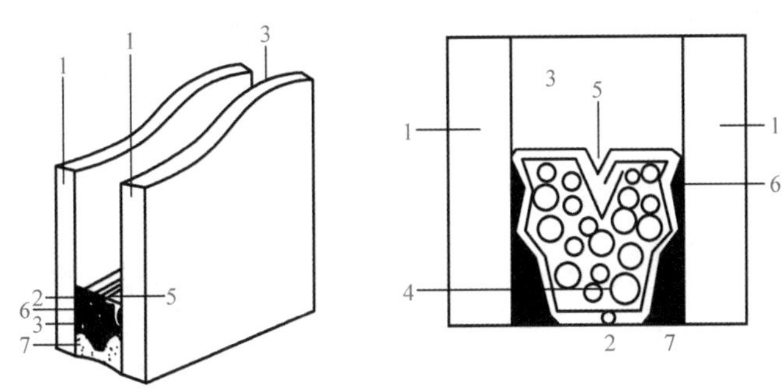

图 9-5　中空玻璃的构造

1—玻璃片;2—空心铝隔框;3—干燥空气;4—干燥剂;5—缝隙;6、7—胶黏剂

(1)中空玻璃的品种

中空玻璃根据不同用途和要求,可采用各种不同规格的高质量玻璃原片,如各种厚度和尺寸的钢化、夹层、夹丝、压花、彩色、涂层镀膜、无反射玻璃等品种。中空玻璃的种类按颜色分为无色、绿色、黄色、金色、蓝色、灰色、茶色等;按玻璃层数分为两层、三层和多层等。制成的产品主要用于隔热、防寒、防热、保温、隔声、防盗报警等。一种产品可以具备多种功能。

(2)中空玻璃的主要性能

1)优良的隔热性能　材料的隔热性可用传热系数 K(W/(m²·℃))表示。K 值越小,表示其隔热性越好;K 值越大,表示其隔热性越差。当温度为 20 ℃时,下列物质的传热系数为:空气为 0.026 W/(m²·℃),玻璃为 0.668 W/(m²·℃),铝框为 0.636 W/(m²·℃)。玻璃的传热系数约是空气的 27 倍,只要中空玻璃的充气间是密封的,中空玻璃将有最佳的隔热效果。

中空玻璃与其他材料的传热系数比较如表 9-4 所示。

表 9-4　中空玻璃与其他材料的传热系数

材料名称	厚度(mm)	传热系数(W/(m²·℃))	材料名称	厚度(mm)	传热系数(W/(m²·℃))
单片平板玻璃	3	6.84	三层中空玻璃	3+A6+3+A6+3	2.43
单片平板玻璃	5	6.72	三层中空玻璃	3+A12+3+A12+3	2.11
单片平板玻璃	6	6.69	混凝土墙	100	3.26
双层中空玻璃	3+A6+3	3.59	砖墙	270	2.09
双层中空玻璃	3+A12+3	3.22	木板	20	2.67
双层中空玻璃	5+A12+5	3.17			

2)隔声性能　双层或多层中空玻璃具有良好的隔声性能,如表 9-5 所示。采用中空玻璃可以大大减轻室外的噪声透过窗户进入室内,使室内工作条件免受室外噪声的干扰。尤其是临街建筑物,遭受交通噪声更为严重,采用中空玻璃可大大减轻噪声的干扰。中空玻璃还可以作为一种隔声材料应用于地铁车辆及其需要隔噪声的场所。

表 9-5　中空玻璃的隔声性能

材料名称	厚度(mm)	平均隔声能力(dB)	材料名称	厚度(mm)	平均隔声能(dB)
双层中空玻璃	4+12+4	28	双层中空玻璃	5+6+5	25
双层中空玻璃	12+12+12	32	三层中空玻璃	4+12+4+12+4	30 ~ 31

3)防结露性能　窗户用普通单层平板玻璃时,在冬季采暖房间的室内侧玻璃表面有冷凝水,这就是结露

现象。玻璃窗上结露，不仅遮挡视线，也使窗框、窗帘、墙壁污损，纺织印染车间还会因此造成废品、次品率增加。如果使用中空玻璃，因其热阻增加，所以可以降低结露的温度。例如，用 5 mm 单层普通玻璃时，当室外风速为 5 m/s，室内温度为 20 ℃，相对湿度为 60% 时，5 mm 普通玻璃在室外温度为 8 ℃时开始结露，而 16 mm（5+6+5）双层中空玻璃在同样条件下，则在室外 −2 ℃时才开始结露，27 mm（5+6+5+6+5）三层中空玻璃在室外为 −11 ℃时才开始结露。

4）质量轻　由表 9-4 可以看出，18 mm（3+12+3）双层中空玻璃的隔热效果和 100 mm 厚的混凝土相当，而 100 mm 厚混凝土墙单质量是 250 kg/m^2，18 mm 双层中空玻璃单质量是 15.5 kg/m^2，其单质量比为 16：1。而 240 mm 厚玻璃的隔声效果和 33 mm（3+12+3+12+3）三层中空玻璃相当，其单质量比是 464：23.3=20：1。因此，在隔热效果相同的条件下，用中空玻璃代替部分砖墙或混凝土墙，不仅可以增加采光面积和室内的舒适感，还可以减轻建筑物自重，简化建筑结构。

5）节省窗框　双层窗户需要两套窗框，而使用中空玻璃只需一套窗框及少量的边框材料。采用中空玻璃可节省 40% 左右的窗框材料，而且能简化施工安装工作，方便平时擦洗。

本任务小结

本任务主要介绍了玻璃的基本知识，平板玻璃、安全玻璃、节能玻璃的种类、性能和应用。学生通过学习，在掌握玻璃品种、性能的基础上，应结合建筑工程实际，对各种平板玻璃、安全玻璃、节能玻璃等应用场合做出正确选择。

任务 10　建筑卫生陶瓷的选择与应用

任务简介

本任务主要介绍目前工程中常用建筑陶瓷、卫生陶瓷的种类、性能及选择应用。

知识目标

(1)了解陶瓷的概念、分类。
(2)了解釉的特性、分类。
(3)掌握常用建筑陶瓷的种类、性能。
(4)掌握常用卫生陶瓷的种类、性能。

技能目标

(1)能够结合工程状况合理选择建筑陶瓷。
(2)能够结合工程状况合理选择卫生陶瓷。

思政教学

思政元素 10

教学课件 10

授课视频 10

应用案例与发展动态

10.1　陶瓷的基本知识

陶瓷是我国古代劳动人民发明的。燧人氏、神农氏发明了陶瓷,中国成为陶瓷的发源地,拥有了灿烂辉煌的陶瓷文化。陶瓷是一种在人类生产和生活中不可或缺的材料。传统的陶瓷是指所有以黏土等无机非金属矿物为原材料的人工工业产品。它包括由黏土或黏土的混合物经混炼、成型、煅烧而制成的各种制品(如日用陶瓷、建筑卫生陶瓷、电瓷等)。但是,随着科学技术的发展,近百年来又出现了许多新的陶瓷品种(如电子陶瓷、结构陶瓷、涂层和薄膜用陶瓷、纳米陶瓷、陶瓷复合材料等),它们不再使用或很少使用黏土、长石、石英等传统陶瓷原料,而是使用其他特殊原料。

建筑卫生陶瓷是指主要用于建筑装饰面、建筑构件和卫生设施的陶瓷制品。它包括各种陶瓷墙地砖、琉璃制品、饰面瓦、陶管和各种卫生间用的陶瓷器具及配件。建筑卫生陶瓷具有釉面光滑、颜色均匀、质地坚硬、防水、防火、耐磨、耐腐蚀、耐久性好、易于清洗、造价较低等许多优良特性,在建筑装饰中得到了广泛应用。

10.1.1 陶瓷的概念和分类

1. 陶瓷的概念

陶瓷是以铝硅酸盐矿物或某些氧化物等为主要原料,按照人的意图通过特定的化学工艺在高温下以一定温度和环境制成的具有一定形式的工艺岩石。陶瓷绝大多数不吸水,按其用途有的表面施有光润的釉或特定的釉,若干瓷质还具有不同程度的半透明度。陶瓷通常由一种或多种晶体与无定形胶结物及气孔或与熟料包裹体等微观结构组成。

2. 陶瓷的分类

陶瓷工业是硅酸盐工业的主要分支之一。陶瓷制品品种繁多,它们的化学成分、矿物组成、物理性质以及制造方法,常常相互接近、交错,无明显的界限,而在应用上却有很大的区别,目前尚无统一规定,陶瓷学者根据不同的着眼点提出了不同的分类方法。为了便于掌握各种制品的特征,本书介绍最常采用的两种分类法。

(1)按陶瓷的概念和用途分类

陶瓷制品可以分为两大类,即普通陶瓷(传统陶瓷)和特种陶瓷(新型陶瓷)。普通陶瓷见图 10-1,特种陶瓷见图 10-2。

图 10-1 普通陶瓷

图 10-2 特种陶瓷

普通陶瓷是人们日常生活中最常见的陶瓷制品,根据其用途不同又可分为日用陶瓷(包括盆、罐、茶具、餐具和艺术陈设陶瓷等)、建筑卫生陶瓷、化工陶瓷、化学陶瓷、电瓷及其他工业用陶瓷。日用陶瓷见图 10-3,建筑卫生陶瓷见图 10-4,化工陶瓷见图 10-5,化学陶瓷见图 10-6,工业用陶瓷见图 10-7。这类陶瓷制品所用原料基本相同,生产工艺技术亦相近,是典型的传统陶瓷。现代建筑装饰工程中应用的建筑卫生陶瓷,主要包括陶瓷墙地砖、卫生陶瓷、园林陶瓷、琉璃陶瓷制品等。其中,陶瓷墙地砖的用量最大。

图 10-3 日用陶瓷

图 10-4 建筑卫生陶瓷

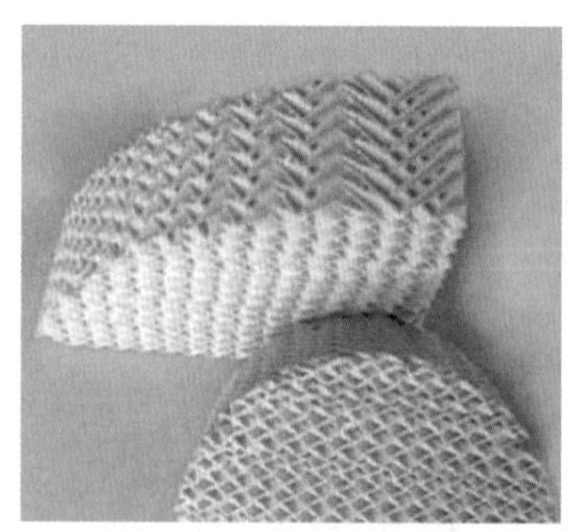

图 10-5 化工陶瓷

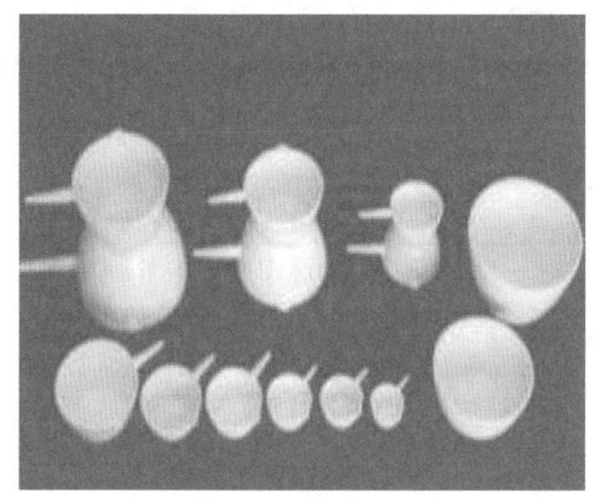

图 10-6　化学陶瓷

图 10-7　工业用陶瓷

特种陶瓷是用于各种现代工业和尖端科学技术所需的陶瓷制品，通常具有较高的附加值，其所用的原料和所需的生产工艺技术已与普通陶瓷有较大的不同。根据其性能用途，特种陶瓷又可分为结构陶瓷和功能陶瓷两大类。结构陶瓷见图 10-8，功能陶瓷见图 10-9。结构陶瓷主要利用其机械和热性能，包括高强度、高硬度、高韧性、高刚性、耐磨性、耐热、耐冲击、隔热、导热、低热膨胀等性能。功能陶瓷则主要利用其电性能、磁性能、半导体性能、光性能、生物—化学性能及核材料应用性能等。

图 10-8　结构陶瓷

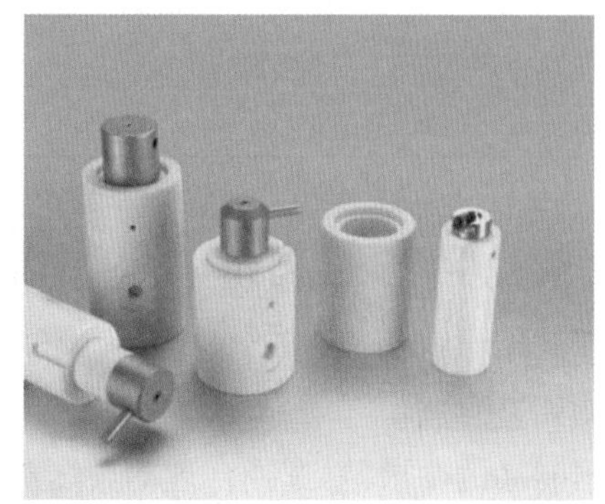

图 10-9　功能陶瓷

上述分类方法只考虑到陶瓷品种的发展和应用不同，并没有考虑陶瓷之间的界限。

（2）按坯体的物理性质和特征分类

根据陶瓷制品坯体的结构、所标志的坯体致密度不同，把所有陶瓷制品分为陶器、瓷器和炻器。

陶器是一种坯体结构较疏松，致密度较差的陶瓷制品，陶瓷通常有一定的气孔率，吸水率较大（9%~12%，甚至高达 18%~22%），断面粗糙无光，不透明，敲之声音粗哑，强度较低。陶器又分为粗陶、精陶两种，砖瓦、陶管属粗陶，釉面砖属精陶。

瓷器的坯体致密，孔隙率低，基本上不吸水，有一定的半透明性，断面细致，呈石状或贝壳状，强度较大，耐酸、耐碱、耐热性能好，敲之有金属声，色白。瓷器分为硬瓷、软瓷、粗瓷、细瓷等种类，高档墙地砖、日用瓷、艺术用品和电瓷多属于硬瓷。

炻器介于陶器和瓷器之间，也称为半瓷，吸水率一般为 3%~5%（也可达 1% 以下）。炻器亦分为粗、细两种，外墙砖、地转多为粗炻器，卫生洁具多为细炻器。陶瓷制品分类见表 10-1。

表 10-1　陶瓷制品分类

名称			原料	特性		主要制品
				颜色	吸水率（%）	
陶器	粗陶器		砂质黏土	带色	8~27	日用缸器、砖、瓦
	精陶	石灰质	陶土	白色	18~22	日用器皿、彩陶
		长石质		白色	9~12	日用器皿、建筑卫生器皿、装饰釉面砖

续表

名称		原料	特性		主要制品
			颜色	吸水率(%)	
炻器	粗炻器	陶土	带色	4~8	缸器、建筑外墙砖、锦砖、地砖
	细炻器	瓷土	白或带色	0~1.0	日用器皿、化学和电器工业用品
瓷器	长石质瓷	瓷土	白色	0~0.5	日用餐茶具、陈设瓷、高低压电瓷
	绢云母质瓷		白色	0~0.5	日用餐茶具、美术用品
	滑石瓷		白色	0~0.5	日用餐茶具、美术用品
	骨灰瓷		白色	0~0.5	日用餐茶具、美术用品
特种瓷	高铝质瓷	瓷土金属氧化物	耐高频、高强度、耐高温		硅线石、刚玉瓷等
	镁质瓷		耐高频、高强度、低介电损失		滑石瓷
	锆质瓷		高强度、高介电损失		锆英石瓷
	钛质瓷		高电容率、铁电性、压电性		钛酸钡瓷
	磁性瓷		高电阻率、高磁质收缩系数		铁氧体陶瓷
	金属陶瓷		高强度、高熔点、高抗氧化		铁、钴、镍金属瓷
	其他		—		氧化物、碳化物、硅化物瓷等

10.1.2 陶瓷生产工艺简介

不同的陶瓷制品，生产工艺会略有不同。这里介绍一下普通陶瓷的生产工艺过程。

1. 原料及其制备

根据制品的要求，要选择合理的天然矿物原料及化工原料，对于普通陶瓷来说，原材料主要包括可塑性黏土类原料、以长石为代表的熔剂类原料和以石英为代表的瘠性原料；还有一些化工原料，作为坯料的辅助原料和釉料、色料的原料。根据工艺要求，矿物原料要加工至一定的粒度，化工原料的粒度也要达到工艺要求。普通陶瓷所需部分原料见图 10-10。

图 10-10　普通陶瓷原料

2. 坯料的制备

陶瓷原料经过配料和加工后，得到的多组分混合物称为坯料。坯料应符合以下条件。

①坯料组成与配方吻合，计量准确，且加工过程中不混入杂质。

②各种组分（如原料、水分及塑化剂）应混合均匀，颗粒达到要求的细度及级配，以减少各加工过程及干燥过程中的废品及缺陷损失。

陶瓷坯料按成型方法不同分为可塑料、干压料和注塑料。根据坯料可塑性能产生的特点及加水后的变化，常用水分含量作为特征。一般可塑料含水 18%~25%；干压料中水分为 8%~15% 的称为半干压料，3%~7% 的称为干压料；注浆料含水 28%~35%。

为获得适合成型需要的坯料，应确定合适的加工过程，选用配套的设备，执行严格的质量检查。

3. 坯料及其计算

由于陶瓷制品的性能要求不同,各地原料的组成和工艺性能存在差别,因而不同产品的坯料组成也不相同。当生产陶瓷制品的原料选定后,确定各种原料在坯料中使用的数量是一项关键的工作,因为它直接关系到产品的质量以及工艺技术方案的制定。配料计算的结果可作为进行不同规模配方试验的依据,通常在试验的基础上再决定产品的配方。

4. 成型

成型是陶瓷生产中的一道重要工序,该工序就是将原料车间按要求制备好的坯料通过各种不同的成型方法制成具有一定形状、大小的坯体。胚体成型见图 10-11。成型工序对坯体提出含水率、可塑性、细度、流动性等成型性能的要求。为此,成型必须满足如下几个条件。

①成型坯体的形状、尺寸一定要符合图纸及产品样品的要求,生坯尺寸是根据收缩率经过放尺综合计算后的尺寸。

②成型坯体要具有一定的机械强度,以适应后续各工序的操作。

③坯体结构要求均匀、致密,以避免干燥、收缩不一致,使产品发生变形。

5. 釉料制备及施釉

釉是指覆盖在陶瓷坯体表面上的玻璃态薄层,由碱金属、碱土金属或其他金属的硅酸盐及硼酸盐构成,其厚度很薄,只有 0.1~0.3 mm。釉的作用在于改善陶瓷制品的表面性能,使制品表面光滑,对液体和气体具有不透过性,不易沾污;其次可以提高制品的机械强度、电学性能、化学稳定性和热稳定性。釉还对坯体起装饰作用,它可以遮盖坯体的不良颜色和粗糙表面。施釉见图 10-12。

图 10-11　胚体成型

图 10-12　施釉

6. 坯体干燥

排除坯体中水分的工艺过程称为干燥。成型后的各种坯体一般都含有一定量的水分,尤其是可塑成型和注浆成型后的坯体还呈可塑状态,水分较高,在运输和再加工过程中很容易变形或因强度不高而破坏。因此,干燥还可以使坯体的吸水率增加,以便进行施釉操作。干燥好的坯体在烧成初期可以较快升温而不致开裂。这样,可以减少燃料消耗,缩短烧成周期。坯体在干燥过程中,随着水分的排出要发生收缩,产生一定的收缩应力,如果收缩过程处理不当,会导致坯体出现变形和开裂,在干燥过程中要选择合适的干燥制度和干燥设备。坯体干燥见图 10-13。

7. 烧成

烧成是对陶瓷生坯进行高温焙烧,使之发生质变成为陶瓷产品的过程,是陶瓷生产中的一道关键工序。在烧成过程中,坯体将产生一系列物理化学变化,形成一定的矿物组成和显微结构,并获得所要求的性能。

在烧成的各个阶段,坯体中各种物理化学变化进行的程度如何,直接决定着烧成后制品的各项理化性能。因此,为了保证产品的烧成质量,就必须准确地掌握坯体在烧成过程中的物化反应规律及特点,选择热工性能良好的窑炉,事先制定出合理的烧成制度,然后按烧成制度严格操作控制。烧成见图 10-14。

此外,可以对陶瓷进行装饰加工处理。装饰是指在陶瓷坯体上进行艺术加工的工序,它使陶瓷既实用又具有艺术感,从而改善了制品的外观质量,提高了产品等级;不仅如此,还能扩大坯用原料的来源。因此,装饰是陶瓷产品生产中一道必不可少的工序。装饰可在施釉前对坯体的表面进行加工,也可以对釉面或在釉面上和下联合进行,一般有雕塑、彩釉、釉上彩、釉下彩及釉中彩、贵金属装饰等。

图 10-13　坯体干燥

图 10-14　烧成

10.1.3　釉的特性和分类

1. 釉的基本知识

（1）釉的定义和作用

釉是指覆盖在陶瓷坯体表面上的一层连续的薄薄的玻璃态物质。釉的作用在于改善陶瓷制品的表面性能，如降低表面气孔率，使表面光滑，对液体和气体具有不透过性，不易沾污。其次可以提高制品的机械强度、电光性能、化学稳定性和热稳定性。釉还对坯体起装饰作用，它可以遮盖坯体的不良颜色和粗糙表面。许多釉如色釉、无光釉、砂金釉、析晶釉等具有独特的装饰效果。

（2）釉的原料及分类

不同的陶瓷釉，组成也各不相同。釉料由多种原料配制而成，不同种类的原料在釉中的作用各不相同。总的来说，制釉原料分天然矿物原料和化工原料及辅助原料。天然矿物原料基本与坯体所使用的原料相同，只是釉料要求其化学成分更纯，杂质含量更少，主要有长石、高岭土、滑石、石灰、含锂矿物、含硼矿物等。化工原料主要有硼砂、硝酸钠、铅丹、碳酸钙、氟硅酸钠等。辅助原料中作为乳浊剂的有工业氧化钛、氧化锡、氧化锑、氧化锆等，作为着色剂的有钴、铜、锰、铁、镍等元素的化合物，作为悬浮剂的有瓷土、膨润土、硅酸钠等。

2. 釉的特性

釉是与坯体联系在一起的，它的性质往往受坯体的影响，同时由于陶瓷坯体受烧成工艺的限制，釉的熔融不能充分进行，因此，成熟的釉料具有与玻璃近似的某些物理化学性质：各向同性；由固态到液态或相反的变化是一种渐变的过程，没有明显的熔点；具有光泽，硬度较大；能抵抗酸和碱的侵蚀（氢氟酸和热碱除外）；质地致密，对液体和气体均呈不渗透性质。釉的成分复杂，釉的分子式还不能确定。它的分子里面没有一定的组成集团，具有玻璃的特性，但又与玻璃不同，在烧成过程中只黏附在陶瓷制品的表面而不会流动。

为了满足陶瓷制品对釉的要求，釉必须具备以下性能。

①釉料能在坯体烧结温度下成熟，一般要求釉的成熟温度略低于坯体烧成温度。

②釉料要求与坯体牢固地结合，其热膨胀系数稍小于坯体的热膨胀系数（某些特殊的装饰釉除外），那么冷却后制品的釉层将会达到一个压应力（且不致开裂），从而提高制品的机械强度。

③釉料经高温熔化后，应具有适当的黏度和表面张力，确保冷却后制品釉层表面形成平滑、光亮的釉面，无针孔等缺陷。

④釉层质地应坚硬、耐磕碰、不易磨损。

3. 釉的种类

陶瓷制品品种多，烧成工艺也不相同，因而釉的种类和它的组成都极为复杂，为了研究和配制方便，必须对釉进行分类。

①按制品类型分为陶器釉、瓷器釉。

②按烧成温度分为：900~1 120 ℃的称为低温釉或低火度釉，1 150~1 300 ℃的称为中温釉或中火度釉，1 320~1 530 ℃的称为高温釉或高火度釉。

③按釉面表面特征分为透明釉、乳浊釉、结晶釉、无光釉、光泽釉、碎纹釉、电光釉、流动釉、花釉等。

④按釉料制备方法分为生料釉、熔块釉、挥发釉。

⑤按显微结构和釉性状分为透明釉（无定形玻璃体）、晶质釉（乳浊釉、析晶釉、无光釉）、熔析釉（乳浊

釉、铁红釉)等。

10.2 建筑陶瓷

视频 10-1　建筑陶瓷

陶瓷墙地砖品种有釉面内墙砖(简称釉面砖)、彩色釉面墙地砖(彩釉砖)、瓷质砖(通体砖、仿花岗岩砖、玻化砖及施釉瓷质砖)、施釉锦砖(施釉马赛克)及锦砖(马赛克)、劈离砖(劈裂砖)、麻石砖(广场砖)、角砖等。常用的建筑陶瓷有釉面墙砖、墙地砖、陶瓷锦砖、琉璃制品等。

陶瓷墙地砖是指由黏土和其他无机原料生产的薄板,用作覆盖墙面和地面,通常在室温下通过挤压或其他成型方法成型,然后干燥,再在满足性能需要的一定温度下烧成。建筑陶瓷见图 10-15。

10.2.1　釉面砖

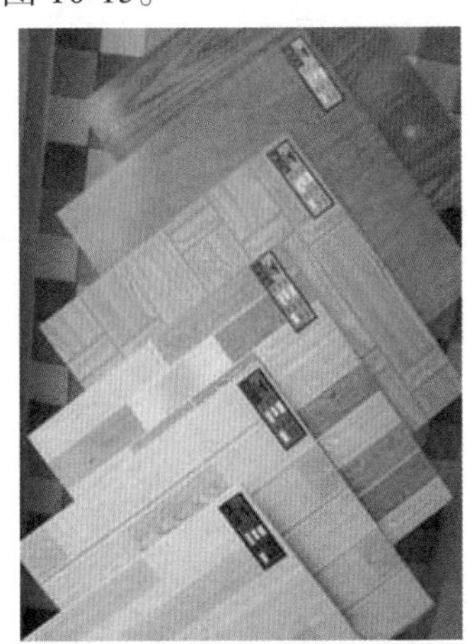
图 10-15　建筑陶瓷

釉面砖又称内墙贴面砖、瓷砖、瓷片或釉面陶土砖,是一种传统的卫生间、浴室墙面砖,是以黏土或高岭土为主要原料,加入一定助溶剂,经过研磨、烘干、铸模、施釉、烧结成型的精陶制品,这种瓷砖是由坯体和表面的釉面两个部分构成的。

釉面砖的正面有釉,背面有凸凹方格纹,由于釉料和生产工艺不同,一般分为白色釉面砖、彩色釉面砖、印花釉面砖等多种。由陶土烧制而成的釉面砖吸水率较高,强度低,背面多为红色;由瓷土烧制而成的釉面砖吸水率较低,强度较高,背面多为灰白色。

釉面砖按对光的反射方式可以分为亮光的釉面砖和亚光釉面砖。亮光釉面砖的釉面光洁干净,光的反射性良好,这种砖适合铺贴在厨房的墙面;亚光釉面砖的表面光洁度略低,给人的感觉比较柔和舒适。

釉面砖是由坯体和釉面两个部分构成的,所以在鉴别的时候可以观察瓷砖的侧边或断面以及表面和坯体的颜色是否一致,不一致的就是釉面砖。

(1)釉面砖规格

墙面砖规格一般为长 200~330 mm,宽 200~450 mm,厚 5~6 mm。地面砖长、宽一般为 300~800 mm,厚度为 6~10 mm。

(2)釉面砖的特点

釉面砖具有许多优良性能,它不仅强度较高、防潮、耐污、耐腐蚀、易清洗、变形小,具有一定的抗急冷急热性能,而且表面光亮细腻、色彩和图案丰富、风格典雅,具有很好的装饰性。它主要用作厨房、浴室、厕所、盥洗室、实验室、医院、游泳池等场所中的室内墙面和台面的饰面材料,用于厨房的墙面装饰,不但清洗方便,还兼有防火功能。

由于釉面砖的吸水率在 10%~20%,属于多孔精陶制品,施工时多采用水泥砂浆铺贴,长期在潮湿的环境中,陶质坯体会吸收大量的水分而膨胀,产生内应力。由于釉层结构致密,吸湿膨胀系数小,当坯体因湿膨胀对釉层的拉应力超过釉层的抗拉强度时,釉层会发生开裂。当釉面砖受到一定温差的冻融循环时更甚,故釉面砖不宜用于室外装饰。在地下走廊、运输巷道、建筑墙柱脚等特殊部位和空间,最好选用吸水率低于 5% 的釉面砖。

(3)釉面砖的应用

釉面砖主要应用于厨房、浴室、卫生间、实验室、精密仪器车间及医院等室内墙面、台面部位。

(4)应用注意事项

釉面砖一般不宜用于室外,否则釉层会产生裂纹甚至脱落,铺贴前须用水浸泡。少数釉面砖具有一定的放射性。

随着现代建筑业的发展，各国釉面砖产量逐年增加，花色品种、规格不断翻新，功能逐渐增加。德国现生产出一种新内墙装饰用的面砖，即吸音面砖。它能吸收 500~2 000 Hz 的声音，吸音率达 95%，被用于慕尼黑奥林匹克场馆设施中，解决了噪声问题，得到了很高的评价。

10.2.2 墙地砖

墙地砖包括建筑物外墙装饰贴面用砖和室内外地面装饰铺贴用砖，这类砖目前可以墙、地两用，故称为墙地砖。陶瓷墙地砖属于粗炻器类陶瓷制品，有施釉和不施釉两种。墙地砖背面为了与基层墙地面能很好黏结，常具有一定的吸水率，并有凹凸沟槽。

（1）通体砖

通体砖是表面不施釉的陶瓷砖，它是将岩石碎屑经过高压压制而成的，表面抛光后坚硬度可与石材相比，吸水率更低，耐磨性更好，而且正反两面的材质和色泽一致，只不过正面有压印的花色纹理。通体砖是一种耐磨砖，虽然现在还有渗花通体砖等品种，但花色均不及釉面砖。

目前的建筑装饰设计越来越倾向于素色设计，所以通体砖也成为一种时尚，被广泛使用于厅堂、过道、室外走道等装修项目的地面，而多数的防滑砖都属于通体砖。新型彩色通体砖也用于建筑外墙表面装修。

①通体砖规格：用于地面铺设的通体砖常见规格为边长 300~800 mm，厚度 6~12 mm；用于墙面铺设的通体砖常见规格有 60 mm × 120 mm、100 mm × 200 mm、100 mm × 100 mm 等多种，厚度一般为 4~8 mm。

②通体砖应用：厅堂、过道、室外地面、建筑墙面。

③应用注意事项：用水泥砂浆或聚合物砂浆黏结，安装前须浸水，浸水阴干后，含水率一般小于 5%。

（2）彩胎砖

彩胎砖是一种本色无釉的瓷质墙、地饰面砖的新品种。彩胎砖表面有平面型和浮雕型两种，又分无光与磨光、抛光型，吸水率小于 1%，抗折强度较大，耐磨性好。

彩胎砖是采用仿天然岩石的彩色颗粒土原料，压制成多彩坯体后，经一次烧成的陶瓷制品。表面呈多彩细花纹，富有天然花岗岩的纹点，有红、绿、蓝、黄、灰、棕等多种基色，多为浅色调，纹点细腻，色调柔和莹润，质朴高雅，耐磨性好。

①彩胎砖规格：最小尺寸 95 mm × 95 mm，最大尺寸可达 600 mm × 900 mm，厚度为 5~10 mm。

②彩胎砖的应用：适用于人流大的商场、剧院、宾馆、酒楼等公共场所地面的铺贴，也可用于住宅厅堂的墙地面装修，均可获得甚佳的美化效果。

③应用注意事项：彩胎砖表面无釉，在使用中要防止酸、碱的浓溶液对它造成腐蚀。

（3）麻面砖

麻面砖又称广场砖，是采用仿天然岩石色彩的配料，压制成表面凹凸不平的麻面坯体后，经一次烧成的炻质面砖。

①性能：麻面砖吸水率小于 1%，抗折强度较大，防滑耐磨。其表面类似人工修凿的天然岩石面，纹理自然，粗犷质朴，有白、黄、红、灰、黑等多种色调。

②规格：方形砖常见边长规格为 100 mm、150 mm、200 mm、250 mm 等，墙面砖厚 5~8 mm，地面砖厚 10~12 mm。

③应用：麻面砖外形有多种类型。其中薄型砖适用于建筑物外墙装饰，厚型砖适用于广场、停车场、码头、人行道等地面铺设。除此之外，还有梯形和三角形，可以用来拼贴成各种图案，从而增强艺术感。

（4）仿古砖

仿古砖是近些年来瓷砖中兴起的一个新品种，是仿造以往的样式做旧，以古典的独特韵味体现岁月的沧桑和历史的厚重。仿古砖通过样式、颜色、图案，营造出怀旧的氛围。它具有“古色古香”的面孔，看上去与实物非常相近，因此，人们称它为“仿古砖”。

①仿古砖的外形特征：主要以图案、色调为重点。仿古砖的图案以仿木、仿石材、仿皮革为主，也有仿植物花草、仿几何图案、仿织物、仿墙纸、仿金属等；色调则以黄色、咖啡色、暗红色、土色、灰黑色等为主。

②仿古砖的规格：方形砖常见规格为边长 300 mm、600 mm、800 mm 等，高档仿古砖中央或边角镶嵌小

片 100 mm × 100 mm 花砖，厚度为 6~10 mm。

③成分：黏土、高岭土、釉。

④仿古砖的应用：仿古砖常用于室内外的墙地面铺设。仿古砖的应用范围广并有墙地一体化的发展趋势，其创新设计和创新技术赋予仿古砖更高的市场价值和生命力。铺贴时根据实际情况可采用干铺法，且做好水平定位，确保砖面平整，砖块之间的缝隙根据设计要求填补专用勾缝剂。

墙地砖可以用作室内外装饰材料。由于它的吸水率较低，吸水后不发生湿胀，可以经受得住室外大气温、湿度变化的影响以及日晒雨林，坯体与釉层之间不会因为湿胀应力超过釉层本身的抗拉强度，导致釉层发生裂纹或剥落，不会影响建筑物的饰面效果。

10.2.3　陶瓷锦砖

陶瓷锦砖，又称马赛克（俗称纸皮砖）。它是以优质瓷土为原料，按技术要求对瓷土颗粒进行级配，以半干法成型，在泥料中引入着色剂，经过 1 250 ℃高温烧制成的产品，按其表面性质分为无釉和施釉两种，目前大多数产品为无釉的。

陶瓷锦砖单块边长不大于 40 mm，具有多种色彩和不同形状，可拼成多种颜色的图案，繁花似锦，故称锦砖。

（1）陶瓷锦砖的性能

陶瓷锦砖不仅具有质地坚硬、色泽美观、图案多样等优点，而且抗腐蚀、耐火、耐磨、耐冲击、耐污染、自重较轻、吸水率小、防滑、抗压强度高、不易被踩碎、易清洗、永不褪色、价格低廉。

（2）陶瓷锦砖的规格

单片砖常见边长规格为 20 mm、25 mm、30 mm，厚度为 4~4.3 mm，单片砖按设计图案反贴在牛皮纸上组成一联，每联为 305.5 mm × 305.5 mm，每 40 联为一箱，每箱 3.7 m^2。

（3）陶瓷锦砖的应用

陶瓷锦砖是一种良好的墙地面装饰材料，可用于工业与民用建筑的清洁车间、门厅、走廊、卫生间、餐厅、厨房、浴室、化验室、居室等的内墙和地面，而且也可用于高级建筑物的外墙饰面，它对建筑物立面有较好的装饰效果，并可增强建筑物的耐久性。

10.2.4　劈离砖

（1）劈离砖的工艺流程

劈离砖较厚，采用可塑性成型中的挤压法成型。这种成型方法是将配好的原料制成具有一定可塑性的泥团，经过多次捏练，可塑泥团被挤压机的螺旋式活塞挤压向前，经过机嘴出来达到要求的形状，长度是根据需要来切割的。劈离砖离开机嘴是二片或四片连在一起的，烧成后在检选时将它们轻轻一敲劈离开，这种可塑性成型设备投资少，维修方便，可以实现连续化生产。但由于泥团含水量较高，坯体不够致密，制品尺寸不如干压法精确。挤压法仍是一种很重要的成型方法。

（2）劈离砖的物理性能

1）吸水率　不大于 6%。

2）耐急冷急热性能　试验不出现炸裂或裂纹。

3）抗冻性能　经过 20 次冻融循环不出现裂纹或釉面剥落。

4）弯曲强度　平均值不小于 20 MPa，单个值不小于 18 MPa。

5）耐磨性　无釉砖体积磨损不超过 400 mm^3；有釉砖供需双方商定。

6）耐化学腐蚀性　耐酸性，无釉砖侵蚀后其质量损失不得超过 4%；有釉砖釉面耐酸等级不得低于 B 级。耐碱性，无釉砖侵蚀后其质量损失不得超过 10%；有釉砖釉面耐碱等级不得低于 B 级。

（3）劈离砖的特点与应用

劈离砖坯体密实、抗压强度高、吸水率小、耐酸碱、防滑防腐、表面硬度大、性能稳定，其砖背面呈楔形凹槽，铺贴时与砂浆层胶结坚固。劈离砖色彩丰富，有红、黄、青、白、褐五大色系，表面质感变幻多样，粗质浑厚、细质清秀。表面装饰分彩釉和无釉，施釉的光泽晶莹、富丽堂皇；无釉的古朴大方，肌理表现力强、无眩光反射。

劈离砖主要用于建筑内外墙装饰，也用作车站、机场、餐厅、楼堂馆所等室内地面的铺贴材料。厚型砖也可适用于甬道、花园、广场等露天地面的铺设，形态古朴、典雅，质感柔润、自然。

10.2.5 陶瓷墙地砖的新品种

近年来，随着陶瓷墙地砖技术的发展，坯体装饰技术有了独特的进展，出现了新的品种。

(1)功能墙地砖

1)多孔性陶瓷坯体　通过使用高温能分解大量气体的原料和加入适量的化学发泡剂，制成体积密度只有 0.6~1.0 g/cm^3 甚至更低的多孔性陶瓷坯体，这种比水还轻的陶瓷材料有多种用途。该产品主要有保温节能砖、吸音砖、轻质屋瓦、渗水路面砖等。

2)抗静电砖　在人们的日常工作生活中会产生静电。在安放精密仪器的机房里，在存放易燃、易爆物品的仓库内，静电是非常有害的，为此，设计制造了抗静电砖。抗静电砖通常是在釉或坯中加入具有半导体性能的金属氧化物，使砖具有半导体性能，避免静电积累，达到抗静电的目的。

(2)仿石砖系列

通过压机模具的独特设计，形成凹凸不平的坯体表面，再施一层装饰釉(色釉、耐磨釉、无光釉或干式釉等)，烧成后形成天然石材美观自然的装饰效果，给人一种恬静、柔和的美感，更不乏耐磨、防滑(用于地砖)等功能。

(3)玻化砖系列

玻化砖的装饰目前主要有固体掺彩斑点装饰和液体渗彩印花装饰两大类。

1)固体掺彩斑点装饰　在基料(白坯料)中加入一定比例的色料使其着色，经喷雾干燥造粒，制成彩色粉料，而后将其与喷雾干燥制得的白色粉料按一定比例混合均匀后，经压制、干燥、施透明釉(或不施釉)烧成，最终可制得各种彩色斑点分布于其中的玻化砖。它具有花岗岩的外观质感和传统陶瓷马赛克的色点装饰外观，以及极好的耐磨、抗折、抗冻和防污等特性。近几年来，对不施透明釉的玻化砖，一般均经过表面抛光处理，其表面光洁异常，装饰效果更佳，但此种砖的装饰色彩和图案较为单调。

2)液体渗彩印花装饰(简称渗花装饰)　近年来，渗花装饰玻化砖迅猛发展，它是为解决掺彩斑点装饰玻化砖图案过于单调的问题而研究开发的。尽管目前渗彩液的颜色不多，有待继续开发，但其图案的变化却非常丰富，一般采用丝网印刷技术，烧后再进行抛光处理，其表面光滑晶莹，亮如镜面，色泽花纹丰富多彩，它集天然花岗岩的耐磨、耐腐蚀、高强度、不吸脏以及天然大理石的丰富装饰效果于一体，可广泛用于各种建筑的墙地装饰，其附加值明显高于斑点装饰，因而发展前景广阔。

此外，近几年，国外为增加坯体装饰效果，又研究开发了一种新型的坯用干粒装饰技术，即预先通过一定工艺制备出彩色的、一定颗粒尺寸的坯用大颗粒，再按与斑点装饰类似的工艺过程，压制、烧成具独特装饰效果的制品，其彩色斑点较一般方法的大许多，且有多种形状，经抛光处理后，装饰效果美观、自然，独具韵味。

10.2.6 建筑琉璃制品及陶瓷饰面瓦

1. 建筑琉璃制品及陶瓷饰面瓦的特点

我国用于建筑屋面与墙面局部装饰的高级陶瓷制品现有三大类，即中式传统建筑琉璃制品、西式陶瓷瓦以及新型陶瓷饰面瓦。它们的品种、装饰风格特色和使用特点如表 10-2 所示。

表 10-2　中西式建筑琉璃制品及陶瓷饰面瓦

分类	中式琉璃制品	西式陶瓷瓦	陶瓷饰面瓦
品种	板瓦、筒瓦、脊件及饰件等	西班牙瓦、德国瓦、法国瓦、日本瓦等	商曲瓦、鳞瓦、棱瓦及波形瓦等
表面装饰特点	高光泽琉璃釉或其他有光、无光色釉	高光泽琉璃釉或其他有光、无光色釉，也可以是无釉的装饰色胎	
装饰风格	保留中国传统琉璃制品特色	西欧风格或中西结合特色	造型轻巧、线条多变，具有东南亚情调

续表

分类	中式琉璃制品	西式陶瓷瓦	陶瓷饰面瓦
使用特点	配件造型复杂且品种繁多，砌筑要求高，瓦件搭接严密，防雨水与装饰效果均佳	板瓦与筒瓦连成一整体，配件较少，瓦件搭接严密，防雨水与装饰效果好	造型简易，配件简单，瓦件搭接不严密，需铺贴在混凝土屋面上，起装饰作用

2. 建筑琉璃制品及陶瓷饰面瓦的技术性能要求

建筑琉璃制品品种繁多、配件多，但其中的瓦类造型简单、用量大，可以采用全自动化或半机械化生产方式。

（1）饰面瓦的技术性能要求

1）尺寸和表面质量　波形瓦的尺寸及允许偏差见表 10-3。饰面瓦不能有影响使用性能的变形、裂纹、坏裂、烧成不均和明显色差。

表 10-3　波形瓦的尺寸及允许偏差

根据形状尺寸的分类		尺寸（mm）								参考	
		长度 *A*	宽度 *B*	有效尺寸		峰宽 *D*	开度 *E*	允许偏差	凹部深度 *C*	3.3 m^2 瓦片数（近似数）	1 m^2 瓦片数（近似数）
				长度	宽度						
波形瓦	49	315	315	245	275					49	15
	53A	305	305	235	265					53	16
	53B	295	315	225	275					53	16
	56	295	295	225	255	—	—	±4	35 以上	57	17
	60	290	290	220	250					60	18
	64	280	275	210	240					65	20
S 式波形瓦	49	310	310	260	260					49	15

2）物理性能　弯曲破坏荷重为 1 500 N，背瓦为 600 N。吸水率小于 12%，熏瓦小于 15%，无釉瓦小于 12%。10 次冻融循环不出现裂纹、剥离。

（2）建筑琉璃制品的技术性能要求

1）尺寸偏差　尺寸偏差参见表 10-4。

表 10-4　琉璃制品瓦类尺寸偏差　（mm）

外形尺寸范围	类别	产品名称	允许偏差			
			长 *a*	宽 *b*	厚 *c*	弧度 *d*
a ≥ 350	瓦类	板瓦	±10	±7	+2 −1	±3
		筒瓦		±5		
		滴水瓦		±7		
		沟头		±5		
350>*a*>250		板瓦	±8	±6		
		筒瓦		±4		
		滴水瓦		±6		
		沟头		±4		
a ≤ 250		板瓦	±6	±5		
		筒瓦		±3		
		滴水瓦		±5		
		沟头		±3		
单块最大尺寸 >400	脊、吻、博古①		±15	±8	±12	
单块最大尺寸≤ 40			±11	±6	±8	

注：① *c* 分别代表瓦类的厚度和脊、吻、博古的高度。

2）外观质量　外观质量分为优等品、一级品、合格品，参见表 10-5。同一件产品的允许外观缺陷项目，优等品不得超过 3 项，一级品不得超过 5 项。

表 10-5　瓦类外观质量①

缺陷项目	单位	优等品		一级品		合格品	
		显见面	非显见面	显见面	非显见面	显见面	非显见面
磕碰	mm^2	总面积 100，最大 60	最大 200 2 处	总面积 200，最大 80 的 1 处	最大 300 2 处	总面积 225，最大 120	最大 450 2 处
粘疤							
缺釉			不计		不计		不计
裂纹	mm	总长度 15，深度不大于三分之一厚度	总长度 40，深度不允许贯穿开裂	总长度 20，深度不大于三分之一厚度	总长度 50，深度不允许贯穿开裂	总长度 30，深度不大于三分之一厚度	总长度 75，深度不允许贯穿开裂
釉泡		$2<\Phi \leqslant 3$ 2 处	不计	$2<\Phi \leqslant 4$ 3 处	不计	$2<\Phi \leqslant 5$ 3 处	不计
落脏							
杂质							
变形		$a \geqslant 350$，6 $350>a>250$，5 $a \leqslant 250$，4		$\geqslant 350$，8 $350>a>250$，7 $a \leqslant 250$，6		$\geqslant 350$，10 $350>a>250$，9 $a \leqslant 250$，8	
色差	无单位	不明显				稍有色差	

注：① 表中"不计"指缺陷对使用效果无影响。

3）物理性能　优等品、一级品、合格品的物理性能参见表 10-6。

表 10-6　琉璃制品的物理性能

指标项目	级别		
	优等品	一级品	合格品
吸水率（%）	≤ 12		
抗冻性能	冻融循环 15 次		冻融循环 10 次
	无开裂、剥落、掉角、掉棱、起鼓现象。因特殊要求，冷冻最低温度、循环次数可由供需双方商定		
弯曲破坏荷重（N）	≥ 1 177		
耐急冷急热性能	3 次循环。无开裂、剥落、掉角、掉棱、起鼓现象		
光泽度（度）	平均值≥ 50 根据需要，光泽度可由供需双方商定		

3. 建筑琉璃制品及陶瓷饰面瓦的应用

琉璃制品的特点是质地致密、表面光滑、不易沾污、坚实耐久、色彩绚丽、造型古朴，富有我国传统的民族特色。

琉璃制品主要有琉璃瓦、琉璃砖、琉璃兽以及琉璃花窗、栏杆等各种装饰制件，还有陈设用的建筑工艺品，如琉璃桌、绣墩、鱼缸、花盆、花瓶等。其中琉璃瓦是我国用于古建筑的一种高级屋面材料，采用琉璃瓦屋盖的建筑，格外体现东方民族文化，显得富丽堂皇、光彩夺目、雄伟壮观。琉璃瓦品种繁多，造型各异，主要有板瓦（底瓦）、筒瓦（盖瓦）、滴水、勾头等，另外还制有飞禽走兽、双龙戏珠等形象，用作檐头和屋脊的装饰物。琉璃瓦色彩艳丽多样，常见的有金黄、翠绿、宝蓝等色。

琉璃瓦因价格较贵且自重大，主要用于具有民族色彩的宫殿式房屋以及少数纪念性建筑物，还常用于园林中的亭、台、楼、阁，以增加园林的景色。

10.3 卫生陶瓷

卫生陶瓷是指卫生间、厨房和实验室等场所用的带釉陶瓷制品，也称卫生洁具，按制品材质有熟料陶(吸水率小于 18%)、精陶(吸水率小于 12%)、半瓷(吸水率小于 5%)和瓷(吸水率小于 0.5%)四种，其中以瓷制材料的性能为最好。熟料陶用于制造立式小便器、浴盆等大型器具，其余三种用于制造中、小型器具。各国的卫生陶瓷根据其使用环境条件，选用不同的材质制造。卫生陶瓷见图 10-16。

视频 10-2 卫生陶瓷

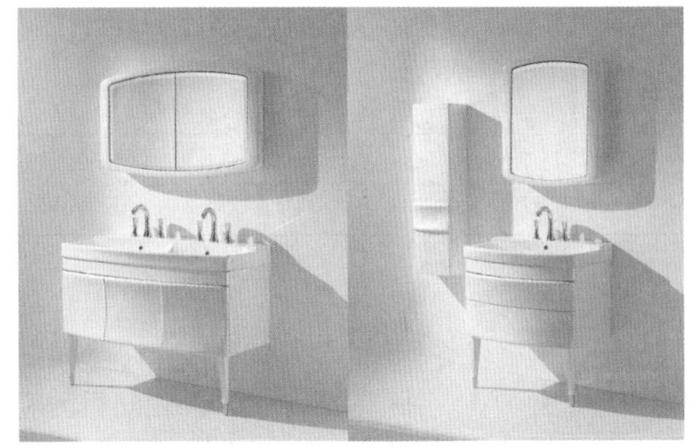

图 10-16 卫生陶瓷

1. 生产工艺流程

卫生陶瓷制品的形状复杂，不规则，多呈曲线，它不像砖那样靠压制或挤制成型，只能靠注浆法成型。这种成型方法是把原料制成含有一定量水分且有良好流动性的浆料，靠模型把水分吸走，让浆料吸附在模型内壁，随着时间的延长，模壁上的泥层逐渐加厚，厚到需要尺寸时，将多余的浆料倒出，待泥层强度提高即可脱模，形成与模型内壁形状一样的器具(单面注浆)，也有的将两个模型套起来使用，外模决定制品的外形状，内模决定制品的内形状(双面注浆)。卫生陶瓷制品往往不能单靠一次注浆就能完全定型，有时还需要把几个部件粘连起来。所以要靠手工操作，工序复杂，占地面积大。生产工艺流程如图 10-17 所示。

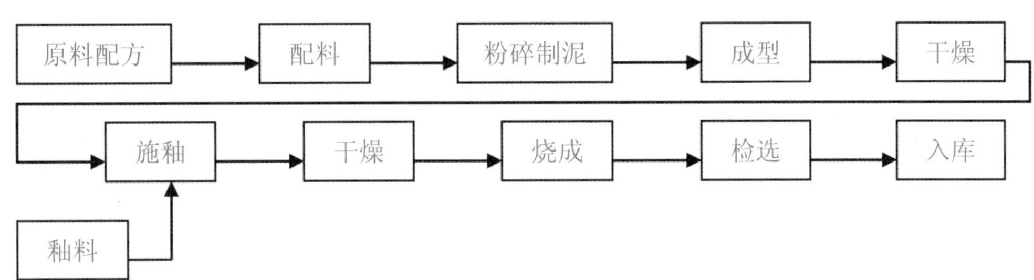

图 10-17 卫生陶瓷生产工艺流程示意图

2. 技术性能要求

(1)尺寸偏差

尺寸偏差参见表 10-7。

表 10-7 卫生陶瓷尺寸偏差 (mm)

项目		允许偏差
外形尺寸	规格尺寸	
孔眼距产品中心线偏移	>100	±(规格尺寸 ×3%)
	≤ 100	3
排污口距离的安装尺寸	>300	±(规格尺寸 ×3%)
	≤ 300	±9
孔眼尺寸	$\Phi \leq 15$	+2
	$15<\Phi \leq 30$	±2
	$30<\Phi \leq 80$	±3
	$\Phi>80$	±5

续表

项目		允许偏差
外形尺寸	规格尺寸	
孔眼圆度	40 ≤ Φ ≤ 70	2
	70<Φ ≤ 100	4
	Φ>100	5
皂盒、手纸盒等小件制品		−3
孔眼安装面（孔眼半径加 10）平面度		2

（2）外观质量

卫生陶瓷优等品和合格品的缺陷允许范围分别如表 10-8、表 10-9 所示。一件产品存在的外观缺陷每个面不超过两项。一件产品或一套产品之间目测应无明显的色差。对高档卫生间中白色、浅色和深色产品的色差有必要用仪器检测时不超过 3 项。

表 10-8　卫生陶瓷优等品缺陷允许范围

缺陷名称1)	洗面器		洗涤槽		净身器、便器类		水箱及盖
	洗净面上表面	下表面（含立柱）	洗净面	可见面	洗净面	可见面	可见面
裂纹 (mm)	不允许	5	不允许	5	不允许	5	不允许
棕眼、斑点②（个）	5	各 10（4）	5	各 10（4）	10	各 15（4）	各 10（4）
橘釉、烟熏 (mm^2)	不允许						
落脏 (mm^2)	不允许	6		6		4	5
缺釉 (mm^2)	不允许	10	不允许	10	不允许	10	10
磕碰 (mm^2)	不允许	10		10		不允许	不允许
坑包（个）	不允许	1	不允许	1	不允许	2	2
花斑（个）	2	5	2	5	2	5	2
波纹	不明显						

注：①隐蔽面不影响使用的缺陷不考核。
②棕眼、斑点括号内的数值表示一个标准面允许的该缺陷数。

表 10-9　卫生陶瓷合格品缺陷允许范围

缺陷名称1)	洗面器		洗涤槽		净身器、便器类		水箱及盖
	洗净面上表面	下表面（含立柱）	洗净面	可见面	洗净面	可见面	可见面
裂纹 (mm)	5	20	5	10	5	10	10
棕眼、斑点②（个）	10（4）	20	10（4）	20	10（4）	20（4）	20（4）
橘釉、烟熏 (mm^2)	不允许						
落脏 (mm^2)	4	20	6	6	6	6	6
缺釉 (mm^2)	30	150	100	150	100	150	150
磕碰 (mm^2)	不允许	50	不允许	20	不允许	20	20
坑包（个）	2	4	2	2	2	2	2
大花斑（个）	1	2	1	2	1	2	1
花斑（个）	4	7	4	7	4	7	7

注：①隐蔽面不影响使用的缺陷不考核。
②棕眼、斑点括号内的数值表示一个标准面允许的该缺陷数。

3. 卫生陶瓷的应用

卫生陶瓷器主要用于住宅和公共建筑的卫生设备，如便器、浴缸、水箱、洗脸盆以及盥洗室内的一些零件，如衣钩、肥皂盒等。

4. 卫生陶瓷的发展方向

建筑卫生陶瓷工业是一个传统产业，作为一种实用产品和装饰材料，人们不仅注重其使用功能，同样注重其精神功能。在使用功能上要求其外在及内在质量好、稳定、一致，使用寿命长，易于施工，使用触觉好，噪声低，冲洗功能好，节水等；在精神功能上要求其美、精、新、特，装饰效果好，协调、配套性好，富有时代感、艺术性，适应不同民族、地区的社会意识、文化生活和审美需求。

建筑卫生陶瓷制品总的发展方向是高档化、功能化、艺术化和配套化。

本任务小结

本任务介绍了陶瓷的含义、分类及生产工艺过程等概况；建筑陶瓷、卫生陶瓷的种类、性能特点；建筑陶瓷、卫生陶瓷的应用。

任务 11　有机高分子材料的选择与应用

任务简介

本任务主要介绍合成高分子化合物的定义、结构、性质，建筑塑料、建筑胶黏剂、建筑涂料的组成、分类、性质及常用品种等。

知识目标

（1）了解合成高分子化合物的性质，建筑塑料的组成，建筑胶黏剂的组成及胶结的优越性，有机建筑涂料的组成及常用类型等。

（2）掌握有机高分子材料的概念、分类及结构，建筑塑料、建筑胶黏剂、建筑涂料的组成、性能及建筑上常用的建筑塑料、建筑胶黏剂和建筑涂料等。

技能目标

能够结合工程实际，依据性能合理选择建筑塑料、胶黏剂、建筑涂料。

思政教学

思政元素 11

教学课件 11

授课视频 11

应用案例与发展动态

11.1　有机高分子材料概述

有机高分子材料是指由天然或人工合成的高分子化合物组成的材料。有机高分子材料有许多优良性能，如密度小、比强度高、弹性大、电绝缘性能好、耐腐蚀性好、装饰性能好等。有机高分子材料分为天然高分子材料和合成高分子材料两大类，如木材、天然橡胶、棉织品、沥青等都是天然高分子材料；塑料、橡胶、化学纤维及涂料、胶黏剂等都是合成高分子材料。本任务主要介绍合成高分子材料。

视频 11-1　有机高分子材料

11.1.1　合成高分子化合物的定义及反应类型

1. 定义

高分子化合物又称高分子聚合物（简称高聚物），是组成单元相互多次重复连接而构成的物质。

高分子化合物是数以百千万个原子以共价键相互连接而成的分子量大的化合物。高分子化合物分子量虽然很大，但化学组成比较简单，由许多低分子化合物聚合而成，如低分子化合物乙烯（$CH_2=CH_2$），相互聚合成聚乙烯（$-[CH_2-CH_2]n-$）。

2. 合成高分子化合物的反应类型

经过不同方式聚合而成的合成高分子化合物，性质有较大的差异，一般根据其合成方式不同将合成反应分为加聚反应和缩聚反应。

(1)加聚反应

加聚反应是由许多相同或不同的低分子化合物，在加热或催化剂的作用下，相互结合成高聚物而不析出低分子副产物的反应。其生成物称为加聚物(也称为加聚树脂)。生成的高聚物与原料物质具有相同的化学组成，其相对分子质量为原料相对分子质量的整数倍，仅由一种单体发生的加聚反应称为均聚反应，由一种单体加聚而得的称为均聚物，以"聚"加单体名称命名；由两种以上单体加聚而得的称为共聚物，以单体名称加"共聚物"命名。如聚乙烯、聚丙烯、聚氯乙烯、聚苯乙烯等。

(2)缩聚反应(缩合聚合反应)

缩聚反应是由许多相同或不同的低分子化合物，在加热或催化剂的作用下，相互结合成高聚物、析出相互缩合并产生小分子副产物水、氨、醇、卤化氢等低分子副产物的反应。其生成物称为缩聚物(也称缩聚树脂)，一般以原料名后附以"树脂"二字命名。如苯酚和甲醛两种单体经缩聚反应得到酚醛树脂。

$$(n+1)C_6H_5OH + n\,CH_2O \longrightarrow H[C_6H_3CH_2OH]n\,C_6H_4OH + n\,H_2O$$

11.1.2　合成高分子化合物的分类

合成高分子化合物的分类方法很多，常见的有以下几种。

1)按分子链的几何形状分　合成高分子化合物按其链节在空间排列的几何形状，可分为线型结构、支链型结构和体型结构(或称网状型结构)三种。

2)按合成方法分　按合成高分子化合物的制备方法，可分为加聚树脂和缩聚树脂两类。

3)按受热时的性质分　合成高分子化合物按其在受热作用下所表现出来的性质不同，可分为热塑性树脂和热固性树脂两种。

①热塑性树脂。热塑性树脂一般为线型或支链型结构，在加热时分子活动能力增加，可以软化到具有一定流动性或可塑性，在压力作用下可加工成各种形状的制品。冷却后分子重新"冻结"，成为一定形状的制品。这一过程可以反复进行。这类聚合物的密度、熔点都较低，耐热性较低，刚度较小，抗冲击韧性较好，加工成型简便，具有较高的机械能。热塑性树脂有 PE- 聚乙烯、PP- 聚丙烯、PVC- 聚氯乙烯、PS- 聚苯乙烯、PA- 聚酰胺、POM- 聚甲醛、PC- 聚碳酸酯、聚苯醚、聚砜、橡胶等。

②热固性树脂。热固性树脂多用缩聚法生产。热固性树脂在成型前分子量较低，且为线型或支链型结构，具有可溶、可熔性，在成型时因受热或在催化剂、固化剂作用下，分子发生交联成为体型结构而固化。这一过程是不可逆的，并成为不溶不熔的物质，因而固化后的热固性树脂不能重新再加工。这类聚合物的密度、熔点都较高，耐热性较高，刚度较大，质地硬而脆。常用的热固性树脂有环氧树脂、聚酯树脂、乙烯基酯、双马来酰胺、热固性聚酰亚胺、氰酸酯等。

11.1.3　合成高分子化合物的结构和性质

1. 合成高分子化合物的结构

(1)线型结构

合成高分子化合物的几何形状为线状大分子，有时带有支链，且线状大分子间以分子间力结合在一起，结合力比较弱，在高温下，链与链之间可以发生相对滑动和转动，所以这类聚合物均为热塑性树脂。一般来说，具有此类结构的聚合物，强度较低，弹性模量较小，变形能力较强，耐热性、耐腐蚀性较差，且可溶可熔。

(2)体型结构

线型分子间以化学键交联而形成的具有三维结构的高聚物，称为体型结构。由于化学键结合强，且交联形成一个"巨大分子"，故一般来说此类聚合物的强度较高、弹性模量较大、变形较小、较脆硬，并且大多没有塑性、耐热性较好、耐腐蚀性较高、且不溶不熔。

2. 合成高分子化合物的结晶

合成高分子化合物的结晶为部分结晶，结晶部分所占的百分比称为结晶度。结晶度影响着合成高分子化合物的很多性能，结晶度越高，则合成高分子化合物的密度、弹性模量、强度、硬度、耐热性、折光系数等越高，而冲击韧性、黏附力、断裂伸长率、溶解度等越小。结晶态的合成高分子化合物一般为不透明或半透明的，而非结晶态的合成高分子化合物一般为透明的。

3. 合成高分子化合物的变形与温度

非晶态线型合成高分子化合物的变形能力与温度的关系如图 11-1 所示。

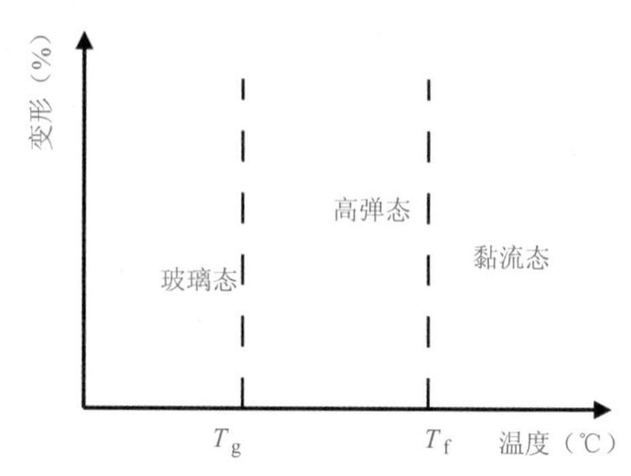

图 11-1　非晶态线型聚合物的变形与温度的关系

当温度低于玻璃化温度 T_g 时，由于分子链段及大分子链均不能自由运动而成为硬脆的玻璃体。当温度高于 T_g 时，由于分子链段可以发生运动（大分子链仍不可运动），使合成树脂产生变形，即进入高弹态。当温度高于黏流温度 T_f 时，由于分子链段及大分子链均发生运动，使合成树脂产生塑性变形，即进入黏流态。热塑性树脂及热固性树脂在成型时均处于黏流态。

玻璃化温度 T_g 低于室温的称为橡胶，高于室温的称为塑料。玻璃化温度 T_g 是塑料的最高使用温度，但却是橡胶的最低使用温度。

体型高分子化合物一般仅有玻璃态，当交联或固化程度较低时也会出现一定的高弹态。

4. 合成高分子化合物的主要性质

（1）物理力学性质

合成树脂的密度小，一般为 0.8~2.2 g/cm^3，只有钢材的 1/8~1/4，混凝土的 1/3，铝的 1/2。而它的比强度高，多大于钢材和混凝土制品，是极好的轻质高强材料，但力学性质受温度变化的影响很大。合成树脂的导热性很小，是一种很好的轻质保温隔热材料；电绝缘性好，是极好的绝缘材料。由于它的减震、消声性好，一般可制成隔热、隔声和抗震材料。

（2）化学及物理化学性质

①老化。在光、热、大气作用下，高分子化合物的组成和结构发生变化，致使其性质变化，如失去弹性，出现裂纹，变硬、脆或变软，发黏失去原有的使用功能，这种现象称为老化。

②耐腐蚀性。一般的高分子化合物对侵蚀性化学物质及蒸气的作用具有较高的稳定性，但有些聚合物在有机溶液中会溶解或溶胀，使几何形状和尺寸改变，性能恶化，使用时应注意。

③可燃性及毒性。高分子化合物一般属于可燃的材料，但可燃性受其组成和结构的影响有很大差别。如聚苯乙烯遇明火会很快燃烧起来，而聚氯乙烯则有自熄性，离开火焰会自动熄灭。一般液态的高分子化合物几乎都有不同程度的毒性，而固化后的高分子化合物多半是无毒的。

11.2　建筑塑料

建筑塑料是指用于建筑工程的塑料制品的统称。制造建筑塑料制品常用的成型方法有压延、挤出、注射、模铸、涂布、层压等。塑料是以合成高分子化合物或天然高分子化合物为主要基料，与其他原料在一定条件下经混炼、塑化成型，在常温常压下能保持产品形状不变的材料。塑料在一定的温度和压力下具有较大的塑性，容易制成所需的各种形状、尺寸的制品，而成型以后，在常温下能保持既得的形状和必需的强度。建筑上常用的塑料按照受热时的变化特点，分为热塑型塑料和热固型塑料两种。

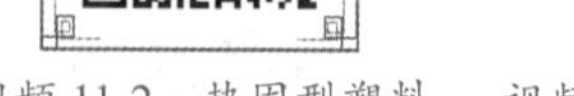
视频 11-2　热固型塑料

视频 11-3　热塑型塑料

塑料具有轻质、高强、多功能、保温隔热和装饰性好等特点，在建筑工程中，可以代替钢材、木材等传统材料，用作保温材料、涂料、防水材料、防潮材料、装饰材料、给排水管道、门窗、卫生洁具、黏结剂及各种扶手和隔断材料。

11.2.1 塑料的组成

1. 合成树脂

合成树脂为塑料的主要成分，在塑料中的含量为 30%~90%。树脂的性能决定了塑料的主要性质。合成树脂在塑料中起胶黏剂的作用，它不仅能自身胶结，还能将塑料中的其他组分牢固地胶结在一起，使其成为一个整体，具有加工成型的性能。

2. 填料

填料又称填充剂，是绝大多数塑料不可缺少的原料，通常占塑料组成材料的 20%~50%。其可提高塑料的强度、硬度、韧性、耐热性、耐老化性、抗冲击性等，同时也可以降低塑料的成本。常使用粉状或纤维状填料，有滑石粉、硅藻土、石灰石粉、云母、木粉、各类玻璃纤维材料、纸屑等。

3. 增塑剂

掺入增塑剂的目的是提高塑料加工时的可塑性、流动性以及塑料制品在使用时的弹性和柔软性，改善塑料的低温脆性等，但会降低塑料的强度与耐热性。对增塑剂的要求是要与树脂混溶性好，无色、无毒、挥发性小。增塑剂通常为一些不易挥发的高沸点的液体有机化合物，或为低熔点的固体。常用的增塑剂有邻苯二甲酸二甲酯、邻苯二甲酸二丁酯、邻苯二甲酸二辛酯、磷酸三苯酯等。

4. 固化剂

固化剂又称硬化剂，主要用于热固性树脂中，其作用是使线型高聚物交联成体型高聚物，从而制得坚硬的塑料制品，如环氧树脂常用的胺类（乙二胺、二乙烯三胺等），某些酚醛树脂常用的六亚甲基四胺（乌洛托品），酸酐类及高分子类。

5. 着色剂

着色剂又称色料，其作用是使塑料制品具有鲜艳的色彩和光泽，按其在着色介质中或水中的溶解性分为染料和颜料两大类。

1）染料　染料是溶解在溶液中，靠离子或化学反应作用着色的化学物质，按产源分为天然和人工合成两类，都是有机物，可溶于被着色树脂或水中，其着色力强、透明性好、色泽鲜艳，但耐碱、耐热、光稳定性差，主要用于透明的塑料制品。

2）颜料　颜料是一种微细粉末状物质，一般不溶于水、油和溶剂，通过自身高分散于被染介质中吸收一部分光谱并反射特定的光谱而显色。塑料中所用的颜料，除具有优良的着色作用外，还可作为稳定剂和填充料来提高塑料的性能，起到一剂多能的作用。在塑料制品中，常用的是无机颜料。

6. 其他助剂

为了改善和调节塑料的某些性能，以适应使用和加工的特殊要求，可在塑料中掺加各种不同的助剂，如稳定剂可提高塑料在热、氧、光等作用下的稳定性；阻燃剂可提高塑料的耐燃性和自熄性；润滑剂能改善塑料在加工成型时的流动性和脱模性等。常用的润滑剂有硬脂酸钙、石蜡等。此外，还有抗静电剂、发泡剂、防霉剂、偶联剂等。

由于各种助剂的化学组成、物质结构不同，对塑料的作用机理及作用效果各异，因而由同种型号树脂制成的塑料，其性能会因助剂的不同而不同。建筑塑料见图 11-2。

图 11-2　建筑塑料

视频 11-4　塑料的组成

视频 11-5　塑料

11.2.2　塑料的主要性质

塑料是具有质轻、绝缘、耐腐、耐磨、绝热、隔声等优良性能的材料，在建筑上可作为装饰材料、绝热材料、吸声材料、防火材料、墙体材料、管道及卫生洁具等。它与传统材料相比，具有以下优点。

①质量轻、比强度高。塑料的密度为 0.9~2.2 g/cm^3，约为铝的 1/2，钢材的 1/4，混凝土的 1/3，而其比强度却远远超过混凝土，接近或超过钢材，是一种优良的轻质高强材料。

②加工性能好。塑料可采用各种方法制成不同形状的产品，如塑料薄膜、薄板、管材、门窗型材等，并可采用机械化大规模生产，生产效率高。

③绝热性好。塑料制品的热导率小，其导热能力为金属的 1/500~1/600，混凝土的 1/40，砖的 1/20，是理想的绝热材料。

④装饰性好。塑料制品可完全透明，也可以着色，而且色彩绚丽持久，图案清晰；可通过照相制版印刷，模仿天然材料的纹理，达到以假乱真的效果；还可通过电镀、热压、烫金制成各种图案和花型，使其表面具有立体感和金属质感。

⑤具有多功能性。塑料的品种多，功能不同，且可通过改变配方和生产工艺，在相当大的范围内制成具有各种特殊性能的工程材料。如防水性、隔热性、隔声性、耐化学腐蚀性等，都是传统材料难以具有的。

⑥经济节能性。建筑塑料在生产和使用两方面均显示出明显的节能效益，如生产聚氯乙烯（PVC）的能耗仅为钢材的 1/4，铝材的 1/8，采暖地区采用塑料窗代替普通钢窗，可节约采暖能耗 30%~40%。因此，广泛使用塑料建材有明显的经济效益和社会效益。

⑦优异的绝缘性能。塑料是对热、电、声良好的绝缘体。其导热系数小，特别是泡沫塑料的导热性更小，是理想的保温隔热和吸声材料。塑料具有良好的电绝缘性能，是良好的绝缘材料。

塑料虽有上述诸多优点，但塑料自身也存在一些缺点。

①耐热性差、易燃。塑料的耐热性差，受到较高温度的作用时会发生热变形，甚至产生分解。建筑中常用的热塑性塑料的热变形温度为 80~120 ℃，热固性塑料的热变形温度为 150 ℃左右。因此，在使用中要注意它的限制温度。塑料一般可燃，且燃烧时会产生大量的烟雾甚至有毒气体。所以在生产过程中一般掺入一定量的阻燃剂，以提高塑料的耐燃性。但在重要的建筑场所或易产生火灾的部位，不宜采用塑料装饰制品。

②易老化。塑料在热、空气、阳光及环境介质中的酸、碱、盐等作用下，分子结构会发生递变，增塑剂等组分挥发，使塑料性能变差，甚至产生硬脆、破坏等。塑料的耐老化性可通过添加外加剂得到很大的提高。如某些塑料制品的使用年限可达 50 年左右，甚至更长。

③热膨胀性大。塑料的热膨胀系数较大，因此在温差变化较大的场所使用时，尤其是与其他材料结合时，应当考虑变形因素，以保证制品的正常使用。

④刚度小。塑料与钢铁等金属材料相比，强度和弹性模量较小，即刚度差，且在荷载长期作用下会产生蠕变，所以塑料的使用有一定的局限性，尤其是用作承重结构时应慎重。

总之，塑料及其制品的优点多于缺点，且塑料的缺点可以通过采取措施加以改进。随着塑料资源的不断发展，建筑塑料的发展前景是非常广阔的。

11.2.3　常用建筑塑料及制品

1. 常用建筑塑料

视频 11-6　常用建筑塑料

建筑上常用的热塑性塑料有聚乙烯（PE）、聚氯乙烯（PVC）、聚苯乙烯（PS）、聚丙烯（PP）、聚甲基丙烯酸甲酯（有机玻璃）（PMMA）、聚偏二氯乙烯（PVDC）、聚醋酸乙烯（PVAC）、丙烯腈—丁二烯—苯乙烯共聚物（ABS）、聚碳酸酯（PC）等。常用的热固性塑料有酚醛树脂（PF）、环氧树脂（EP）、不饱和酯（UP）、聚氨酯（PUP）、有机硅树脂（SI）、脲醛树脂（UF）、聚酰胺（即尼龙）（PA）、三聚氰胺甲醛树脂（MF）、聚酯（PBT）等。常用建筑塑料的性能及主要用途见表 11-1。

表 11-1　常用建筑塑料的性能与用途

名称	特性	用途
聚乙烯	柔性好、耐低温性好，耐化学腐蚀和介电性能优良，成型工艺好，但刚性差，耐热性差（使用温度 <50 ℃），耐老化性差	主要用于防水材料、给排水管和绝缘材料等
聚氯乙烯	耐化学腐蚀性和电绝缘性优良，力学性能较好，具有难燃性，但耐热性较差，升高温度时易发生降解	有软质、硬质、轻质发泡制品，广泛用于建筑各部位，是应用最多的一种塑料
聚苯乙烯	树脂透明，有一定机械强度，电绝缘性好，耐辐射，成型工艺好，但脆性大，耐冲击和耐热性差	主要以泡沫塑料形式作为隔热材料，也用来制造灯具、平顶板等
聚丙烯	耐腐蚀性能优良，力学性能和刚性超过聚乙烯，耐疲劳和耐应力开裂性好，但收缩较大，低温脆性大	管材、卫生洁具、模板等
ABS塑料	具有韧、硬、刚相均衡的优良力学特性，电绝缘性与耐化学腐蚀性好，尺寸稳定性好，表面光泽性好，易涂装和着色，但耐热性不太好，耐候性较差	用于生产建筑五金件和各种管材、模板、异型板等
酚醛树脂	电绝缘性能和力学性能良好，耐水性、耐酸性和耐腐蚀性能优良，坚固耐用、尺寸稳定、不易变形	生产各种层压板、玻璃钢制品、涂料和胶黏剂等
环氧树脂	黏结性和力学性能优良，耐化学药品性（尤其是耐碱性）良好，电绝缘性能好，固化收缩率低，可在室温、接触压力下固化成型	主要用于生产玻璃钢、胶黏剂和涂料等产品
不饱和聚酯树脂	可在低压下固化成型，用玻璃纤维增强后具有优良的力学性能、良好的耐化学腐蚀性和电绝缘性能，但固化收缩率较大	主要适用于玻璃钢、涂料和聚酯装饰板等
聚氨酯	强度高，耐化学腐蚀性优良，耐热、耐油、耐溶剂性好，黏结性和弹性优良	主要以泡沫塑料形式作为隔热材料及优质涂料、胶黏剂、防水涂料和弹性嵌缝材料等
脲醛树脂	电绝缘性好，耐弱酸、碱，无色、无味、无毒，着色力好，不易燃烧，耐热性差，耐水性差，不利于复杂造型	胶合板和纤维板、泡沫塑料、绝缘材料、装饰品等
有机硅塑料	耐高温、耐腐蚀、电绝缘性好、耐水、耐光、耐热，固化后的强度不高	防水材料、胶黏剂、电工器材、涂料等

2. 常用的建筑塑料制品

视频 11-7　常用建筑塑料制品

常用的建筑塑料制品主要有塑料型材和塑料管材，见图 11-3。

（1）塑料型材

1）塑料地板　塑料地板是以高分子合成树脂为主要材料，加入其他辅助材料，经一定的制作工艺制成的地面材料。塑料地板具有许多优良性能，种类花色繁多，具有良好的装饰性能；功能多变、适应面广；质轻、耐磨、脚感舒适；施工、维修、保养方便。塑料地板按其外形可分为块材地板和卷材地板；按其组成和结构特点可分为单色地板、透底花纹地板、印花压花地板；按其材质的软硬程度可分为硬质地板、半硬质地板和软质地板；按所采用的树脂类型可分为聚氯乙烯地板、聚丙烯地板和聚乙烯 - 醋酸乙烯地板等。

2）塑料壁纸　塑料壁纸是以一定材料为基材，以聚氯乙烯塑料为面层，经压延或涂塑及印刷、轧花、发泡等工艺而制成的一种装饰材料。因所用树脂均为聚氯乙烯，所以也称聚氯乙烯壁纸。其特点有：具有一定的伸缩性和耐裂强度，装饰效果好，性能优越，粘贴方便，使用寿命长，易维修保养等。塑料墙纸一般分

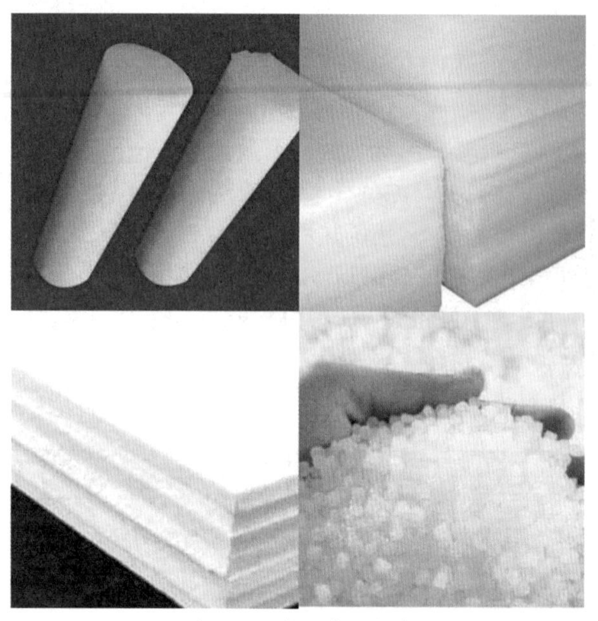
图 11-3　常用建筑塑料

为三类：普通墙纸、发泡墙纸和特种墙纸。

3）塑钢门窗　塑钢门窗是以聚氯乙烯（PVC）树脂为主要原料，加上一定比例的稳定剂、改性剂、填充剂、紫外线吸收剂等助剂，经挤出加工成型材，然后通过切割、焊接的方式制成门窗框、扇，配装上橡胶密封条、五金配件等附件而成。为增加型材的刚性，在型材空腔内添加钢衬，所以称之为塑钢门窗。

塑钢门窗具有以下显著的优点。

①隔热、隔声性能好。塑钢门窗主要由聚氯乙烯中空异型材拼装而成，门窗的密封性好，并且聚氯乙烯塑料的导热系数较低，所以塑钢门窗的保温隔热、隔声性能都比较理想。

②防火安全系数较高。塑钢门窗用塑料主要是聚氯乙烯（PVC），而 PVC 具有较好的阻燃和自熄性能，故塑钢门窗的防火安全系数较高。

③耐水、耐腐蚀性强。塑钢门窗受潮后，不会变形和霉腐，化学稳定性好，若有污渍，也可用清洁剂清洗。

④绿色环保、节能显著、降声抗噪、轻质高强、尺寸稳定、寿命长等。

作为门窗材料，木材、钢、铝、塑料之后的第五代产品——高分子复合材料门窗得到了一定的应用。

4）塑料装饰板材　塑料装饰板材是指以树脂为浸渍材料或以树脂为基材，采用一定的生产工艺制成的具有装饰功能的普通或异型断面的板材。塑料板材以其质量轻、装饰性强、生产工艺简单、施工简便、易于保养、适于与其他材料复合等特点在装饰工程中得到愈来愈广泛的应用。

塑料装饰板材按原材料的不同可分为塑料金属复合板、硬质 PVC 板、三聚氰胺层压板、玻璃钢板、塑铝板、聚碳酸酯采光板、有机玻璃装饰板等类型；按结构和断面形式可分为平板、波形板、实体异型断面板、中空异断面板、格子板、夹芯板等类型。

5）玻璃钢　玻璃钢（简称 GRP）是以玻璃纤维及其织物为增强材料，以热固性不饱和聚酯树脂（UP）或环氧树脂（EP）等为胶黏材料制成的一种复合材料。它的质量轻，强度接近钢材，因此人们常把它称为玻璃钢。常见的玻璃钢建材制品有玻璃钢波形瓦、玻璃钢采光罩、玻璃钢卫生洁具、玻璃钢门窗等。

（2）塑料管材

用塑料制造的管材及接头管件，已广泛应用于室内排水、自来水、化工及电线穿线管等管路工程中。常用的塑料有硬质聚氯乙烯（UPVC）、聚乙烯（PE）、聚丙烯（PP）以及 ABS 塑料（丙烯腈—丁二烯—苯乙烯的共聚物）等。塑料排水管的主要优点是耐腐蚀，流体摩擦阻力小；由于流过的杂物难以附着管壁，故排污效率高。塑料管的质量轻，仅为铸铁管质量的 1/6~1/12，可节约劳动力，其价格与施工费用均比铸铁管低。其缺点是塑料的线膨胀系数比铸铁大 5 倍左右，所以在较长的塑料管路上需要设置柔性接头。

制造塑料管材多采用挤出成型法，管件多采用注射成型法。塑料管的连接方法除胶粘法之外，还有热熔接法、螺纹连接法、法兰盘连接法以及带有橡胶密封圈的承插式连接法。当聚氯乙烯管内通过有压力的液体时，液温不得超过 38 ℃。若为无压力管路（如室内排水管），连续通过的液体温度不得超过 66 ℃；间歇通过的液体温度，不得超过 82 ℃。当聚氯乙烯塑料用于上水管路时，不允许使用有毒性的稳定剂等原料。

1）硬质聚氯乙烯（UPVC）管　UPVC 管是使用最普遍的一种塑料管，约占全部塑料管的 80%。UPVC 管的特点是有较高的硬度和刚度，许多应力在 10 MPa 以上，价格比其他塑料管低，故在各种管材的产量中居第一位。UPVC 管分为Ⅰ型、Ⅱ型和Ⅲ型产品。Ⅰ型管是高强度聚氯乙烯管，具有较好的物理和化学性能，其热变形温度为 70 ℃，最大缺点是低温下较脆，冲击强度低。Ⅱ型管又称耐冲击聚氯乙烯管，其抗冲击性能比Ⅰ型高，热变形温度比Ⅰ型低，为 60 ℃。Ⅲ型管为氯化聚氯乙烯管，具有较高的耐热和耐化学性能，热变形温度为 100 ℃，故称为高温聚氯乙烯管，使用温度可达 100 ℃，可作为沸水管道用材。硬聚氯乙烯管的使用范围很广，可用作给水、排水、灌溉、供气、排气等管道，住宅生活用管道，工矿业工艺管道以及电线、电缆套管等。

2）聚乙烯（PE）管　聚乙烯管的特点是密度小，强度与重量比值高，脆化温度低（-80 ℃），优良的低温性能和韧性使其能抵抗车辆和机械振动、冰冻和解冻及操作压力突然变化的破坏。聚乙烯管性能稳定，在低温下亦能经受搬运和使用中的冲击；不受输送介质中液态烃的化学腐蚀；管壁光滑，介质流动阻力小。

高密度聚乙烯（HDPE）管的耐热性能和力学性能均高于中密度和低密度聚乙烯管，是一种难透气、透湿，渗透性最低的管材；中密度（MDPE）管既有高密度管的刚性和强度，又有低密度管良好的柔性和抗蠕变性，比高密度管有更高的热熔连接性能，对管道安装十分有利，其综合性能高于高密度管；低密度聚乙烯（LDPE）管的特点是化学稳定性和高频绝缘性能十分优良，柔软性、伸长率、耐冲击和透明性比高、中密度管好，但管材许用应力仅为高密度管的一半。聚乙烯管材中，中密度和高密度管材最适宜作为城市燃气和天然气管道，特别是中密度聚乙烯管材更受欢迎。低密度聚乙烯管宜作饮用水管、电缆导管、农业喷洒管道、泵站管道，特别是用于需要移动的管道。

3）聚丙烯（PP）管　聚丙烯管与其他塑料管相比，具有较高的表面硬度和表面光洁度，流体阻力小，使用温度范围为 100 ℃以下，许用应力为 5 MPa，弹性模量为 130 MPa。聚丙烯管多用作化学废料排放管、化验室废水管、盐水处理管道等。

4）无规共聚聚丙烯（PPR）管　PPR 是由丙烯和少量其他单体共聚形成的，PPR 管具有优良的韧性和抗温度变形性能，能耐 95 ℃以上的沸水，低温脆化温度可降至 -15 ℃，是制作热水管的优良材料，现已在建筑工程中广泛应用。

5）其他塑料管　① ABS 塑料管。ABS 塑料管使用温度为 90 ℃以下，许用压力在 7.6 MPa 以上。由于 ABS 管具有比硬聚氯乙烯管、聚乙烯管更高的冲击韧性和热稳定性，因此可用作工作温度较高的管道。在国外，ABS 管常用作卫生洁具下水管、输气管、污水管、地下电气导管、高腐蚀工业管道等。②聚丁烯（PB）管。聚丁烯管柔性与中密度聚乙烯管相似，强度特性介于聚乙烯和聚丙烯之间，聚丁烯具有独特的抗蠕变（冷变形）性能。其许用应力为 8 MPa，弹性模量为 50 MPa，使用温度范围为 95 ℃以下，聚丁烯管的化学性质不活泼，能抗细菌、藻类或霉菌，因此，可用作地下埋设管道。聚丁烯管主要用作给水管、热水管、楼板采暖供热管、冷水管及燃气管道。③玻璃钢（GRP）管。玻璃钢具有强度高、质量轻、耐腐蚀、不结垢、阻力小、耗能低、运输方便、拆装简便、检修容易等优点。玻璃钢管主要用作石油化工管道和大口径给排水管。常用建筑塑料制品见图 11-4。

图 11-4　常用建筑塑料制品

11.3　建筑胶黏剂

视频 11-8　建筑胶黏剂

胶黏剂又称黏合剂、黏结剂，是指具有良好的黏结性能，能在两个物体表面间形成薄膜并把它们牢固地黏结在一起的材料。与焊接、铆接、螺纹连接等连接方式相比，胶接具有很多突出的优越性，如黏接为面际连接，应力分布均匀，耐疲劳性好；不受胶接物的形状、材质等限制；胶接后具有良好的密封性能；几乎不增加黏结物的重量；胶接方法简单等，因而在建筑工程中的应用越来越广泛，成为工程上不可缺少的重要的配套材料。建筑胶黏剂在现代化建筑施工中，已成为装修工程、修补加固工程重要的建筑材料，正在逐步替代大量的建筑装修湿作业，为装修工程的工业化创造有利的条件。

11.3.1 胶黏剂的组成与分类

1. 胶黏剂的组成

胶黏剂主要由黏结物质、固化剂、增韧剂、填料、稀释剂、改性剂等组成。

(1)黏结物质

黏结物质也称黏料，它是胶黏剂中的基本组分，起黏结作用，其性质决定了胶黏剂的性能、用途和使用条件，一般多用各种树脂、橡胶类及天然高分子化合物作为黏结物质。

(2)固化剂

固化剂是促使黏结物质通过化学反应加快固化的组分，可以增加胶层的内聚强度。有的胶黏剂中的树脂(如环氧树脂)若不加固化剂，本身不能变成坚硬的固体。固化剂也是胶黏剂的主要成分，其性质和用量对胶黏剂的性能起着重要的作用。

(3)增韧剂

增韧剂用于提高胶黏剂硬化后黏结层的韧性，提高其抗冲击强度的组分。常用的有邻苯二甲酸二丁酯和邻苯二甲酸二辛酯等。

(4)填料

填料一般在胶黏剂中不发生化学反应，它能使胶黏剂的稠度增加，降低热膨胀系数，减少收缩性，提高胶黏剂的抗冲击韧性和机械强度。常用的品种有滑石粉、石棉粉、铝粉等。

(5)稀释剂

稀释剂又称溶剂，主要起降低胶黏剂黏度的作用，以便于操作，提高胶黏剂的湿润性和流动性。常用的有机溶剂有丙酮、苯、甲苯等。

图 11-5 建筑胶黏剂

(6)改性剂

改性剂是为了改善胶黏剂的某一方面性能，以满足特殊要求而加入的一些组分。如为增加胶结强度，可加入偶联剂，还可分别加入防老化剂、防霉剂、防腐剂、阻燃剂、稳定剂等。建筑胶黏剂见图 11-5。

2. 胶黏剂的分类

胶黏剂的品种繁多，组成各异，分类方法也各不相同，一般可按黏结物质的性质、胶黏剂的强度特性及固化条件来划分。

(1)按黏结物质的性质分类

1)有机类　包括天然类(葡萄糖衍生物、氨基酸衍生物、天然树脂、沥青)和合成类(树脂型、橡胶型、混合型)。

2)无机类　包括硅酸盐类、磷酸盐类、硼酸盐、硫磺胶、硅溶胶等。

具体分类情况，见表 11-2。

表 11-2　胶黏剂按黏结物质的性质分类

<table>
<tr><td rowspan="9">胶黏剂</td><td rowspan="8">有机类</td><td rowspan="4">合成类</td><td rowspan="2">树脂型</td><td>热固性：酚醛树脂、环氧树脂、不饱和聚酯、聚氨酯、脲醛树脂等</td></tr>
<tr><td>热塑性：聚醋酸乙烯酯、聚氯乙烯—醋酸乙烯酯、聚丙烯酸酯、聚苯乙烯、聚酰按、醇酸树脂、纤维素、饱和聚酯等</td></tr>
<tr><td>橡胶型</td><td>再生橡胶、丁苯橡胶、丁基橡胶、氯丁橡胶、聚硫橡胶等</td></tr>
<tr><td>混合型</td><td>酚醛—聚乙烯醇缩醛、酚醛—氯丁橡胶、环氧—酚醛、环氧—聚硫橡胶等</td></tr>
<tr><td rowspan="4">天然类</td><td>葡萄糖衍生物</td><td>淀粉、可溶性淀粉、糊精、阿拉伯树胶、海藻酸钠等</td></tr>
<tr><td>氨基酸衍生物</td><td>植物蛋白、酷元、血蛋白、骨胶、鱼胶等</td></tr>
<tr><td>天然树脂</td><td>木质素、单宁、松香、虫胶、生漆等</td></tr>
<tr><td>沥青</td><td>沥青胶</td></tr>
<tr><td>无机类</td><td colspan="3">硅酸盐类、磷酸盐类、硼酸盐、硫磺胶、硅溶胶</td></tr>
</table>

（2）按强度特性分类

1）结构胶黏剂　结构胶黏剂的胶结强度较高，至少与被胶结物本身的材料强度相当，同时对耐油、耐热和耐水性等都有较高的要求。

2）非结构胶黏剂　非结构胶黏剂要求有一定的强度，但不承受较大的力，只起定位作用。

3）次结构胶黏剂　次结构胶黏剂又称准结构胶黏剂，其物理力学性能介于结构与非结构胶黏剂之间。

（3）按固化条件分类

按固化条件不同，胶黏剂可分为溶剂型、反应型和热熔型三种。

1）溶剂型胶黏剂　其中的溶剂从黏合端面挥发或者被吸收，形成黏合膜而发挥黏合力，常用的有聚苯乙烯、丁苯橡胶等。

2）反应型胶黏剂　其固化是由不可逆的化学变化引起的，按配方及固化条件，可分为单组分、双组分甚至三组分的室温固化型、加热固化型等多种形式。这类胶黏剂有环氧树脂、酚醛、聚氨酯、硅橡胶等。

3）热熔型胶黏剂　以热塑性的高聚物为主要成分，是不含水或溶剂的固体聚合物，通过加热熔融黏合，随后冷却、固化，发挥黏合力，常用的有醋酸乙烯、丁基橡胶、松香、虫胶、石蜡等。

11.3.2　常用建筑胶黏剂

热塑性树脂胶黏剂为非结构用胶，主要有聚醋酸乙烯胶黏剂、聚乙烯醇缩甲醛胶黏剂和聚乙烯醇胶黏剂等。

聚醋酸乙烯胶黏剂是醋酸乙烯单体经聚合反应而得到的一种热塑性水乳型胶黏剂，俗称“白乳胶”。该胶黏剂具有良好的黏结强度，以黏结各种非金属为主，常温固化速度较快，且早期黏合强度较高，可单独使用，也可掺入水泥等作为复合胶使用。但其耐热性较差，且徐变较大，所以常作为室温下使用的非结构胶。

聚乙烯醇缩甲醛胶黏剂以聚乙烯醇和醛为主要原料，加入少量氢氧化钠和水，在一定条件下缩聚而成。市场上常见的 107 胶、801 胶等均属聚乙烯醇缩甲醛胶黏剂。这类胶黏剂具有较高的黏结强度和较好的耐水、耐老化性，还能和水泥复合使用，可显著提高水泥材料的耐磨性、抗冻性和抗裂性，可用来黏结塑料壁纸、墙布、瓷砖等。

热固性树脂胶黏剂为结构用胶，主要有环氧树脂类胶黏剂、酚醛树脂类胶黏剂和聚氨酯类胶黏剂等。

酚醛树脂胶黏剂属于热固性高分子胶黏剂，它具有很好的黏附性能，耐热性、耐水性好。缺点是胶层较脆，经改性后可广泛用于金属、木材、塑料等材料的黏结。

环氧树脂胶黏剂由环氧树脂、硬化剂、增塑剂、稀剂和填充料等组成，具有黏合力强、收缩小和化学稳定性好等特点，有效地解决了新旧砂浆、混凝土层之间的界面黏结问题，对金属、木材、玻璃、橡胶、皮革等也有很强的黏附力，是目前应用最多的胶黏剂，有“万能胶”之称。环氧树脂类胶黏剂种类很多，其中以双酚 A 型胶用得最多。

合成橡胶胶黏剂主要有氯丁橡胶胶黏剂、丁腈橡胶胶黏剂等。建筑上常用胶黏剂的性能及应用见表 11-3。

表 11-3　建筑上常用胶黏剂的性能及应用

种类		特 性	主要用途
热塑性合成树脂胶黏剂	聚乙烯醇缩甲醛类胶黏剂	黏结强度较高，耐水性、耐油性、耐磨性及抗老化性较好	粘贴壁纸、墙布、瓷砖等，可用于涂料的主要成膜物质，或用于拌制水泥砂浆，能增强砂浆层的黏结力
	聚醋酸乙烯酯类胶黏剂	常温固化快，黏结强度高，黏结层的韧性和耐久性好，不易老化，无毒、无味、不易燃爆，价格低，但耐水性差	广泛用于粘贴壁纸、玻璃、陶瓷、塑料、纤维织物、石材、混凝土、石膏等各种非金属材料，也可作为水泥增强剂
	聚乙烯醇胶黏剂（胶水）	水溶性胶黏剂，无毒，使用方便，黏结强度不高	可用于胶合板、壁纸、纸张等的胶接

续表

种类		特性	主要用途
热固性合成树脂胶黏剂	环氧树脂类胶黏剂	黏结强度高,收缩率小,耐腐蚀,电绝缘性好,耐水、耐油	黏结金属制品、玻璃、陶瓷、木材、塑料、皮革、水泥制品、纤维制品等
	酚醛树脂类胶黏剂	黏结强度高,耐疲劳、耐热、耐气候老化	用于黏结金属、陶瓷、玻璃、塑料和其他非金属材料制品
	聚氨酯类胶黏剂	黏附性好,耐疲劳,耐油、耐水、耐酸,韧性好,耐低温性能优异,可室温固化,但耐热性差	适用于胶接塑料、木材、皮革等,特别适用于防水、耐酸、耐碱等工程中
合成橡胶胶黏剂	丁腈橡胶胶黏剂	弹性及耐候性良好,耐疲劳、耐油、耐溶剂性好,耐热,有良好的混溶性,但黏着性差,成膜缓慢	适用于耐油部件中橡胶与橡胶,橡胶与金属、织物等的胶接,尤其适用于黏结软质聚氯乙烯材料
	氯丁橡胶胶黏剂	黏附力、内聚强度高,耐燃、耐油、耐溶剂性好,储存稳定性差	用于结构黏结或不同材料的黏结,如橡胶、木材、陶瓷、石棉等不同材料的黏结
	聚硫橡胶胶黏剂	有很好的弹性、黏附性。耐油、耐候性好,对气体和蒸气不渗透,防老化性好	作为密封胶及用于路面、地坪、混凝土的修补、表面密封和防滑,用于海港、码头及水下建筑的密封
	硅橡胶胶黏剂	良好的耐紫外线、耐老化性,耐热性、耐腐蚀性、黏附性好,防水防震	用于金属、陶瓷、混凝土、部分塑料的黏结,尤其适用于门窗玻璃的安装以及隧道、地铁等地下建筑中瓷砖、岩石接缝间的密封

选择胶黏剂的基本原则有以下几个。

①了解黏结材料的品种和特性。根据被黏材料的物理性质和化学性质选择合适的胶黏剂。

②了解黏结材料的使用要求和应用环境,即黏结部位的受力情况、使用温度、耐介质及耐老化性、耐酸碱性等。

③了解黏结的工艺性,即根据黏结结构的类型采用适宜的黏结工艺。

④了解胶黏剂组分的毒性。

⑤了解胶黏剂的价格和来源。在满足使用性能要求的条件下,尽可能选用价廉的、来源容易的、通用性强的胶黏剂。

为了提高胶黏剂在工程中的黏结强度,满足工程需要,使用胶黏剂黏结时应注意以下几点。

①黏结界面要清洗干净。彻底清除被黏结物表面上的水分、油污、锈蚀和漆皮等附着物。

②胶层要匀薄。大多数胶黏剂的胶接强度随胶层厚度增加而降低。胶层薄,胶面上的黏附力起主要作用,而黏附力往往大于内聚力,同时胶层产生裂纹和缺陷的概率变小,胶接强度就高。但胶层过薄,易产生缺胶,更影响胶接强度。

③晾置时间要充分。对含有稀释剂的胶黏剂,胶接前一定要晾置,使稀释剂充分挥发,否则在胶层内会产生气孔和疏松现象,影响胶接强度。

④固化要完全。胶黏剂中的固化一般需要一定压力、温度和时间。加一定的压力有利于胶液的流动和湿润,保证胶层的均匀和致密,使气泡从胶层中挤出。温度是固化的主要条件,适当提高固化温度有利于分子间的渗透和扩散,有助于气泡逸出和增加胶液的流动性,温度越高,固化越快。但温度过高会使胶黏剂发生分解,影响黏结强度。

11.4 建筑涂料

建筑涂料简称涂料,是指涂覆于物体表面,能与基体材料牢固黏结并形成连续完整而坚韧的保护膜,具有防护、装饰及其他特殊功能的物质。建筑涂料能以其丰富的色彩和质感装饰美化建筑物,并能以其某些特殊功能改善建筑物的使用条件,延长建筑物的使用寿命。同时,建筑涂料具有涂饰作业方法简单、施工效率高、自重小、便于维护更新、造价低等优点。因而建筑涂料已成为应用十分广泛的装饰材料。

11.4.1　建筑涂料的功能和分类

1. 建筑涂料的功能

建筑涂料对建筑物的功能体现在以下几方面。

（1）装饰功能

建筑涂料的涂层具有不同的色彩和光泽，它可以带有各种填料，可通过不同的涂饰方法形成各种纹理、图案和不同的质感，以满足各种类型建筑物的不同装饰艺术要求，达到美化环境及装饰建筑物的作用。

（2）保护功能

建筑物在使用中，结构材料会受到环境介质（空气、水分、阳光、腐蚀性介质等）的破坏。建筑涂料涂覆于建筑物表面形成涂膜后，使结构材料与环境中的介质隔开，可减缓各种破坏作用，延长建筑物的使用功能；同时涂膜有一定的硬度、强度、耐磨、耐候、耐蚀等性质，可以提高建筑物的耐久性。

（3）其他特殊功能

建筑涂料除了具有装饰、保护功能外，还具有一些各自的特殊功能，进一步适应各种特殊使用的需要，如防火、防水、吸声隔声、隔热保温、防辐射等。

2. 建筑涂料的分类

建筑涂料的种类繁多，其分类方法常依据习惯划分。

①按主要成膜物质的化学成分分为有机涂料、无机涂料、有机 - 无机复合涂料。

②按建筑涂料的使用部位分为外墙涂料、内墙涂料、顶棚涂料、地面涂料和屋面防水涂料等。

③按使用分散介质和主要成膜物质的溶解状况分为溶剂型涂料、水溶型涂料和乳液型涂料等。

11.4.2　建筑涂料的组成材料

由各种不同的物质经混合、溶解、分散而组成涂料。按涂料中各种材料在涂料的生产、施工和使用中所起作用的不同，可将这些组成材料分为主要成膜物质、次要成膜物质、溶剂和助剂等。

（1）主要成膜物质

主要成膜物质的作用是将涂料中其他组分黏结在一起，并能牢固附着在基层表面形成连续均匀、坚韧的保护膜。主要成膜物质具有独立成膜的能力，它决定着涂料的使用和所形成涂膜的主要性能。

建筑涂料所用主要成膜物质有树脂和油料两类。常用的树脂类成膜物质有虫胶、大漆等天然树脂，松香甘油酯、硝化纤维等人造树脂以及醇酸树脂、聚丙烯酸酯、环氧树脂、聚氨酯、聚磺化聚乙烯、聚乙烯醇聚物、聚醋酸乙烯及其共聚物等合成树脂。常用的油料有桐油、亚麻子油等植物油。

（2）次要成膜物质

次要成膜物质是涂料中的各种颜料，是涂料的组成物质之一。但次要成膜物质本身不具备单独成膜的能力，需依靠主要成膜物质的黏结而成为涂膜的组成部分。其作用是使涂膜着色并赋予涂膜遮盖力，增加涂膜质感，改善涂膜性能，增加涂料品种，降低涂料成本等。

常用的无机颜料有铅铬黄、铁红、铬绿、钛白、炭黑等；常用的有机颜料有耐晒黄、甲苯胺红、酞菁蓝、苯胺黑、酞菁绿等。

（3）溶剂（稀释剂）

溶剂在涂料生产过程中，是溶解、分散、乳化成膜物质的原料；在涂饰施工中，使涂料具有一定的稠度、黏性和流动性，还可以增强成膜物质向基层渗透的能力，改善黏结性能；在涂膜的形成过程中，溶剂中少部分被基层吸收，大部分将逸入大气中，不保留在涂膜内。

涂料所用溶剂有两大类：一类是有机溶剂，如松香水、酒精、汽油、苯、二甲苯、丙酮等；另一类是水。

（4）助剂

助剂是为改善涂料的性能、提高涂膜的质量而加入的辅助材料。助剂的加入量很少，种类很多，对改善涂料的性能作用显著。

涂料中常用的助剂，按其功能可分为催干剂、增塑剂、固化剂、流变剂、分散剂、增稠剂、消泡剂、防冻剂、紫外线吸收剂、抗氧化剂、防老化剂、防霉剂、阻燃剂等。

11.4.3 常用建筑涂料

视频 11-9 建筑涂料

视频 11-10 乳胶漆

1. 合成树脂乳液砂壁状建筑涂料

这种涂料是以合成树脂乳液为主要黏结料，彩色砂粒和石粉为骨料，采用喷涂方法施涂于建筑物外墙的，形成粗面涂层的厚质涂料。这种涂料质感丰富，色彩鲜艳且不易褪色变色，而且耐水性、耐气候性优良。所用合成树脂乳液主要为苯乙烯 - 丙烯酸酯共聚乳液。这种涂料是一种性能优异的建筑外墙用中高档涂料。

2. 复层涂料

复层涂料是以水泥系、硅酸盐系和合成树脂系等黏结料和骨科为主要原料，用刷涂、辊涂或喷涂等方法，在建筑物表面上涂布 2~3 层，形成厚度为 1~5 mm 的凹凸成平状复层建筑涂料。根据所用原料的不同，这种涂料可用于建筑的内外墙面和顶棚的装饰，属中高档建筑装饰材料。复层涂料一般包括三层，封底涂料（主要用以封闭基层毛细孔，提高基层与主层涂料的黏结力）、主层涂料（增强涂层的质感和强度）、罩面涂料（使涂层具有不同色调和光泽，提高涂层的耐久性和耐沾污性）。

3. 合成树脂乳液内墙涂料

这种涂料是以合成树脂乳液为黏结料，加入颜料、填料及各种助剂，经研磨而成的薄型内墙涂料。这类涂料是目前主要的内墙涂料。由于所用的合成树脂乳液不同，不同品种涂料的性能、档次也就有差异。常用的合成树脂乳液有丙烯酸酯乳液、苯乙烯 - 丙烯酸酯共聚乳液、醋酸乙烯 - 丙乙烯酸酯乳液、氯乙烯 - 偏氯乙烯乳液等。

4. 合成树脂乳液外墙涂料

合成树脂乳液外墙涂料是以合成树脂乳液为黏结料，加入颜料、填料及各种助剂经研磨而成的水乳型外墙涂料。

5. 溶剂型外墙涂料

这种涂料是以合成树脂为基料，加入颜料、填料、有机溶剂等经研磨配制而成的外墙涂料。它的应用没有合成树脂乳液外墙涂料广泛，但这种涂料的涂层硬度、光泽、耐水性、耐沾污性、污蚀性都很好，使用年限多在十年以上，所以也是一种颇为实用的涂料，使用时注意，溶剂型外墙涂料不能在潮湿基层上施涂且有机溶剂易燃，有的还有毒。

6. 无机建筑涂料

无机建筑涂料是以碱金属硅酸盐或硅溶胶为主要黏结料，加入颜料、填料及助剂配制而成的，在建筑物上形成薄质涂层的涂料，这种涂料性能优异，生产工艺简单，原料丰富，成本较低，主要用于外墙装饰，采用喷涂施工，也可用刷涂或辊涂。这种涂料为中档及中低档一类涂料。

7. 聚乙烯酸水玻璃内墙涂料

聚乙烯酸水玻璃内墙涂料是以聚乙烯醇树脂水溶液和水玻璃为黏结料，混合一定量的填料、颜料和助剂，经过混合研磨、分散而成的水溶性涂料。这种涂料属于较低档的内墙涂料，适用于民用建筑室内墙面装饰。

本任务小结

本任务主要讲述了高分子化合物的基本知识：合成高分子化合物的定义、分类、结构和性质；建筑塑料的组成、主要性质，常用建筑塑料；建筑胶黏剂的组成、分类，常用建筑胶黏剂及其选择原则和使用注意事项；建筑涂料的功能、分类、组成材料以及常用建筑涂料。

任务 12　建筑防水材料的选择与应用

任务简介

本任务主要介绍建筑工程防水材料的种类、性能以及选择时的注意事项。

知识目标

(1)了解建筑防水的重要性,防水材料的分类、特点。
(2)掌握常用防水卷材的类型、性能。
(3)掌握常用防水涂料的类型、性能。
(4)掌握常用建筑密封材料的类型、性能。

技能目标

能够结合工程实际选择防水材料。

思政教学

思政元素 12

教学课件 12

授课视频 12

应用案例与发展动态

12.1　防水材料概述

建筑防水材料在建筑材料中属于功能性材料,是指在建筑物中能防止雨水、地下水和其他水分渗透的材料,被广泛用于建筑物的屋面、地下室以及水利、地铁、隧道、道路和桥梁工程。建筑物采用防水材料的主要目的是防潮、防渗、防漏,尤其是防漏。建筑物一般均由屋面、墙面、基础构成外壳,这些部位均是建筑防水的重要部位。防水就是要防止建筑物各部位由于各种因素产生的裂缝或构件的接缝出现渗水。凡建筑物或构筑物为了满足防潮、防渗、防漏功能所采用的材料都称为建筑防水材料。建筑防水材料可分为刚性防水材料和柔性防水材料。建筑防水材料正朝着多元化、多功能化、环保型方向发展。

视频 12-1　防水材料

12.1.1　建筑物渗漏及其危害

防水工程是指为防止地表水(雨水)、地下水、滞水、毛细管水以及人为因素引起的水文地质改变而产生的水渗入建筑物、构筑物或防止蓄水工程向外渗漏所采取的一系列结构、构造和建筑措施。概括地讲,防水工程主要包括防止水向防水建筑内渗透、蓄水结构的水向外渗漏和建筑物、构筑物内部相互止水三大部分。

我国建筑的渗漏现象比较严重。建筑物渗漏问题是当前最突出的质量通病,也是用户反映最为强烈的问题。当前房屋渗漏出现三个 65% 现象:一是目前国内 65% 的新房屋一年至两年内会出现不同程度的渗漏现象；二是渗漏水投诉占房地产质量投诉的65%；三是65%的建筑防水工程6年至8年后需要翻新，令整个行业蒙羞，几十年来始终困扰着百姓安居乐业，每年损失至少几十亿元人民币。

造成建筑物渗漏的主要原因有以下几个。

①防水工程中使用的防水材料的质量不符合设计或标准要求。建筑防水工程的质量在很大程度上取决于防水材料的性能和质量，故应用于防水工程中的防水材料必须符合国家和行业的产品质量标准，并应满足设计要求。不同的防水做法对材料也应有不同的质量要求。

②防水工程的防水等级设计不合理。优质的建筑防水工程要有正确、合理的防水设计。建筑防水工程设计，不仅要考虑建筑物的有效使用与安全，还要考虑改善和提高建筑防水功能。因此，防水工程设计的任务是科学地制定先进技术与经济合理相结合的防水设计方案，采取可靠的措施确保工程质量，做到不渗、不漏，并保证防水工程具有一定的使用年限。

③防水工程的施工质量不符合要求。防水工程最终是通过施工来实现的，而目前建筑防水施工多以手工作业为主，稍一疏忽便可能出现渗漏，国内外工程的调查结果都证明了这一点。我国前几年从各地收回的80多份调查表统计显示，造成渗漏的原因，施工占45%，材料占22%，设计占18%，管理占15%。这说明施工是造成渗漏的主要原因。

④防水工程竣工验收交付使用后疏于管理。建筑物渗漏问题是建筑物较为突出的质量通病，也是用户反映最为强烈的问题。许多民用住宅住户在住宅使用时发现屋面漏水、墙壁渗漏、粉刷层脱落现象，日复一日，房顶、内墙面会因渗漏而出现墙面大片剥落，室内因长期渗漏潮湿而发霉变味，直接影响住户的身体健康，更谈不上进行室内装饰了。办公室、机房、车间等工作场所长期的渗漏会严重损坏办公设施，导致精密仪器、机床设备锈蚀、生长霉斑而失灵，甚至引起电器短路而发生火灾。由于出现渗漏现象，人们每隔数年要花费大量的资金和劳力对建筑进行返修。渗漏不仅扰乱了人们的正常生活、工作秩序，而且直接影响整幢建筑物的使用寿命。由此可见，防水效果的好坏对建筑物的使用质量至关重要，所以说防水工程在建筑工程中占有十分重要的地位。

12.1.2 建筑防水材料的种类

近十几年来，我国建筑防水材料行业发展很快，产品的品种、种类也不断增加。根据建筑防水材料的外观和性能，一般将建筑防水材料产品大体分为防水卷材、防水涂料、刚性防水材料、瓦类防水材料、建筑密封材料和堵漏材料六大种类。

防水材料是保证房屋建筑防止雨水、地下水和其他水分渗透，以保证建筑物能够正常使用的一类建筑材料，是建筑工程中不可缺少的主要建筑材料之一。防水材料质量对建筑物的正常使用寿命起着举足轻重的作用。近年来，除了传统的沥青防水材料，改性沥青油毡迅速发展，高分子防水材料使用也越来越多，且生产技术不断改进，新品种、新材料层出不穷。防水层的构造也由多层向单层发展；施工方法也由热熔法发展到冷粘法。

防水材料按其特性又可分为柔性防水材料和刚性防水材料。常用防水材料分类和主要应用见表12-1。

表12-1 常用防水材料分类和主要应用

类别	品种	主要应用
刚性防水	防水砂浆	屋面及地下防水工程，不宜用于有变形的部位
	防水混凝土	屋面、蓄水池、地下防水、隧道等
沥青基防水材料	石油沥青纸胎油毡	地下、屋面等防水工程
	石油沥青玻璃布油毡	地下、屋面等防水防腐工程
	沥青再生橡胶防水卷材	屋面、地下室等防水工程，特别适合寒冷地区或有较大变形的部位
	石油沥青玻璃纤维胎油毡	适用于屋面、地下以及水利工程作多叠层防水
	铝箔面油毡	适用于单层或多层防水工程的面层

续表

类别	品种	主要应用
改性沥青基防水卷材	APP 改性沥青防水卷材	屋面、地下室等各种防水工程
	SBS 改性沥青防水卷材	屋面、地下室、水池等各种防水工程,特别适合寒冷地区
	改性沥青聚乙烯胎防水卷材	适用于工业与民用建筑的防水工程
	自粘橡胶沥青防水卷材	聚乙烯膜为表面材料的自粘卷材适用于非外露的防水工程;铝箔为表面材料的自粘卷材适用于外露的防水工程;无膜双面自粘卷材适用于辅助防水工程
	自粘聚合物改性沥青聚酯胎防水卷材	聚乙烯膜面、细砂面自粘聚酯胎卷材适用于非外露防水工程,铝箔面自粘聚酯胎卷材可用于外露防水工程,1.5 mm 自粘聚酯胎卷材仅用于辅助防水
合成高分子防水卷材	三元乙丙橡胶防水卷材	屋面、地下室、水池等各种防水工程,特别适合严寒地区或有较大变形的部位
	聚氯乙烯防水卷材	屋面、地下室等各种防水工程,特别适合有较大变形的部位
	聚乙烯防水卷材、氯化聚乙烯防水卷材	屋面、地下室等各种防水工程,特别适合严寒地区或有较大变形的部位
	氯化聚乙烯 - 橡胶共混防水卷材	屋面、地下室、水池等各种防水工程,特别适合严寒地区或有较大变形的部位
	聚乙烯丙纶防水卷材	建筑的屋面、地下工程防水,建筑室内,如厕所、厨房、浴室、水池、游泳池,也可用于建筑墙体的防潮和地铁、隧道、堤坝等工程的防水
黏结及密封材料	沥青胶	粘贴沥青油毡
	建筑防水沥青嵌缝油膏	屋面、墙面、沟、槽、小变形缝等的防水密封,重要工程不宜使用
	冷底子油	防水工程的最底层
	乳化石油沥青	代替冷底子油、粘贴玻璃布、拌制沥青砂浆或沥青混凝土
	聚氯乙烯防水接缝材料	屋面、墙面、水渠等的缝隙
	丙烯酸酯密封材料	墙面、屋面、门窗等的防水接缝工程,不宜用于经常被水浸泡的工程
	聚氨酯密封材料、聚硫橡胶密封材料	各类防水接缝,特别是受疲劳荷载作用或接缝处变形大的部位,如建筑物、公路、桥梁等的伸缩缝

12.1.3 防水材料的基本用材

防水材料的基本用材有石油沥青、煤沥青、改性沥青及合成高分子材料等。

1. 石油沥青

石油沥青是一种有机胶凝材料,在常温下呈固体、半固体或黏性液体状态,颜色为褐色或黑褐色。它是由许多高分子碳氢化合物及非金属(如氧、硫、氮)衍生物组成的复杂混合物。由于其化学成分复杂,为便于分析研究和使用,常将其物理、化学性质相近的成分归类为同一组分。不同的组分对沥青性质的影响不同。

(1)石油沥青的组分与结构

沥青通常由油分、树脂和地沥青质三种组分组成。各组分的特征及其对沥青性质的影响见表 12-2。

表 12-2 石油沥青各组分的特征及其对沥青性质的影响

组分	含量	分子量	碳氢比	密度 (g/cm^3)	特征	在沥青中的主要作用
油分	40%~60%	100~500	0.5~0.7	0.7~1.0	无色至淡黄色,黏性液体,可溶于大部分溶剂,不溶于酒精	是决定沥青流动性的组分。油分多,流动性大,黏性小,温度感应性大
树脂	15%~30%	600~1 000	0.7~0.8	1.0~1.1	红褐至黑色的黏稠半固体,多呈中性,少量呈酸性。熔点低于 100 ℃	是决定沥青塑性的主要组分。树脂含量增加,沥青塑性增大,温度感应性增大
地沥青质	10%~30%	1 000~6 000	0.8~1.0	1.1~1.5	黑褐色至黑色的硬而脆的固体微粒,加热后不溶解而分解为坚硬的焦炭,使沥青带黑色	是决定沥青黏性的组分。含量高,沥青黏性大,温度感应性小,塑性降低,脆性增加

1）油分　油分为沥青中最轻的组分，呈淡黄至红褐色，密度为0.7~1 g/cm³，在170 ℃以下较长时间加热可以挥发。它能溶于大多数有机溶剂，如丙酮、苯、三氯甲烷等，但不溶于酒精。在石油沥青中，油分含量为40%~60%。油分使沥青具有流动性。

2）树脂　树脂为密度略大于1 g/cm³的黑褐色或红褐色黏稠物质，能溶于汽油、三氯甲烷和苯等有机溶剂，但在丙酮和酒精中溶解度很低。树脂在石油沥青中含量为15%~30%。它使石油沥青具有塑性和黏结性。

3）地沥青质　地沥青质为密度大于1 g/cm³的固体物质，黑色，不溶于汽油、酒精，但能溶于二硫化碳和三氯甲烷中。地沥青质在石油沥青中含量为10%~30%。它决定了石油沥青的温度稳定性和黏性，它的含量愈多，石油沥青的软化点愈高，脆性愈大。

此外，石油沥青中常含有一定量的固体石蜡，它会降低沥青的黏结性、塑性、温度稳定性和耐热性，常采用氯盐（如 $FeCl_3$、$ZnCl_2$ 等）处理或溶剂脱蜡等方法处理，使多蜡石油沥青的性质得到改善，从而提高其软化点，降低针入度，满足使用要求。

当地沥青质含量较少，油分及树脂含量较多时，地沥青质胶团在胶体结构中运动较为自由，形成溶胶型结构。此时的石油沥青具有黏滞小、流动度大、塑性好但稳定性较差的特点。

当地沥青质含量较高，油分与树脂含量较少时，地沥青质胶团间的吸引力增大，且移动较困难，这种凝胶型结构的石油沥青具有弹性和黏性较高、温度敏感性较小、流动性和塑性较低的特点。

石油沥青中的各组分是不稳定的。在阳光、空气、水等外界因素作用下，各组分会不断演变，油分、树脂逐渐减少，地沥青质逐渐增多，这一演变过程称为沥青的老化。沥青老化后，其流动性、塑性变差，脆性增大，从而变硬，易发生脆裂乃至松散，使沥青失去防水、防腐效能。

（2）石油沥青的主要技术性质

1）黏滞性　黏滞性是反映石油沥青在外力作用下抵抗产生相对流动（变形）的能力。液态石油沥青的黏滞性用黏度表示。半固体或固体沥青的黏性用针入度表示。黏度和针入度是沥青划分牌号的主要指标。

黏度是沥青在一定温度（25 ℃或60 ℃）条件下，经规定直径（3.5 mm或10 mm）的孔，漏下50 mL所需的秒数。黏度常以符号 C_t^d 表示。针入度是指在温度25 ℃的条件下，以质量100 g的标准针，经5 s沉入沥青中的深度（0.1 mm称1度）。针入度值大，说明沥青流动性大，黏性差。针入度范围在5~200度。

按针入度可将石油沥青划分为三种：道路石油沥青、建筑石油沥青、普通石油沥青。

2）塑性　塑性是指沥青在外力作用下产生变形而不破坏，除去外力后仍能保持变形后的形状不变的性质。塑性表示沥青开裂后的自愈能力及受机械应力作用后变形而不破坏的能力。沥青之所以能制造成性能良好的柔性防水材料，很大程度上取决于这种性质。

沥青的塑性用“延伸度”（亦称延度）或“延伸率”表示。按标准试验方法，制成“8”形标准试件，试件中间最狭小处断面积为1 cm²，在规定温度（一般为25 ℃）和规定速度（5 cm/min）的条件下将试件在延伸仪上进行拉伸，延伸度以试件拉细而断裂时的长度（cm）表示。沥青的延伸度越大，表示沥青的塑性越好。

3）温度敏感性　温度敏感性是指石油的黏滞性和塑性随着温度升降而变化的性能。温度敏感性较小的石油沥青，其黏滞性、塑性随温度的变化较小。作为屋面防水材料，受日照辐射作用可能产生流淌和软化，失去防水作用而不能满足使用要求，因此温度敏感性是沥青材料一个很重要的性质。温度敏感性常用软化点来表示，软化点是沥青材料由固体状态转变为具有一定流动性的膏体时的温度。软化点可通过“环球法”试验测定。将沥青试样装入规定尺寸的铜环中，上置规定尺寸和质量的钢球，在将铜环放置在有水或甘油的烧杯中，以5 ℃/min的速率加热至沥青软化下垂达25 mm时的温度（℃），即为沥青软化点。

不同沥青的软化点不同，在25~100 ℃。软化点高，说明沥青的耐热性能好，但软化点过高，又不易加工；软化点低的沥青，夏季易产生变形甚至流淌。所以，在实际应用时，希望沥青具有高软化点和低脆化点（当温度在非常低的范围时，整个沥青就好像玻璃一样脆硬，这种状态一般称作“玻璃态”，沥青由玻璃态向高弹态转变的温度即为沥青的脆化点）。为了提高沥青的耐寒性和耐热性，常常对沥青进行改性，如在沥青中掺入增塑剂、橡胶、树脂和填料等。

4）大气稳定性　大气稳定性是指石油沥青在热、阳光、氧气和潮湿等因素的长期综合作用下抵抗老化的性能，可以用沥青的蒸发质量损失百分率及针入度比的变化来表示，即试样在 160 ℃下加热蒸发 5 h 后质量损失百分率和蒸发前后的针入度比。蒸发损失率越小，针入度比越大，则表示沥青的大气稳定性越好。

以上四种性质是石油沥青材料的主要性质。此外，沥青材料受热后会产生易燃气体，与空气混合遇火即发生闪火现象。出现闪火时的温度，叫闪点，也称闪火点。它是加热沥青时，从防火要求角度提出的指标。

（3）石油沥青的技术标准

我国的石油沥青产品按用途分为道路石油沥青、建筑石油沥青及防水防潮石油沥青等。这三种石油沥青的技术标准见表 12-3。石油沥青的牌号主要根据针入度、延度和软化点等质量指标划分，以针入度值表示。同一品种的石油沥青，牌号越高，则其针入度（针入度指数）越大，脆性越小；延度越大，塑性越好；软化点越低，温度敏感性越大。

（4）石油沥青的应用

应根据工程类别（房屋、道路、防腐工程）及当地气候条件、所处工作部位（屋面、地下）选用不同牌号的沥青。

表 12-3 石油沥青的技术标准

牌号	道路石油沥青（SH 0522—2010）					建筑石油沥青（GB 494—2010）			防火防潮沥青（SH/T 0002—1990）			
	200	180	140	100	60	40	30	10	6	5	4	3
针入度（25 ℃，100 g）（1/10 mm）	201~300	150~200	110~150	80~110	50~80	36~50	25~40	10~25	30~50	20~40	20~40	25~45
延度（25 ℃），不小于（cm）	20	100	100	90	70	3.5	2.5	1.5	—	—	—	—
软化点（环球法）（℃）	30~48	35~48	38~51	42~55	45~58	60	75	95	95	100	90	85
溶解度不小于（%）	99	99	99	99	99	99	99	99	92	95	98	98
针入度指数，不小于（%）	—	—	—	—	—	—	—	—	6	5	4	3
闪点（开口），不低于（℃）	180	200	230	230	230	260	260	260	270	270	270	250

道路石油沥青主要用于道路路面或车间地面等工程，一般拌制成沥青混合料（沥青混凝土或沥青砂浆）使用。道路石油沥青的牌号很多，选用时应注意不同的工程要求、施工方法和环境温度。道路石油沥青还可作为密封材料和胶黏剂以及沥青涂料等。此时，一般选用黏性较大和软化点较高的石油沥青。

建筑石油沥青针入度较小（黏性较大），软化点较高（耐热性较好），但延伸度较小（塑性较小），主要用作制造防水材料、防水涂料和沥青嵌缝膏。它们绝大多数用于地面和地下防水、沟槽防水及防腐蚀或管道防腐工程。

防水防潮石油沥青的温度稳定性较好，特别适用做油毡的涂覆材料及建筑屋面和地下防水的粘接材料。其中 3 号沥青温度敏感性一般，质地较软，用于一般温度下的室内及地下结构部分的防水。4 号沥青温度敏感性较小，用于一般地区的缓坡屋面防水。5 号沥青温度敏感性小，用于一般地区暴露屋顶或气温较高地区的屋面防水。6 号沥青温度敏感性最小，并且质地较软，除一般地区外，主要用于寒冷地区的屋面及其他防水防潮工程。

2. 煤沥青

煤沥青是炼焦厂和煤气厂的副产品。煤沥青的大气稳定性与温度稳定性较石油沥青差。当与软化点相同的石油沥青比较时，煤沥青的塑性较差，因此当使用在温度变化较大的环境（如屋面、道路面层）时，没有石油沥青稳定、耐久。煤沥青中含有酚（有毒性），防腐性较好，适于地下防水层或作为防腐材料。

由于煤沥青在技术性能上存在较多的缺点，而且成分不稳定并有毒性，对人体和环境不利，所以已很少用于建筑、道路和防水工程中。

3. 改性沥青

普通石油沥青的性能不一定能全面满足使用要求，为此，常采取措施对沥青进行改性。性能得到不同程度改善后的沥青，称为改性沥青。改性沥青可分为橡胶改性沥青、树脂改性沥青、橡胶和树脂并用改性沥青、再生胶改性沥青和矿物填充料改性沥青等。

(1)橡胶改性沥青

橡胶改性沥青是在沥青中掺入适量橡胶后使其改性的产品。沥青与橡胶的相溶性较好,混溶后的改性沥青高温变形很小,低温时具有一定塑性。所用的橡胶有天然橡胶、合成橡胶和再生橡胶。使用不同品种橡胶,掺入的量与方法不同,形成的改性沥青性能也不同。

1)氯丁橡胶改性沥青　沥青中掺入氯丁橡胶后,可使其低温柔性、耐化学腐蚀性、耐光性、耐臭氧性、耐气候性和耐燃烧性大大改善。因其强度、耐磨性均大于天然橡胶而得到广泛应用。用于改性沥青的氯丁橡胶以胶乳为主,即先将氯丁橡胶溶于一定的溶剂中形成溶液,然后掺入沥青(液体状态)中,混合均匀而成。

2)丁基橡胶改性沥青　丁基橡胶以丁烯为主,由于丁基橡胶的分子链排列很整齐,而且不饱和程度很小,因此其抗拉强度好,耐热性和抗扭曲性均较强。用其改性的丁基橡胶沥青具有优异的耐分解性,并有较好的低温抗裂性和耐热性。

3)再生橡胶改性沥青　再生橡胶掺入沥青中以后,同样可大大提高沥青的气密性、低温柔性、耐光(热)性、耐臭氧性和耐气候性。再生橡胶改性沥青可以制成卷材、片材、密封材料、胶黏剂和涂料等。

4)SBS 热塑性弹性体改性沥青　SBS 是以丁二烯、苯乙烯为单体,加溶剂、引发剂、活化剂,以阴离子聚合反应生成的共聚物。SBS 在常温下不需要硫化就可以具有很好的弹性,当温度升到 180 ℃时,它可以变软、熔化,易于加工,而且具有多次的可塑性。SBS 用于沥青的改性,可以明显改善沥青的高温和低温性能。SBS 改性沥青已是目前世界上应用最广的改性沥青材料之一。

(2)合成树脂改性沥青

用树脂对石油沥青改性,可以改进沥青的耐寒性、耐热性、黏结性和不透气性。由于石油沥青中含芳香性化合物很少,故树脂和石油沥青的相溶性较差,而且可用的树脂品种也较少。常用的树脂有古马隆树脂、聚乙烯、无规聚丙烯(APP)等。

1)古马隆树脂改性沥青　古马隆树脂为热塑性树脂,呈黏稠液体或固体状,浅黄色至黑色,易溶于氯化烃、脂类、硝基苯、酮类等有机溶剂等。将沥青加热熔化脱水,在 150~160 ℃情况下,把古马隆树脂放入熔化的沥青中,并不断搅拌,再将温度升至 185~190 ℃,保持一定时间,使之充分混合均匀,即得到古马隆树脂改性沥青。树脂掺量约 40%,这种沥青的黏性较大,可以和 SBS 等材料一起用于自黏结油毡和沥青基黏结剂。

2)聚乙烯树脂改性沥青　沥青中聚乙烯树脂掺量一般为 7%~10%。将沥青加热溶化脱水,再加入聚乙烯,并不断搅拌 30 min,温度保持在 140 ℃左右,即可得到均匀的聚乙烯树脂改性沥青。

3)环氧树脂改性沥青　这类改性沥青具有热固性材料性质,其改性后强度和黏结力大大提高,但对延伸性改变不大。环氧树脂改性沥青可应用于屋面和厕所、浴室的修补,其效果较佳。

4)APP 改性沥青　APP 为无规聚丙烯均聚物。APP 很容易与沥青混溶,并且对改性沥青软化点的提高很明显,耐老化性也很好。它具有发展潜力,如意大利 85% 以上的柔性屋面防水,是用 APP 改性的沥青油毡。

(3)橡胶和树脂改性沥青

橡胶和树脂用于沥青改性,使沥青同时具有橡胶和树脂的特性,且树脂比橡胶便宜,两者又有较好的混溶性,故效果较好。

配制时,采用的原材料品种、配比、制作工艺不同,可以得到多种性能各异的产品,主要有卷材、片材、密封材料、防水材料等。

(4)矿物填充料改性沥青

为了提高沥青的黏结能力和耐热性,减小沥青的温度敏感性,经常加入一定数量的粉状或纤维状矿物填充料。常用的矿物粉有滑石粉、石灰粉、云母粉、硅藻土等。

12.2　防水卷材

防水卷材是一种可卷曲的片状防水材料。根据其主要组成,防水材料可分为沥青防水卷材、高聚物改性沥青防水卷材和合成高分子防水卷材三大类。沥青防水卷材是传统的防水材料，但因其性能远不及改性沥青，因此逐渐被改性沥青卷材所代替。高聚物改性沥青防水卷材和合成高分子防水卷材均有良好的耐水性、温度稳定性和大气稳定性（抗老化性），并具备必要的机械强度、延伸性、柔韧性和抗断裂的能力。这两大防水卷材已得到广泛的应用。

12.2.1　沥青防水卷材

沥青防水卷材是在胎基（如原纸、纤维织物等）上浸涂沥青后，再在表面撒粉状或片状的隔离材料而制成的可卷曲的片状防水材料。

1. 石油沥青纸胎油毡

石油沥青纸胎油毡系用低软化点石油沥青浸渍原纸，然后用高软化点石油沥青涂盖油纸两面，再撒以隔离材料所制成的一种纸胎防水卷材。

1）等级　纸胎石油沥青防水卷材按浸涂材料总量和物理性能分为合格品、一等品、优等品三个等级。

2）规格　纸胎石油沥青防水卷材按所用隔离材料分为粉状面和片状面两个品种；按原纸重量（每 1 m^2 质量克数）分为 200 号、350 号、500 号三个标号；按卷材幅宽分为 915 mm 和 1 000 mm 两种规格。

3）使用范围　200 号卷材适用于简易防水、非永久性建筑防水；350 号和 500 号卷材适用于屋面、地下多叠层防水 。

纸胎油毡易腐蚀、耐久性差、抗拉强度较低，且消耗大量优质纸源。目前，已大量用玻璃布及玻纤毡等为胎基生产沥青卷材。

2. 石油沥青玻璃布油毡

玻璃布胎沥青防水卷材（以下简称玻璃布油毡）系采用玻纤布为胎体，浸涂石油沥青并在其表面涂或撒布矿物隔离材料制成的可卷曲的片状防水材料。

1）等级　玻璃布油毡按可溶物含量及其物理性能分为一等品（B）和合格品（C）两个等级。

2）规格　玻璃布油毡幅宽为 1 000 mm。

3）使用范围　玻璃布油毡的柔度优于纸胎油毡，且耐霉菌腐蚀。玻璃布油毡适用于地下工程的防水、防腐层，也可用于屋面防水及金属管道（热管道除外）的防腐保护层。

3. 石油沥青玻璃纤维胎油毡

玻纤胎沥青防水卷材（以下简称玻纤胎油毡）系采用玻璃纤维薄毡为胎体，浸涂石油沥青，并在其表面涂撒矿物粉料或覆盖聚乙烯膜等隔离材料而制成的可卷曲的片状防水材料。

1）等级　玻纤胎油毡按可溶物含量及其物理性能分为优等品（A）、一等品（B）、合格品（C）三个等级。

2）规格　玻纤胎油毡按表面涂盖材料不同，可分为膜面、粉面和砂面三个品种；按每 10 m^2 标称重量分为 15 号、25 号和 35 号三个标号；幅宽为 1 000 mm。

3）使用范围　15 号玻纤胎油毡适用于一般工业与民用建筑的多叠层防水，并可用于包扎管道（热管道除外）作为防腐保护层；25 号、35 号玻纤胎油毡适用于屋面、地下以及水利工程作多叠层防水，其中 35 号玻纤胎油毡可采用热熔法施工的多层或单层防水；彩砂面玻纤胎油毡用于防水层的面层和不再作表面处理的斜屋面。

4. 铝箔面油毡

铝箔面油毡是以玻纤毡为胎基，浸涂氧化沥青，在其表面用压纹铝箔贴面，底面撒以细粒矿物料或覆盖聚乙烯（PE）膜，制成的一种具有热反射和装饰功能的防水卷材。其隔汽、防渗、防水性能较好，具有一定抗拉强度。

1）等级　按物理性能分为优等品（A）、一等品（B）、合格品（C）三个等级。

2）规格　按标称重量分为 30、40 号两种标号。

3）使用范围　30 号铝箔号适用于多层防水工程的面层；40 号铝箔面油毡适用于单层或多层防水工程的面层。

12.2.2 改性沥青防水卷材

视频 12-2 防水卷材

改性沥青与传统沥青等相比，其使用温度区间大为扩展，做成的卷材光洁柔软，高温不流淌、低温不脆裂，且可做成 4~5 mm 的厚度，可以单层使用，具有 10~20 年可靠的防水效果，因此受到使用者的欢迎。

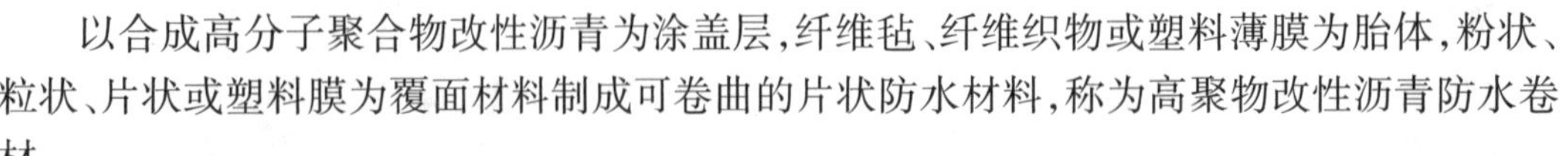

以合成高分子聚合物改性沥青为涂盖层，纤维毡、纤维织物或塑料薄膜为胎体，粉状、粒状、片状或塑料膜为覆面材料制成可卷曲的片状防水材料，称为高聚物改性沥青防水卷材。

图 12-1 SBS 改性沥青防水卷材

1. 弹性体改性沥青防水卷材（SBS 卷材）

SBS 改性沥青防水卷材，属弹性体沥青防水卷材中有代表性的品种，系采用纤维毡为胎体，浸涂 SBS 改性沥青，上表面撒布矿物粒、片料或覆盖聚乙烯膜，下表面撒布细砂或覆盖聚乙烯膜所制成的卷曲的片状防水材料，见图 12-1。

1）分类 SBS 改性沥青防水卷材按胎基分为聚酯胎（PY）和玻纤胎（G）两类，按上表面隔离材料分为聚乙烯膜（PE）、细砂（S）与矿物粒（片）料（M）三种，按物理力学性能分为Ⅰ型和Ⅱ型。

2）规格 SBS 改性沥青防水卷材使用玻纤胎（G）或聚酯无纺布（PY）两种胎体，使用矿物粒（M，如板岩片）、砂粒（S，河砂或彩砂）以及聚乙烯膜（PE）三种表面材料，共形成六个品种，即 G-M，G-S，G-PE，PY-M，PY-S，PY-PE。

SBS 改性沥青防水卷材幅宽为 1 000 mm。聚酯胎卷材厚度为 3 mm、4 mm 和 5 mm，玻纤胎卷材厚度为 3 mm 和 4 mm。按面积每卷分为 15 m^2、10 m^2 和 7.5 m^2 三种。

3）性能指标 SBS 改性沥青防水卷材的物理性能应符合表 12-4 的规定。

表 12-4 SBS 改性沥青防水卷材的主要物理性能

胎基		PY		G	
型号		Ⅰ	Ⅱ	Ⅰ	Ⅱ
不透水性	压力（MPa）	≥ 0.3		≥ 0.2	≥ 0.3
	保持时间（min）	≥ 30			
耐热度（℃）		90	105	90	105
		无滑动、流淌、滴落			
拉力（N）	纵向	≥ 450	≥ 800	≥ 350	≥ 500
	横向	≥ 450	≥ 800	≥ 250	≥ 300
最大拉力时延伸率（%）	纵向	≥ 30	≥ 40	—	
	横向				
低温柔度（℃）		−18	−25	−18	−25
		无裂纹			

不透水性是指卷材在规定的压力下和规定的时间内是不透水的性能，SBS 聚酯胎防水卷材在 0.2 MPa 的压力下维持 30 min 不透水即为不透水性合格。耐热度和低温柔度是反映沥青防水卷材能承受高温和低温的性能，表现为在规定高温下无滑动、流淌、滴落，在规定低温下无裂纹。拉力和延伸率反映卷材的拉伸性能，拉力指规定宽度的试件所能承受的最大拉力，延伸率分为断裂延伸率和最大拉力时延伸率，由于 SBS 聚酯胎防

水卷材弹性较大而断裂延伸率较小，所以选择最大拉力时延伸率对其延伸性进行评定。延伸率按下式进行计算：

$$延伸(\%)=\frac{断裂时（或最大拉力时）标距-原始标距}{原始标距}\times 100$$

4）使用范围　SBS 改性沥青防水卷材除适用于一般工业与民用建筑工程防水外，尤其适用于高层建筑的屋面和地下工程的防水防潮以及桥梁、停车场、游泳池、隧道、蓄水池等建筑工程的防水。

2. 塑性体改性沥青防水卷材（APP 卷材）

APP 改性沥青防水卷材，属塑性体沥青防水卷材，系采用纤维毡或纤维织物为胎体，浸涂 APP 改性沥青，上表面撒布矿物粒、片料或覆盖聚乙烯膜，下表面撒布细砂或覆盖聚乙烯膜所制成的可卷曲片状防水材料。

APP 改性沥青防水卷材的分类和规格与 SBS 改性沥青防水卷材基本一致，性能指标中 APP 改性沥青防水卷材的最大拉力时延伸率偏低，低温柔度的试验温度为 −5 ℃。

APP 改性沥青防水卷材适用于工业与民用建筑的屋面和地下防水工程以及道路、桥梁等建筑物的防水，尤其适用于较高气温环境的建筑防水。

3. 改性沥青聚乙烯胎防水卷材

改性沥青聚乙烯胎防水卷材是以改性沥青为基料，以高密度聚乙烯膜为胎体，以聚乙烯膜或铝箔为上表面覆盖材料，经滚压、水冷、成型制成的防水卷材。

1）分类　改性沥青聚乙烯胎防水卷材按基料分为改性氧化沥青防水卷材、丁苯橡胶改性氧化沥青防水卷材、高聚物改性沥青防水卷材三类。其中改性氧化沥青防水卷材（OE）是用增塑油和催化剂将沥青氧化改性后制成的防水卷材，丁苯橡胶改性氧化沥青防水卷材（ME）是用丁苯橡胶和塑料树脂将氧化沥青改性后制成的防水卷材，高聚物改性沥青防水卷材（PE）是用 SBS、APP 等高聚物改性沥青改性后制成的防水卷材。

改性沥青聚乙烯胎防水卷材按上表面覆盖材料分为聚乙烯膜（E）、铝箔（L）两个品种，按物理性能分为Ⅰ型和Ⅱ型。改性沥青聚乙烯胎防水卷材按不同基料、不同上表面覆盖材料分为五个品种，见表 12-5。

表 12-5　改性沥青聚乙烯胎防水卷材品种

上表面覆盖材料	基料		
	改性氧化沥青	丁苯橡胶改性氧化沥青	高聚物改性沥青
聚乙烯膜	OEE	MEE	PEE
铝箔	—	MEAL	PEAL

2）规格　改性沥青聚乙烯胎防水卷材厚度分为 3 mm、4 mm 两种规格，幅宽规格为 1 100 mm，每卷面积为 11 m^2。

3）性能指标　改性沥青聚乙烯胎防水卷材延伸率较大，拉力、耐热度、柔度等性能指标不如弹性体改性沥青防水卷材。

4）使用范围　改性沥青聚乙烯胎防水卷材适用于工业与民用建筑的防水工程。上表面覆盖聚乙烯膜的卷材适用于非外露防水工程，上表面覆盖铝箔的卷材适用于外露防水工程。

4. 自粘橡胶沥青防水卷材

自粘橡胶沥青防水卷材是以 SBS 等弹性体、沥青为基料，以聚乙烯膜、铝箔为表面材料或无膜（双面自粘）、采用防粘隔离层的防水卷材。

1）分类　自粘橡胶沥青防水卷材按表面材料分为聚乙烯膜（PE）、铝箔（AL）与无膜（N）三种自粘卷材，按使用功能分为外露防水工程（O）与非外露防水工程（I）两种使用状态。

2）规格　自粘橡胶沥青防水卷材的厚度分为 1.2 mm、1.5 mm、2.0 mm，幅宽为 920 mm 和 1 100 mm，每卷面积为 20 m^2、10 m^2、5 m^2。

3）性能特点　该类卷材为无胎基防水卷材，与自粘聚合物改性沥青聚酯胎防水卷材相比，自粘橡胶沥青防水卷材具有较高的断裂延伸率，但拉力、黏结力（剪切性能）均低于自粘聚合物改性沥青聚酯胎防水卷材；具有一定的自愈性，能自行愈合较小的穿刺破损，所以可作为坡屋面挂瓦的专用防水卷材。

4）使用范围　聚乙烯膜为表面材料的自粘卷材适用于非外露的防水工程，铝箔为表面材料的自粘卷材适用于外露的防水工程，无膜双面自粘卷材适用于辅助防水工程。

5. 自粘聚合物改性沥青聚酯胎防水卷材

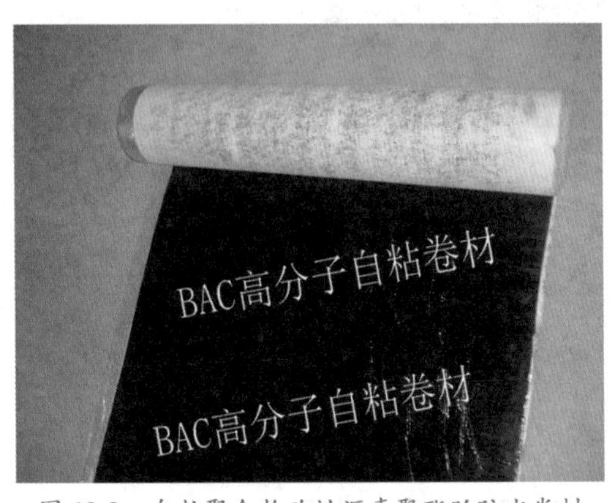

图 12-2　自粘聚合物改性沥青聚酯胎防水卷材

自粘聚合物改性沥青聚酯胎防水卷材是以聚合物改性沥青为基料，采用聚酯毡为胎体，粘贴面、背面覆以防粘材料的增强自粘防水卷材（见图 12-2）。

1）分类　自粘聚合物改性沥青聚酯胎防水卷材按物理力学性能分为Ⅰ型和Ⅱ型（Ⅱ型的拉力和低温柔度指标比Ⅰ型高），按上表面材料分为聚乙烯膜（PE）卷材、细砂（S）卷材、铝箔（AL）卷材。

2）规格　自粘聚合物改性沥青聚酯胎防水卷材幅宽为 1 000 mm；聚乙烯膜与细砂卷材厚度分为 1.5 mm、2 mm 和 3 mm 三种，铝箔面卷材厚度分为 2 mm 和 3 mm，每卷面积分别为 10 m^2、15 m^2。

3）性能特点　与 SBS 改性沥青卷材相比，自粘聚合物改性沥青聚酯胎防水卷材本身具有自黏合、施工简便、容易形成全封闭的整体防水层等特点；在材性方面，其拉力、耐热度较低，低温柔度略好。

4）使用范围　聚乙烯膜、细砂自粘聚合物改性沥青聚酯胎防水卷材适用于非外露防水工程，铝箔面自粘聚合物改性沥青聚酯胎防水卷材可用于外露防水工程，1.5 mm 自粘聚合物改性沥青聚酯胎防水卷材仅用于辅助防水工程。

12.2.3　合成高分子防水卷材

合成高分子防水卷材是以合成橡胶、合成树脂或两者共混为基料，加入适量的助剂和填料，经混炼压延或挤出等工序加工而成的防水卷材。其中包括以挤出法或压延法生产的均质片材及以高分子材料复合（包括带织物加强层）的复合片材和均质片材点黏合织物等材料的点黏（合）片材。

高分子防水卷材具有耐高、低温性能好，拉伸强度大，延伸率大，对环境变化或基层伸缩的适应性强，同时耐腐蚀、抗老化、使用寿命长、可冷施工、减少对环境的污染等特点，是一种很有发展前途的材料，在世界各国发展很快，现已成为仅次于沥青卷材的主体防水材料之一。

1. 合成高分子防水卷材的分类和性能

（1）分类

合成高分子防水卷材按其形成方式不同，可分为以下几类。

1）均质片　以同一种或一组高分子材料为主要材料，各部位截面材质均匀一致的防水片材。

2）复合片　以高分子合成材料为主要材料，复合织物等为保护或增强层，以改变其尺寸稳定性和力学特性，各部位截面结构一致的防水片材。

3）点黏片　均质片材与织物等保护层多点黏结在一起，黏结点在规定区域内均匀分布，利用黏结点的间距，使其具有切向排水功能的防水片材。

片材的分类见表 12-6。

表 12-6　片材的分类

分类		代号	主要原材料
均质片	硫化橡胶类	JL1	三元乙丙橡胶
		JL2	橡胶（橡塑）共混
		JL3	氯丁橡胶、氯磺化聚乙烯、氯化聚乙烯等
		JL4	再生胶
	非硫化橡胶类	JF1	三元乙丙橡胶
		JF2	橡胶（橡塑）共混
		JF3	氯化聚乙烯
	树脂类	JS1	聚氯乙烯等
		JS2	乙烯乙酸乙烯、聚乙烯等
		JS3	乙烯乙酸乙烯改性沥青共混等
复合片	硫化橡胶类	FL	三元乙丙、丁基、氯丁橡胶、氯磺化聚乙烯等
	非硫化橡胶类	FF	氯化聚乙烯、三元乙丙、丁基、氯丁橡胶、氯磺化聚乙烯等
	树脂类	FS1	聚氯乙烯等
		FS2	聚乙烯、乙烯乙酸乙烯等
点黏片	树脂类	DS1	聚氯乙烯等
		DS2	乙烯乙酸乙烯、聚乙烯等
		DS3	乙烯乙酸乙烯改性沥青共混等

（2）规格

片材的规格尺寸应符合表 12-7 的规定。

表 12-7　片材的规格尺寸

项　目	厚　度（mm）	宽　度（mm）	长　度（m）
橡胶类	1.0、1.2、1.5、1.8、2.0	1.0、1.1、1.2	20 以上
树脂类	0.5 以上	1.0、1.2、1.5、2.0	

注：橡胶类片材在每卷 20 m 长度中允许有一处接头，且最小块长度应不小于 3 m，并应加长 15 cm 备作搭接；树脂类片材在每卷 20 m 长度内不允许有接头。

（3）性能指标

均质片和复合片片材的主要物理性能指标应符合表 12-8、表 12-9 的规定。

表 12-8　均质片合成高分子防水卷材的主要物理性能

项　目		指　标									
		硫化橡胶类				非硫化橡胶类			树脂类		
		JL1	JL2	JL3	JL4	JF1	JF2	JF3	JS1	JS2	JS3
不透水性（30 min）		0.3 MPa 无渗漏		0.2 MPa 无渗漏		0.3 MPa 无渗漏	0.2 MPa 无渗漏		0.3 MPa 无渗漏		
扯断伸长率（%）	常温	≥ 450	≥ 400	≥ 300	≥ 200	≥ 400	≥ 200	≥ 200	≥ 200	≥ 550	≥ 550
	-20 ℃	≥ 200	≥ 200	≥ 170	≥ 100	≥ 200	≥ 100	≥ 100	≥ 15	≥ 350	≥ 300
断裂拉伸强度（MPa）	常温	≥ 7.5	≥ 6.0	≥ 6.0	≥ 2.2	≥ 4.0	≥ 3.0	≥ 5.0	≥ 10	≥ 16	≥ 14
	60 ℃	≥ 2.3	≥ 2.1	≥ 1.8	≥ 0.7	≥ 0.8	≥ 0.4	≥ 1.0	≥ 4	≥ 6	≥ 5
低温弯折温度（℃）		≤ -40	≤ -30	≤ -30	≤ -20	≤ -30	≤ -20	≤ -20	≤ -20	≤ -35	≤ -35

表 12-9 复合片合成高分子防水卷材的主要物理性能

项目		指标			
		硫化橡胶类 FL	非硫化橡胶类 FF	树脂类	
				FS1	FS2
断裂拉伸强度(N/cm)	常温	≥ 80	≥ 60	≥ 100	≥ 60
	60 ℃	≥ 30	≥ 20	≥ 40	≥ 30
扯断伸长率(%)	常温	≥ 300	≥ 250	≥ 150	≥ 400
	-20 ℃	≥ 150	≥ 50	≥ 10	≥ 10
不透水性(0.3 MPa,30 min)		无渗漏	无渗漏	无渗漏	无渗漏
低温弯折温度(℃)		≤ -35	≤ -20	≤ -30	≤ -20

在表 12-9 的性能指标中,拉伸性能与沥青防水卷材有所不同,它是以断裂拉伸强度表示卷材所能承受的拉力,均质片和复合片的断裂拉伸强度表示方法也不相同,均质片的断裂拉伸强度是卷材试样在拉伸断裂时单位受力截面的面积所承受的拉力,复合片的断裂拉伸强度是卷材试样在拉伸断裂时单位受力截面的宽度所承受的拉力,分别用下式表示:

均质片的断裂拉伸强度(MPa)= 断裂时拉力(N)/ 受力截面的面积(mm^2)

复合片的断裂拉伸强度(N/cm)= 断裂时拉力(N)/ 受力截面的宽度(cm)

复合片防水卷材的表面有复合织物,所以试样厚度不能准确测量,无法准确计算其截面面积,其断裂拉伸强度无法用 MPa 表示。

低温弯折性也是区分沥青防水卷材的一个性能,表示高分子防水卷材在规定低温下抗弯折的性能。

2. 三元乙丙橡胶(EPDM)防水卷材

三元乙丙橡胶(EPDM)防水卷材,是以乙烯、丙烯和双环戊二烯三种单体共聚合成的三元乙丙橡胶为主体,掺入适量的丁基橡胶、软化剂、补强剂、填充剂、促进剂和硫化剂等,经过配料、密炼、拉片、过滤、热炼、挤出或压延成型、硫化、检验、分卷、包装等工序加工制成的可卷曲的高弹性防水材料。由于它具有耐老化、使用寿命长、拉伸强度高、延伸率大、对基层伸缩或开裂变形适应性强以及质量轻、可单层施工等特点,因此在国外发展很快。目前在国内属高档防水材料,现已形成年产 4×10^6 m^2 的生产能力。

3. 聚氯乙烯(PVC)防水卷材

聚氯乙烯防水卷材,是以聚氯乙烯树脂(PVC)为主要原料,掺入适量的改性剂、抗氧剂、紫外线吸收剂、着色剂、填充剂等,经捏合、塑化、挤出压延、整形、冷却、检验、分卷、包装等工序加工制成的可卷曲的片状防水材料。这种卷材具有抗拉强度较高、延伸率大、耐高低温性能较好等特点,而且热熔性能好。卷材接缝时,既可采用冷粘法,也可采用热风焊接法,使其形成接缝黏结牢固、封闭严密的整体防水层。该品种属于聚氯乙烯防水卷材中的增塑型(P 型)。

聚氯乙烯防水卷材适用于屋面、地下室以及水坝、水渠等工程防水。

4. 氯化聚乙烯—橡胶共混防水卷材

氯化聚乙烯—橡胶共混防水卷材,是以氯化聚乙烯树脂和合成橡胶共混为主体,加入适量的硫化剂、促进剂、稳定剂、软化剂和填充剂等,经过素炼、混炼、过滤、压延(或挤出)成型、硫化、检验、分卷、包装等工序加工制成的高弹性防水卷材。这种防水卷材兼有塑料和橡胶的特点,它不但具有氯化聚乙烯所特有的高强度和优异的耐臭氧、耐老化性能,而且具有橡胶类材料的高弹性、高延伸性以及良好的低温柔韧性能。

5. 聚乙烯丙纶防水卷材

聚乙烯丙纶防水卷材是聚乙烯与助剂等化合热融挤出,同时在两面热覆丙纶纤维无纺布形成的卷材,属于常见的一种复合防水卷材。

聚乙烯丙纶防水卷材具有抗渗性好、抗拉强度高、低温柔性好、线胀系数小、稳定性好、无毒、变形适应能力强、适应温度范围宽、使用寿命长等良好的综合技术性能。聚乙烯丙纶防水卷材突出的特点是表面粗糙均匀、易黏结,适合与多种材料的基层结合,可与水泥材料在凝固过程中直接黏合,可在基层潮湿情况下粘贴敷设,可以稳定地在垂直位置敷设,可以稳定地倒水平面黏结敷设,并且可以在外表面进行水泥材料装修施工(如水泥砂浆抹面,粘贴瓷砖或马赛克等);聚乙烯丙纶防水卷材施工折转半径小,易于折卷边粘贴,不折断,防水效果好,这是其他防水材料所不具备的。聚乙烯丙纶防水卷材在水泥构造中使用,具有可靠的稳定性。

聚乙烯丙纶防水卷材可以用于建筑的屋面、地下工程防水,也可用于建筑室内,如厕所、厨房、浴室、水池、游泳池,也可用于建筑墙体的防潮和地铁、隧道、堤坝等工程的防水。

12.2.4 防水卷材的施工

防水卷材采用黏结的方法铺贴于基层上。传统的石油沥青纸胎油毡是用热沥青胶进行粘贴施工,但沥青胶在熬制和施工过程中,都是有毒作业,对操作者和环境都非常有害,工人劳动条件恶劣,且易发生火灾和烫伤。新型防水卷材的施工,就没有这些弊病。新型防水卷材的施工方法如下。

(1)按黏结方法分类

按黏结方法的不同,新型防水卷材的黏结方法分为以下几类。

1)冷粘法 是采用胶黏剂实现卷材与基层、卷材与卷材的黏结,不需要加热,这种方法又称为卷材冷施工、冷操作、冷粘贴。

2)自粘法 自粘法即不需要加热,也不需要胶黏剂,而是利用卷材底面的自粘性胶黏剂粘贴施工。

3)热熔法 用火焰喷灯或火焰喷枪烘烤卷材底面(粘贴面)和基层表面,待卷材底面热熔后即可粘贴。如此边烘边贴,将卷材与基层、卷材与卷材相互粘紧贴实。这种施工方法要求卷材的厚度不小于4 mm,以防卷材破损。

4)热风焊接法 是借助热风焊机的热空气焊枪产生的高热空气将卷材的搭接边熔化后,进行黏结的施工方法。

5)冷热结合粘贴法 在施工中,防水卷材与基层的粘贴采用冷粘法施工,而卷材与卷材之间的搭接采用热熔法或热风焊接法粘贴施工。

以上的施工方法中,热施工对防水卷材有一定的破坏,所以卷材的厚度不得小于4 mm,而冷施工卷材不受损坏,并且因有一层基层黏结剂而使厚度有所增加,防水能力也相应增强。具体采用何种施工方法,则因防水卷材而异。合成高分子防水卷材可冷粘、热熔或热风焊接法,而自粘法施工则要求卷材有自粘性。冷热结合的方法,适用于燃料缺乏的地区。

(2)按粘贴面积分类

按粘贴面积的不同,新型防水卷材的粘贴方法分为以下几类。

1)满粘法 满粘法又称全铺法。施工时,防水卷材与基层全面积粘贴,不留空隙。卷材与基层黏结紧密,成为一个防水整体,即使防水层有细微的损坏,因为没有空隙,所以仍能起到防水作用,不致渗漏,但如基层伸缩变形,或结构局部开裂变形,满粘的防水层就会受到影响。

2)空铺法 这种方法是指在防水卷材周围一定范围内粘贴,其余部分不粘贴,呈分离状态。防水层不受基层伸缩变形和结构局部开裂变形的影响,仍能很好地防水。

3)条粘法 卷材与基层之间采用条状粘贴,卷材与基层之间留有和大气相通的条状空隙通道,有利于将基层的潮气排除。条状施工时,每幅卷材黏结条不能少于两条,每条宽度不应小于150 mm。

4)点粘法 施工时,卷材与基层之间采用点状黏结,卷材与基层之间形成和大气相通的弯曲通道,可以排潮,大体来说,黏结点每平方米面积不少于5个,每个黏结点面积约为100 mm^2。

从实践经验看,防水卷材大都采用满粘法施工,卷材与基层形成一个防水整体,紧密黏结,即使有细微损坏,也不至于殃及周围防水层。这种施工方法适用于气候干燥、常年受大风影响的地区,如沿海多台风和北方冬天风大的地区,也适用于无重物覆盖、不上人、呈外露状态的屋面防水,以及基层不易伸缩变形或整体现浇混凝土基层,同时适用于弹性和延伸性好的防水卷材。

空铺法、条粘法、点粘法使基层和防水卷材最大限度地脱开,所以基层的伸缩变形、局部结构开裂变形以及防水层因受潮、温度变化而发生的变形对防水效果的影响很小,防水层不易拉断破坏,有利于排除基层潮气,比满粘法成本低,适用于有重物覆盖或能上人的屋面以及结露的潮湿表面等防水工程。

12.3 防水涂料

视频 12-3 防水涂料

防水涂料是一种可以抗渗防水的柔性防水材料,是指以高分子合成材料、沥青为主要成分或主要改性成分,在常温下呈无定型流态或半流态,经涂布能在结构表面结成坚韧防水膜的物料的总称。同时防水涂料又起黏结剂作用。

12.3.1 防水涂料的性能要求与分类

防水涂料的分类还没有统一的规定,依据涂膜成型方法分为溶剂型、水乳型、复合水乳型、反应型;按照包装组分分为单组分、双组分、多组分。为了使非防水材料的专业人员在选材上易于区分,有按工程应用部位分类的分类法,目前最常用的分类法还是以材料的主要成膜物质进行分类及命名。

主要成膜物质分类即将高分子材料名称冠于防水材料的前面进行分类,如聚氨酯防水涂料、丙烯酸防水涂料等,这种方法的优点是使用者对产品的主要成膜物质一目了然,缺点是对它们在工程使用上的差别比较含糊,不仅使一些设计、施工人员容易误解,甚至一些防水专业人员也会混淆。同样称为"防水涂料",有的适用范围较为广泛,有的较为专一,有的适用于变形较大的屋面,有的仅适用于变形很小的墙面。面对众多的新型防水材料,如何正确地选择与应用尚值得研究与探讨,让防水涂料各得其所、各司其职,其关键在于结合实际。本节对防水涂料采用工程应用与主要成膜物质相结合的分类方法,用户首先确定工程所需材料的使用范围,在工程应用方面按屋面、墙面、厕浴间、地下、砖石结构、金属结构(包括金属护栏)分类,然后选择相应的高分子成膜物质的产品,以利于做出正确的选择。

1. 按工程应用部位分类

(1)屋面防水涂料

《屋面工程技术规范》(GB 50345—2012)在屋面防水等级和设防要求中规定,单一的高聚物改性沥青防水涂料及合成高分子防水涂料(注:高聚物与高分子是一个概念,这里是各按行业习惯分别称呼,以下同)作为一道防水设防,只应用于Ⅲ级及Ⅳ级屋面防水等级,即一般的建筑及非永久性建筑,对于Ⅱ级及Ⅰ级屋面防水等级的建筑物,都需要采用复合防水,即使是一道防水设防,也必须注意到Ⅲ级及Ⅳ级是有区别的,也就是说,在选材及施工工法上是不同的,否则就难以理解这两类设防等级的差异。随着生活的改善及对自然的认识,对屋面类型也提出了更高的要求,除了坡屋面、平屋面的差异之外,还有了排汽屋面、隔热屋面、保温屋面及种植屋面等等,理所当然,它们对防水涂料质量、设计及施工都各有要求。

屋面防水涂料标准在国外唯有日本作了明确的规定,本节仅对我国已有的防水涂料产品作综合介绍。屋面防水涂料的特点及适用范围见表 12-10。

表 12-10　屋面防水涂料的特点及适用范围

主要成膜物质	性能特点	适用范围	防水机理
聚氨酯（非外露型）	双组分反应型、中等抗拉强度、中等断裂延伸率、抗老化差、以黑色为主	屋面非外露型涂膜防水，施工后需要做覆盖层	在屋面形成整体无接缝、有弹性的涂膜，使雨水与基层隔离，达到防水目的
聚氨酯（外露型）	双组分反应型、高抗拉强度、高断裂延伸率、抗老化性良好	屋面外露型涂膜防水结合其他措施可作为运动场材料	
聚氨酯（单组分）	单组分技术指标与双组分相同	适用于家庭自己动手使用（简称DIY），因价格高于双组分材料，所以一般不作为工程应用	
丙烯酸酯 乙烯—醋酸乙烯（EVA）氯丁胶	水性涂料、挥发干燥型，一次施工涂膜不能太厚，色彩多	用于屋面防水卷材的面层，作为辅助防水，加强卷材接缝处的抗渗性并可改变卷材色彩，使屋面环境美观 如果用作涂膜防水材料，要达到与三毡四油相同的防水效果，则厚度很大，需用涂料的价格就极高	作为卷材的辅助防水，虽然这些涂膜指标相近，但由于它们与不同防水卷材的相容性不同，所以需要在它们之间选择相容性良好的材料
橡胶沥青（溶剂型）	厚质、含固量高、优良的延伸率，与改性沥青防水卷材及基层的黏合力优良	防水卷材的冷胶黏剂，临时建筑物的屋面防水涂料	延伸率极佳的防水膜与卷材和基层都有良好的黏结力

（2）墙面防水涂料

任何新材料的推出必定有其相应的辅助措施，有的是设计方案，有的是配套材料，有的是施工顺序或施工方法。新型建筑材料在墙面的应用过程中，设计上没有采取相应的墙面防水措施是近几年墙面渗漏现象大幅度增加的主要原因。因此，外墙防水涂料是新型建筑材料不可缺少的一种防水材料，外墙防水涂料要求与墙面基层有优良的附着力、抗冲击、耐老化、抗流挂。因为墙面位移较小，所以不需要防水涂料有很高的断裂延伸率，但需要有优良的回弹性保证涂层不起皱，不影响墙面美观。墙面防水涂料的特点及适用范围见表 12-11。

表 12-11　墙面防水涂料的特点及适用范围

主要成膜物质	性能特点	适用范围	防水机理
丙烯酸酯	水性、薄质、彩色、单组分	彩色外墙防水涂料	在建材表面形成憎水膜
乙烯—醋酸乙烯			
聚合物水泥（JS）	双组分、厚质、可现场调制、与混凝土墙面黏结力强	墙面防水涂料，对裂缝较大的基层有嵌缝作用	聚合物与水泥共同组成防水层
有机硅	白色乳液、中性、pH 值为 6~8	马赛克、面砖墙面渗漏的治理	通过 Si-O-Si 基团朝向建筑物的含硅基团，烷基基团向外，产生憎水效果，在建材表面形成憎水层
渗透结晶材料	无色透明的水剂，碱性强，pH 值为 12~13，必定含有催化剂	水泥基层墙面渗漏的治理，对马赛克、面砖易造成失光	堵塞水泥基层毛细孔

按建筑装饰涂料标准，外墙装饰防水涂料又分为外装饰防水合成树脂乳液系薄质装饰涂料、防水合成树脂乳液系复合层装饰涂料、防水反应固化型合成树脂乳液系复合层装饰涂料、防水合成树脂溶液系复合层装饰涂料四类。

（3）厕浴间防水涂料

厕浴间的防水基层面积小、非外露，外界无腐蚀介质，温差变化小，从这些方面衡量，对防水涂料的要求相对讲没有特殊要求，凡可以作为屋面的防水涂料几乎都可以用于厕浴间。但是，厕浴间基层管道多，形状复杂，所以特别适合发挥防水涂料的特长。厕浴间的防水施工必须注意管道与基层之间节点以及周边的密封。

(4)地下防水涂料

地下防水工程不仅仅是指高层建筑的地下室、隧道、地铁、游泳池，还包括地下商业街、地下人行过街地道、地下停车场、地下变电所及新颖的地下景观工程。

屋面防水无论是有组织排水还是无组织排水，一般对防水层形成不了渗透压，即使是蓄水屋面，渗透压力也很小，地下防水的水渗透压就大得多，因此地下工程防水应比屋面防水要求更高、更严格。一般讲，防水涂料不单一地用于地下防水工程，只作为复合防水体系中的一道防水。

地下工程防水应该以结构自防水为主，防水涂料或防水卷材只能作为附加防水层，是一种辅助防水，也可以起到保护混凝土主体结构的作用。由于地下工程防水，一旦出现问题难以返修，而且地下与地面的环境也各不相同，使地下防水工程与屋面防水工程对材料的要求有较大不同，地下工程不受紫外线照射，常年温度变化较小，但长期处于腐蚀介质、生物细菌及地表水的包围之中，因此，防水涂料的选择要点是：①具有良好的耐水性、耐久性、耐腐蚀性及耐菌性；②无毒、难燃、低污染；③无机防水涂料应具有良好的湿干黏结性、耐磨性和抗刺穿性，有机防水涂料应具有较好的延伸性及较大的适应基层变形能力。地下防水涂料的特点及适用范围见表 12-12。

表 12-12　地下防水涂料的特点及适用范围

主要成膜物质	性能特点	适用范围	防水机理
有机硅	无毒、对地下水不产生污染	地下建筑工程的外防水	有机硅形成防水膜，隔绝地下水源与建筑物的联系
聚合物水泥(JS)(聚氨酯水泥列入本系列)	与水泥基层黏结力强，施工后不容易起鼓	地下建筑工程的外防水及内防水	聚合物与水泥共同组成防水层
聚醚型聚氨酯	较好的延伸性及适应基层变形的能力	游离含量低的聚氨酯可用于外防水，否则用于内防水	形成完整的有弹性的聚氨酯防水膜

(5)道桥用防水涂料

近年来道桥迅速发展，很多桥梁因缺少防水或防水措施不力造成桥面渗水、钢筋锈蚀及混凝土胀裂，铺装层剥落，碱 - 骨料反应等严重质量问题严重影响桥梁的使用寿命及安全。沥青路面也不像通常人们所想象的“沥青是防水材料，所以沥青路面是防水的”，事实上，沥青路面也因种种原因而损坏，见表 12-13。

表 12-13　沥青路面恶化原因分析

恶化原因		机理及内容	造成后果
化学原因	氧化反应	沥青中有机物氧化，改变了沥青的化学和物理特性	使沥青机体变硬，从而导致裂缝的形成
	紫外线	深层破坏沥青的有机化学长链	使沥青分子老化
	氯离子	从抗冻盐进入路面的氯离子渗入沥青道路	加快了沥青道路的氧化过程
	低质量沥青	芳香族化合物含量低	沥青黏结力差
物理原因	温度变化	由膨胀及收缩引起疲劳	沥青老化
	行车问题	汽车超载运行使路面载荷增加	加速路面的破坏
	水渗透	水渗入沥青并传递	沥青和骨料间黏结强度下降
水和沥青间的作用	分离	极性反应	沥青和骨料间黏结强度下降
	毛细孔	在潮湿情况下，车辆活动压力引起空隙爆裂	路面结构破坏
	冻融循环	造成疲劳应力	沥青路面破坏和功能恶化
	膨胀	水使黏土膨胀，冲掉泥土及腐蚀骨料	使地基松动，不能为道路提供适当支持
	裂缝	裂缝出现使更多的水进入基体进行破坏	最终导致空穴和凹坑

从表 12-13 可知，使用路桥防水材料是非常必要的，它的使用条件也与一般建筑防水材料有所不同：对有沥青混凝土铺装层的道桥，使用时不但有温度影响，还有石子碾压，所以需要抗高温和抗硌破；在使用过程

中，需要经受车辆的荷载及行驶时各种应力的作用，有些是水泥路面或桥面，在它们上面的防水措施更要求新颖的有针对性的防水材料（包括防水涂料）来满足工程需要。防水层应与基层黏结良好，并在道桥的动态变化下具有对细微裂缝的修补能力和较高的抗剪切能力，在坡度较大的路段要满足构造要求，材料不能因流淌而造成薄厚不均。

（6）其他

1）砖石结构用防水涂料　砖石结构用防水涂料多数用于对建筑物原貌的保护，因此对涂料的透明度及色泽有一定的要求。某些建筑物的砖石结构部位也要求采用防水涂料，这些部位的位移小，不需要很厚的涂层，通常都采用水性防水涂料。

2）金属结构（包括金属护栏）用防水涂料　金属结构的防护在我国往往列入化工油漆类，很少在金属建筑防水涂料中提及，但随着金属材料在建筑物上的应用的普及，需要用防水涂料保护之处也越来越多，很多国家已将保护建筑物金属部位的涂料纳入防水涂料范畴，其中最为广泛的是隔热反光防水涂料。它是以沥青为基料的溶剂型涂料，施工后可以在瞬间形成表面光亮的保护层，起隔热防水作用。为了使屋面处于“冷”状态，高反射屋面涂料不仅要有高的反射率和高辐射率，还必须能在尽量长的时间内保持这些性能。因此选材是关键。

2. 按材料主要成膜物质分类

（1）丙烯酸系防水涂料

目前在市场上溶剂型产品已经消失，丙烯酸系防水涂料主要是乳液型产品。它以丙烯酸脂乳液为基料，可与多种高分子乳液及无机胶凝物复合成防水涂料，其中硅丙防水涂料占有重要地位，有机硅改性对材料的多项性能有显著提高，耐玷污性能改善为它作为外墙弹性防水涂料确立了优势地位。丙烯酸系防水涂料生产工艺简单，设备投资小，施工方便，可在潮湿基层施工。

丙烯酸系防水涂料施工后，通过水分挥发，高分子微粒靠近，接触变形，最后聚集而形成无接缝的防水膜，达到防水目的。该产品主要用于外墙防水，与水泥组合成聚合物水泥防水涂料，应用比较广泛，施工工艺随应用场合变化而变化。单一丙烯酸系防水涂料也有用于防水卷材上面的，以改善接缝性能，保护卷材免受大气及紫外线的侵蚀，延长卷材使用寿命以及赋予其色彩。如果将它作为独立的防水层，承担屋面或地下的全部柔性防水责任，从性价比考虑是得不偿失的。

丙烯酸系防水涂料是乳液型产品，很多资料及产品说明书仅根据这一点就宣传它们属于环保产品，实际情况未必如此，此类材料的原料丙烯酸酯在合成时涉及的一些原材料毒性原本就不小，聚合后的丙烯酸酯仍含有部分游离单体，所以笼统地将它们归入环保产品并没有科学依据。此外，我国是一个水资源缺少的国家，水性涂料与人类争夺洁净水资源，这是一个严重问题，一味强调对环境的影响而无视对人类生存需要造成的危害，也是不恰当的。

（2）聚氨酯系防水涂料

聚氨酯系防水涂料是防水涂料中最重要的一类产品，从包装上分为单组分、双组分、多组分，无论哪一种，都是依赖聚氨酯预聚体，然后现场施工与固化剂交联成膜，达到防水目的。双组分聚氨酯防水涂料是屋面涂膜防水的典型产品，单组分聚氨酯防水涂料在工程现场吸收空气中的水汽达到固化目的（此时的水作为固化剂），此类材料虽与双组分有相同的技术性能指标，但储存期短、价格高，属于需要自己动手的修补材料，从性价比考虑很少用于工程防水。

聚氨酯防水涂料品种多，施工工法不少，可以用于很多建筑物和构筑物，如屋面、厕浴间、过道、运动场、停车场等处。在日本，聚氨酯防水膜用于新建建筑：外露屋面防水占 9.4%，敞廊、房檐占 58.5%，浴室占 8.9%，其他部位占 33.0%，而用于地下防水仅占 2.1%。但是，在我国，聚氨酯防水涂料用于地下防水占有很大比例，由于预聚体中含有游离 TDI，一些生产企业在固化剂中添加了部分有毒物质，长期积累，对地下水将造成污染，应当引起重视。

（3）有机硅系防水涂料

有机硅系防水涂料是一种乳液型防水涂料，它的成膜也依赖于施工后水的蒸发和渗透，颗粒密度增大而失去流动性，干燥过程继续进行，过剩水分继续失去，乳液颗粒渐渐彼此接触集聚，在交联剂、催化剂作用下，不断进行交联反应，最终形成均匀致密的橡胶状弹性膜。有机硅涂膜具有呼吸特性，允许基层内部的潮气排出，同时又能防止外部的水穿透涂层进入建筑物内部，因此，此类涂料在潮湿基层施工时就不易产生鼓泡现象。硅橡胶作为主要成膜物质的产品安全无毒性，多用于地下防水工程。

(4)橡胶改性沥青防水涂料

由于沥青的耐久性及与各种建筑材料的黏结性好，适用于多种基层，毒性小，价格便宜，与多种高分子材料有极好的相容性，因此，高分子改性沥青防水涂料不断被开发出来。

橡胶改性沥青防水涂料有先将橡胶及沥青分别乳化再混合的(简称胶乳沥青)和将橡胶对沥青改性后再进行乳化的(简称改性沥青乳液)两种。两者虽然都是沥青和橡胶的混合物，但它们的微观结构明显不同，在胶乳沥青涂膜中沥青相和橡胶相是截然分开的两相，两相之间存在着界面或模糊界面，而改性沥青乳液涂膜则不同，它在微观上是橡胶大分子的部分链段被沥青的低分子组分所溶胀或溶解，另一部分链段凝聚成聚集区，由此形成网络，这种网络不具有明显的界面，而是在溶胀区内大分子链的交织。

12.3.2 常用防水涂料

常用的防水涂料有沥青类、高聚物改性沥青类、聚氨酯类、硅橡胶类、丙烯酸乳液类等。

1. 沥青类防水涂料

沥青类防水涂料是以沥青为基料配制而成的水乳型或溶剂型防水涂料。

(1)石灰乳化沥青防水涂料

石灰乳化沥青防水涂料是以石油沥青(主要用60号)为基料，以石灰膏(氢氧化钙)为分散剂，以石棉绒为填充料加工而成的一种沥青浆膏(冷沥青悬浮液)，外观为黑褐色膏体。我国建筑部门用石灰乳化沥青作为膨胀珍珠岩颗粒的黏结剂，制造保温预制块，或者直接在现场浇制保温层，使保温材料获得较好的防水效果。

石灰乳化沥青，由于生产工艺简单，一般都在施工现场配制使用。石灰乳化沥青防水涂料原材料来源充分，生产工艺简单，成本较低，生产及施工操作安全，容易做成厚涂层，涂层有较好的耐候性。

石灰乳化沥青防水涂料的主要用途是与聚氯乙烯胶泥等接缝材料结合，可用于保温或非保温无砂浆找平层屋面等工程的防水；可作为膨胀珍珠岩等保温材料的黏结剂，做成沥青膨胀珍珠岩等保温材料。

(2)水性石棉沥青防水涂料

水性石棉沥青防水涂料又称石棉乳化沥青防水涂料，是将熔化沥青加到石棉与水组成的悬浮液中，经强烈搅拌制得的厚质防水涂料。其外观是黑灰色稠厚膏浆，密度为1.05~1.15 g/mL，固体含量大于或等于45%，L/H型耐热度能够分别达到80 ℃/110 ℃以上，具有较强的黏结力，断裂伸长率大于或等于600%。

水性石棉沥青防水涂料可形成较厚的涂膜，由于含有石棉纤维，故其贮存稳定性、耐水性、耐裂性、耐候性等较好，可在潮湿而无积水基层上涂布，无毒、无味，操作简便、安全，成本低。

水性石棉沥青防水涂料适用于民用建筑及工业厂房的钢筋混凝土屋面防水，也可用于地下室、楼层卫生间、厨房防水层等处。

2. 高聚物改性沥青防水涂料

高聚物改性沥青防水涂料是以沥青为基料，用合成橡胶、再生橡胶、SBS对沥青进行改性制成的防水涂料。高聚物改性沥青防水涂料也称橡胶类防水涂料，其成膜物质中的胶黏材料是沥青和橡胶(再生橡胶或合成橡胶等)。该类涂料有溶剂型和水乳型两类。

(1)溶剂型氯丁橡胶沥青防水涂料

溶剂型氯丁橡胶沥青防水涂料又名氯丁橡胶—沥青防水涂料，是我国新型防水材料中出现较早的一个品种。溶剂型氯丁橡胶沥青防水涂料是氯丁橡胶和石油沥青溶化于甲基(或二甲苯)而形成的一种混合胶体溶液，其主要成膜物质是氯丁橡胶和石油沥青。其外观为黑色黏稠液体，低温柔韧性较好，耐候性、耐腐蚀性强，延伸性好，适应基层变形能力强，可在低温下冷施工，简单、方便，形成涂膜快且致密完整，但成本高，氯丁橡胶来源有限，而且甲苯等易燃、有毒、价格贵，目前产量很少。

溶剂型氯丁橡胶沥青防水涂料用于工业及民用建筑混凝土屋面防水层，楼层浴厕、厨房防水，防腐蚀地坪的隔离层，水池、地下室等的抗渗防潮。

(2)水乳型氯丁橡胶沥青防水涂料

水乳型氯丁橡胶沥青防水涂料又名氯丁胶乳沥青防水涂料，是由阳离子型氯丁胶乳与阳离子型沥青乳液混合构成，氯丁橡胶及石油沥青的微粒借助于阳离子型表面活性剂的作用，稳定分散在水中而形成的一种深棕色乳状液。水乳型氯丁橡胶沥青防水涂料以水为溶剂，成本低，不燃爆、无毒，是我国防水涂料中主要的品种之一，目前产量越来越大。

水乳型氯丁橡胶沥青防水涂料可在潮湿面进行施工，主要用于工业及民用建筑混凝土屋面、厕所、厨房及室内地面防水，地下混凝土工程防潮抗渗，沼气池防漏气，旧屋面防水工程的翻修，防腐蚀地坪的防水隔离层。

3. 聚氨酯防水涂料

以异氰酸酯基(—NCO)与多元醇、多元胺及其他含活泼氢的化合物进行加成聚合(或称逐步聚合)，生成的产物含有氨基甲酸酯基(—NH—COO—)为氨酯键，故称聚氨酯。

聚氨酯防水涂料是防水涂料中最重要的一类涂料，无论是双组分还是单组分都属于以聚氨酯为成膜物质的反应型防水涂料，聚氨酯防水涂料固化后具有卷材的一些性能，具体见表 12-14。它具有耐水解性、可延伸性、流展性、耐老化性、适当的强度和硬度。因此，它几乎满足作为防水材料的全部特性要求。双组分聚氨酯防水涂料则多数用于建筑的砖石结构、金属结构部分及聚氨酯屋面防水的修补。单组分聚氨酯防水涂料在经济发达国家基本上不在屋面防水工程中应用。

表 12-14 聚氨酯防水涂料的技术性能

<table>
<tr><th>序号</th><th colspan="2">项 目</th><th>一等品</th><th>合格品</th></tr>
<tr><td>1</td><td colspan="2">拉伸强度(MPa)</td><td>>2.45</td><td>>1.65</td></tr>
<tr><td>2</td><td colspan="2">断裂伸长率(%)</td><td>>450</td><td>>300</td></tr>
<tr><td>3</td><td colspan="2">撕裂伸长率(N/mm²)</td><td>≥ 12</td><td>≥ 14</td></tr>
<tr><td>4</td><td colspan="2">低温弯折性</td><td>-35 ℃无裂纹</td><td>-30 ℃无裂纹</td></tr>
<tr><td>5</td><td colspan="2">不透水性(0.3 MPa，30 min)</td><td colspan="2">不透水</td></tr>
<tr><td>6</td><td colspan="2">固体含量(%)</td><td colspan="2">≥ 94</td></tr>
<tr><td>7</td><td colspan="2">表干时间(h)</td><td colspan="2">≤ 4</td></tr>
<tr><td>8</td><td colspan="2">实干时间(h)</td><td colspan="2">≤ 12</td></tr>
<tr><td rowspan="2">9</td><td rowspan="2">加热伸长率(%)</td><td>伸长</td><td colspan="2"><1.0</td></tr>
<tr><td>缩短</td><td><4.0</td><td><6.0</td></tr>
<tr><td>10</td><td colspan="2">潮湿基面黏结强度(MPa)</td><td colspan="2">0.50</td></tr>
</table>

聚氨酯防水涂料固化前为无定形黏稠状液态物质，在任何复杂的基层表面均易于施工，对端部收头容易处理，防水工程质量易于保证；几乎不含溶剂，体积收缩小，形成较厚的涂膜，无接缝，整体性强；操作简单、安全，具有橡胶弹性、延伸性好，抗拉强度和抗撕裂强度高的特点。但是其成本高，有一定的可燃性和毒性。

聚氨酯防水涂料适用于各种屋面防水工程，地下建筑防水工程，厨房、浴室、卫生间防水工程，水池、游泳池防漏，地下管道防水、防腐蚀等。

4. 硅橡胶防水涂料

硅橡胶防水涂料是以硅橡胶乳液及其他乳液的复合物为主要基料，掺入无机填料及各种助剂配制而成的乳液型防水涂料，该涂料兼有涂膜防水和浸透型防水材料两者的优良性能，具有良好的防水性、渗透性、成膜性、弹性、黏结性和耐高低温性。

硅橡胶防水涂料可在任何复杂的表面施工，可形成抗渗性较高的连续防水膜，且具有无毒，无味、不燃的优点，在潮湿的地方可施工，操作简单，维修方便，耐候性好。但是其成本高，低于 5 ℃不宜施工。

硅橡胶防水涂料主要用于屋面防水，地下工程、输水和贮水构筑物、卫生间等的防水、防潮。

5. 丙烯酸乳液防水涂料

丙烯酸乳液防水涂料是以丙烯酸树脂乳液为主体，加入各种助剂，有些还加入某些橡胶乳液等作为改性剂配制而成的防水涂料。丙烯酸乳液防水涂料的技术性能见表 12-15。

表 12-15　丙烯酸乳液防水涂料的技术性能

序号	试验项目		指标	
			Ⅰ类	Ⅱ类
1	抗拉强度（MPa）		≥ 1.0	≥ 1.5
2	断裂延伸率（%）		≥ 300	≥ 300
3	低温柔度（绕直径 10 mm 棒）		−10 ℃无裂纹	−20 ℃无裂纹
4	不透水性（0.3 MPa，0.5 h）		不透水	
5	固体含量（%）		≥ 65	
6	干燥时间（h）	表干时间	≤ 4	
		实干时间	≤ 8	
7	加热伸缩率（%）	伸长	≤ 1.0	
		缩短	≤ 1.0	

丙烯酸乳液防水涂料能在复杂的基层表面施工，在橡胶沥青类等黑色防水层上有较好的附着力；能改善室内热环境，涂料无毒、无味，不易燃，可冷施工；操作简单，施工速度快，劳动强度低，维修方便。高弹性丙烯酸乳液防水涂料具有以下特点。

①弹性高，能抵御建筑物的轻微震动，并能覆盖热胀冷缩、开裂、下沉等原因产生的小于 8 mm 的裂缝。

②可在潮湿基面上直接施工，适用于墙角和管道周边的渗水部位。

③黏结力强，涂料中的活性成分可渗入水泥基面中的毛细孔、微裂纹并产生化学反应，与底材融为一体而形成一层结晶致密的防水层。

④环保、无毒、无害，可直接应用于饮用水工程。

⑤耐酸、耐碱、耐高温，具有优异的耐老化性能和良好的耐腐蚀性；能在室外使用，有良好的耐候性。

12.4　建筑密封材料

视频 12-4　建筑密封材料

建筑密封材料又称嵌缝材料。建筑施工中的施工缝、构件连接缝、建筑物的变形缝等，必须填充黏结性好、弹性好的材料，使这些接缝保持较高的气密性和水密性，这种材料就是建筑密封材料。

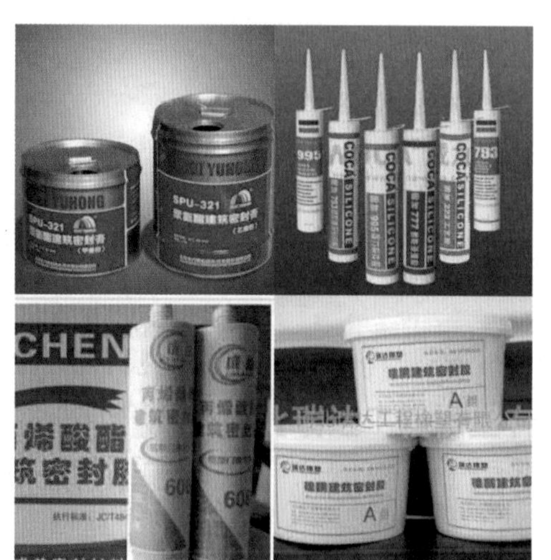

图 12-3　建筑密封膏

建筑密封材料应满足两个条件：首先是收缩自如，能适应接缝位移并保持有效密封的变形；其次是接缝位移过程中不产生黏结破坏和内聚破坏。在建筑防水工程中，密封材料处于长期浸水的状态时，也应满足上述两个条件。建筑密封膏见图 12-3。

12.4.1　密封材料的分类

防水密封材料品种繁多，组成复杂，形状各异，它的分类方法因研究者所研究的方法、角度不同而异；即使是从同一角度进行分类，不同的学者亦有一定的差异。随着密封技术的进步，各种新材料的开发及新产品的应用，防水密封材料的分类也将进一步得到细化。

如表 12-16 所示，合成高分子建筑防水密封材料按其形态可分为定形密封材料和非定形密封材料两大类。

表 12-16 建筑防水密封材料的分类

<table>
<tr><th colspan="3">材料类型</th><th>品名举例</th></tr>
<tr><td colspan="3" rowspan="2">油基类密封材料</td><td>马牌油膏</td></tr>
<tr><td>桐油厚质防潮油</td></tr>
<tr><td rowspan="5">高聚物改性沥青密封材料</td><td colspan="2" rowspan="3">石油沥青类</td><td>丁基橡胶改性沥青密封膏</td></tr>
<tr><td>SBS 改性沥青弹性密封膏</td></tr>
<tr><td>再生橡胶沥青嵌缝密封膏</td></tr>
<tr><td colspan="2" rowspan="2">焦油沥青类</td><td>聚氯乙烯胶泥（PVC 胶泥）</td></tr>
<tr><td>塑料油膏</td></tr>
<tr><td rowspan="12">合成高分子密封材料</td><td colspan="2" rowspan="8">不定形密封材料</td><td>硅橡（聚硅氧烷）胶密封胶</td></tr>
<tr><td>聚氨酯密封胶</td></tr>
<tr><td>聚硫密封胶</td></tr>
<tr><td>丙烯酸酯密封胶</td></tr>
<tr><td>丁基密封胶</td></tr>
<tr><td>氯磺化聚乙烯密封胶</td></tr>
<tr><td>氯丁密封胶</td></tr>
<tr><td>丁苯密封胶</td></tr>
<tr><td rowspan="4">定形密封材料</td><td rowspan="2">橡胶类</td><td>橡胶止水带</td></tr>
<tr><td>遇水膨胀胶</td></tr>
<tr><td>树脂类</td><td>塑料止水带</td></tr>
<tr><td>金属类</td><td>不锈钢止水带、铜片止水带</td></tr>
</table>

定形密封材料是具有一定形状和尺寸的密封材料。它是根据工程要求而制成的各种带、条、垫状的密封材料，应用于建筑领域的主要产品有止水带、建筑密封垫、遇水膨胀橡胶等。非定形密封材料及密封胶，又称密封膏、密封剂，是溶剂型、乳液型、化学反应型等黏稠状的密封材料，美国混凝土协会（ACI）称之为现场成型密封膏。多数非定形密封材料是以橡胶、树脂等高分子合成材料为基料制成的。它包括弹性的和非弹性的密封膏、密封腻子和液体密封垫料等产品。

12.4.2 常用密封材料

1. 建筑防水沥青嵌缝油膏

建筑防水沥青嵌缝油膏是以石油沥青为基料，加入改性材料、填充材料和稀释剂混合而成的一种冷用膏状防水材料。掺入的改性材料有硫化鱼油和废橡胶粉；填充材料有滑石粉和石棉绒；稀释剂有机油、松焦油等。该油膏有一定的延伸性和耐久性，弹性较差。

沥青嵌缝油膏主要用于各种混凝土屋面板、墙板等构件节点以及各种变形缝、裂缝的防水密封，使用时应注意的事项有以下几点。

①贮存、操作远离明火，施工时如遇温度过低，膏体变稠而难以操作时，可以间接加热使用。

②使用时除配松焦油外，不得用汽油、煤油等稀释，以防止降低油膏黏度，亦不得戴粘有滑石粉和机油的湿手套操作。

③用后的余料应密封，在 5~25 ℃室温中存放，贮存期为 6~12 个月。

2. 聚氨酯建筑密封胶

聚氨酯建筑密封胶是以聚氨基甲酸酯聚合物为主要成分的双组分反应型密封材料。这种密封胶能在常温下固化，并有优良的弹性、耐热性、耐寒性和耐久性，与混凝土、木材、塑料和金属等多种材料都有很好的黏结效果。聚氨酯建筑密封胶按流变性能不同分为 N 型（非下垂型）和 L 型（自流平型）两种。

聚氨酯建筑密封胶主要用于建筑屋面、墙板、地板、窗框、卫生间的接缝密封，也适用于混凝土结构的伸缩缝、沉降缝和高速公路、机场跑道、桥梁等土木工程的嵌缝密封。

3. 聚氯乙烯防水接缝材料

聚氯乙烯防水接缝材料是以聚氯乙烯树脂和焦油为基料，掺入适量的填充材料和增塑剂、稳定剂等改性材料，经塑化或热熔而成的。产品呈黑色黏稠状或块状，按加工工艺不同分为热塑型（如 PVC 胶泥）和热熔型（如塑料油胶）。其技术性能应符合《聚氯乙烯建筑防水接缝材料》（JC/T 798—1997）的要求。

聚氯乙烯防水接缝材料具有良好的弹性、延伸性及抗老化性，与水泥砂浆、水泥混凝土基面有较好的黏结效果。它适应屋面振动、伸缩、沉降引起的变形需要，可用于建筑物和构筑物各种接缝处的防水。

4. 丙烯酸酯建筑密封胶

丙烯酸酯建筑密封胶是以丙烯酸酯乳液为基料，掺入增塑剂、分散剂、碳酸钙等配制而成的建筑密封胶。这种密封胶弹性好，能适应一般基层伸缩变形的需要；耐候性能优异，其使用年限在 15 年以上；耐高温性能好，在 −20~140 ℃情况下，长期保持柔韧性；黏结强度高，耐水、耐酸碱，并有良好的着色性。其适用于混凝土、金属、木材、天然石料、砖、瓦、玻璃等的密封防水。其主要技术性质应符合《丙烯酸酯建筑密封胶》（JC 484—2006）的规定。

丙烯酸酯建筑密封胶属中等性能的密封胶，它的突出特点是具有足够的密封性能和更好的黏结性能。但它的柔韧性较差，不能适应接缝有大幅度运动。

丙烯酸酯建筑密封胶适用于门、窗框与墙体的接缝密封，钢、铝、木窗与玻璃间的密封，刚性屋面伸缩缝、内外墙拼缝、内外墙与屋面接缝、管道与楼层面接缝、混凝土外墙板以及屋面板构件接缝、卫生间等的防水密封。

5. 硅酮建筑密封胶

硅酮建筑密封胶是以有机聚硅氧烷为主剂，加入硫化剂、促进剂、增强填充料和颜料等组成的。硅酮建筑密封胶分单组分与双组分，两种密封胶的组成主剂相同，而硫化剂及其固化机理不同。其主要技术性质应符合《硅酮和改性硅酮建筑密封胶》（GB/T 14683—2017）的规定。

硅酮建筑密封胶具有耐高低温（−50~150 ℃）和耐老化等特点，能与玻璃、陶瓷、金属、水泥制品等牢固黏结。

硅酮建筑密封胶的主要用途如下。

①高模量硅酮建筑密封胶主要用于建筑物的结构性密封部位，如高层建筑物大型玻璃幕墙、隔热玻璃黏结密封，建筑物门窗和框架周边密封。

②中模量硅酮建筑密封胶除了具有极大伸缩性的接触不能使用之外，在其他场合都可以用。

③低模量硅酮建筑密封胶主要用于建筑物的非结构性密封部位，如预制混凝土墙板、水泥板、大理石板、花岗石的外墙接缝，混凝土与金属框架的黏结，卫生间、高速公路接缝的防水密封等。

12.4.3 密封材料的使用方式

密封材料的使用方式分嵌入接缝和覆盖接缝两种。

（1）嵌入接缝

建筑接缝的深宽比设计为 0.5~0.7，缝底放置填充材料以控制密封材料的嵌入深度，填充材料上覆盖隔离材料以防止密封材料与缝底黏结。为防止接缝位移时密封材料溢出接缝表面，密封材料的嵌入深度宜低于接缝表面 1~2 mm。

密封材料与接缝两侧的基层牢固黏结，接缝位移时密封材料随之伸缩，从而使接缝达到水密、气密的效果。这种方式适用于防水砂浆之间、防水混凝土之间以及防水砂浆、防水混凝土与金属（塑料）构（配）件之间的接缝密封。

（2）覆盖接缝

密封材料黏结于接缝两侧的基层上覆盖接缝，当接缝发生位移时，密封材料随之伸缩，从而使接缝达到水密、气密的目的。这种方式适用于卷材之间、卷材在女儿墙和金属（塑料）构（配）件上收头的接缝密封。

《屋面工程技术规范》（GB 50345—2012）对密封材料作了如下定义：能承受接缝位移以达到气密、水密目的而嵌入建筑接缝中的材料。根据定义，密封材料应"嵌入"建筑接缝中。该规范的条文说明中，建议接缝深宽比例为 0.5~0.7，可以看出，该定义主要针对密封材料的第一种使用形式。

覆盖材料的密封形式在《屋面工程技术规范》（GB 50345—2012）中有大量的设计，密封材料并没有嵌入接缝中，或者接缝的深宽比与规定的 0.5~0.7 相差甚远，因此，把密封材料规定为单纯的嵌入接缝中，没有包含密封材料的全部使用形式，似有不妥，值得商榷。

12.4.4 密封材料在建筑防水工程中的应用

把密封材料应用到合理的工程部位，不仅可以使密封材料发挥应有的功能，而且可以避免浪费。密封材料在建筑防水工程中的应用部位见表 12-17。

表 12-17 密封材料在建筑防水工程中的应用部位

必须设计密封材料的工程部位	不必设计密封材料的工程部位
柔性防水材料之间的接缝 刚性防水材料之间的接缝 柔性防水材料与刚性防水材料之间的接缝 柔性或刚性防水材料与塑料或金属构（配）件之间的接缝 塑料或金属构（配）件之间的接缝	结构层之间的接缝 找平层之间的接缝 找平层和塑料或金属管（构）件之间的接缝 防水层或防水构（配）件和不具备防水性能的墙体、梁柱之间的接缝

本任务小结

防水材料概述部分介绍了建筑物渗漏的原因及其危害、建筑防水材料的分类和主要应用、石油沥青等防水材料的基本用材以及屋面防水工程和地下防水工程对防水材料的选择。

防水卷材部分主要介绍了沥青基防水卷材、改性沥青防水卷材和合成高分子防水卷材三大类防水卷材。在沥青基防水卷材中介绍了石油沥青纸胎油毡、石油沥青玻璃布油毡、石油沥青玻璃纤维胎油毡以及铝箔面油毡。改性沥青防水卷材中介绍了弹性体和塑性体改性沥青防水卷材、改性沥青聚乙烯胎防水卷材以及自粘类沥青防水卷材。合成高分子防水卷材详细介绍了合成高分子防水卷材的分类和性能，简要介绍了三元乙丙橡胶、聚氯乙烯、氯化聚乙烯—橡胶共混、聚乙烯丙纶等几种防水卷材。另外在这一节中还介绍了防水卷材施工的几种黏结方法。

防水涂料部分根据不同的分类方法介绍了几类防水涂料以及它们的技术性能要求，重点介绍了沥青类防水涂料、高聚物改性沥青防水涂料、聚氨酯防水涂料、硅橡胶防水涂料、丙烯酸乳液防水涂料、聚合物水泥防水涂料等几种常用的防水涂料及其性能、特点和用途。

建筑密封材料部分介绍了密封材料的分类，重点介绍了建筑防水沥青嵌缝油胶、聚氨酯建筑密封胶、聚氯乙烯防水接缝材料、丙烯酸酯建筑密封胶、硅酮建筑密封胶等几种常用的密封材料及其性能、特点和用途。

任务 13　绝热与吸声材料的选择与应用

任务简介

本任务主要介绍各种绝热保温材料与吸声隔声材料的基本性能。

知识目标

(1)掌握各种绝热材料的性能特点。

(2)掌握各种吸声材料的性能特点。

技能目标

能够根据工程特点合理地选择和正确使用绝热及吸声材料。

思政教学

思政元素 13

教学课件 13

授课视频 13

应用案例与发展动态

13.1　绝热材料

绝热材料是指能阻滞热流传递的材料,又称热绝缘材料。传统绝热材料有玻璃纤维、石棉、岩棉、硅酸盐等;新型绝热材料有气凝胶毡、真空板等。它们是用于建筑围护或者热工设备、阻抗热流传递的材料或者材料复合体,既包括保温材料,也包括保冷材料。绝热材料一方面满足了建筑空间或热工设备的热环境要求,另一方面也节约了能源。因此,有些国家将绝热材料看作继煤炭、石油、天然气、核能之后的"第五大能"。绝热材料见图 13-1。

图 13-1　绝热材料

绝热材料分保温材料和隔热材料,主要用于墙体及屋顶、热工设备及管道、冷藏设备及冷藏库等工程或冬季施工等。保温材料指的是控制室内热量外流的建筑材料。隔热材料指的是控制室外热量进入室内的建筑材料。

在建筑物中合理采用绝热材料，能提高建筑物的使用效能，保证正常的生产、工作和生活，能减少热损失，节约能源。目前我国的建筑能耗与发达国家相比依然很高，据统计外墙为发达国家的 4~5 倍，屋顶为 2.5~5.5 倍，外窗为 1.5~2.2 倍，门窗气密性为 3~6 倍，我国住宅建筑采暖能耗为发达国家的 3 倍左右，所以在我国建筑节能的空间还很大，因此，在建筑中合理地使用绝热材料具有重要意义。

所谓建筑节能是指建筑在规划、设计、建造和使用过程中，通过采用新型墙体材料，执行建筑节能标准，加强建筑物用能设备的运行管理，合理设计建筑围护结构的热工性能，提高采暖、制冷、照明、通风、给排水和通风系统的运行效率，以及利用可再生能源，在保证建筑物使用功能和室内热环境质量的前提下，降低建筑能源消耗，合理、有效地利用能源的活动。

通常在常温 20 ℃下，导热系数小于 0.233 W/(m · K)的材料(有人认为是 0.221)被称为绝热材料，其相应的热阻(R)值应不小于 4.35 m^2·K/W。

绝热材料的选用原则：较小的导热系数，化学稳定性好，机械强度和环境适应，吸水率小，一般为无机、不燃、难燃材料，且使用寿命、经济性合理。

13.1.1　绝热材料的基本要求和影响绝热作用的因素

1. 绝热材料的性质

绝热材料的基本结构特征是质轻、多孔(孔隙率一般为 50%~95%)。绝热材料除具有质轻、疏松、多孔、导热系数小的特点外，还应具有适宜的强度、抗冻性、防火性、耐热性和耐低温性、耐腐蚀性，有时还要求有较小的吸湿性或吸水性等。优良的绝热材料应是具有很高孔隙率且以封闭、细小孔隙为主的，并具有较小吸湿性的有机或无机非金属材料。不同的建筑材料具有不同的保温隔热性能，主要体现在材料的导热系数上，导热系数愈小，其绝热性能愈好，保温性能便愈好。

2. 绝热材料的基本要求

建筑工程对绝热材料的基本要求一般从以下几点考虑。

①必须具有良好的耐候性，即耐冻融、耐暴晒、抗风化、抗降解、耐老化。

②基层变形适应性强，各层材料逐层渐变，能够及时传递和释放变形应力，防护面层不开裂、不脱落。

③导热系数低，热稳定性能好。

④憎水性好、透气性强，能有效避免水蒸气迁移过程中出现墙体内部的结露现象。

⑤耐火等级高，在明火状态下不应产生大量有毒气体，在火灾发生时延缓火势蔓延。

⑥柔性、强度相适应，抗冲击能力强。

⑦通常绝热材料的导热系数(λ)值应不大于 0.233 W/(m · K)，热阻(R)值应不小于 4.35 m^2 · K/W。此外，绝热材料尚应满足：表观密度不大于 600 kg/m^3，抗压强度大于 0.3 MPa，构造简单、施工容易、造价低等。

3. 绝热材料影响绝热作用的因素

(1)导热性

热在本质上是组成物质的分子、原子和电子等在物质内部的移动、转动和振动所产生的能量。在任何介质中，当存在温度差时，就会产生热的传递现象，热能将由温度较高的部分传递至温度较低的部分。传热的基本方式有热传导、热对流和热辐射三种。一般来说，三种传热方式总是共存的，但因绝热性能良好的材料常是多孔的，虽然在材料的孔隙内有空气，起着辐射和对流作用，但与热传导相比，热辐射和热对流所占的比例很小，故在建筑热工计算时通常不予考虑。

导热性是指材料传导热量的能力，用导热系数 λ 表示。

$$Q=\frac{\lambda}{A}(t_1-t_2)\cdot F\cdot Z \tag{13-1}$$

即

$$\lambda=\frac{QA}{F\cdot Z(t_1-t_2)} \tag{13-2}$$

式中：λ 为材料的导热系数，W/(m·K)；Q 为材料吸收或放出的热量，J；A 为传热材料的厚度，m；F 为传热面积，m^2；Z 为传热时间，s；t_1-t_2 为传热材料两面的温度差，K。

影响材料导热系数的主要因素有材料的物质构成、微观结构、孔隙构造、温度和热流方向等。材料的导热系数越小，其绝热性能越好。

（2）热容量与比热容

热容量为材料受热时吸收热量，冷却时放出热量的性能。单位质量的材料，温度升高或降低 1 K 时吸收或放出的热量称为质量比热容，即

$$C_m=\frac{Q}{m(t_2-t_1)} \tag{13-3}$$

式中：C_m 为材料的质量比热容，J/(kg·K)；Q 为材料吸收或放出的热量，J；m 为材料的质量，kg；t_2-t_1 为材料受热或冷却前后的温差，K。

选用导热系数小而比热容大的建筑材料，可提高围护结构的绝热性能并保持室内温度的稳定。

（3）影响材料导热系数的因素

影响材料保温性能的主要因素是导热系数，导热系数愈小，保温性能愈好。材料的导热系数受以下因素影响。

1）材料的性质　不同材料的导热系数是不同的。一般说来，导热系数值以金属最大，非金属次之，液体较小，而气体更小。对于同一种材料，内部结构不同，导热系数也差别很大。一般结晶结构的最大，微晶体结构的次之，玻璃体结构的最小。但对于多孔的绝热材料来说，由于孔隙率高，气体（空气）对导热系数的影响起着主要作用，而固体部分的结构无论是晶态或玻璃态对其影响都不大。

2）表观密度与孔隙特征　由于材料中固体物质的导热能力比空气要大得多，故表观密度小的材料，孔隙率大，导热系数就小。在孔隙率相同的条件下，孔隙尺寸愈大，导热系数就愈大；互相连通孔隙比封闭孔隙的导热性要高。对于表观密度很小的材料，特别是纤维状材料（如超细玻璃纤维），当其表观密度低于某一极限值时，导热系数反而会增大，这是由于孔隙增大且互相连通的孔隙大大增多，而使对流作用加强的结果。因此这类材料存在一最佳表观密度，即在这个表观密度时导热系数最小。

3）湿度　所有保温材料都具有多孔结构，容易吸湿。材料吸湿受潮后，水分占据了原被空气充满的部分气孔空间，引起其导热系数明显增高。这是由于材料的孔隙中有了水分（包括水蒸气）后，孔隙中蒸汽的扩散和水分子的热传导将起主要传热作用，而水的 λ 为 0.58 W/(m·K)，比空气的 λ=0.029 W/(m·K)大 19 倍左右。如果孔隙中的水结成了冰，则冰的 λ=2.33 W/(m·K)，其结果是材料的导热系数更大。故绝热材料在应用时必须注意防水避潮。

4）温度　材料的导热系数随温度的升高而增大，因为温度升高时，材料固体分子的热运动增强，同时材料孔隙中空气的导热和孔壁间的辐射作用也有所增加。但这种影响，当温度在 0~50 ℃范围内时并不显著，只有对处于高温或负温下的材料，才要考虑温度的影响。

5）热流方向　对于各向异性的材料，如木材等纤维质的材料，当热流平行于纤维方向时，热流受到阻力小，而热流垂直于纤维方向时，受到的阻力就大。

13.1.2　常用绝热材料中对热流有较强阻抗作用的材料

1. 常用无机绝热材料

视频 13-1　常用无机绝热材料

无机绝热材料是一种用矿物质原料制成，呈粒状、纤维状、多孔状或层状结构的材料。粒状材料主要有蛭石和膨胀珍珠岩及其制品；纤维状材料主要有岩矿棉、玻璃棉、硅酸铝棉及其制品；多孔材料主要有硅藻土、微孔硅酸钙、泡沫石棉、泡沫玻璃以及加气混凝土；层状材料主要有中空玻璃、镀膜玻璃（热反射玻璃）、着色玻璃（吸热玻璃）。热力设备及管道用的保温材料多为无机绝热材料。这类材料具有不腐烂、不燃烧、耐高温等特点。

（1）纤维状无机绝热材料

1）矿物棉　岩棉和矿渣棉统称矿物棉，由熔融的岩石经喷吹制成的纤维材料称为岩棉，由熔融矿渣经喷

吹制成的纤维材料称为矿渣棉。将矿物棉与有机胶黏剂结合可以制成矿棉板、毡、管壳等制品，其堆积密度为 45~150 kg/m³，导热系数为 0.044~0.049 W/(m·K)。其性能特征是耐热温度高、防火性能好，最高使用温度约为 600 ℃。这类材料在建筑上的应用多是制成板材应用于外墙面、屋面和管道等；矿棉也可制成粒状棉用作填充材料，其缺点是吸水性大、弹性小。

2)玻璃纤维　玻璃纤维一般分为长纤维和短纤维。短纤维相互纵横交错在一起，构成了多孔结构的玻璃棉，常用作绝热材料。玻璃棉堆积密度为 45~150 kg/m³，导热系数为 0.041~0.035 W/(m·K)。玻璃纤维制品的纤维直径对其导热系数有较大影响，导热系数随纤维直径增大而增加。以玻璃纤维为主要原料的保温隔热制品主要有：沥青玻璃棉毡和酚醛玻璃棉板，以及各种玻璃毡、玻璃毯等，其性能特征是质轻，铺挂或粘贴均较方便，国外将玻璃棉用于斜屋顶和顶棚等的保温隔热十分普遍。

(2)多孔轻质类无机绝热材料

蛭石是一种有代表性的多孔轻质类无机绝热材料，也是一种层状结构的含镁的水铝硅酸盐次生变原矿物，将天然蛭石经破碎、预热后快速通过煅烧带可使蛭石膨胀 20~30 倍。膨胀蛭石的导热系数为 0.046~0.070 W/(m·K)，可在 1 000 ℃的高温下使用，主要用于建筑夹层，但需注意防潮。膨胀蛭石也可用水泥、水玻璃等胶结材胶结成板，用作板壁绝热，但导热系数值比松散状要大，一般为 0.08~0.10 W/(m·K)。

(3)泡沫状无机绝热材料

1)泡沫玻璃　泡沫玻璃是用玻璃细粉和发泡剂(石灰石、碳化钙和焦炭)经粉磨、混合、装模、煅烧(800 ℃左右)而得到的多孔材料。泡沫玻璃导热系数小、抗压强度高、抗冻性好、耐久性好，并且对水分、水蒸气和其他气体具有不渗透性，还容易进行机械加工，可锯切、钻孔及打钉等。表观密度为 150~200 kg/m³ 的泡沫玻璃，其导热系数为 0.042~0.048 W/(m·K)，抗压强度达 0.16~0.55 MPa。泡沫玻璃作为绝热材料在建筑上主要用于保温墙体、地板、天花板及屋顶保温，还可用于寒冷地区低层的建筑物。

2)多孔混凝土　多孔混凝土是指具有大量均匀分布、直径小于 2 mm 的封闭气孔的轻质混凝土，主要有泡沫混凝土和加气混凝土。随着表观密度减小，多孔混凝土的绝热效果增加，但强度下降。常用无机绝热材料见图 13-2。

图 13-2　常用无机绝热材料

2. 常用有机绝热材料

低温保冷工程多用有机绝热材料。此类材料具有表观密度小、导热系数低、原料来源广、不耐高温、吸湿时易腐烂等特点，如泡沫塑料、硬质泡沫橡胶、软木、聚氨基甲酸酯、牛毛毡和羊毛毡等。

视频 13-2　常用有机绝热材料

(1)泡沫塑料

泡沫塑料是以各种树脂为基料，加入各种辅助料经加热发泡制得的轻质保温材料。泡沫塑料目前广泛用作建筑上的保温隔声材料，其表观密度很小，隔热性能好，加工使用方便。常用的泡沫塑料有聚苯乙烯泡沫塑料、脲醛泡沫塑料、聚氨酯泡沫塑料、聚氯乙烯泡沫塑料、泡沫酚醛塑料等。

(2)硬质泡沫橡胶

硬质泡沫橡胶用化学发泡法制成。特点是导热系数小而强度大。硬质泡沫橡胶的表观密度为 0.064~0.12 g/cm³。表观密度越小，保温性能越好，但强度越低。硬质泡沫橡胶抗碱和盐的侵蚀能力较强，但强的无机酸及有机酸对它有侵蚀作用。它不溶于醇等弱溶剂，但易被某些强有机溶剂软化溶解。硬质泡沫橡胶为热塑性材料，耐热性不好，在 65 ℃左右开始软化。硬质泡沫橡胶有良好的低温性能，低温下强度较高且体积稳定性较好，可用于冷冻库。常用有机绝热材料见图 13-3。

图 13-3　常用有机绝热材料

13.1.3　常用绝热材料的技术性能及用途

常见绝热材料的技术性能及用途见表 13-1。

表 13-1　常用绝热材料的技术性能及用途

材料名称	体积密度（kg·m^{-3}）	强度（MPa）	热导率（W·(m·K)$^{-1}$）	最高使用温度（℃）	用途
EPS 板	18~22	0.1	0.041	75	屋面保温、隔热
XPS 保温板	≥ 40	0.25	0.028	70	屋面保温、隔热
酚醛板	50~70	0.25	0.032	150	保温隔热
胶粉聚苯颗粒	湿≤ 420 干 180~250	0.2	0.060	70	外墙保温
超细玻璃纤维沥青玻璃纤维制品	30~60 100~150	—	0.035 0.041	300~400 250~300	墙体、冷藏等
天然矿物纤维	110~130	—	0.044	≤ 600	填充材料
植物纤维	80~150	f_t>0.012	0.044	250~600	填充墙体、屋面热力管道等
岩棉制品	80~160	—	0.04~0.052	≤ 600	
膨胀珍珠岩	300~400	—	常温 0.02~0.044 高温 0.06~0.17 0.02~0.038	≤ 800 （-200）	高效能保温保冷填充材料
沥青膨胀珍珠岩制品	400~500	F_c=0.2~1.2	0.093~0.12	—	用于常温及负温
膨胀蛭石	80~900	—	0.046~0.070	1 000~1 100	填充材料
水玻璃膨胀珍珠岩制品	200~300	F_c=0.6~1.7	0.056~0.093	≤ 650	保温绝热
水泥膨胀珍珠岩制品	300~400	F_c=0.5~1.0	常温 0.05~0.081 低温 0.081~0.12	≤ 600	
水泥膨胀蛭石	300~500	F_c=0.2~1.0	0.076~0.105	≤ 650	
微孔硅酸钙制品	230	F_c=0.3	0.041~0.056	≤ 650	维护结构及保温管道
轻质钙塑板	100~150	F_c=0.1~0.7	0.047	650	保温绝热兼防水功能，并具有装饰效果
泡沫玻璃	150~600	F_c=0.55~15	0.058~0.128	300~400	砌筑墙体及冷藏库绝热
泡沫混凝土	300~500	F_c ≥ 0.4	0.081~0.19	—	围护结构
加气混凝土	400~700	F_c ≥ 0.4	0.093~0.16	—	
木丝板	300~600	F_c=0.4~0.5	0.11~0.26	—	顶棚、隔墙板、护墙板

续表

材料名称	体积密度（$kg \cdot m^{-3}$）	强度（MPa）	热导率 [$W \cdot (m \cdot K)^{-1}$]	最高使用温度（℃）	用途
软质纤维板	150~400	—	0.047~0.093	—	顶棚、隔墙板、护墙板
芦苇板	250~400	—	0.093~0.13	—	顶棚、隔墙板
软木板	105~437	F_C=0.15~2.5	0.044~0.07	≤ 130	绝热结构
轻质聚氨酯泡沫塑料	30~40	F_C ≥ 0.2	0.037~0.055	≤ 120（-60）	屋面、墙体保温，冷库绝热
聚氯乙烯泡沫塑料	12~72	—	0.045~0.081	≤ 70	

13.1.4 绝热产品在建筑上的应用

预制绝热产品在不同结构的屋面、墙体、顶棚和基础中的应用类型见表 13-2。

表 13-2 预制绝热产品在建筑物中最基本的应用类型举例

部位		应用类型
屋面	坡屋面	通风屋面，绝热层铺在椽子之间的板上，不承受荷载
		通风屋面，绝热层位于椽子与外保护层之间
		通风屋面，绝热层位于承重结构与外保护层之间
		通风屋面，绝热层在椽子的下方
	平屋面	通风屋面，绝热层在椽子或梁之间
		倒置屋面，绝热层在屋面防水层之上
		钢板屋面，绝热层在屋面防水层之下
		绝热层在屋面防水层之下，承受轻型或重型交通或来自屋顶花园的荷载（土壤或植物等）
		绝热层在屋面防水层之下，仅承受维修荷载
墙体		砖石或混凝土墙，抹灰层覆盖的外部绝热层
		木龙骨结构，木龙骨直接支撑外部绝热层和粉刷层
		木龙骨结构，绝热层与粉刷层在内侧
		砖石或混凝土墙，墙均匀支撑具有轻质保护层（如石膏板）的内侧绝热层
		砖石或混凝土墙，木龙骨局部支撑具有轻质保护层的内侧绝热层
		砖石或混凝土墙，有重质、自承重保护内面层（如室内饰面砖）的内侧绝热层
		具有板状面层的木或金属龙骨结构，绝热层在龙骨之间
		空心墙体结构，绝热层在两层墙体之间，具有通风空腔
		空心墙体结构，绝热层填满空腔，外侧墙体不防渗
		具有板状面层的木或金属龙骨结构，板状面层支撑的绝热层或砖石（或混凝土）墙支撑的绝热层，绝热层外有通风的外保护层
		地下墙体，具有机械保护的防水层内的外侧绝热层
		地下墙体，直接与土壤接触的外部绝热层
		地窖或检查孔，有（或没有）面层的内部绝热层
顶棚		绝热层在承重结构之上或梁之间
		绝热层铺在基层上，其上铺传布荷载的地面
		绝热层在结构层的下面

续表

部位	应用类型
基础	混凝土,绝热层在混凝土下面直接与土壤接触
	混凝土,绝热层在混凝土板和防水层之上,其上铺传布荷载的地面
	混凝土,绝热层在混凝土板之下、防水层之上
	冰点以下温度,绝热层在土壤内或靠在土壤上

13.2 吸声、隔声材料

建筑物的声环境问题越来越受到人们的关注和重视。选用适当的材料对建筑物进行吸声和隔声处理是建筑物噪声控制工程中最常用、最基本的技术措施之一。

13.2.1 吸声材料

吸声材料是具有较强的吸收声能、减低噪声性能的材料。它借自身的多孔性、薄膜作用或共振作用对入射声能进行吸收。吸声材料要与周围的传声介质的声特性阻抗匹配,使声能无反射地进入吸声材料,并使入射声能绝大部分被吸收。

为了改善声波在室内传播的质量,保持良好的音响效果和减少噪声的危害,在音乐厅、影剧院、大会堂、播音室及噪声较大的工厂车间等室内的墙面、地面、顶棚等部位,应选用适当的吸声材料。

1. 材料吸声的原理及技术指标

声音起源于物体的振动,它迫使邻近的空气跟着振动而成为声波,并在空气介质中向四周传播。当声波遇到材料表面时,一部分被反射,另一部分穿透材料,其余的部分则传递给材料,在材料的孔隙中引起空气分子与孔壁的摩擦和黏滞阻力,其间相当大一部分声能转化为热能而被吸收掉。这些被吸收的能量(E)(包括部分穿透材料的声能在内)与传递给材料的全部声能(E_0)之比,是评定材料吸声性能的主要指标,称为吸声系数(α),用公式表示为

$$\alpha=\frac{E}{E_0} \tag{13-4}$$

吸声系数与声音的频率及声音的入射方向有关。因此吸声系数用声音从各方向入射的吸收平均值表示,并应指出是对哪一频率的吸收。通常采用规定的六个频率:125Hz、250Hz、500Hz、1 000Hz、2 000Hz、4 000 Hz。任何材料对声音都能吸收,只是吸收程度有很大的不同,当大部分声能进入材料(被吸收和透射)而反射能量很小时,表明材料的吸声性能良好,通常将对上述六个频率的平均吸声系数大于 0.2 的材料,列为吸声材料。

2. 影响多孔性材料吸声性能的因素

1)材料的表观密度　对同一种多孔材料(例如超细玻璃纤维)而言,当其表观密度增大时(即空隙率减小时),对低频的吸声效果有所提高,而对高频的吸声效果则有所降低。

2)材料的厚度　增加多孔材料的厚度,可提高对低频的吸声效果,而对高频则没有多大的影响。

3)材料的孔隙特征　孔隙愈多愈细,吸声效果愈好。如果孔隙粗大,则效果较差。如果材料中的孔隙大部分为单独的不连通的封闭气泡(如聚氯乙烯泡沫塑料),则因空气不能进入,从吸声机理来看,该材料不属于多孔性吸声材料,故其吸声效果大为降低。当多孔材料表面涂刷油漆或材料吸湿时,则因材料的孔隙被水分或涂料所堵塞,其吸声效果亦将大大降低。

3. 吸声材料的选用及安装

在室内采用吸声材料可以抑制噪声,保持良好的音质(声音清晰且不失真),故在教室、礼堂和剧院等室内应当采用吸声材料。吸声材料的选用和安装必须注意以下几点。

①要使吸声材料充分发挥作用，应将其安装在最容易接触声波和反射次数最多的表面上，而不应把它们集中在天花板或某一面的墙壁上，并应比较均匀地分布在室内各表面上。

②吸声材料一般强度比较低，应设置在护壁线以上，以免碰撞破损。

③多孔吸声材料往往易于吸湿，安装时应考虑到湿胀干缩的影响。

④选用的吸声材料应不易虫蛀、腐朽，且不易燃烧。

⑤应尽可能选用吸声系数较高的材料，以便节约材料用量，降低成本。

⑥安装吸声材料时应注意切勿使材料的表面细孔被油漆的漆膜堵塞而降低其吸声效果。

13.2.2　隔声材料

隔声材料是指把空气中传播的噪声隔绝、隔断、分离的材料、构件或结构。对于隔声材料，要减弱透射声能，阻挡声音的传播，就不能如吸声材料那样多孔、疏松、透气，相反它的材质应该是重而密实的，如钢板、铅板、砖墙等一类材料。隔声材料的要求是密实无孔隙或缝隙；有较大的重量。当声音入射至材料表面时，透过材料进入另一侧的透射声能很少，表示材料的隔声能力强。入射声能与另一侧的透射声能相差的分贝数，就是材料的隔声量。

视频 13-3　隔声材料

建筑上将主要起隔绝声音作用的材料称为隔声材料。隔声材料主要用于外墙、门窗、隔断等。

隔声可分为隔绝空气声（通过空气传播的声音）和隔绝固体声（通过撞击或振动传播的声音）两种。隔绝固体声采用轻质材料或薄壁材料，辅以多孔吸声材料或采用夹层结构，如夹层玻璃就是一种很好的隔声材料。至于固体声隔绝最有效的措施是采用不连续的结构处理，即在墙壁和承重梁之间、房屋的框架和墙板之间加弹性衬垫，如毛毡、软木、橡皮等材料或在楼板上加弹性地毯。

隔声和吸声的本质区别不应混淆。隔声是指隔离噪声的传播，尽可能使入射声波反射回去，隔声材料越沉重密实，隔声性能越好；吸声是尽可能多地吸收入射声波，让声波透入材料内部而把声能消耗掉，因而一般是多孔性的疏松材料。

常用的隔声方式有隔声结构和隔声材料。隔声材料有实心砖块、钢筋混凝土墙、木板、石膏板、铁板、隔声毡、纤维板、真空玻璃、泡沫混凝土、玻璃棉、岩棉、海绵等。从严格意义上说，几乎所有的材料都具有隔声作用，其区别就是不同材料间隔声量的大小不同而已。同一种材料，由于面密度不同，其隔声量存在比较大的变化。隔声量遵循质量定律原则，就是隔声材料的面密度越大，隔声量就越大，面密度与隔声量成正比。隔声材料见图 13-3。

图 13-3　隔声材料

1. 泡沫混凝土

泡沫混凝土是目前比较先进的隔声技术材料，其特点是板块自身轻、隔声效果好、材料选用广泛、安装便捷、制造成本低。

2. 玻璃棉、岩棉、海绵

玻璃棉、岩棉、海绵不应用于室内隔声材料。玻璃棉和岩棉由于其原料是脆性纤维，很容易进入皮肤，引起皮肤过敏，若进入体内则会引起呼吸道过敏。海绵是易燃产品，燃烧后会产生有毒气体。

3. 聚酯纤维吸音棉

聚酯纤维吸音棉具备普通纤维吸音棉的环保性、难燃性，但又有别于普通纤维吸音棉。它的密度是阶梯递增的，而不是均匀的。手感一面较柔软，一面较硬。一般安装时软面是朝向声源的。其结构能保证它同时对低频、中频、高频音的吸收，且吸声效率高。

4. 隔声结构

隔声结构，如双层构件，通常双层墙比同样质量的单层墙可增加隔声量 5 dB 左右。

隔声工程是隐蔽工程，一般在饰面前施工。一旦装修工程完工就不好补救。通常，吊顶，面向公路的墙、窗、卧室和客厅的墙，卧室和卫生间的隔墙等是需要重点隔声的地方。

13.2.3　吸声材料和隔声材料的差异与结合

（1）吸声材料和隔声材料的差异

吸声和隔声不应混淆。在建筑工程项目实际操作过程中，吸声处理和隔声处理所解决的问题和侧重点不同。

吸声和隔声虽然都是把声音的传播限定在一定范围内，但所用的材料却不尽相同。吸声是尽可能多地吸收入射声波，让声波透入材料内部而把声能消耗掉，一般采用多孔性的疏松材料；隔声是隔离噪声的传播，尽可能使入射声波反射回去，因而隔声材料越沉重密实，隔声性能越好，例如黏土砖、钢板、混凝土和钢筋混凝土等。

（2）吸声材料和隔声材料的结合

在具体的工程应用中，吸声材料和隔声材料常常结合在一起，发挥综合的降噪效果。

本任务小结

本任务主要介绍建筑上常用的绝热材料、吸声材料的基本知识。绝热材料一方面满足了建筑空间或热工设备的热环境要求，另一方面也节约了能源。

建筑节能具体指在建筑物的规划、设计、新建（改建、扩建）、改造和使用过程中，执行节能标准，采用节能型的技术、工艺、设备、材料和产品。近半个世纪以来，建筑功能材料取得了突飞猛进的发展，不仅种类全、品种多、产品档次越来越高，而且生产制备工艺也实现了规模化、机械化和自动化，施工应用技术越来越完善。设计新颖、功能齐全、造型美观、色彩和谐的建筑功能材料不断涌现，成为建筑材料中前景广阔的后起之秀。

任务14　建筑木材及其制品的选择与应用

任务简介

木材作为建筑装饰材料，具有许多优良的性能，如轻质高强、有较高的弹性、耐冲击和振动、易于加工、保温性好；大部分木材都具有美丽的纹理，装饰性好，因而木材历来与水泥、钢材并列为建筑工程的三大材料。本任务主要对木材的基本知识与木材及其制品的应用两部分内容作简要介绍。

知识目标

(1)掌握树木的分类。

(2)掌握木材的主要技术性能。

(3)熟悉常用木材制品的种类。

技能目标

能结合建筑(装饰)工程选择合理的木材。

思政教学

思政元素14

教学课件14

授课视频14

应用案例与发展动态

14.1　木材的基本知识

建筑工程木材应用已有悠久的历史，举世称颂的古建筑之木构架、木制品等巧夺天工，在世界建筑中独树一帜。岁月流逝，木质建筑历经千百年而不朽，依然显现当年的雄姿。迄今，木材在建筑结构、装饰上的应用仍不失其高贵、显赫地位，并以它质朴、典雅的特有性能和装饰效果，在现代建筑的新潮中，为我们创造了一个个自然美的生活空间。

木材具有很多优良的性能，如轻质高强，导电、导热性低，有较好的弹性和韧性，能承受冲击和振动，易于加工等。目前，木材较少用于外部结构材料，但由于它有美观的天然纹理，装饰效果较好，所以仍被广泛用作装饰与装修材料。由于木材构造不均匀、各向异性、易吸湿变形、易腐易燃等缺点，且树木生长周期较长、成材不易等，因此在应用上受到限制，对木材的节约使用和综合利用是十分重要的。

14.1.1　木材的分类

由于气候条件的差异，树木的种类很多，按树叶的外观形状分为针叶树和阔叶树两大类。针叶树理直、木质较软、易加工、变形小。阔叶树质密、木质较硬、加工较难、易翘裂、纹理美观，适用于室内装修。

1)针叶树　针叶树细长如针，多为常绿树，树干通直而高大，纹理平顺，材质均匀，有的含树脂，木质较软而易于加工,故又称“软木材”，如红松、落叶松、云杉、冷杉、杉木、柏木、马尾松、落叶松等,都属此类。针叶树木强度较高,体积密度和胀缩变形较小,常含有较多的树脂,耐腐蚀性较强,是建筑工程中的主要用材,多用于承重构件和装修材料,如广泛用作门窗、地面用材及装饰用材等。

2)阔叶树　阔叶树树叶宽大,叶脉呈网状,大都为落叶树,树干通直部分一般较短,大部分树种的体积密度大,材质较硬,较难加工,故又称“硬木材”,如樟木、水曲柳、青冈、柚木、山毛榉、色木等,都属此类。也有少数质地稍软的,如桦木、椴木、山杨、青杨等,都属此类。阔叶树木材适用于室内装修、制作家具和胶合板等。

14.1.2　木材的构造

作为一种生物材料,木材是由一个个的细胞构成的。这种生物细胞的集合体,在肉眼下,在放大镜下,在各种显微镜下,呈现出有序而又形态各异的变化。通常可以从宏观和微观角度来观察木材构造。

视频 14-1　木材的构造

(1)木材的宏观构造

木材的宏观构造是用肉眼或放大镜所观察到的木材特征(见图 14-1)。木材的宏观构造往往在木材的三切面上观察,即横切面、径切面和弦切面。横切面是指与树干主轴或木纹相垂直的切面,即树干的端面或横断面;径切面是指顺着树干轴向,通过髓心与木射线平行或与年轮垂直的切面;弦切面是没有通过髓心的纵切面,顺着木材的纹理。

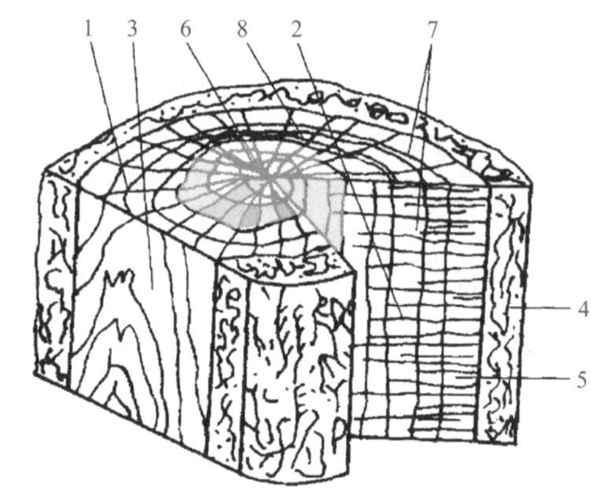

图 14-1　木材的宏观构造

1—横切面;2—径切面;3—弦切面;4—树皮;5—木质部;6—髓心;7—髓线;8—年轮

木材的宏观特征包括木材的木质部、年轮和早材、晚材。木质部是木材的主要部分,年轮为树木在每个生长周期所形成的,围绕着髓心构成的同心圆;早材指温带和寒带的树种,通常生长季节早期所形成的木材;晚材指温带和寒带的树种,通常生长季节晚期所形成的木材。髓心在树干中心,从髓心向外的辐射线,称为“髓线”,髓线与周围连接弱,木材干燥时易沿此线开裂。

(2)木材的微观构造

用显微镜所能观察到的木材组织是木材的微观构造。针叶树材的显微结构简单而规则,它由管胞、髓线、树脂道组成,阔叶树材的显微结构较为复杂,主要由导管、木纤维及髓线组成。导管和髓线是鉴别针叶树(如图 14-2 所示)和阔叶树(如图 14-3 所示)的主要标志。

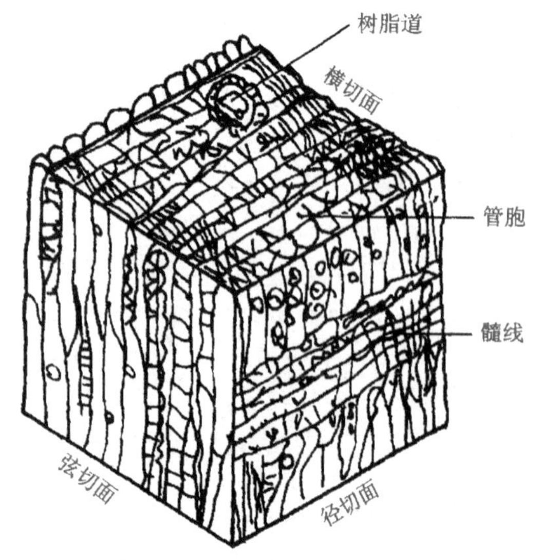

图 14-2　针叶树马尾松微观构造

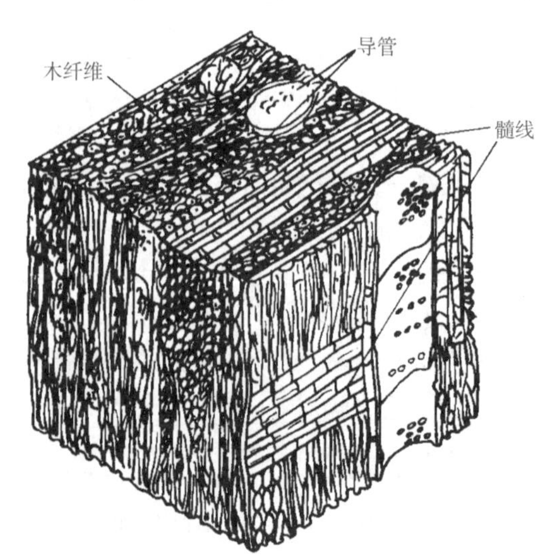

图 14-3　阔叶树柞木微观构

14.2　木材的基本性能

14.2.1　密度和表观密度

由于木材的分子结构基本相同,因此木材的密度几乎相等,平均约为 1.55 g/cm^3。木材的表观密度因树种不同而不同,常用的气干表观密度平均为 0.50 g/cm^3,表观密度与木材种类及含水率有关,通常以含水率 15%(标准含水率)时的表观密度为准。

14.2.2　导热性

木材是一种良好的绝热材料,具有较小的表观密度,较多的孔隙。但木材的纹理不同,其性能各异,即各向异性,使得方向不同时,导热系数也有较大差异。

14.2.3　含水率

木材中所含水的质量与木材干燥后质量的百分比值,称为木材的含水率。木材含水率的变化会引起木材尺寸的变化。通常来说,新鲜的硬木含水率是 60%,而软木是硬木的 2 倍以上。木材中的水有两种存在形式——吸附水和自由水。如果潮湿木材长时间处于一定温度和湿度的空气中,木材便会干燥,达到相对恒定的含水率,这时木材的含水率称为平衡含水率。平衡含水率随空气湿度的变大和温度的变低而增大,反之,则减少。

14.2.4　吸湿性

木材具有较强的吸湿性。木材的吸湿性对木材的性能,特别是木材的干缩湿胀影响很大。因此,木材在使用时其含水率应接近于平衡含水率或稍低于平衡含水率。

14.2.5　湿胀与干缩

木材由于具有很显著的湿胀干缩性,对后期木材的使用有一定的影响。干缩和湿胀现象主要在木材含水率小于纤维饱和点的这种情况下发生,当木材含水率小于纤维饱和点时,湿材因干燥而缩减尺寸的现象称为干缩;干材因吸收水分而增加尺寸与体积的现象称为湿胀。当木材含水率在纤维饱和点以上,其尺寸、体积是不会发生变化的。木材干缩与木材湿胀发生在两个完全相反的方向上,二者均会引起木材尺寸与体积的变化。

14.2.6　强度

建筑上通常利用的木材强度,主要有抗压强度、抗拉强度、抗弯强度和抗剪强度。质地不均匀,各方面强度不一致是木材的重要特点,也是其缺点。木材沿树干方向(顺纹)的强度较垂直树干的横向(横纹)大得多。实际上,木材常有木节、斜纹、裂缝等"疵病",故抗拉强度将降低很多,强度值不稳定。所以一般木材多用作顺纹受压构件如柱、桩、斜撑、屋架上弦等,"疵病"对顺纹抗压强度影响不是很大,强度值较稳定。木材也用作受弯构件,如梁、板。受弯构件的木材须严格挑选,避免疵病的影响。木材各种强度之间的关系见表 14-1。

表 14-1　木材各种强度的关系

抗压强度(MPa)		抗拉强度(MPa)		抗弯强度(MPa)	抗剪强度(MPa)	
顺纹	横纹	顺纹	横纹		顺纹	横纹
100	10 ~ 20	200 ~ 300	6 ~ 20	150 ~ 200	15 ~ 20	50 ~ 100

14.3 常用木材及其制品

视频 14-2 常用木材及其制品

木材根据其加工方式不同可分为实木板、人造板两大类。木质人造板有胶合板、装饰胶合板、微薄木、纤维板、细木工板、刨花板、木丝板、木屑板。常用木材制品见图 14-4。

14.3.1 实木板

实木板就是采用完整的木材(原木)制成的木板材。实木板一般按照板材实质(原木材质)名称分类,没有统一的标准规格。一些特殊材质(如榉木)的实木板还是制造枪托、精密仪表的理想材料。实木板板材坚固耐用、纹路自然,大都具有天然木材特有的芳香,是制作高档家具、装修房屋的优质板材,具有较好的吸湿性和透气性,有益于人体健康,不造成环境污染。

图 14-4 常用木材制品

14.3.2 胶合板

胶合板是家具常用材料之一,是一种人造板。一组单板通常按相邻层木纹方向互相垂直组坯胶合而成,通常其表板和内层板对称地配置在中心层或板芯的两侧。胶合板用涂胶后的单板按木纹方向纵横交错配成的板坯,在加热或不加热的条件下压制而成,层数一般为奇数,少数也有偶数,纵横方向的物理、机械性质差异较小,常用的有三合板、五合板等。胶合板能提高木材利用率,是节约木材的一个主要途径,亦可用于飞机、船舶、火车、汽车、建筑和包装箱等。目前胶合板主要采用水曲柳、椴木、桦木、马尾松及部分进口原木制成。胶合板种类根据胶合强度可分为以下几类。

①Ⅰ类(NQF)——耐气候、耐沸水胶合板。这类胶合板具有耐久、耐煮沸或蒸汽处理等性能,能在室外使用。

②Ⅱ类(NS)——耐水胶合板。它能经受冷水或短期热水浸渍,但不耐煮沸。

③Ⅲ类(NS)——不耐潮胶合板。

胶合板是由木段旋切成单板或由木方刨切成薄木,再用胶黏剂胶合而成的三层或多层的板状材料,通常用奇数层单板,并使相邻层单板的纤维方向互相垂直而胶合。胶合板以木材为主要原料,由于其结构的合理性和生产过程中的精细加工,可大体上克服木材的缺陷,大大改善和提高木材的物理力学性能,胶合板生产是充分合理地利用木材、改善木材性能的一个重要方法。

14.3.3 装饰胶合板

装饰胶合板是指两张面层单板或其中一张为装饰单板的胶合板。装饰胶合板的种类很多,主要有不饱和聚酯树脂胶合板、贴面胶合板、浮雕胶合板等。目前主要使用的为不饱和聚酯树脂装饰胶合板,俗称宝丽板。

聚酯树脂装饰胶合板是以多类胶合板为基材,复贴一层装饰纸,再在纸面涂饰不饱和聚酯树脂经加压固化而成,不饱和聚酯树脂装饰胶合板板面光亮、耐热、耐磨、耐擦洗、色泽稳定性好、耐污染性高、耐水性较高,并具有多种花纹图案和颜色,广泛应用于室内墙面、墙裙等装饰及隔断、家具等。

不饱和聚酯树脂装饰胶合板的幅面尺寸与普通胶合板相同,厚度为 2.8 mm, 3.1 mm, 3.6 mm, 4.1 mm, 5.1 mm, 6.1 mm……,自 6.1 mm 起,按 1 mm 递增。不饱和聚酯树脂装饰胶合板按面板外观质量分一、二两个等级。

14.3.4 微薄木

微薄木是采用柚木、橡木、榉木、花梨木、枫木、凤眼水曲柳等树材经机械旋切加工而成的薄木片,制造厚度 0.2~0.5 mm。微薄木整体厚薄均匀、木纹清晰、材质优良，保持了天然木材的真实质感，其表面可着色和涂各种油漆，也可模仿木制品的涂饰工艺，做成清漆或木蜡油等。目前国内供应的微薄木一般规格尺寸为：2 100 mm × 1 350 mm ×（0.2~0.5）mm。其纹理细腻、真实，立体感强，色泽美观，是板材表面精美装饰用材之一。

若用先进的胶粘工艺和胶黏剂，将此板粘贴在胶合板基材上，可制成微薄木贴面板，用于高级建筑室内墙面的装饰，也常用于门、家具等的装饰，幅面尺寸同胶合板。

14.3.5　纤维板

纤维板又名密度板，是以木质纤维或其他植物素纤维为原料，施加脲醛树脂或其他适用的胶黏剂制成的人造板。制造过程中可以施加胶黏剂和（或）添加剂。纤维板具有材质均匀、纵横强度差小、不易开裂等优点，用途广泛。制造 1 m^3 纤维板需 2.5~3 m^3 的木材，可代替 3 m^3 锯材或 5 m^3 原木。发展纤维板生产是木材资源综合利用的有效途径。纤维板可按原料不同分为：木质纤维板，它是用木材加工废料经进一步加工制成的纤维板；非木质纤维板，它是由草本纤维或竹材纤维制成的纤维板。

纤维板按密度分类是国际分类法，通常分为三大类：软质纤维板、半硬质纤维板、硬质纤维板。

（1）软质纤维板

密度 0. 4 g/cm^3 以下的称为软质纤维板，又称低密度纤维板。它质轻，孔隙率大，有良好的隔热性和吸声性，多用作公共建筑物内部的覆盖材料。经特殊处理可得到孔隙更多的轻质纤维板，具有吸附性能，可用于净化空气。

（2）半硬质纤维板

密度 0. 4~0. 8 g/cm^3 的称为半硬质纤维板，通常称为中密度纤维板。它结构均匀，密度和强度适中，有较好的再加工性。产品厚度范围较宽，具有多种用途，如家具用材、电视机的壳体材料等。

（3）硬质纤维板

密度在 0. 8 g/cm^3 以上的称为硬质纤维板，又称高密度纤维板。产品厚度范围较小，为 3~8 mm。其强度较高，3~4 mm 厚度的硬质纤维板可代替 9~12 mm 锯材薄板材使用，多用于建筑、船舶、车辆等。

14.3.6　细木工板

细木工板是木条沿顺纹方向组成板芯，两面与单板或胶合板组坯胶合而成的一种人造板。三层细木工板的表板厚度不应小于 1.0 mm，木纹方向与板芯长度方向基本垂直。各类细木工板的边角缺损，在 1 cm 幅面以内的宽度不得超过 5 mm，长度不得大于 20 mm。由于细木工板是特殊的胶合板，所以在生产工艺中也要同时遵循对称原则，以避免板材翘曲变形。作为一种厚板材，细木工板具有普通厚胶合板的漂亮外观和相近的强度，但细木工板比厚胶合板质地轻，耗胶少，投资省，并且给人以实木感，满足消费者对实木家具的渴求。 中间拼接木条芯板的主要作用是为板材提供一定的厚度和强度，上下中板的主要作用是使板材具有足够的横向强度，同时缓冲因木芯板的不平整给板面平整度带来的不良影响，最上面的面皮（薄单板，一般不超过 1 mm）除了使板面美观以外，还可以增加板材的纵向强度。细木工板具有质坚、吸声、绝热等特点，适用于家具、车厢和建筑物内装修等。细木工板的宽度和长度见表 14-2，厚度偏差见表 14-3，技术性能见表 14-4。

表 14-2　细木工板的宽度和长度

长度（mm）					宽度（mm）
915	—	1 830	2 135	—	915
—	1 220	1 830	2 135	2 440	1 220

表 14-3　细木工板的厚度偏差　（mm）

基本厚度	不砂光		砂光（单面或双面）	
	每张板内厚度公差	厚度偏差	每张板内厚度公差	厚度偏差
≤ 16	1.0	± 0.6	0.6	± 0.4
>16	1.2	± 0.8	0.8	± 0.6

表 14-4　细木工板的技术性能

检验项目	单位	指标值
含水率	%	6~14
横向静曲强度	MPa	≥ 15
浸渍剥离性能	mm	试件每个胶层上的每一边剥离和分层总长度均不超过 25 mm
表面胶合强度	MPa	≥ 0.6

注：当表板厚度≥ 0.55 mm 时，细木工板不做表面胶合强度检测。

14.3.7　刨花板、木丝板、木屑板

刨花板、木丝板、木屑板是以木材加工中产生的大量刨花、木丝、木屑为原料，经干燥，与胶结料拌合，热压而成的板材，所用胶结料有动植物胶（豆胶、血胶）、合成树脂胶（酚醛树脂、脲醛树脂等）、无机胶凝材料（水泥、菱苦土等）。

这类板材表观密度小，强度较低，主要用作绝热和吸声材料，经饰面处理后，还可用作吊顶板材、隔断板材等。

14.4　木材的腐蚀与防腐

14.4.1　木材的腐蚀

木材由于木腐菌侵入，逐渐改变颜色和结构，使细胞壁受到破坏，物理、力学性质随之发生变化，最后变得松软易碎，呈筛孔状或粉末状等形态，这种状态即称为腐朽。侵害木材的真菌，主要有霉菌、变色菌、腐朽菌等。此外，木材还易受到白蚁、天牛、蠹虫等昆虫的蛀蚀，形成很多孔眼或沟道，甚至蛀穴，木质结构的完整性破坏而使强度严重降低。

14.4.2　木材的防腐

木材防腐的基本原理在于破坏真菌及虫类生存和繁殖的条件，常用方法有以下两种：一是将木材干燥至含水率在 20% 以下，保证木结构处在干燥状态，对木结构物采取通风、防潮、表面涂刷涂料等措施；二是将化学防腐剂施加于木材，使木材成为有毒物质，常用的方法有表面喷涂法、浸渍法、压力渗透法等。

水溶性防腐剂多用于内部木构件的防腐，常用氯化锌、氟化钠、铜铬合剂、硼酚合剂、硫酸铜等。油溶性防腐剂药力持久、毒性大、不易被水冲走、不吸湿，但有臭味，多用于室外、地下、水下，常用混合防腐油、煤焦油等。浆膏类防腐剂有恶臭，木材处理后呈黑褐色，不能油漆，如氟砷沥青等。

本任务小结

木材虽然是三大建筑材料（水泥、钢材、木材）之一，但由于木材生长周期长，我国木材资源十分缺乏，且木材存在易燃、易腐以及各向异性等缺点，所以在工程中必须科学合理地使用木材，尽量以其他材料代替，以节省木材资源。

附　　录

附录 1　建筑材料课程常用标准、规范

下载：常用标准、规范

附录 2　实训指导书、相关操作视频

视频：混凝土抗压强度试验

视频：混凝土抗折强度试验

视频：混凝土凝结时间

视频：混凝土坍落度和坍落扩展度法

视频：水泥安定性

视频：水泥标准稠度用水量

视频：水泥胶砂强度（抗压、抗折）

视频：水泥胶砂试验

视频：水泥净浆制作

视频：水泥凝结时间

视频：水泥细度

视频：混凝土拌合物取样和试样制作

视频：混凝土表观密度试验

视频：混凝土抗渗试验

视频：混凝土拌合物倒筒时间试验方法

下载：实训指导

附录 3　思考与训练题(附答案)

课程引导客观题

任务 1 客观题

任务 2 客观题

任务 3 客观题

任务 4 客观题

任务 5 客观题

任务 6 客观题

任务 7 客观题

任务 8 客观题

任务 9 客观题

任务 10 客观题

任务 11 客观题

任务 12 客观题

任务 13 客观题

任务 14 客观题

下载：各章主观题

下载：各章主观题答案

参考文献

[1] 张光碧．建筑材料 [M]．北京:中国电力出版社,2006.
[2] 贾淑明,赵永花．土木工程材料 [M]．西安:西安电子科技大学出版社,2012.
[3] 葛勇．土木工程材料学 [M]．北京:中国建材工业出版社,2011.
[4] 张思梅．土木工程材料 [M]．北京:机械工业出版社,2011.
[5] 谭平,张立,张瑞红．建筑材料 [M]．2 版．北京:北京理工大学出版社,2013.
[6] 田文富,隋良志,纪明香,等．建筑与装饰材料学习指导与习题 [M]．北京:中国建筑工业出版社,2006.
[7] 张俊才,隋良志,张春玉．建筑材料 [M]．哈尔滨:东北林业大学出版社,2003.
[8] 张长清,周万良,魏小胜．建筑装饰材料 [M]．武汉:华中科技大学出版社,2011.
[9] 胡雨霞,汤留泉．建筑装饰创新材料应用 [M]．北京:中国电力出版社,2009.
[10] 张海成,成维．建筑材料 [M]．北京:科学技术出版社,2009.
[11] 沈百禄．建筑装饰材料 [M]．北京:机械工业出版社,2006.
[12] 李永盛．新编常用建筑装饰装修材料简明手册 [M]．北京:中国建材工业出版社,2010.
[13] 周梅．材料员 [M]．武汉:华中科技大学出版社,2009.
[14] 陈宝璠．建筑装饰材料学习指导·典型题解·习题·习题解答 [M]．北京:中国建材工业出版社,2010.
[15] 张雄,张永娟．现代建筑功能材料 [M]．北京:化学工业出版社,2009.
[16] 郭延辉,赵霄龙．墙体保温材料应用技术 [M]．北京:中国电力出版社,2006.
[17] 湖南大学,天津大学,同济大学,等．土木工程材料 [M]．北京:中国建筑工业出版社,2011.
[18] 代洪卫．装饰装修材料标准速查与选用指南 [M]．北京:中国建材工业出版社,2011.
[19] 许海玲．建筑工程材料 [M]．厦门:厦门大学出版社,2010.
[20] 李亚杰,方坤河．建筑材料 [M]．北京:中国水利水电出版社,2009.
[21] 刘祥顺．建筑材料 [M]．北京:中国建筑工业出版社,2011.
[22] 谭平．建筑材料实训 [M]．武汉:华中科技大学出版社,2010.

图书资源使用说明

如何防伪

在书的封底，刮开防伪二维码（图 1）涂层，打开微信中的“扫一扫”（图 2），进行扫描。如果您购买的是正版图书，关注官方微信，根据页面提示将自动进入图书的资源列表。

关注“天津大学出版社”官方微信，您可以在“服务”→“我的书库”（图 3）中管理您所购买的本社全部图书。

特别提示：本书防伪码采用一书一码制，一经扫描，该防伪码将与您的微信账号进行绑定，其他微信账号将无法使用您的资源。请您使用常用的微信账号进行扫描。

图 1

图 2

图 3

如何获取资源

完成第一步防伪认证后，您可以通过以下方式获取资源。

第一种方式：打开微信中的“扫一扫”，扫描书中各章节内不同的二维码，根据页面提示进行操作，获取相应资源。（每次观看完视频后请重新打开“扫一扫”进行新的扫描）

第二种方式：登录“天津大学出版社”官方微信，进入“服务”→“我的书库”，选择图书，您将看到本书的资源列表，可以选择相应的资源进行播放。

第三种方式：使用电脑登录“天津大学出版社”官网（http://www.tjupress.com.cn），使用微信登录，搜索图书，在图书详情页中点击“多媒体资源”即可查看相关资源。

其他

为了更好地服务读者，本书将根据实际需要实时调整视频讲解的内容。同时我们也欢迎社会各界有出版意向的仁人志士来我处投稿或洽谈出版事宜等。我们将为大家提供更优质全面的服务，期待您的来电。

通信地址：天津市南开区卫津路 92 号天津大学校内　天津大学出版社 307 室

联系人：崔成山　　微信：273926790　　邮箱：ccshan2008@sina.com